Geometria Para leigos

Estudar e entender geometria de forma proveitosa envolve usar estratégias nas provas geométricas e ser capaz de identificar símbolos usados com frequência.

ESTRATÉGIAS EM PROVAS GEOMÉTRICAS

Saber escrever provas geométricas de duas colunas garante uma base sólida para se trabalhar com teoremas. Praticar estas estratégias o ajudará a escrever provas facilmente em pouco tempo:

- **Trace uma estratégia. Descubra como passar dos dados para a conclusão da prova com um simples argumento em português antes de se preocupar em escrever formalmente.**
- **Invente números para segmentos e ângulos. Durante o estágio da estratégia, às vezes é útil criar medidas para ângulos e comprimentos para segmentos arbitrários. Fazer as contas com esses números (adição, subtração, multiplicação ou divisão) o faz entender como a prova funciona.**
- **Procure triângulos congruentes (e tenha o PCTCC em mente). Nos diagramas, encontre *todos* os pares de triângulos congruentes. Provar um ou mais desses pares (com LLL, LAL, ALA, AAL ou HCR) provavelmente será uma parte importante da prova. Então você certamente aplicará o PCTCC à reta após provar que os triângulos são congruentes.**
- **Olhando para o diagrama de prova, tente encontrar triângulos isósceles. Se encontrar algum, provavelmente usará os teoremas "se-lados-então-ângulos" ou "se-ângulos-então-lados" em algum momento da prova.**
- **Procure retas paralelas no diagrama de prova ou nos dados. Se encontrar alguma, você provavelmente usará um ou mais teoremas das retas paralelas.**
- **Procure e trace mais raios. Observe cada raio de um círculo e marque todos os congruentes. Trace novos raios até pontos importantes do círculo, mas não trace um raio sem propósito.**
- **Use todos os dados. Os autores de livros de geometria não colocam dados irrelevantes em provas, então pergunte-se por que cada um deles está ali. Tente colocar cada dado na coluna de declarações e escreva outra a seguir, mesmo que não saiba como isso o ajudará.**
- **Use a lógica "*se... então*".**

Geometria Para leigos

Para cada justificativa, verifique:

- **Todas as ideias da cláusula se aparecem na coluna de declarações em algum lugar acima da linha que você está verificando.**
- **A única ideia da cláusula *então* também aparece na coluna de declarações na mesma linha.**

Você também pode usar essa estratégia para descobrir qual justificativa usar primeiro.

- **Trabalhe de trás para a frente. Se ficar confuso, pule para o final da prova e trabalhe ao contrário. Depois de olhar para a conclusão da prova, suponha uma justificativa para ela. Em seguida, use sua lógica "se... então" para descobrir a antepenúltima declaração (e assim por diante).**
- **Pense como um computador. Em uma prova de duas colunas, cada passo da cadeia lógica deve ser expressado, mesmo que seja a coisa mais óbvia do mundo. Fazer uma prova é como se comunicar com um computador: ele não vai entender a menos que tudo seja explicado com precisão.**
- **Faça algo. Antes de desistir de uma prova, coloque no papel o que entendeu. É notável como colocar algo no papel desencadeia outra ideia, depois outra, e depois outra. Antes que perceba, você terminou a prova.**

SÍMBOLOS GEOMÉTRICOS COMUNS

Utilizar símbolos geométricos economiza tempo e espaço ao escrever provas, propriedades e fórmulas de cálculo. Os símbolos mais comumente usados e seus significados são:

Símbolo	**Significado**
$\angle$	Ângulo
$\overparen{AB}$	Arco *AB*
$m\overparen{AB}$	Medida do arco *AB*
$\overleftrightarrow{AB}$	Reta *AB*
$\overrightarrow{AB}$	Semirreta *AB*
AB	Segmento de reta *AB*
AB	Comprimento do segmento de reta *AB*
$\cong$	*Congruência*
$^\circ$	*Grau*
$\parallel$	*Paralelismo*
$\perp$	*Perpendicularidade*
$\sim$	*Similaridade*
Δ	*Triângulo*

Geometria

Para **leigos**

Geometria

Para leigos

Tradução da 3ª Edição

Mark Ryan

ALTA BOOKS
EDITORA
Rio de Janeiro, 2019

Geometria Para Leigos® - Tradução da 3ª Edição
Copyright © 2019 da Starlin Alta Editora e Consultoria Eireli. ISBN: 978-85-508-0795-9

Impresso no Brasil — 1ª Edição, 2019 — Edição revisada conforme o Acordo Ortográfico da Língua Portuguesa de 2009.

Obra disponível para venda corporativa e/ou personalizada. Para mais informações, fale com projetos@altabooks.com.br

Produção Editorial
Editora Alta Books

Gerência Editorial
Anderson Vieira

Produtor Editorial
Thiê Alves

Marketing Editorial
marketing@altabooks.com.br

Editor de Aquisição
José Rugeri
j.rugeri@altabooks.com.br

Vendas Atacado e Varejo
Daniele Fonseca
Viviane Paiva
comercial@altabooks.com.br

Ouvidoria
ouvidoria@altabooks.com.br

Equipe Editorial
Adriano Barros
Bianca Teodoro
Ian Verçosa
Illysabelle Trajano
Juliana de Oliveira
Kelry Oliveira
Keyciane Botelho
Larissa Lima
Leandro Lacerda
Maria de Lourdes Borges
Paulo Gomes
Thales Silva
Thauan Gomes

Tradução
Carolina Gaio

Copidesque
Wendy Campos

Revisão Gramatical
Alessandro Thomé
Thaís Pol

Revisão Técnica
Paulo Sérgio Costa Lino
Mestre em Matemática Pura

Diagramação
Joyce Matos

Dados Internacionais de Catalogação na Publicação (CIP) de acordo com ISBD

R988g Ryan, Mark

Geometria para leigos / Mark Ryan ; traduzido por Igor Farias. - Rio de Janeiro : Alta Books, 2019.
392 p. : il. ; 17cm x 24cm.

Tradução de: Geometry For Dummies
Inclui índice.
ISBN: 978-85-508-0795-9

1. Matemática. 2. Geometria. I. Farias, Igor. II. Título.

CDD 516
2019-878 CDU 514

Elaborado por Odilio Hilario Moreira Junior - CRB-8/9949

Rua Viúva Cláudio, 291 — Bairro Industrial do Jacaré
CEP: 20.970-031 — Rio de Janeiro (RJ)
Tels.: (21) 3278-8069 / 3278-8419
www.altabooks.com.br — altabooks@altabooks.com.br

Sobre o Autor

Graduado na Brown University e na Faculdade de Direito da University of Wisconsin, Mark Ryan ensina matemática desde 1989. Administra o Centro de Matemática de Winnetka, Illinois (www.themathcenter.com - conteúdo em inglês), onde ensina matemática, incluindo introdução ao cálculo, para os ensinos fundamental e médio. No ensino médio, conseguiu duas vezes a pontuação máxima, de 800, no teste de matemática do SAT, e não só entende de matemática, como tem o dom de explicá-la com facilidade. Atuou na área de Direito por quatro anos antes de decidir que deveria fazer algo de que gosta e usar seu talento natural para a matemática. Ryan é membro do Authors Guild e do National Council of Teachers of Mathematics.

Ryan vive em Evanston, Illinois. Para se divertir, faz caminhadas, esquia, joga tênis, viaja, integra uma equipe de trívia de um pub e torce para o Chicago Blackhawks.

Agradecimentos

Da 2ª Edição

Organizar *Geometria Para Leigos*, 2ª Edição, envolveu muito trabalho, e eu não poderia tê-lo feito sozinho. Sou grato aos meus assistentes, inteligentes, profissionais e safos em informática. Celina Troutman ajudou com a leitura e edição de provas do manuscrito altamente técnico. Ela tem um excelente domínio da linguagem. Este é o segundo livro em que Veronica Berns me ajuda. Ela auxiliou a edição e conferência tanto da escrita do livro quanto de seu conteúdo. É uma exímia escritora, e sabe matemática e como explicá-la claramente para leigos. Veronica também me ajudou com a produção técnica de centenas de símbolos matemáticos para este livro.

Sou extremamente grato ao meu consultor de negócios, Josh Lowitz. As negociações contratuais inteligentes e refletidas que fez por mim e seus conselhos sobre minha carreira na escrita e sobre todos os outros aspectos de meu negócio o tornaram inestimável.

O livro é um testemunho dos altos padrões de todos na Wiley. Joyce Pepple, diretora de aquisições, lidou com as negociações contratuais com inteligência, honestidade e justiça. A editora de aquisições, Lindsay Lefevere, manteve o projeto nos trilhos com inteligência e humor, e tratou habilmente de inúmeras questões desafiadoras que surgiram. Foi um prazer trabalhar com ela. O revisor técnico Alexsis Venter fez um trabalho excelente e completo, apontando e corrigindo os erros no primeiro rascunho do livro — alguns que seriam bem difíceis, ou até impossíveis, de se encontrar sem um conhecimento especializado em geometria. A preparadora de originais Danielle Voirol também fez um excelente trabalho corrigindo erros de matemática. Ela fez inúmeras sugestões de como melhorar as explicações, e também contribuiu para tiradas e humor do livro.

A equipe de design também fez um trabalho fantástico, com as milhares de equações complexas e figuras geométricas. Por fim, o livro não seria o que é sem as contribuições da editora sênior de projetos Alissa Schwipps e suas editoras assistentes Jennifer Connolly e Traci Cumbay. Sua habilidade em edição melhorou desmedidamente a escrita e organização do livro. Alissa fez sugestões sobre o design geral do livro que, inquestionavelmente, o aprimoraram. Ela e sua equipe praticamente rasgaram meu primeiro rascunho, mas atender a suas centenas de sugestões de edição melhorou notavelmente o material.

Escrevi o livro inteiro no Cafe Ambrosia, em Evanston, Illinois. Quero agradecer ao proprietário, Mike Renollet, ao gerente-geral, Matt Steponik, e sua equipe acolhedora por criar uma atmosfera propícia à escrita — e pelo ótimo café!

Por fim, um agradecimento muito especial à minha principal assistente, Alex Miller. (Na verdade, não acho que *assistente* esteja certo; ela me parece mais uma amiga ou parceira.) Praticamente todas as páginas do livro têm uma contribuição dela, e são melhores por isso. Ela me ajudou em todas as etapas da produção da obra: escrita, digitação, edição, revisão, mais escrita, mais edição... e ainda mais edição. Ela também auxiliou com a criação de inúmeros problemas geométricos e testes para o livro. Miller tem uma aptidão desmedida para a matemática e um olho clínico para sutilezas e nuances de uma escrita eficaz. Tudo o que fez foi realizado com grande habilidade, bom julgamento e um ótimo toque de humor.

Da 3ª Edição

Foi um prazer trabalhar com a editora-executiva Lindsay Sandman Lefevere novamente. Eu me sinto sortudo por ter alguém como ela na Wiley, que sei que lidará com todos os aspectos da produção de um livro com inteligência, experiência e humor. A preparadora de originais, Christine Pingleton, fez um excelente trabalho. Ela é extremamente detalhista. Trabalhei com o revisor técnico doutor Jason J. Molitierno em inúmeros títulos da *For Dummies*. Ele sempre faz um trabalho especializado e meticuloso ao revisar a matemática nos livros. É talentosíssimo para encontrar erros muito difíceis de se achar. Por fim, agradeço ao editor de projetos Tim Gallan. Este é o terceiro livro em que trabalhamos juntos. Suas edições são sempre feitas com profissionalismo e inteligência. Ele tem uma enorme experiência e habilidade para lidar com todos os problemas que surgem ao se produzir um livro. Sempre sinto que meus livros estão em ótimas mãos ao trabalhar com ele.

Sumário Resumido

Sumário

PARTE 3: TRIÂNGULOS: POLÍGONOS DE TRÊS LADOS 85

Introdução

A geometria é um tema cheio de matemática e beleza. Os gregos antigos se dedicaram muito a ela, e tem sido um pilar da educação secundária por séculos. Hoje, nenhuma formação está completa sem pelo menos uma familiaridade mínima com os princípios fundamentais da geometria.

Mas a geometria também é um assunto que desconcerta muito estudantes, porque é bem diferente da matemática que conhecem. A matéria exige que usem a lógica dedutiva em provas formais. Esse processo envolve um tipo especial de raciocínio verbal e matemático, novo para muitos alunos. Ver aonde ir em seguida, em uma prova — ou mesmo de onde começar —, é um desafio. O tema também envolve trabalhar com formas bi e tridimensionais: saber suas propriedades, encontrar suas áreas e volumes e imaginar como ficarão ao serem movidas. O raciocínio espacial é outro elemento da geometria que a torna diferente e desafiadora.

Geometria Para Leigos, 3ª Edição, é uma grande ajuda se você está em um impasse com a geometria. Ou, se é um estudante de primeira viagem, vai impedi-lo de entrar nesse impasse. Quando o mundo da geometria se abrir para você e as coisas começarem a aparecer, você realmente apreciará esse tópico, que fascina pessoas há milênios — e que continua a atrair pessoas para carreiras na arte, engenharia, arquitetura, urbanismo, fotografia e animação gráfica, entre outras. Ah, aposto que você mal pode esperar para começar!

Sobre Este Livro

Geometria Para Leigos, 3ª Edição, trata de todos os princípios e fórmulas necessários para analisar formas de duas e três dimensões, e lhe confere as habilidades e estratégias para escrever provas geométricas. Essas técnicas fazem toda a diferença do mundo quando se trata de construir aquele tipo peculiar de argumento lógico necessário para provas. As outras partes do livro contêm fórmulas e dicas úteis para serem usadas sempre que precisar aprimorar seu conhecimento sobre formas.

Minha abordagem é explicar geometria de maneira simplificada, com o mínimo de jargões técnicos. A linguagem básica é suficiente para a geometria, porque a maioria de seus princípios é acessível ao senso comum. Não vejo motivo para complicar os conceitos geométricos atrás de um monte de lenga-lenga matemática engomadinha. Prefiro uma abordagem coloquial, mais direta.

Este livro, como todos os *Para Leigos*, é uma referência, não um tutorial. A ideia básica é a de que os capítulos sejam autônomos. Então você não precisa ler o livro inteiro — embora, claro, possa fazê-lo.

Convenções Usadas Neste Livro

Geometria Para Leigos, 3ª Edição, segue certas convenções que mantêm o texto consistente e fácil de acompanhar.

- Variáveis estão em *itálico*.
- Termos matemáticos importantes estão sempre em *itálico* e são definidos quando necessário. Os itálicos também são usados para dar ênfase.
- Termos importantes podem estar em **negrito** quando são palavras-chave dentro de uma lista. Também uso o negrito nas instruções passo a passo.
- Como na maioria dos livros de geometria, as imagens não foram necessariamente desenhadas em escala — embora a maioria sim.
- Apresento *estratégias* para muitas provas geométricas do livro. As estratégias não integram a solução formal das provas; são apenas minha maneira de lhe mostrar como pensar em uma prova. Se eu não lhe der uma estratégia, crie uma.

O que Não Ler

Concentrar-se no *por que* além de no *como* ajuda a compreender melhor a geometria — ou qualquer tópico matemático. Com isso em mente, me esforcei para discutir a lógica por trás de muitas ideias deste livro. Recomendo fortemente que leia essas discussões, mas, se quiser cortar caminho, leia apenas os problemas de exemplo, as soluções passo a passo e as definições, teoremas, dicas e avisos próximos aos ícones.

Acho os boxes cinzas interessantes e divertidos — grande surpresa, os escrevi! Mas você pode ignorá-los sem perder fundamentos essenciais da geometria. E, não, você não será testado.

Penso que...

Posso estar me aventurando, mas, ao escrever este livro, fiz algumas suposições sobre você:

- Você é um estudante do ensino médio (talvez do fundamental) atualmente em uma aula padrão de geometria desse estágio.
- Você é pai de um estudante de geometria e gostaria de explicar seus fundamentos para ajudar seu filho a entender o dever de casa e a se preparar para as provas.
- Você deseja alguma coisa entre uma simples olhada na geometria ou um estudo aprofundado do tema. Deseja atualizar seu conhecimento de geometria, que estudou há nos, ou explorá-la pela primeira vez.
- Você se lembra um pouco de álgebra — aquelas regras para lidar com *x* e *y*. A boa notícia é que precisa-se bem pouco da álgebra para a geometria — mas ainda precisa. Nos problemas que envolvem álgebra, coloquei todas as soluções passo a passo, o que deve lhe dar uma revisão da álgebra básica. Se seu conhecimento de álgebra ficou estacionado, talvez tenha que correr atrás um pouco — mas não será necessário suar a camisa.
- Você está disposto a ter um pouco de trabalho. (Trabalho? Ah, não!) Tão impopular quanto sua ideia pode ser, entender geometria requer um pouco de esforço eventual. Tentei tornar este material tão acessível quanto possível, mas isso ainda é matemática.
- Você não pode aprender geometria ouvindo um audiolivro enquanto fica deitado na praia. (Mas, se estiver na praia, pode aprimorar suas habilidades de geometria estimando a distância do horizonte — veja o Capítulo 22 para detalhes.)

Ícones Usados Neste Livro

Os ícones a seguir o ajudam a detectar rapidamente informações importantes.

LEMBRE-SE

Próximos a este ícone ficam teoremas e postulados (verdades matemáti-cas), definições de termos de geometria, explicações de seus princípios e algumas outras coisas de que deve se lembrar ao trabalhar com este livro.

DICA

Este ícone destaca atalhos, truques de memorização, estratégias etc.

CUIDADO

Ignore este ícones e acabará tendo muito trabalho extra, obtendo a resposta errada, ou as duas coisas.

Além Deste Livro

Este livro fornece um pouco de orientação e prática em geometria. Mas, se precisar aprender mais, o encorajo a conferir os recursos adicionais, disponíveis online para você. Acesse a Folha de Cola em `www.altabooks.com.br` (procure pelo nome/ISBN do livro). É um recurso útil para deixar em seu computador, tablet ou smartphone.

De Lá para Cá, Daqui para Lá

Se for um aprendiz em geometria, é bom começar pelo Capítulo 1 e seguir pelo livro na ordem. Mas, se já conhece um pouco do assunto, fique à vontade para ignorá-lo. Por exemplo, se precisa saber sobre quadriláteros, confira o Capítulo 10. Ou se já domina os princípios básicos da geometria, você pode querer se aprofundar nas provas mais avançadas, no Capítulo 9.

A partir daí, naturalmente, você pode:

- » Tornar-se representante de turma.
- » Ir coletar R$200,00.
- » Relaxar.
- » Explorar mundos estranhos, buscar novas formas de vida e civilizações, ir corajosamente aonde nenhum homem (ou mulher) foi antes.

Se ainda estiver lendo isto, o que está esperando? Dê os primeiros passos no maravilhoso mundo da geometria!

1 Começando

NESTA PARTE...

Descubra por que se preocupar com a geometria.

Compreenda retas, pontos, ângulos, planos e outros fundamentos geométricos.

Meça e trabalhe com segmentos e ângulos.

NESTE CAPÍTULO

» **Fazendo um levantamento da paisagem geométrica: formas e provas**

» **Descobrindo "do que a geometria trata, afinal?"**

» **Acostumando-se a chutar a parte séria da geometria**

Capítulo **1**

Apresentando a Geometria

Estudar geometria é meio *O Médico e o Monstro*. Você tem a parte comum e diária das formas (o Médico) e o estranho mundo das provas (o Monstro).

Todos os dias você vê várias formas à sua volta (triângulos, retângulos, caixas, círculos, bolas, e assim por diante), e provavelmente já está familiarizado com algumas de suas propriedades: área, perímetro e volume, por exemplo. Neste livro você descobrirá muito mais sobre essas propriedades básicas e explorará ideias de geometria avançadas sobre formas.

Provas geométricas são uma espécie completamente diferente. Envolvem formas, mas, em vez de fazer algo objetivo, como calcular sua área, você deve apresentar um argumento matemático hermético que prove algo sobre as formas. Esse processo exige não apenas habilidades matemáticas, mas verbais e de dedução lógica, e, por esse motivo, as provas confundem muitos, muitos estudantes. Se você for uma dessas pessoas e já tiver começado a reclamar das provas geométricas, talvez as descreva — como o Monstro — como aterrorizantes. Mas estou confiante de que, com este livro, você não terá problemas para domesticá-las.

Este capítulo é sua entrada para o assunto sensacional, espetacular e tudo de bom (mas às vezes meio assustador) deste livro: a geometria. Se estiver tentado a perguntar "Por que eu deveria me importar com a geometria?", este capítulo lhe dará a resposta.

Estudando a Geometria das Formas

Já pensou no fato de que você está literalmente cercado por formas? Olhe em volta. Os raios do sol são — o que mais? — raios. O livro em suas mãos tem uma forma, todas as mesas e cadeiras a têm, toda parede tem uma área e todo recipiente tem forma e volume. A maior parte das molduras é retangular, CDs e DVDs são círculos, latas são cilindros, etc., etc., etc. Você consegue pensar em algo sólido que não tenha uma forma? Esta seção faz uma breve apresentação dessas formas uni, bi e tridimensionais universais e onipresentes — para não dizer que o cercam completamente.

Formas unidimensionais

Não há muitas formas que podem ser criadas se estiver limitado a uma dimensão. Você tem suas retas, segmentos e semirretas. E isso é tudo. Mas não significa que ter uma única dimensão torna as formas irrelevantes — não totalmente. Sem esses objetos unidimensionais, não há formas bidimensionais, e sem as bidimensionais, não há as tridimensionais. Pense nisto: quadrados bidimensionais são feitos de quatro segmentos unidimensionais; cubos tridimensionais, de seis quadrados bidimensionais. E seria muito difícil fazer matemática sem a simples reta numérica unidimensional ou os sistemas de coordenadas bidimensionais mais sofisticados, que precisam de retas unidimensionais para seus eixos x e y. (Trato de retas, segmentos e semirretas no Capítulo 2, e o Capítulo 18 discute o plano de coordenadas.)

Formas bidimensionais

Como provavelmente sabe, formas bidimensionais são planas, como triângulos, círculos, quadrados, retângulos e pentágonos. As duas principais características que se estudam sobre elas são sua área e perímetro. Esses conceitos geométricos aparecem em inúmeras situações no mundo real. Você usa a geometria 2D, por exemplo, ao calcular a área de um terreno, o número de metros quadrados em uma casa, o tamanho do pano necessário para se fazer roupas, o comprimento de uma pista de corrida, a dimensão de uma moldura, e assim por diante. As fórmulas para calcular a área e o perímetro de formas 2D são tratadas nas Partes 3, 4 e 5.

NOMES HISTÓRICOS NOTÁVEIS DO ESTUDO DAS FORMAS

O estudo da geometria impactou de inúmeras maneiras a arquitetura, a engenharia, a astronomia, a física, a medicina e a guerra, entre outras áreas, por mais de 5 mil anos. Duvido que alguém seja capaz de datar a descoberta da fórmula básica para a área do retângulo (área = largura x comprimento), mas provavelmente antecedeu a escrita e remonta aos primeiros agricultores. Alguns dos primeiros escritos conhecidos da Mesopotâmia (por volta de 3.500 a. C.) lidam com áreas de terras e propriedades. E aposto que mesmo os agricultores anteriores sabiam que, se plantassem uma área três vezes mais comprida e duas mais larga que outros, a parcela maior seria 3 x 2, ou 6, vezes maior que a menor.

Os arquitetos das pirâmides de Gizé (construídas por volta de 2.500 a. C.) sabiam como construir ângulos retos usando um triângulo 3–4–5 (um dos triângulos retos que discuto no Capítulo 8). Ângulos retos são necessários para os cantos do quadrado de base da pirâmide, entre outras coisas. E, sem dúvida, você já ouviu falar de Pitágoras (cerca de 570–500 a .C.) e do famoso teorema do triângulo retângulo que recebeu seu nome (veja o Capítulo 8). Arquimedes (287–212 a. C.) usou a geometria para inventar a polia. Ele desenvolveu um sistema de polias compostas que levantava um tanque de guerra cheio de homens (para saber mais sobre as realizações de Arquimedes, veja o Capítulo 22). Os chineses sabiam como calcular a área e o volume de muitas formas geométricas diferentes e como construir um triângulo retângulo por volta de 100 a. C.

Nos tempos mais recentes, Galileu Galilei (1564–1642) descobriu a equação referente ao movimento de um projétil (veja o Capítulo 22) e projetou e construiu o melhor telescópio de seu tempo. Johannes Kepler (1571–1630) mediu a área das seções das órbitas elípticas dos planetas conforme orbitam ao redor do Sol. René Descartes (1596–1650) é creditado com a invenção da geometria das coordenadas, a base para a maioria dos gráficos matemáticos (veja o Capítulo 18). Isaac Newton (1642–1727) usou métodos geométricos em seu *Principia Mathematica*, o famoso livro em que estabeleceu os princípios da gravitação universal.

Mais atualmente, Ben Franklin (1706–1790) usou a geometria para estudar meteorologia e correntes oceânicas. George Washington (1732–1799) usou a trigonometria (estudo avançado dos triângulos) enquanto trabalhava como topógrafo, antes de se tornar soldado. Por último, mas não menos importante, Albert Einstein descobriu uma das regras mais bizarras da geometria: que a gravidade deforma o universo. Uma consequência disso é que, se você desenhasse um triângulo gigante ao redor do sol, a soma de seus ângulos seria um pouco maior que 180°. Isso contradiz a regra de 180° dos triângulos (veja o Capítulo 7), que funciona até escalas astronômicas. A lista de nomes notáveis não para.

Dedico muitos capítulos deste livro aos triângulos e *quadriláteros* (formas com quatro lados), e dou menos espaço às formas que têm mais lados, como pentágonos e hexágonos. Formas com segmentos retos, chamadas de *polígonos*, têm características mais avançadas, como diagonais, apótemas e ângulos externos, que você explorará na Parte 4.

Você pode estar familiarizado com algumas formas que têm lados curvos, como círculos, elipses e parábolas. O círculo é a única forma 2D curva de que este livro trata. Na Parte 5, você investiga todos os tipos de propriedades interessantes dos círculos, que envolvem diâmetros, raios, cordas, retas tangentes, e assim por diante.

Formas tridimensionais

Trato das formas 3D na Parte 6. Você trabalha com prismas (uma caixa é um exemplo), cilindros, pirâmides, cones e esferas. As duas principais características das formas tridimensionais, que você estudará no Capítulo 17, são a *área da superfície* e o *volume*.

Conceitos tridimensionais, como volume e área da superfície, frequentemente surgem no mundo real; exemplos incluem o volume da água em um aquário e em uma piscina no jardim. O tamanho do papel de que precisa para embrulhar uma caixa de presente depende da área da superfície. E se quisesse calcular a área da superfície e o volume da Grande Pirâmide de Gizé — você está morrendo de vontade de fazer isso, não é? —, não poderia sem a geometria 3D.

Aqui estão algumas ideias sobre a inter-relação das três dimensões. Formas bidimensionais são fechadas por seus lados, segmentos 1D; formas 3D são fechadas por suas faces, polígonos 2D. Eis um exemplo prático da relação entre a área, 2D, e o volume, 3D: um galão de tinta (uma quantidade de volume, 3D) cobre um certo número de metros quadrados em uma parede (uma quantidade de área, 2D). (Bem, ok, tenho que admitir que estou sendo um pouco leviano com minhas dimensões aqui. A tinta na parede é, na verdade, uma forma 3D. Há o comprimento e a largura da parede, e a terceira dimensão é a espessura da camada de tinta. Se multiplicar essas três dimensões, você obtém o volume da tinta.)

Conhecendo as Provas Geométricas

Provas geométricas são uma estranheza na paisagem matemática, e o único lugar em que são encontradas é em aulas de geometria. Se estiver em uma aula atualmente e se perguntar qual é o objetivo de estudar algo que nunca usará novamente, responderei na seção "Quando Realmente Usarei Isso?". Por enquanto, dou uma descrição breve do que são provas geométricas.

Uma prova geométrica — como qualquer prova matemática — é um argumento que começa com fatos conhecidos, segue com uma série de deduções lógicas e termina com o que você está tentando provar.

Os matemáticos têm escrito provas — em geometria e em todas as outras áreas da matemática — por mais de 2 mil anos. (Veja o box sobre Euclides e a história das provas geométricas.) O trabalho principal de um matemático nos dias atuais é provar coisas escrevendo provas formais. É assim que o campo da matemática progride: à medida que mais ideias são provadas, cresce o corpo do conhecimento matemático. Provas sempre desempenharam um papel significativo na matemática, e ainda o fazem. E esse é um dos motivos pelos quais você as está estudando. A Parte 2 aprofunda todos os detalhes sobre elas. Nas seções a seguir, mostro como começar na direção correta.

Facilitando as provas com um exemplo cotidiano

Você provavelmente nunca percebeu, mas, às vezes, quando pensa em uma situação cotidiana, usa o mesmo tipo de lógica dedutiva usada nas provas geométricas. Embora os tópicos sejam diferentes, a natureza básica dos argumentos é a mesma.

Eis um exemplo de lógica da vida real. Digamos que esteja em uma festa na casa da Sandra. Você gosta dela, mas ela está saindo com Jhonny há alguns meses. Você olha os convidados e repara que ele está conversando com Judy, e um pouco mais tarde os vê saindo por uns minutos. Quando voltam, Judy está usando o anel de Jhonny. Você não nasceu ontem, então junta dois mais dois e percebe que o relacionamento dele com Sandra está com problemas e, de fato, pode acabar a qualquer momento. Você olha na direção de Sandra e a vê deixando a sala com lágrimas nos olhos. Quando volta, você imagina que talvez não seja má ideia ir falar com ela.

(A propósito, essa história sobre uma festa que acaba mal é baseada no principal hit dos anos 1960, de Lesley Gore, "It's My Party". A música seguinte, também um hit, "Judy's Turn to Cry", relata como Sandra se vinga de Judy. Confira as letras na internet.)

Agora, admito, pode parecer que esse cenário da festa não envolva um argumento dedutivo. Argumentos dedutivos tendem a conter muitas etapas ou uma cadeia lógica, como: "Se A, então B; e, se B, então C; se C, então D", e assim por diante. O fiasco da festa pode não se parecer com isso porque você provavelmente o vê como um acontecimento isolado. Você vê Judy voltar com o anel de Johnny, olha para Sandra e a vê triste, e todo o cenário lhe é óbvio em um instante. É claro, nenhuma dedução lógica parece necessária.

Tornando a lógica cotidiana uma prova

Imagine que precisa explicar todo o seu processo de pensamento sobre a situação ocorrida na festa para alguém sem nenhum conhecimento de como as pessoas costumam se comportar. Por exemplo, imagine que precisa explicar sua lógica a um marciano que não conhece nada sobre a cultura terráquea. Nesse caso, você *precisaria* guiá-lo passo a passo pelo seu raciocínio.

Veja como seu argumento pode ser construído. Observe que cada declaração tem o raciocínio entre parênteses:

1. **Sandra e Johnny estão saindo (é um fato dado).**
2. **Johnny e Judy saíram por alguns minutos (segundo fato dado).**
3. **Quando Judy volta, está com um anel novo em seu dedo (terceiro).**
4. **Então, ela está usando o anel de Johnny (*muito* mais provável do que, digamos, ter encontrado o anel no chão quando saiu).**
5. **Então, Judy está saindo com Johnny (porque quando um homem dá um anel a uma mulher, significa que estão saindo).**
6. **Então, Sandra e Johnny vão romper em breve (porque uma mulher não continuará saindo com um homem que acabou de dar um anel a outra).**
7. **Então, Sandra logo estará disponível (porque é o que acontece após um rompimento).**
8. **Então, devo ir lá falar com ela (dã!).**

Esse argumento de oito etapas lhe mostra que realmente existe uma cadeia de deduções lógicas sob a superfície, mesmo que, na prática, seu raciocínio e conclusões sobre Sandra lhe ocorram instantaneamente. E o argumento lhe dá um gostinho do tipo de raciocínio usado em provas geométricas. Você vê sua primeira prova geométrica na próxima seção.

Amostra de uma prova geométrica simples

Provas geométricas são como o argumento da festa da seção anterior, mas com bem menos drama. Seguem o mesmo tipo de série de conclusões intermediárias, que levam à final: começam com alguns fatos dados, digamos, A e B, você continua para dizer *então*, C; depois, *então*, D; depois, *então*, E; e por aí vai, até chegar à conclusão. Aqui está um exemplo muito simples usando os segmentos de reta da Figura 1-1.

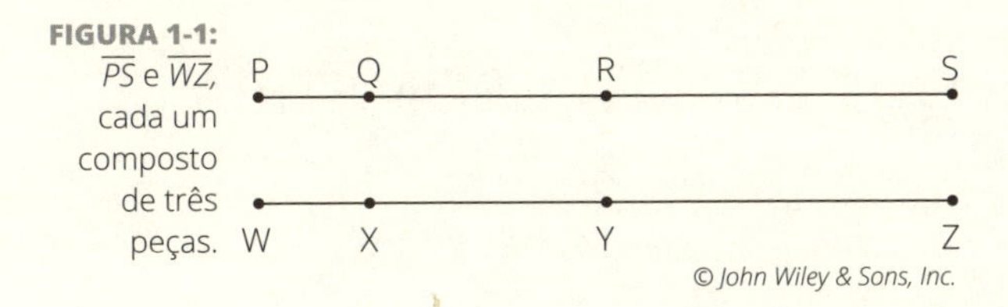

FIGURA 1-1: $\overline{PS}$ e $\overline{WZ}$, cada um composto de três peças.

Para essa prova, você sabe que o segmento $\overline{PS}$ é *congruente* com o (tem o mesmo comprimento) segmento $\overline{WZ}$, que $\overline{PQ}$ é congruente com $\overline{WX}$, e que $\overline{QR}$ é congruente com $\overline{XY}$. (Aliás, em vez de dizer é congruente o tempo todo, você pode usar o símbolo, que significa o mesmo.) Você tem que provar que $\overline{RS} \cong \overline{YZ}$. Agora você pode estar pensando: "É óbvio. Se $\overline{PS}$ tem o mesmo comprimento que $\overline{WZ}$ e ambos os segmentos contêm peças curtas e médias iguais, então as terceiras também são iguais". E, claro, você estaria certo. Mas não é assim que o jogo das provas é jogado. É necessário explicitar cada pequena etapa de seu raciocínio para que o argumento não tenha lacunas. Aqui está toda a cadeia de deduções lógicas:

1. **$\overline{PS} \cong \overline{WZ}$ (fato dado).**
2. **$\overline{PQ} \cong \overline{WX}$ e $\overline{QR} \cong \overline{XY}$ (segundo fato dado).**
3. **Então, $\overline{PR} \cong \overline{WY}$ (porque se você unir elementos iguais, os totais também serão iguais).**
4. **Então, $\overline{RS} \cong \overline{YZ}$ (porque se começar com segmentos iguais, $\overline{PS}$ e $\overline{WZ}$, e tirar partes iguais deles, $\overline{PR}$ e $\overline{WY}$, as restantes também serão iguais).**

Em provas formais, você escreve suas declarações (como $\overline{PR} \cong \overline{WY}$, na Etapa 3) em uma coluna, e suas justificativas para elas em outra. O Capítulo 4 lhe mostra essa estrutura.

Quando Realmente Usarei Isso?

Você provavelmente terá inúmeras oportunidades de usar seu conhecimento sobre a geometria das formas. E quanto às provas geométricas? Não tanto. Leia mais detalhes.

Quando você usará seu conhecimento sobre as formas

As formas estão em todos os lugares, então toda pessoa instruída deve ter um conhecimento funcional delas e de suas propriedades. A geometria das formas surge com frequência no cotidiano, particularmente nas medidas.

CARREIRAS QUE USAM A GEOMETRIA

Aqui está um rápido passeio pelas carreiras que a usam. Artistas usam a geometria para medir telas, criar quadros e projetar esculturas. Construtores, em praticamente tudo o que fazem, e o mesmo vale para os carpinteiros. Para os dentistas, a forma dos dentes, cavidades e preenchimentos são um grande problema geométrico. Produtores de leite a usam para calcular o volume da produção de leite em litros. Os lapidadores de diamantes usam a geometria toda vez que lapidam uma pedra.

Fabricantes de óculos usam a geometria de inúmeras maneiras na ciência ótica. Pilotos de caça (jogadores de futebol, ou qualquer pessoa que aponte para alvos em movimento) precisam compreender ângulos, distância, trajetória, e por aí vai. Vendedores de grama têm que saber de quantas sementes seus clientes necessitarão por metro de seus jardins. Pilotos de helicóptero usam a geometria (na verdade, são seus instrumentos robotizados que fazem o trabalho) para todos os cálculos que afetam decolagem, pouso, viradas, velocidade do vento, elevação, resistência, aceleração etc. Fabricantes de instrumentos a usam ao fazer trompetes, pianos, violinos — você escolhe. E a lista continua...

No dia a dia, se tiver que comprar carpete, fertilizante ou sementes de grama para seu jardim, precisa entender um pouco de área. Você tem que compreender medidas em receitas ou em rótulos de alimentos, ou talvez queira ajudar seu filho com um projeto de arte ou ciências que envolva geometria. Você certamente precisa entender algo de geometria para construir algumas prateleiras ou um deque para seu quintal. E após terminar seu trabalho, estará faminto — uma compreensão de como a área funciona é útil ao pedir uma pizza: uma pizza de 50 centímetros é quatro vezes, não duas, maior que uma de 25, e uma de 35 é duas vezes maior que a de 25 centímetros. (Confira o Capítulo 15 para entender.)

Quando você usará seu conhecimento sobre provas

Você realmente usará seu conhecimento sobre provas geométricas? Nesta seção, lhe dou duas respostas para essa pergunta: a politicamente correta e a incorreta. A escolha é sua.

Primeiro, a resposta politicamente correta (que também é a *realmente* correta). Admito, é extremamente improvável que você esteja em uma situação em que usará provas geométricas de maneira isolada fora das aulas de matemática do ensino médio (faculdades na área são a única exceção). Entretanto, fazer provas geométricas lhe ensina lições importantes que pode aplicar a argumentos não matemáticos. Entre outras coisas, elas o ensinam a:

- Não assumir que as coisas são verdadeiras apenas porque parecem à primeira vista.
- Explicar cuidadosamente cada etapa de um argumento, mesmo se achar que são óbvias para todos.
- Procurar falhas em seus argumentos.
- Não pular para as conclusões.

E, em geral, as provas o ensinam a ser disciplinado e rigoroso com seu raciocínio e com a forma como o transmite.

Se não comprar essa ideia, tenho certeza de que entenderá a resposta politicamente incorreta: ok, você nunca usará provas geométricas. Mas você quer ter notas dignas em geometria, certo? Então preste atenção às aulas (afinal, você está lá para que mais?), faça seus deveres de casa e use os truques, as dicas e as estratégias que dou neste livros. Eles facilitarão sua vida. Prometo.

Por que Você Não Terá Problemas com a Geometria

A geometria, especialmente no que tange às provas, é difícil. A matemática é um território estrangeiro com solo árido. Mas está longe de ser impossível, e você pode fazer várias coisas para tornar sua experiência prazerosa.

- **Potencializar as provas:** Se ficar empacado em uma prova, confira as dicas úteis e avisos que lhe dou em cada capítulo. Você também pode ver o Capítulo 21 para se certificar de ter em mente as dez ideias mais importantes sobre provas. Por fim, veja o Capítulo 6 para saber como formular seu raciocínio para uma prova longa e complexa.
- **Descobrir fórmulas:** Se não conseguir resolver um problema que usa fórmulas geométricas, procure a Folha de Cola online para verificar se tem a fórmula correta. Vá para `www.altabooks.com.br` (procure pelo nome/ISBN do livro) na caixa de pesquisa.
- **Aguentar firme:** Meu principal conselho para você é nunca desistir de um problema. Quanto maior o número de problemas difíceis que vencer, mais experiência terá para encarar os próximos. Depois de assimilar meus conselhos de especialista — sem me gabar, são apenas fatos —, você terá todas as ferramentas necessárias para encarar tudo que seu professor de geometria ou seus amigos fanáticos por matemática jogarem para você.

NESTE CAPÍTULO

- » **Examinando os componentes básicos de formas complexas**
- » **Entendendo pontos, retas, semirretas, segmentos, ângulos e planos**
- » **Pareando com pares de ângulos**

Capítulo **2**

Formando Seu Arcabouço Geométrico

Neste capítulo, você terá a base que o prepara para uma geometria tediosa e complexa. (Essa é uma seleção vocabular cuidadosamente elaborada para você. E, não, o restante da geometria neste livro não é de fato tediosa e complexa — eu só precisava de um toque dramático.) Esses blocos de construção também funcionam como uma geometria moderadamente desafiadora de que você dará conta com um pé nas costas.

Brincadeiras à parte, este capítulo é bem simples. Mas não o ignore — a menos que já seja um gênio da geometria —, porque muitas das ideias aqui são cruciais para entender o restante do livro.

Começando com as Definições

O estudo da geometria inicia com a definição de cinco elementos básicos: ponto, reta, segmento, semirreta e ângulo. E ofereço mais duas (plano e espaço 3D) sem custo extra. Grosso modo, esses termos o levam de nenhuma a três dimensões.

DEFININDO O INDEFINÍVEL

Definições tipicamente usam termos simples para explicar o significado dos mais complexos. Considere, por exemplo, a definição de mediana de um triângulo: "Um segmento que parte do vértice de um triângulo para o ponto médio do lado oposto". Você usa os termos básicos *segmento, vértice, triângulo, ponto médio* e *lado* para definir o novo, *mediana*. Se não souber o significado de, digamos, *ponto médio*, pode olhar a definição e encontrar o significado explicado com os termos *ponto, segmento* e *congruente*. E também conferir esses termos, se precisar, e por aí vai.

Mas com a palavra *ponto* (e *reta*) essa estratégia simplesmente não funciona. Tente definir *ponto* sem usar a palavra *ponto* ou um sinônimo de *ponto* na definição. Conseguiu? Duvido. Você não pode fazer isso. E usar *ponto* ou um sinônimo de *ponto* para conceituá-lo é uma definição circular e, portanto, inválida — você não pode usar o termo em sua própria definição porque, para conseguir entendê-la, você precisa já compreender o significado da palavra que está tentando entender! É por isso que algumas palavras, embora apareçam em seu dicionário, são tecnicamente indefiníveis no mundo da matemática.

Aqui estão as definições de *segmento*, *semirreta*, *ângulo*, *plano* e *espaço 3D* e as "indefinições" de *ponto* e *reta* (esses dois termos são tecnicamente indefiníveis — veja o próximo box para detalhes).

» **Ponto:** É um ponto sem tamanho definido — pode-se dizer que é infinitamente pequeno (mesmo que *infinitamente pequeno* o faça parecer maior do que é). Essencialmente, um ponto não tem dimensão, altura, comprimento ou largura, mas você o desenha como um ponto. É nomeado com uma letra em caixa-alta, como os pontos *A, D* e *T* na Figura 2-1.

» **Reta:** É um traço fino e reto (é infinitamente fina — ou melhor, não tem largura). Retas têm comprimento, sendo unidimensionais. Lembre-se de que uma reta continua para sempre em ambas as direções, por isso você coloca uma pequena seta nas suas extremidades, como a $\overleftrightarrow{AB}$ (lido como reta *AB*).

  Veja a Figura 2-1 de novo. Retas normalmente são nomeadas com quaisquer dois pontos nelas, com as letras em qualquer ordem. Assim, $\overleftrightarrow{MQ}$ é a mesma reta que $\overleftrightarrow{QM}$, $\overleftrightarrow{MN}$ é a mesma que $\overleftrightarrow{NM}$ e $\overleftrightarrow{QN}$, que $\overleftrightarrow{NQ}$. Ocasionalmente, são nomeadas com uma letra em caixa-baixa, italicizada, como as retas *f* e *g*.

- **Segmento de reta (ou apenas segmento):** É uma seção de reta com dois pontos de término. Veja a Figura 2-1. Se um segmento vai de *P* a *R*, se chama segmento *PR* e se escreve *PR*. Você pode trocar a ordem das letras e chamá-lo de *RP*. Segmentos também aparecem dentro de retas, como em *MN*.

  Nota: um par de letras sem uma barra em cima significa o comprimento de um segmento. Por exemplo, *PR* significa o comprimento de *PR*.

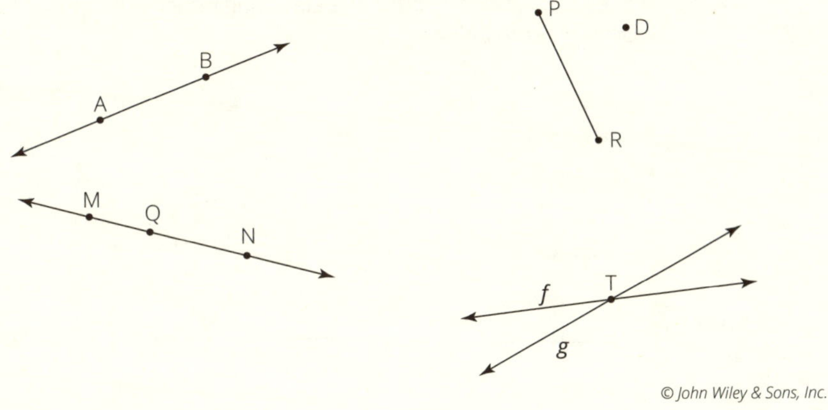

FIGURA 2-1: Alguns pontos, retas e segmentos.

- **Semirreta:** É uma seção de reta (como se fosse metade de uma reta), que tem um ponto final e cuja outra extremidade continua infinitamente. Se esse ponto final é o ponto *K* e segue pelo ponto *S*, que é infinito, você chama essa semirreta de "meia reta" de *KS* e a escreve $\overrightarrow{KS}$. Veja a Figura 2-2.

  A primeira letra sempre indica o final da semirreta. Por exemplo, $\overrightarrow{AB}$ também pode ser chamada de $\overrightarrow{AC}$, porque, de alguma forma, você começa em *A* e segue infinitamente por *B* e *C*. $\overrightarrow{BC}$, entretanto, é uma semirreta diferente.

- **Ângulo:** Duas semirretas com o mesmo ponto de término formam um ângulo. Cada uma é o *lado* de um ângulo, e o ponto de término comum é o *vértice do ângulo*. Você nomeia um ângulo usando seu vértice ou três pontos (o ponto sobre uma semirreta, o vértice e depois o ponto sobre a outra).

Veja a Figura 2-3. As semirretas $\overrightarrow{PQ}$ e $\overrightarrow{PR}$ formam os lados do ângulo, com o ponto P como vértice. Você pode chamar o ângulo de $\angle P$, $\angle RPQ$ ou $\angle QPR$. Ângulos também podem ser nomeados com números, como o ângulo à direita da figura, que pode chamar de $\angle 4$. O número é apenas outra maneira de nomear o ângulo, não tem nada a ver com o tamanho do ângulo.

O ângulo à direita mostra o *interior* e o *exterior* de um ângulo.

» **Plano:** Um plano é como uma folha de papel perfeitamente plana, exceto que não tem espessura e continua infinitamente em todas as direções. Você pode dizer que ele é infinitamente fino e que tem largura e comprimento infinitos.

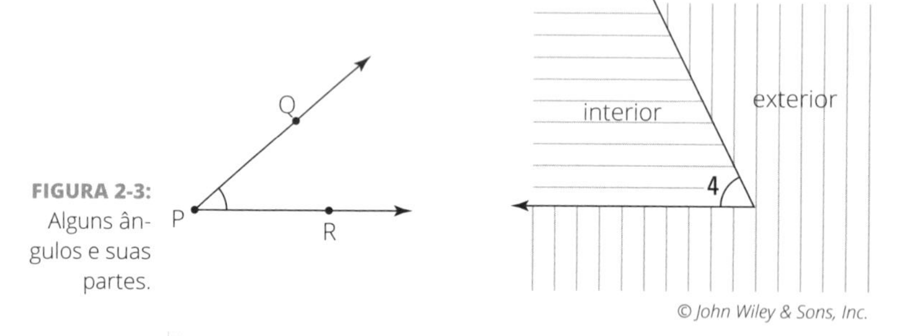

FIGURA 2-3: Alguns ângulos e suas partes.

Como ele tem comprimento e largura, mas não altura, é bidimensional. Planos são nomeados com uma letra grega em caixa-baixa, italicizada, ou às vezes com o nome da forma (um retângulo, por exemplo) feita a partir dele. A Figura 2-4 mostra o plano α, que segue continuamente em quatro direções.

» **Espaço 3D (tridimensional):** Espaços 3D estão em todo lugar — e em todas as direções. Primeiro, imagine um mapa imensamente grande que segue infinitamente para Norte, Sul, Leste e Oeste. Isso é um plano bidimensional. Agora, para conseguir um espaço 3D a partir desse mapa, adicione a terceira dimensão, seguindo continuamente as direções para cima e para baixo.

Não há uma boa maneira de desenhar espaços 3D (a Figura 2-4 mostra minha melhor tentativa, mas não venceria nenhum concurso). Diferente de uma caixa, espaços 3D não têm forma nem bordas.

Como espaços 3D ocupam *todo* o espaço do universo, criam uma oposição com o ponto, que não ocupa espaço algum. Mas, por outro lado, espaços 3D se identificam com pontos no sentido de que são difíceis de definir, porque ambos são completamente descaracterizados.

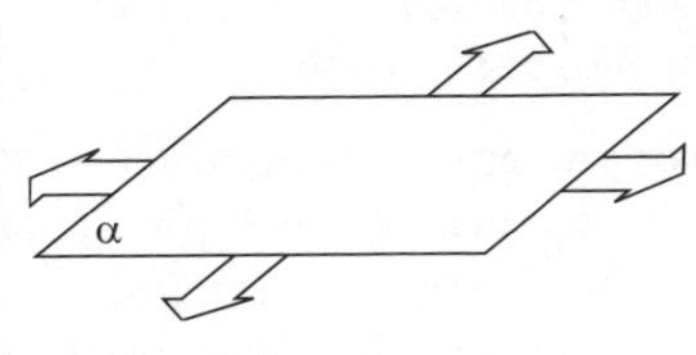

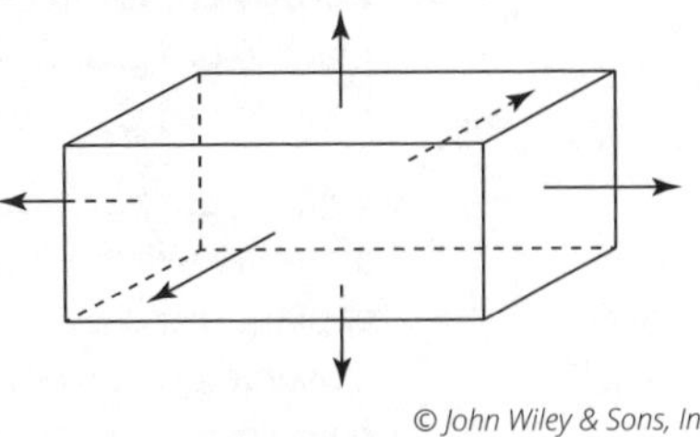

FIGURA 2-4: Um plano bidimensional e um espaço tridimensional.

© *John Wiley & Sons, Inc.*

LEMBRE-SE

Há uma peculiaridade na maneira como os objetos são retratados em diagramas geométricos: mesmo que retas, segmentos, semirretas e análogos apareçam em um diagrama, ainda permanecerão lá de alguma forma — desde que saiba onde desenhá-los. Por exemplo, a Figura 2-1 contém um segmento, $\overline{PD}$, que vai de P para D e termina nos pontos finais P e D — mesmo que você não o veja. (Sei que parece um pouco estranho, mas essa ideia é apenas uma das regras do jogo. Não esquenta!)

Alguns Pontos sobre Pontos

Não há muito o que se possa dizer sobre pontos. Eles não têm características, e cada um é como qualquer outro. Alguns *grupos* de pontos, entretanto, merecem uma explicação.

- **Pontos colineares:** Vê a palavra *linear* em *colinear*? Pontos colineares ficam em linha, ou seja, sobre uma reta. Quaisquer dois pontos são sempre colineares porque você pode sempre conectá-los com uma reta. Três ou mais pontos também podem sê-lo, mas não obrigatoriamente. Veja a Figura 2-5.
- **Pontos não colineares:** Esses pontos, como os pontos *X*, *Y* e *Z* na Figura 2-5, não estão todos sobre a mesma reta.

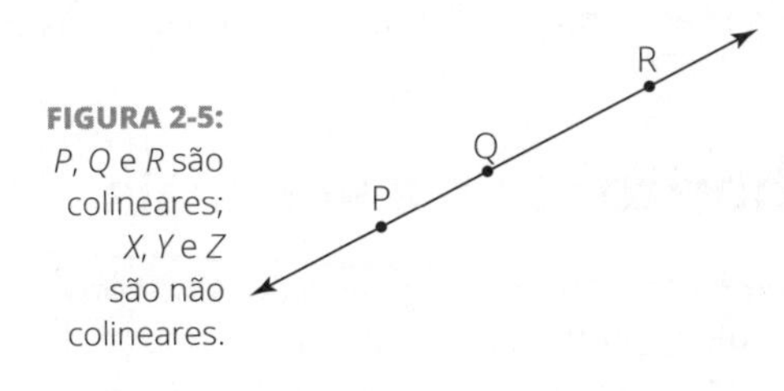

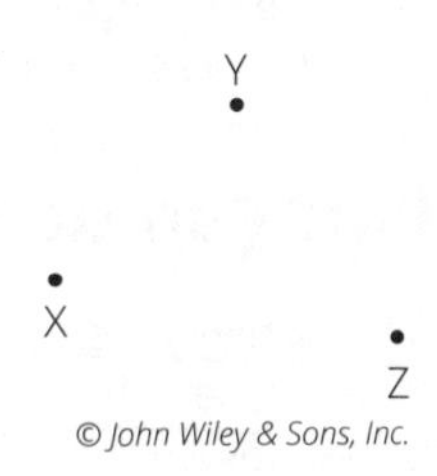

FIGURA 2-5: *P*, *Q* e *R* são colineares; *X*, *Y* e *Z* são não colineares.

© *John Wiley & Sons, Inc.*

» **Pontos coplanares:** Um grupo de pontos que ficam sobre o mesmo plano é um grupo coplanar. Quaisquer dois ou três pontos são sempre coplanares. Quatro ou mais podem sê-lo ou não.

Veja a Figura 2-6, que mostra os pontos coplanares *A*, *B*, *C* e *D*. Na caixa à direita, existem vários deles. Os pontos *P*, *Q*, *X* e *W*, por exemplo, são coplanares; o plano que os contém está no lado esquerdo da caixa. Observe que os pontos *Q*, *X*, *S* e *Z* também são coplanares. Mesmo que o plano que os contém não seja mostrado, corta transversalmente a caixa na metade.

» **Pontos não coplanares:** Um grupo de pontos que não estão sobre o mesmo plano é não coplanar.

Veja a Figura 2-6. Os pontos *P*, *Q*, *X* e *Y* são pontos não coplanares. O topo da caixa contém *Q*, *X* e *Y*, e o lado esquerdo, *P*, *Q* e *X*, mas nenhuma superfície plana contém todos os quatro.

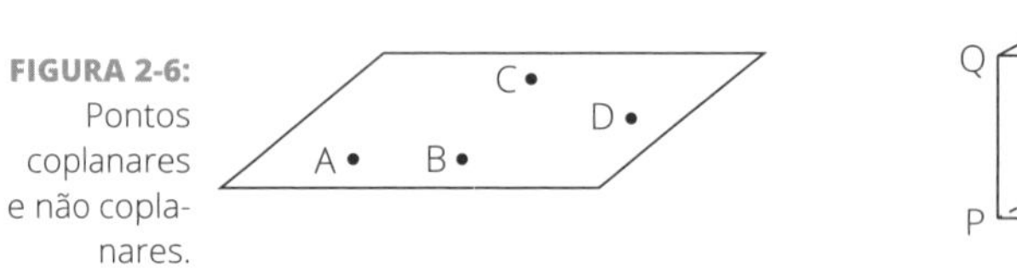

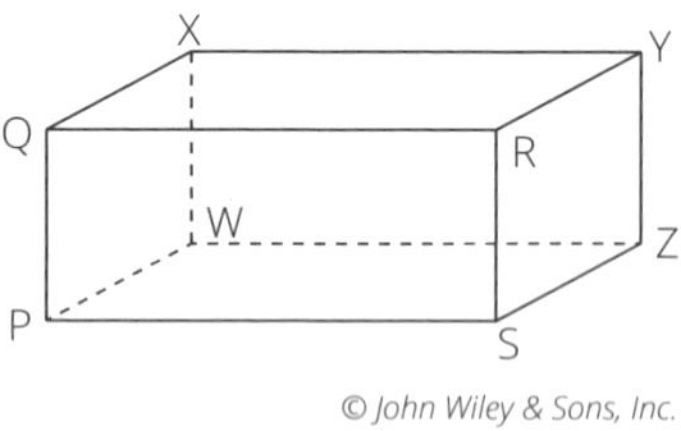

FIGURA 2-6: Pontos coplanares e não coplanares.

Retas, Segmentos e Semirretas Apontando para Todos os Lados

Nesta seção, descrevo diferentes tipos de retas ou pares (segmentos, semirretas) baseados na direção para a qual apontam ou em como se relacionam uns com os outros. As pessoas comumente usam os termos nas duas próximas seções para descrever retas, mas você também pode usá-los para segmentos e semirretas.

Distinção de retas horizontais e verticais

Definir *horizontal* e *vertical* pode parecer um pouco sem sentido. Você provavelmente já sabe o que esses termos significam, e a melhor maneira de descrevê-los é simplesmente mostrar uma imagem. Ei! Mas este é um livro de matemática e, como tal, supostamente define termos. Quem sou eu para questionar essa antiga tradição? Então, eis as definições (veja também a Figura 2-7):

- **Retas, segmentos e semirretas horizontais:** Se direcionam para a direita e/ou esquerda, não para cima e para baixo — você sabe, como o horizonte.
- **Retas, segmentos e semirretas verticais:** Retas ou suas partes que seguem um sentido para cima e/ou para baixo são verticais. (Não é nenhum mistério.)

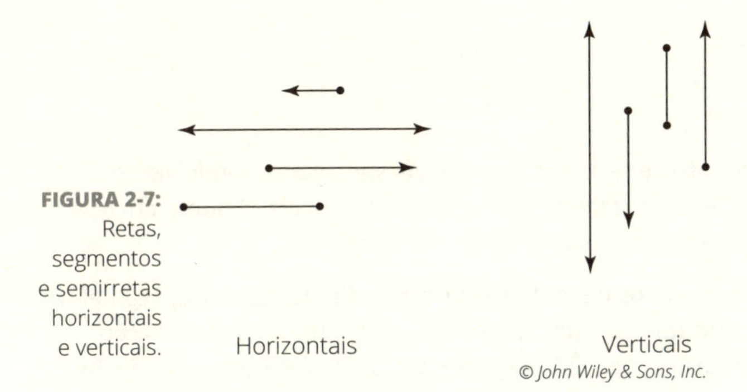

FIGURA 2-7: Retas, segmentos e semirretas horizontais e verticais.

Duplicando com pares de retas

Nesta seção, mostro cinco termos que descrevem pares de retas. Os quatro primeiros tratam de retas coplanares — você os usará muito. O quinto descreve as retas não coplanares. Esse aparece apenas em problemas 3D, então você provavelmente não terá tantas chances de usá-lo.

Retas coplanares

Defino *pontos coplanares* na seção anterior — como pontos em um mesmo plano —, portanto, me recuso terminantemente a definir *retas coplanares*. Bem, ok, não quero ser encaminhado para o comitê disciplinar dos escritores de livros de matemática, então, aqui está: retas coplanares são retas no mesmo plano. Eis algumas formas como as retas coplanares interagem:

- **Retas, segmentos e semirretas paralelos:** Retas que seguem na mesma direção e nunca se cruzam (como trilhos ferroviários) são chamadas de paralelas. Semirretas e segmentos são paralelos se as retas que os contêm o forem. Se $\overleftrightarrow{AB}$ é paralelo a $\overleftrightarrow{CD}$, você escreve $\overleftrightarrow{AB} \parallel \overleftrightarrow{CD}$. Veja a Figura 2-8.

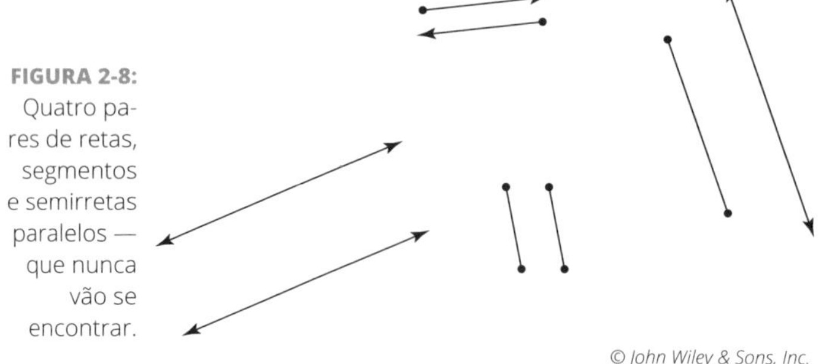

FIGURA 2-8: Quatro pares de retas, segmentos e semirretas paralelos — que nunca vão se encontrar.

© John Wiley & Sons, Inc.

» **Retas, segmentos e semirretas transversais:** Retas, semirretas e segmentos que se cruzam ou tocam são transversais. O ponto em que se cruzam ou tocam é chamado de *ponto de interseção*.

- **Retas, segmentos e semirretas perpendiculares:** Retas, segmentos e semirretas que se interceptam em um ângulo reto (de 90º) são perpendiculares. Se $\overline{PQ}$ é perpendicular a $\overline{RS}$, você escreve $\overline{PQ} \perp \overline{RS}$. Veja a Figura 2-9. As pequenas caixas nos cantos indicam ângulos retos. (A definição de perpendicular é usada em provas. Veja o Capítulo 4.)
- **Retas, semirretas e segmentos oblíquos:** Retas, semirretas e segmentos que se interceptam em ângulos diferentes de 90º são *oblíquos.* Veja a Figura 2-9, que mostra retas e semirretas oblíquas, à direita.

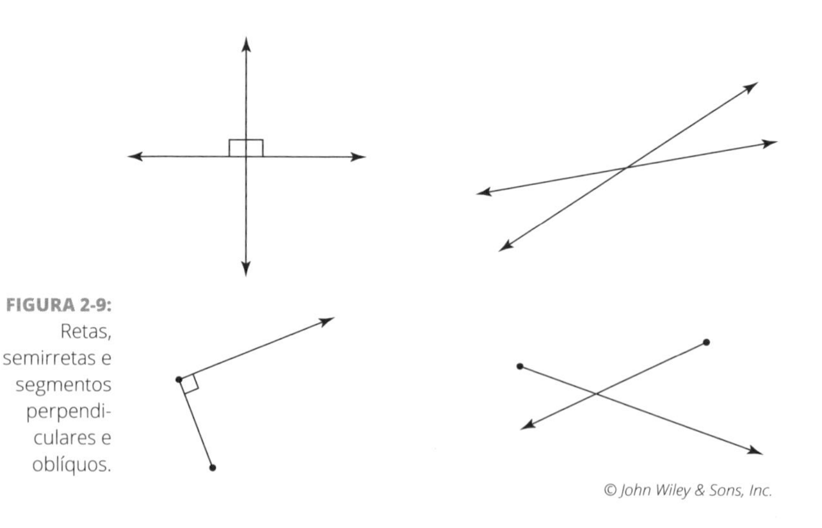

FIGURA 2-9: Retas, semirretas e segmentos perpendiculares e oblíquos.

© John Wiley & Sons, Inc.

LEMBRE-SE

Como as retas seguem infinitamente, um par de retas coplanares será paralelo ou transversal. (No entanto, isso não é válido para segmentos e semirretas. Eles podem ser não paralelos e não transversais ao mesmo tempo, porque seus pontos de término lhes permitem acabar antes do ponto de cruzamento.)

Retas não coplanares

Na seção anterior, você confere retas que ficam em um mesmo plano. Aqui, discuto as que não estão no mesmo plano.

LEMBRE-SE

Retas, semirretas e segmentos reversos: Retas que não estão sobre um mesmo plano são chamadas de reversas — *reverso* simplesmente significa *não coplanar*. Ou você pode dizer que as retas reversas são retas que não são paralelas nem se cruzam. Veja a Figura 2-10. (Você provavelmente nunca ouvirá alguém se referindo a semirretas ou segmentos reversos, mas nem por isso eles deixam de existir. Eles são reversos se forem não coplanares.)

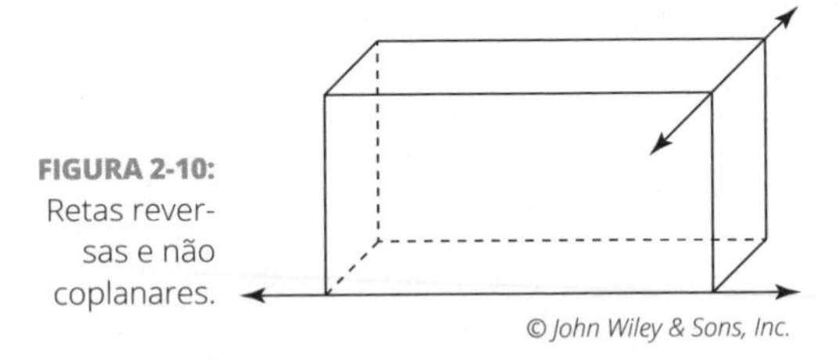

FIGURA 2-10: Retas reversas e não coplanares.

© John Wiley & Sons, Inc.

Eis uma boa maneira de lidar com retas reversas. Pegue dois lápis ou canetas, um em cada mão. Segure-os um pouco afastados, igualmente afastados de você. Agora mantenha um onde está e aponte o outro para o teto. É isso. Você está segurando retas reversas.

Investigando Fatos sobre Planos

Olhem! Lá no céu! É um pássaro! É um avião! É o Super-Homem! Não, pera... é só um plano. Nesta curta seção, você descobrirá algumas coisas sobre planos — do tipo geométrico; isto é, não planos de voo. Infelizmente, o plano geométrico é bem menos interessante porque só há, de fato, uma coisa a ser dita sobre como dois planos interagem: se cruzam ou não. Eu queria poder tornar isso mais empolgante, mas isso é tudo, pessoal.

Eis os termos óbvios para os dois tipos de planos (veja a Figura 2-11):

- **Planos paralelos:** São planos que nunca se cruzam. O teto de um cômodo (supondo que seja plano) e o chão são planos paralelos (mesmo que os planos legítimos se estendam infinitamente).
- **Planos transversais:** Segure seu chapéu — planos transversais se cruzam ou interceptam. Quando se interceptam, o local em que se encontram forma uma reta. O chão e a parede de um cômodo são planos transversais, e o local em que se encontram é a reta de interseção dos dois planos.

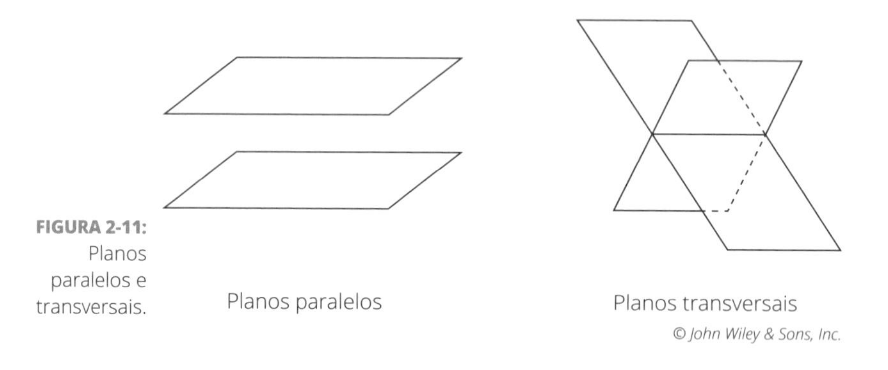

FIGURA 2-11: Planos paralelos e transversais.

© John Wiley & Sons, Inc.

Tudo Tem um Ângulo

Ângulos são um dos blocos de construção básicos de triângulos e outros polígonos (segmentos são outro). Você os vê em praticamente todas as páginas de todos os livros de geometria, então trate de se familiarizar com eles — sem "e se?", "e..." ou "mas". Na primeira parte desta seção, apresento cinco termos que descrevem ângulos. Na seguinte, trato de quatro tipos de pares de ângulos.

O Lobo Mau e os três ângulos: O grito agudo, a ideia obtusa e o "prático"

Esses trocadilhos de geometria são fantásticos, ou não? Pense bem, onde mais você encontraria a fascinante matemática *mais* um humor incrivelmente fino? Aliás, gostei tanto desse trocadilho, que decidi usá-lo mesmo que não seja exatamente aplicável. Nesta seção, apresento *cinco* tipos de ângulos, não apenas três. Mas os três primeiros são os principais; os outros dois, um pouco peculiares.

Confira as definições dos cinco ângulos a seguir e veja como são na Figura 2-12:

» **Ângulo agudo:** Um ângulo agudo é menor que 90°. Pense em um "problema *agudo*". Ângulos agudos são como uma boca de jacaré não muito aberta.

» **Ângulo obtuso:** Ângulos obtusos têm uma medida maior que 90°. Eles são como cadeiras de praia — são bem abertos e parece que você pode se deitar sobre eles. (Mais confortável do que a boca de um jacaré, certo?)

» **Ângulo reto:** Ângulos retos medem 90°. Eles podem lhe ser familiares de cantos de molduras, tábuas, caixas, livros, as interseções da maioria das estradas e todo tipo de coisa que se vê no dia a dia. Os lados de um ângulo reto são *perpendiculares* (veja a seção anterior "Retas coplanares").

» **Ângulo raso:** Ele mede 180°. Parece uma reta com um ponto em cima (um pouco estranho para um ângulo, se quiser saber minha opinião).

» **Ângulo côncavo:** Mede mais de 180°. Basicamente, ângulos côncavos são o outro lado de um ângulo ordinário. Por exemplo, considere um dos ângulos de um triângulo. Imagine o ângulo grande *do lado de fora* do triângulo, que circunda seu canto — isso é um ângulo côncavo.

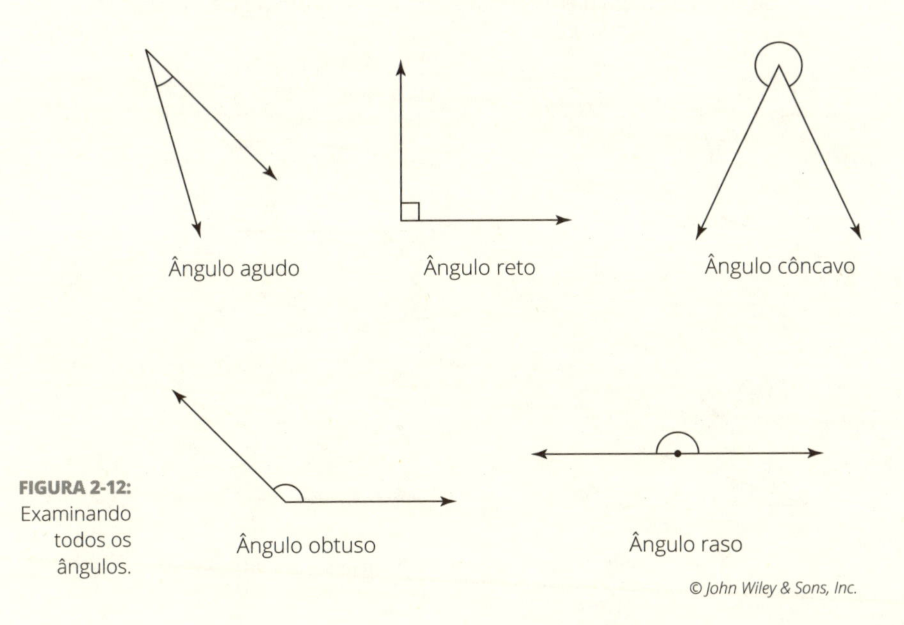

FIGURA 2-12: Examinando todos os ângulos.

Pares de ângulos: Como unha e carne

Ao contrário dos ângulos individuais, na seção anterior, aqui os ângulos precisam se relacionar com outros para que suas definições façam sentido. Sim, eles são um pouco carentes. Ângulos adjacentes e verticais sempre compartilham um vértice em comum, então são unidos como se fossem unha e carne. Os ângulos complementares e suplementares podem compartilhar o vértice, mas não necessariamente. Eis as definições:

» **Ângulos adjacentes:** São ângulos vizinhos, que têm o mesmo vértice e também compartilham um lado, nenhum ângulo está dentro do outro. Percebo que parece verborragia. Essa simples ideia é um pouco sofrida de definir, então confira a Figura 2-13 — uma imagem vale mais que mil palavras.

Na figura, $\angle BAC$ e $\angle CAD$ são adjacentes, como $\angle 1$ e $\angle 2$. Entretanto, nem $\angle 1$ e nem $\angle 2$ são adjacentes de $\angle XYZ$, porque ambos estão dentro de $\angle XYZ$. Nenhum dos ângulos sem nome à direita é adjacente, porque eles não compartilham vértice ou lado.

Se tiver ângulos adjacentes, você não pode nomeá-los com uma letra. Por exemplo, não se pode chamar um ângulo $\angle 1$ ou $\angle 2$ (ou $\angle XYZ$, nesse caso) de $\angle Y$, porque ninguém saberia a qual deles você se refere. Em vez disso, se refira ao ângulo em questão com um número ou três letras.

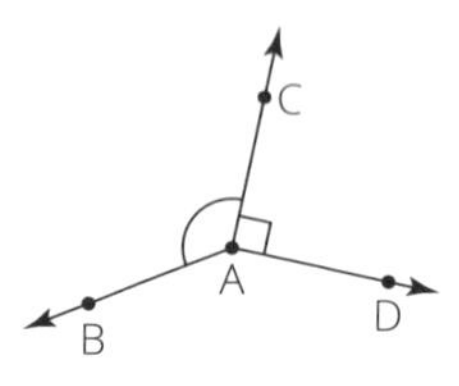

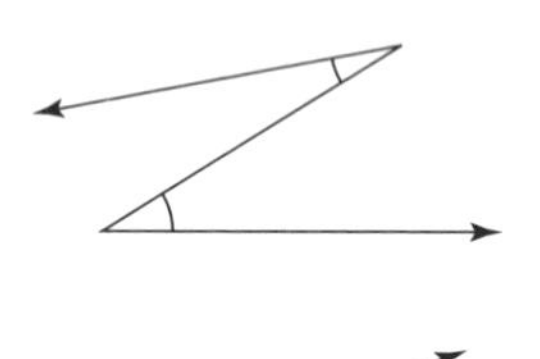

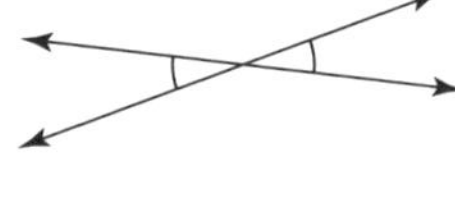

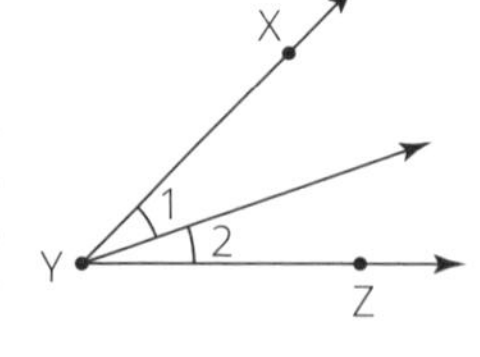

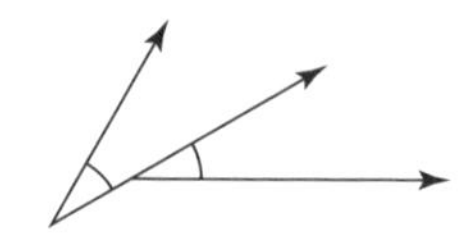

FIGURA 2-13: Ângulos adjacentes e não adjacentes.

- **Ângulos complementares:** Dois ângulos que somem 90º, ou um ângulo reto, são complementares. Eles podem ser adjacentes, mas não obrigatoriamente. Na Figura 2-14, os ângulos adjacentes $\angle 1$ e $\angle 2$ são complementares, porque formam um ângulo reto; $\angle P$ e $\angle Q$ são complementares, porque somam 90º. (A definição de *complementar* é usada em provas. Veja o Capítulo 4.)
- **Ângulos suplementares:** Dois ângulos que somem 180º, ou um ângulo raso, são suplementares. Eles podem ou não ser adjacentes. Na Figura 2-15, $\angle 1$ e $\angle 2$, ou os dois ângulos retos, são suplementares, porque formam um ângulo raso. Ambos os pares de ângulos são chamados de *pares lineares*. Os ângulos *A* e *Z* são suplementares, porque somam 180º. (A definição de *suplementar* às vezes é usada em provas. Veja o Capítulo 4.)

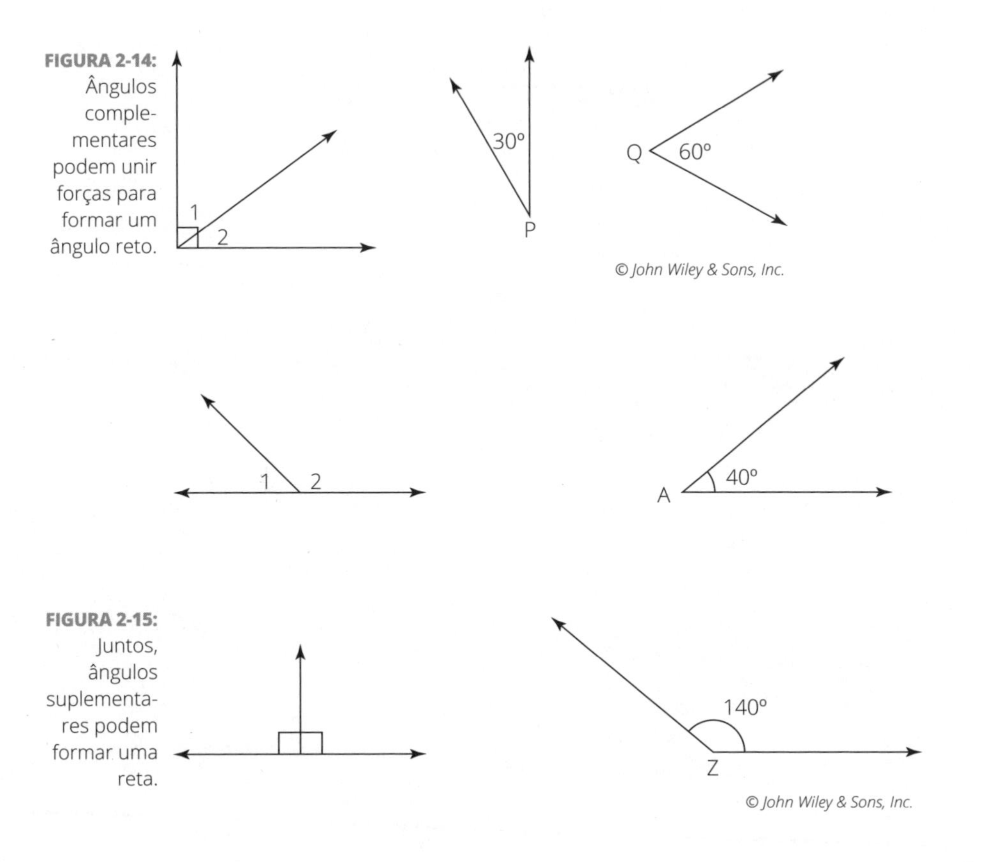

FIGURA 2-14: Ângulos complementares podem unir forças para formar um ângulo reto.

FIGURA 2-15: Juntos, ângulos suplementares podem formar uma reta.

» **Ângulos opostos pelos vértices:** As retas transversais formam um X, e os ângulos nos lados opostos desse X são chamados de opostos pelos vértices. Veja a Figura 2-16, que mostra os ângulos opostos pelos vértices $\angle 1$ e $\angle 3$ e os $\angle 2$ e $\angle 4$. Dois ângulos opostos pelos vértices têm sempre o mesmo tamanho. Aliás, como você pode ver na figura, a ideia de *vertical* nos *ângulos opostos pelos vértices* não tem nada a ver com o sentido para cima e para baixo de verticalidade.

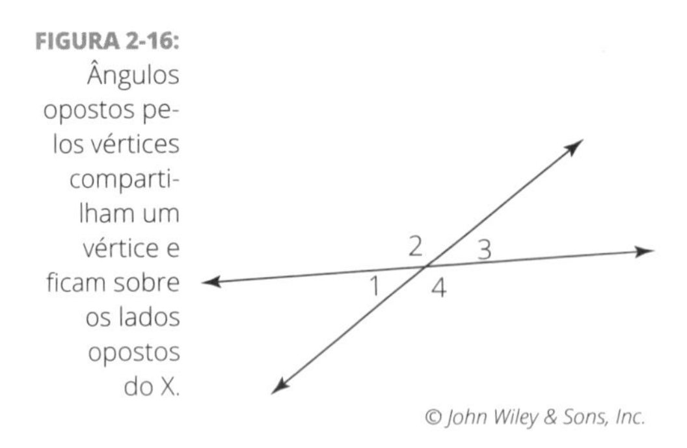

FIGURA 2-16: Ângulos opostos pelos vértices compartilham um vértice e ficam sobre os lados opostos do X.

NESTE CAPÍTULO

» **Medindo segmentos e ângulos**

» **Somando e subtraindo segmentos e ângulos**

» **Dividindo segmentos e ângulos em duas ou três partes congruentes**

» **Fazendo suposições corretas**

Capítulo **3**

Dimensionando Segmentos e Avaliando Ângulos

Este capítulo contém informações básicas sobre o tamanho de segmentos e ângulos, como medir, somar, subtrair e dividi-los em duas ou três partes. Mas, apesar da natureza simples dessas ideias, é um alicerce importante, então pule-o por sua conta e risco! Como todos os polígonos são feitos de segmentos e ângulos, esses dois elementos fundamentais são o segredo de um bom número de provas e problemas geométricos.

Medindo Segmentos e Ângulos

Medir segmentos e ângulos — especialmente segmentos — é moleza. Para segmentos, você mede seu comprimento; para um ângulo, sua abertura (como a medida do quanto uma porta está aberta). Sempre que vir um diagrama em um livro de geometria, prestar atenção no tamanho dos segmentos e ângulos que compõem uma forma o fará entender suas propriedades cruciais.

Medindo segmentos

Para dizer a verdade, penso que medida de segmentos é um conceito muito simples para se colocar em um livro, mas meu editor achou que eu devia incluí-la por uma questão didática, então aqui está. A *medida* ou tamanho de um segmento é simplesmente seu comprimento. O que mais seria? Afinal, o comprimento é a única característica de um segmento. Há segmentos curtos, médios e longos. (Não, esses *não* são termos matemáticos técnicos.) Prepare-se para outro baque: se o comprimento de um segmento é de 10 unidades, e o de outro, 20, o de 20 é o dobro do segmento de 10. Surpreendente, não? (Chamo de *unidades* porque não é comum ver a unidade de medida especificada em problemas geométricos.)

Segmentos congruentes são segmentos com o mesmo comprimento. Se $\overline{MN}$ é congruente a $\overline{PQ}$, você escreve $\overline{MN} \cong \overline{PQ}$. Você sabe que dois segmentos são congruentes quando ambos têm o mesmo comprimento numérico ou quando não sabe seu comprimento, mas imagina (ou foi falado) que são congruentes. Em uma imagem, dar a cada segmento correspondente o mesmo número de marcações indica congruência. Na Figura 3-1, por exemplo, o fato de $\overline{WX}$ e $\overline{YZ}$ terem três marcações lhe diz que são congruentes.

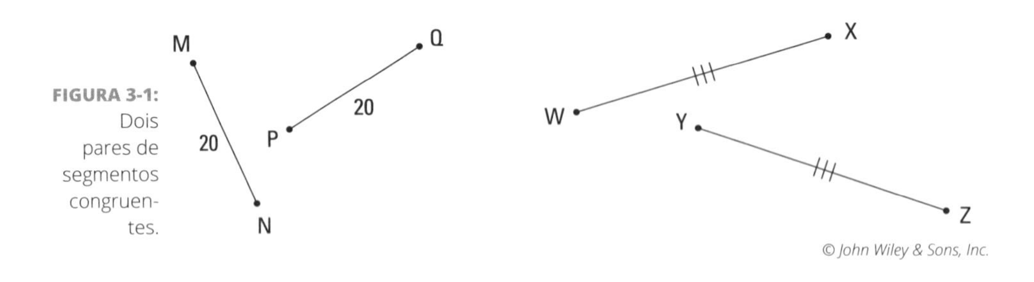

FIGURA 3-1: Dois pares de segmentos congruentes.

Segmentos congruentes (e ângulos congruentes, do que falo na próxima seção) são elementos essenciais nas provas que você vê no resto do livro. Por exemplo, ao descobrir que um lado (um segmento) de um triângulo é congruente a outro lado de outro triângulo, você pode usar esse fato para provar que esses triângulos são congruentes (veja o Capítulo 9 para detalhes).

LEMBRE-SE

Escrever o nome de um segmento sem a barra sobre ele representa o *comprimento do segmento*; assim, AG indica o comprimento de $\overline{AG}$. Se, por exemplo, $\overline{XY}$ tiver o comprimento de 5, você escreve $XY = 5$. E, se $\overline{AB}$ for congruente a $\overline{CD}$, seus comprimentos são idênticos, e você escreve $AB = CD$. Observe que um sinal de igual foi usado nas equações anteriores, não um símbolo de congruência.

Medindo ângulos

Medir um ângulo é muito fácil, mas pode ser mais complexo do que um segmento, porque o tamanho de um ângulo não tem base em algo tão simples quanto o comprimento. Em vez disso, se baseia em sua abertura. Nesta seção, apresento alguns pontos e imagens mentais que o farão entender como a medição de ângulos funciona.

LEMBRE-SE

Grau: A unidade de medida básica para ângulos é o *grau*. Um grau é $\frac{1}{360}$ de um círculo, ou $\frac{1}{360}$ de uma rotação completa.

DICA

Um jeito de se começar a pensar sobre tamanho e medida de ângulos em graus é desenhar uma pizza inteira — ou seja, 360º de pizza. Corte-a em 360 fatias, cujo ângulo de cada uma equivale a 1º (não recomendo cortá-la tão pequena se estiver com fome). Para outras medidas de ângulos, veja a lista a seguir e a Figura 3-2:

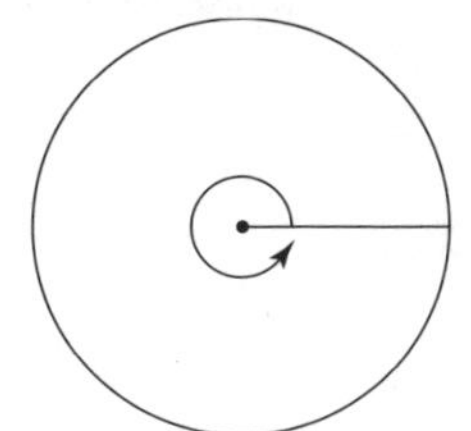

Há 360º em um círculo (ou pizza).

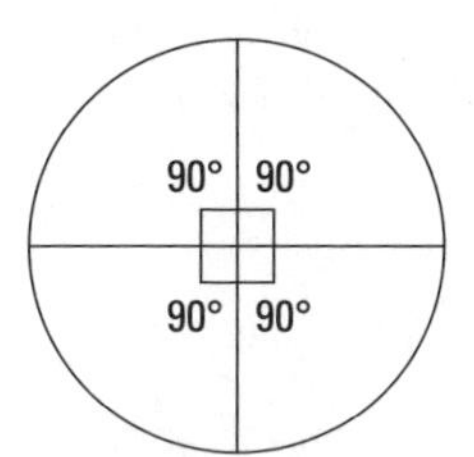

Se cortar a pizza em 4 fatias grandes, cada uma terá um ângulo de 90º (360º ÷ 4 = 90º).

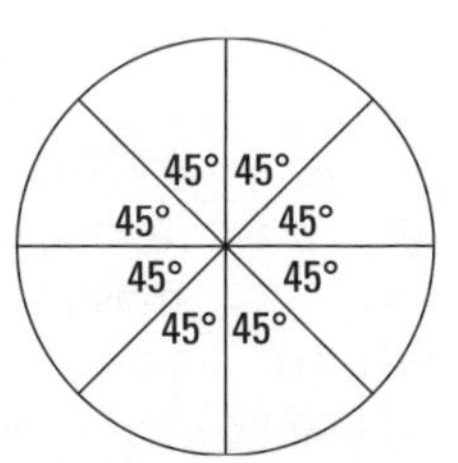

Se cortá-la em 4 grandes fatias e dividir cada uma ao meio, você terá 8 pedaços, cada um com um ângulo de 45º (360º ÷ 8 = 45º).

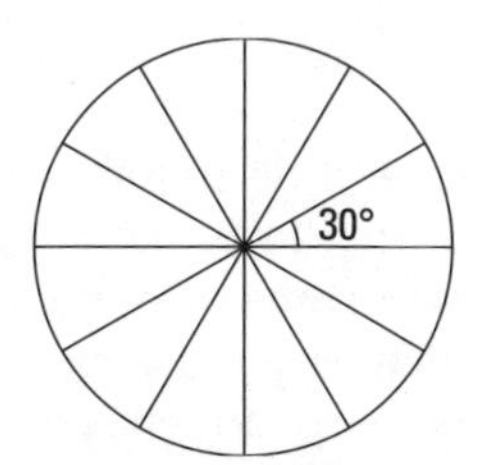

Se cortar a pizza original em 12 fatias, cada uma terá um ângulo de 30º (360º ÷ 12 = 30º).

FIGURA 3-2: Os ângulos mais abertos representam as frações maiores de pizza.

» Se cortar a pizza em 4 fatias grandes, cada uma tem um ângulo de 90° (360° ÷ 4 = 90°).

» Se cortá-la em 4 grandes fatias e dividir cada uma ao meio, você terá 8 pedaços, cada um com um ângulo de 45° (360° ÷ 8 = 45°).

» Se cortar a pizza original em 12 fatias, cada uma terá um ângulo de 30° (360° ÷ 12 = 30°).

Portanto, $\frac{1}{12}$ de uma pizza tem 30°; $\frac{1}{8}$, 45°; $\frac{1}{4}$, 90°, e assim por diante. Quanto maior a fração da pizza, maior o ângulo.

A fração da pizza ou círculo é a única coisa relevante quando se trata de tamanho do ângulo. O comprimento da borda e a área da fatia não lhe diz nada a respeito do tamanho de um ângulo. Em outras palavras, $\frac{1}{6}$ de uma pizza de 25cm tem o mesmo ângulo que $\frac{1}{6}$ de uma de 40cm, e $\frac{1}{8}$ de uma pizza pequena tem um ângulo (45°) maior do que $\frac{1}{12}$ de uma grande (30°) — mesmo que essa fatia de 30° seja a de que você gostaria se estivesse com fome. Veja a Figura 3-3.

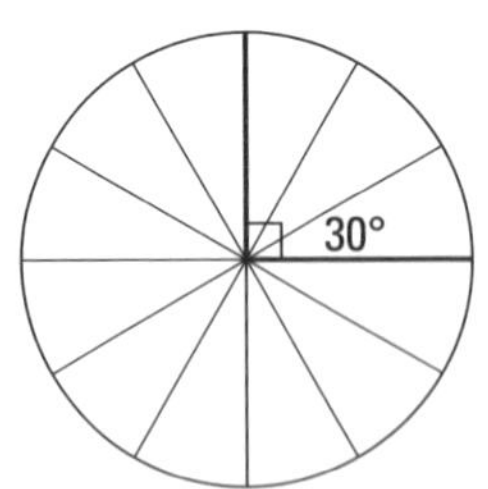

FIGURA 3-3: Uma pizza grande com ângulos pequenos e uma pequena com ângulos grandes.

© John Wiley & Sons, Inc.

Outra maneira de observar o tamanho de um ângulo é pensar em uma porta aberta, tesoura ou, digamos, a boca de um jacaré. Quanto mais aberta a boca estiver, maior o ângulo. Como a Figura 3-4 mostra, um filhote de jacaré com a boca mais aberta faz um ângulo mais amplo do que um jacaré adulto com a boca menos aberta, mesmo que o vão seja maior na boca do jacaré adulto.

Ambos os lados de um ângulo são semirretas (veja o Capítulo 2), e todas são infinitas, independentemente do tamanho que aparentem ter em uma imagem. Os "comprimentos" dos lados de um ângulo em diagrama não são seus comprimentos de fato e não lhes dizem nada sobre o tamanho do ângulo. Mesmo quando um diagrama mostra um ângulo com dois segmentos para os lados, os lados ainda são tecnicamente semirretas de comprimento infinito.

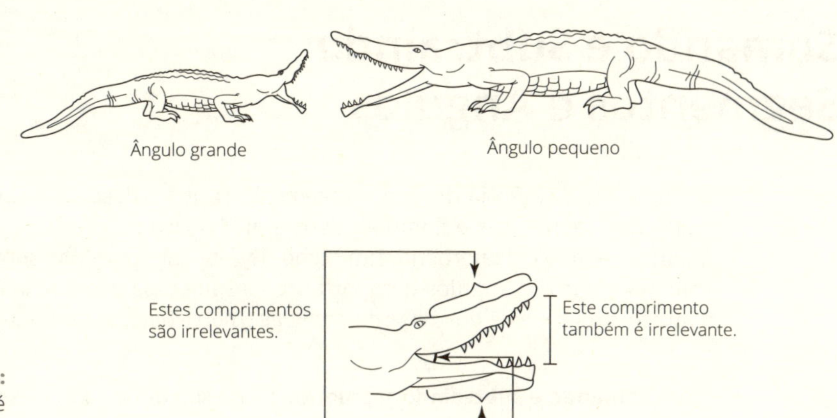

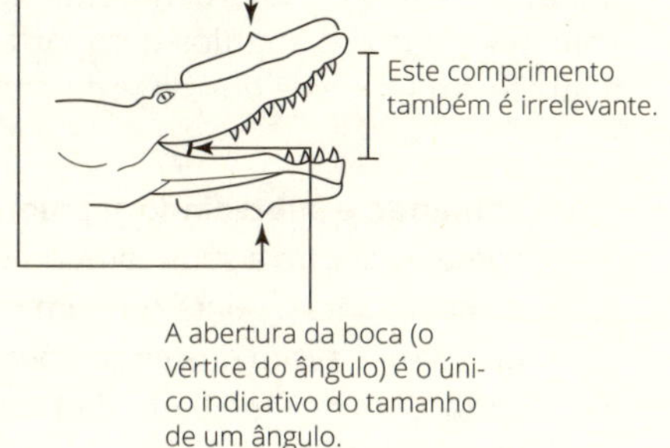

FIGURA 3-4: O jacaré adulto é maior, mas a boca do filhote faz um ângulo mais amplo.

© John Wiley & Sons, Inc.

Ângulos congruentes têm a mesma medida em graus. Em outras palavras, têm a mesma abertura em seus vértices. Se empilhássemos dois ângulos congruentes um sobre o outro com seus vértices juntos, os dois lados de um ângulo se alinhariam perfeitamente com os do outro.

Você sabe que dois ângulos são congruentes quando têm a mesma medida numérica (digamos que ambos meçam 70º) ou quando não sabe a medida, mas imagina (ou simplesmente é falado) que o são. Nas imagens, ângulos com o mesmo número de marcações são congruentes entre si. Veja a Figura 3-5.

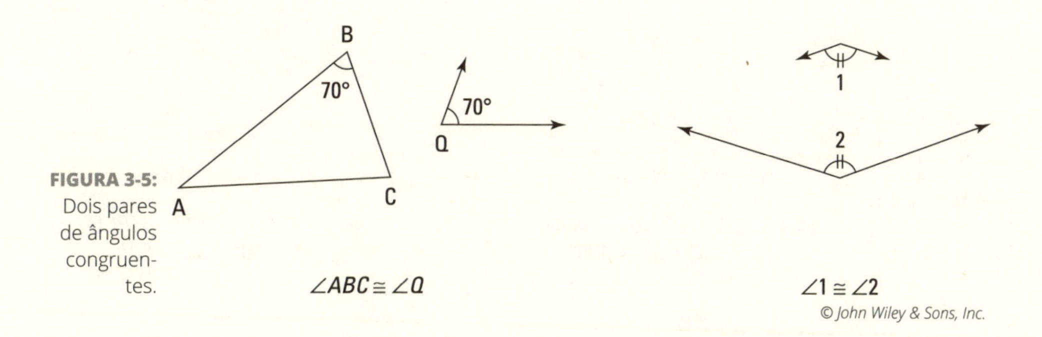

FIGURA 3-5: Dois pares de ângulos congruentes.

© John Wiley & Sons, Inc.

Somando e Subtraindo Segmentos e Ângulos

O título desta seção já diz tudo: você está prestes a descobrir como somar e subtrair segmentos e ângulos. Esse tópico — como medir segmentos e ângulos — não é exatamente um bicho de sete cabeças. Mas somar e subtrair segmentos e ângulos é importante, porque essa geometria aritmética aparece em provas e outros problemas geométricos. É assim que funciona:

- **Somando e subtraindo segmentos:** Para somar ou subtrair segmentos, some ou subtraia seus comprimentos. Por exemplo, se colocar uma barra de 4cm ponta a ponta com uma de 8cm, você tem um comprimento total de 12cm. É assim que se somam segmentos. Subtrair segmentos é como cortar 3cm de uma barra de 10cm. Você termina com uma barra de 7cm. Mel na chupeta.
- **Somando e subtraindo ângulos:** Para somar ou subtrair ângulos, basta somar ou subtrair seus graus. Você pode pensar em somar ângulos como colocar duas ou mais fatias de pizza próximas com suas extremidades unidas. Subtrair ângulos é como começar com uma pizza inteira e retirar fatias. A Figura 3-6 mostra como funciona.

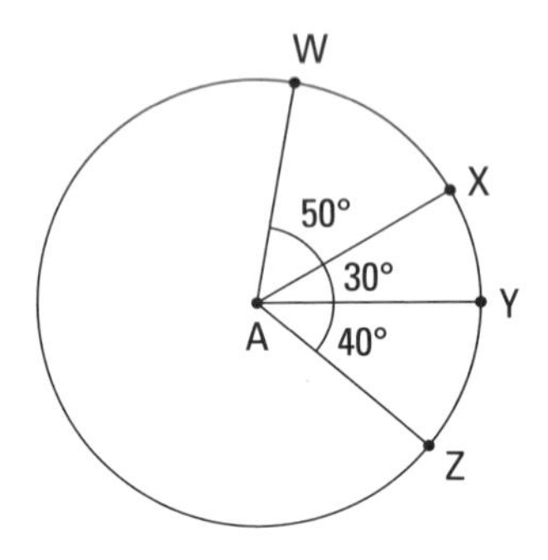

Adicionando ângulos

$$WAX + \angle XAY + \angle YAZ = \angle WAZ$$
$$50° + 30° + 40° = 120°$$

Subtraindo ângulos

$$\angle PCR - \angle QCR = \angle PCQ$$
$$90° - 30° = 60°$$

© John Wiley & Sons, Inc.

FIGURA 3-6: Adicionando e subtraindo ângulos.

Dividindo em Dois e Três: Bisseção e Trissecção

Se for fã de bicicletas e triciclos, bifocais e trifocais — sem mencionar biatlo e triatlo, bifurcação e trifurcação, bipartição e tripartição —, você vai amar esta seção sobre bisseção e trissecção: dividir algo em duas ou três partes iguais.

O ponto principal aqui é que, após fazer a bisseção ou trissecção, você termina com partes *congruentes* do segmento ou ângulo que cortou. No Capítulo 5 você vê como isso vem a calhar em provas geométricas.

Bisseção e trissecção de segmentos

Bisseção de segmentos, o termo relacionado *ponto médio* e a *trissecção* de segmentos são ideias bem simples. (Suas definições, que se seguem, são frequentemente usadas em provas. Veja o Capítulo 4.)

- **Bisseção de segmentos:** Um ponto, segmento, semirreta ou reta que divide um segmento em dois segmentos congruentes o *bisseca*.
- **Ponto médio:** O ponto em que um segmento é bissecado é chamado de *ponto médio* do segmento; ele corta o segmento em duas partes congruentes.
- **Trissecção de segmentos:** Dois elementos (pontos, segmentos, semirretas, retas, ou qualquer combinação deles) que dividem um segmento em três segmentos congruentes o *trissecam*. Esses cortes são chamados — confira — de *pontos de trissecção* de um segmento.

Duvido que você tenha algum problema em se lembrar do significado de *bissecar* e *trissecar*, mas, só por desencargo, eis um mnemônico: Uma *bi*cicleta tem duas rodas, e *bi*ssecar significa dividir algo em duas partes congruentes; um *tri*ciclo tem três rodas, e *tri*ssecar significar dividir algo em três partes congruentes.

CUIDADO

Comumente os alunos erram ao pensar que *dividir* significa *bissecar,* ou cortar exatamente na metade. Esse erro é compreensível, porque, ao fazer divisões ordinárias, com números, em algum sentido, você divide um número maior em partes iguais (24 ÷ 2 = 12 porque 12 + 12 = 24). Mas, na geometria, *dividir* algo significa simplesmente cortar em partes de quaisquer tamanhos, iguais ou não. *Bissecar* e *trissecar*, é claro, *significam* dividir em partes exatamente iguais.

Aqui está um problema a ser resolvido usando-se o triângulo da Figura 3-7. Dado que as semirretas $\overrightarrow{AJ}$ e $\overrightarrow{AZ}$ trissecam $\overline{BC}$, determine o comprimento de $\overline{BC}$.

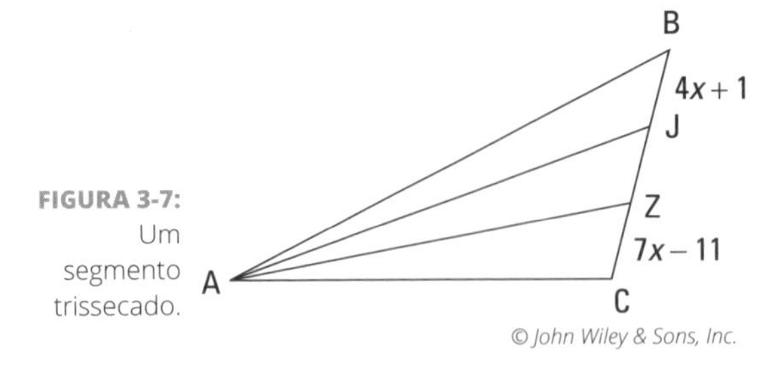

FIGURA 3-7: Um segmento trissecado.

Ok, eis a solução: $\overline{BC}$ é trissecado, então é dividido em três partes congruentes; assim, $BJ = ZC$. Basta defini-los como iguais e encontrar o x:

$$4x + 1 = 7x - 11$$
$$12 = 3x$$
$$x = 4$$

Agora, transformar 4 em $4x + 1$ e $7x - 11$ lhe dá 17 por segmento. JZ também é 17; assim, BC totaliza 3 x 17, ou 51. É isso.

Aliás, não cometa o erro comum de pensar que porque $\overline{BC}$ é trissecado, $\angle BAC$ também tem que ser.

CUIDADO

Se o lado de um triângulo é trissecado por semirretas de vértices opostos, o ângulo do vértice pode ser trissecado. O ângulo do vértice geralmente *parece* trissecado, e é comumente dividido em partes quase iguais, mas *nunca* é uma trissecção exata.

Neste problema em particular, você pode facilmente se tornar presa dessa armadilha, porque tenho *semirretas* $\overrightarrow{AJ}$ e $\overrightarrow{AZ}$ (em vez de *pontos* J e Z) trissecando $\overline{BC}$, e semirretas *costumam* trissecar ângulos. Mas o problema se refere à trissecção de $\overline{BC}$, não de $\angle BAC$, e a forma como as semirretas dividem o segmento $\overline{BC}$ é uma questão autônoma e diferente de como dividem $\angle BAC$.

Bissecando e trissecando ângulos

LEMBRE-SE

Prepare-se para um choque real: os termos *bisseção* e *trissecção* significam o mesmo para ângulos e segmentos! (Suas definições são comumente usadas em provas. Confira o Capítulo 4.)

- **Bisseção de ângulos:** Uma semirreta que divide um ângulo em dois ângulos congruentes o *bisseca*. A semirreta é chamada de *bissetriz de ângulo*.
- **Trissecção de ângulos:** Duas semirretas que dividem um ângulo em três ângulos congruentes o *trissecam*. Essas semirretas se chamam *trissetores de ângulos*.

Aventure-se neste problema: na Figura 3-8, $\overrightarrow{TP}$ bisseca $\angle STL$, o que equivale a $(12x-24^o)$; $\overrightarrow{TL}$ bisseca $\angle PTI$, o que equivale a $(8x)^o$. Se $\angle STI$ é trissecado, quanto mede?

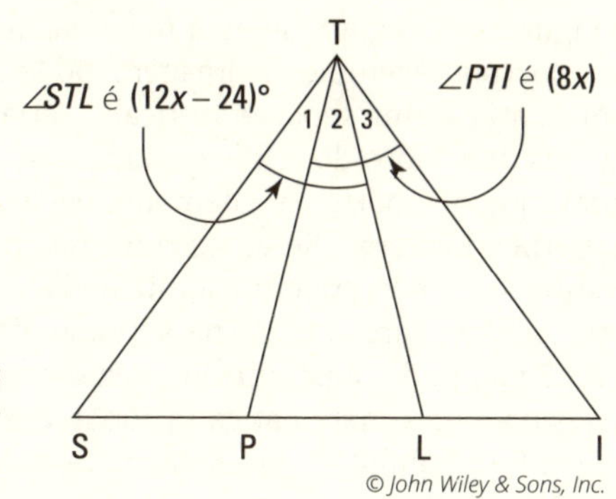

FIGURA 3-8: *SPLIT* trissecado.

Primeiro, sim, $\angle STI$ é trissecado. Você sabe disso porque $\angle STL$ é bissecado, então $\angle 1$ deve equivaler a $\angle 2$. E como $\angle PTI$ é bissecado, $\angle 2$ equivale a $\angle 3$. Portanto, todos os três ângulos devem ser iguais, o que significa que $\angle STI$ é trissecado.

Agora encontre a medida de $\angle STI$. Como $\angle STL$ — que mede $(12x-24)^o$ — é bissecado, $\angle 2$ deve ter a metade de seu tamanho, ou $(6x-12)^o$. E como $\angle PTI$ é bissecado, $\angle 2$ deve ter a metade do tamanho de $\angle PTI$ — que é a metade de $(8x)^o$, ou $(4x)^o$. Como $\angle 2$ é igual a $(6x-12)^o$ e $(4x)^o$, você iguala essas expressões e descobre o x:

$$\begin{aligned} 6x - 12 &= 4x \\ 2x &= 12 \\ x &= 6 \end{aligned}$$

Então basta transformar 6 em, digamos, $(4x)^o$, o que lhe dá 4×6, ou 24° para $\angle 2$. O ângulo *STI* é três vezes isso, ou 72°. É assim que funciona.

CUIDADO

Quando semirretas trissecam um ângulo de um triângulo, o lado oposto do triângulo *nunca* é trissecado por essas semirretas.

Na Figura 3-8, por exemplo, como $\angle STI$ é trissecado, $\overline{SI}$ definitivamente *não* é. Observe que esse é o aviso inverso daquele da seção anterior, que lhe diz que se o lado de um triângulo é trissecado, o ângulo não é.

Provando (sem Pular para) Conclusões sobre Formas

Eis algo incomum sobre o estudo da geometria: nos diagramas geométricos, você *não* pode presumir que tudo o que parece verdade de fato é.

Considere o triângulo na Figura 3-9. Agora, se essa forma aparecesse em um contexto não geométrico (por exemplo, a imagem poderia ser um telhado com uma viga horizontal e um suporte vertical), seria perfeitamente sensato concluir que os dois lados do telhado são iguais, que a viga é completamente horizontal, que o suporte é exatamente vertical, e, portanto, a base e a viga são perpendiculares. Se vir essa forma em um problema geométrico, entretanto, você não pode presumir nada disso. Essas informações certamente podem ser verdadeiras (na verdade, é bem provável que o sejam), mas você não pode presumir. Em vez disso, é preciso provar que é verdade através da lógica matemática racional. Essa maneira de lidar com imagens lhe confere habilidades práticas para provar coisas usando um raciocínio dedutivo rigoroso.

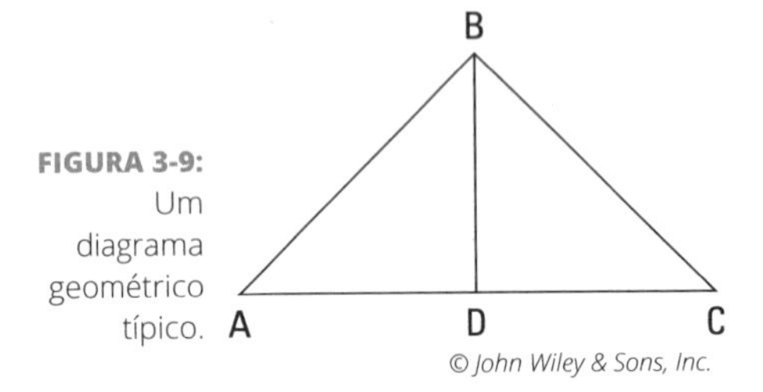

FIGURA 3-9: Um diagrama geométrico típico.

© John Wiley & Sons, Inc.

Uma maneira de compreender por que formas são tratadas desse jeito nas aulas de geometria é considerar que duas retas em uma imagem parecerem perpendiculares não garante que o sejam. Na Figura 3-9, por exemplo, os dois ângulos em cada lado de $\overline{BD}$ podem ser 89,99° e 90,01°, em vez de dois ângulos de 90°. Mesmo se você tivesse o instrumento mais preciso do mundo para medir os ângulos, não seria perfeitamente exato. Nenhum instrumento pode medir a diferença entre um ângulo de 90° e, digamos, de 90,0000000001°. Portanto, se quiser se certificar de que duas retas são perpendiculares, precisa usar lógica pura, não métrica.

Eis uma lista de coisas que você não pode presumir a respeito de diagramas geométricos. Observe novamente a Figura 3-9.

LEMBRE-SE

Nos diagramas geométricos, você *pode* presumir quatro coisas; todos têm que ter *retas*. Eis um exemplo e presunções válidas usando ΔABC:

» $\overline{AC}$ é uma reta.

» $\angle ADC$ é um ângulo raso.

» *A*, *D* e *C* são colineares.

» *D* fica entre *A* e *C*.

CUIDADO

Nos diagramas geométricos, você *não pode* presumir coisas que digam respeito ao tamanho de segmentos e ângulos. Você não pode presumir que segmentos e ângulos que pareçam congruentes o são ou que os que parecem diferentes o são, e nem presumir nada sobre os tamanhos relativos de segmentos e ângulos. Por exemplo, na Figura 3-9, as informações seguintes não são necessariamente verdadeiras:

» $\overline{AB} \cong \overline{CB}$; $\overline{AD} \cong \overline{CD}$.

» *D* é o ponto médio de $\overline{AC}$.

» $\angle A \cong \angle C$; $\angle ABD \cong \angle CBD$.

» $\overrightarrow{BD}$ bisseca $\angle ABC$.

» $\overline{AC} \perp \overline{BD}$.

» $\angle ADB$ é um ângulo reto.

» *AB* (o comprimento de $\overline{AB}$) é maior do que *AD*.

» $\angle ADB$ é mais amplo do que $\angle A$.

Agora, não insinuo que a aparência das imagens não importa. Especialmente ao solucionar provas geométricas, é uma boa ideia conferir o diagrama da prova e prestar atenção se os segmentos, ângulos e triângulos parecem congruentes. Se parecerem, provavelmente o são, então a aparência do diagrama é uma *dica* valiosa sobre ele. Mas para estabelecer que algo é de fato verdadeiro, você precisa *prová-lo*.

Fique ligado, porque nessa discussão peculiar sobre o tratamento das imagens, deixei o pior para o fim. Eventualmente, os professores e autores de livros de geometria lhe pregarão uma peça e desenharão imagens distorcidas em relação à forma adequada. Isso pode parecer estranho, mas é permitido sob as regras do jogo geométrico. Felizmente, imagens distorcidas assim são bastante raras.

Considere a Figure 3-10. O triângulo dado, à esquerda, é o que vê em um problema geométrico. Nesse problema em particular, lhe é pedido para determinar x e y, os comprimentos dos dois lados desconhecidos de um triângulo. O segredo desse problema é que os três ângulos estão marcados como congruentes. Como você deve saber, o único triângulo que tem os três ângulos iguais é o *equilátero*, que tem três ângulos de 60º e três lados iguais. Assim, x e y são iguais a 5. A imagem à direita mostra como o triângulo realmente se parece. Portanto, a Figura 3-10 ilustra um exemplo de segmentos e ângulos iguais desenhados para parecerem diferentes.

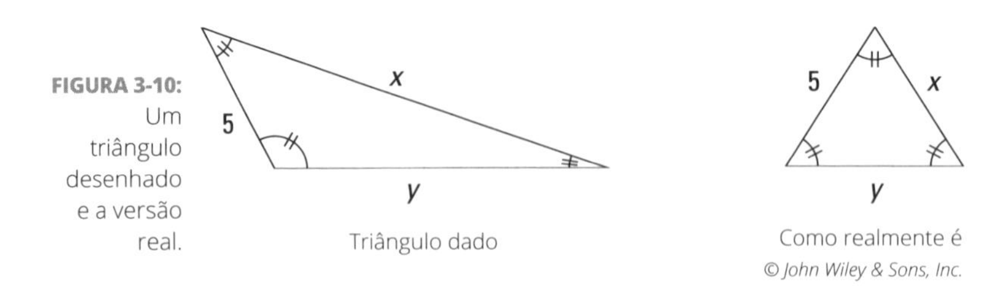

FIGURA 3-10: Um triângulo desenhado e a versão real.

Agora, observe a Figura 3-11. Ela ilustra o tipo oposto de distorção: segmentos e ângulos, que na verdade são diferentes, parecem iguais no diagrama geométrico. Se o quadrilátero à esquerda surgisse em um contexto não geométrico, você, sem dúvida, iria se referir a ele como um retângulo (e assumiria seguramente que seus quatro ângulos são retos). Mas nesse diagrama geométrico, você estaria errado em chamar essa forma de retângulo. Apesar de sua aparência, *não* é um retângulo; é um quadrilátero sem nome. Confira sua forma real à direita.

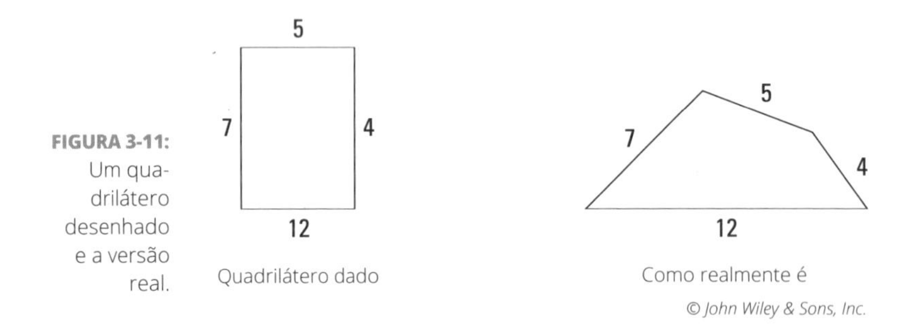

FIGURA 3-11: Um quadrilátero desenhado e a versão real.

Não se preocupe se estiver com dificuldades para fazer com que esse estranho tratamento dos diagramas geométricos entre em sua cabeça. Isso ficará mais claro nos próximos capítulos, quando você os verá em ação.

2

Apresentando as Provas

NESTA PARTE...

Aprenda a provar algo usando argumentos dedutivos.

Entenda provas geométricas fundamentais.

Trabalhe em provas mais longas e desafiadoras.

NESTE CAPÍTULO

» **Preparando-se para provas geométricas**

» **Apresentando a lógica se... então**

» **Teorizando sobre teoremas e definindo definições**

» **Provando que cavalos não falam**

Capítulo 4
Prelúdio de Provas

As provas geométricas tradicionais de duas colunas são indiscutivelmente o tópico mais importante nas aulas clássicas de geometria do ensino médio. E — desculpe ser arauto de más notícias — elas são mais desafiadoras para os estudantes do que qualquer outra coisa em todo o currículo de matemática do ensino médio. Mas antes que considere trocar a geometria por um curso de produção de memes, eis as boas notícias: ao longo de vários capítulos, apresento dez fantásticas estratégias práticas que tornarão as provas mais fáceis do que parecem a princípio. (Você encontra os resumos dessas estratégias na Folha de Cola online, em `www.altabooks.com.br` — procure pelo nome/ISBN do livro na caixa de pesquisa.) Pratique essas estratégias e você se tornará especialista em escrever provas em um piscar de olhos.

Neste capítulo, construo as bases para as provas de duas colunas que você verá nos próximos capítulos. Primeiro mostro um desenho esquemático que ilustra todos os elementos de provas de duas colunas e seu propósito. Depois explico como provar algo usando argumentos dedutivos. Por fim, mostro como usar o raciocínio dedutivo para provar que você caiu do cavalo, porque Clyde, o Clydesdale, não fará seu discurso de formatura. Grande surpresa!

Conhecendo o Terreno: Os Componentes de uma Prova Geométrica Formal

Uma prova geométrica de duas colunas envolve diagramas geométricos ou coisas do tipo. Você é informado sobre uma ou mais verdades sobre o diagrama (os *dados*), e lhe é pedido para provar que algo é verdadeiro a respeito dele (a declaração *provada*). É simples. Toda prova se desenvolve assim:

1. **Você começa com um ou mais dos fatos dados sobre o diagrama.**
2. **Você afirma algo decorrente do fato ou fatos dados; então afirma algo a partir disso; depois, outra afirmação baseada nessa; e assim por diante.**

   Toda dedução leva à seguinte.

3. **Você termina fazendo sua dedução final — o fato que está tentando provar.**

Toda prova de geometria padrão contém os elementos a seguir. A estrutura das provas na Figura 4-1 mostra como esses elementos atuam em conjunto.

- **O diagrama:** A forma ou formas no diagrama são o tema da prova. Seu objetivo é provar algum fato sobre ele (por exemplo, que dois triângulos ou ângulos no diagrama são congruentes). Os diagramas de provas comumente, mas não sempre, são desenhados com precisão. Não se esqueça, no entanto, de que você não pode presumir que aquilo que parece verdadeiro o *é*. Por exemplo, só porque dois ângulos parecem congruentes, não significa que o são. (Veja o Capítulo 3 para saber mais sobre fazer suposições.)
- **Os dados:** São fatos verdadeiros sobre o diagrama, através dos quais você alcança seu objetivo, a declaração *provada*. Você sempre começa uma prova com um dos dados, colocando-o na primeira linha da coluna da declaração.

  A maioria das pessoas gosta de marcar o diagrama para mostrar a informação dos dados. Por exemplo, se um dos dados for $AB \cong CB$, você coloca pequenas marcações em ambos os segmentos para que a congruência fique imediatamente aparente ao se olhar para o diagrama.
- **A declaração provada:** É o fato sobre o diagrama que você quer estabelecer com seu encadeamento de deduções lógicas. Sempre fica na última linha da coluna da declaração.

- **A coluna de declarações:** Nessa coluna você coloca todos os fatos dados, os que deduziu, e na linha final, a declaração provada. Nessa coluna ficam os fatos *específicos* sobre elementos geométricos *específicos*, tais como $\angle ABD \cong \angle CBD$.
- **A coluna de justificativas:** Aqui você coloca os motivos para cada declaração que fizer. Nessa coluna você escreve as regras *gerais* sobre coisas *gerais*, tais como *se um ângulo é bissecado, então é dividido em duas partes congruentes*. Você não nomeia elementos específicos.

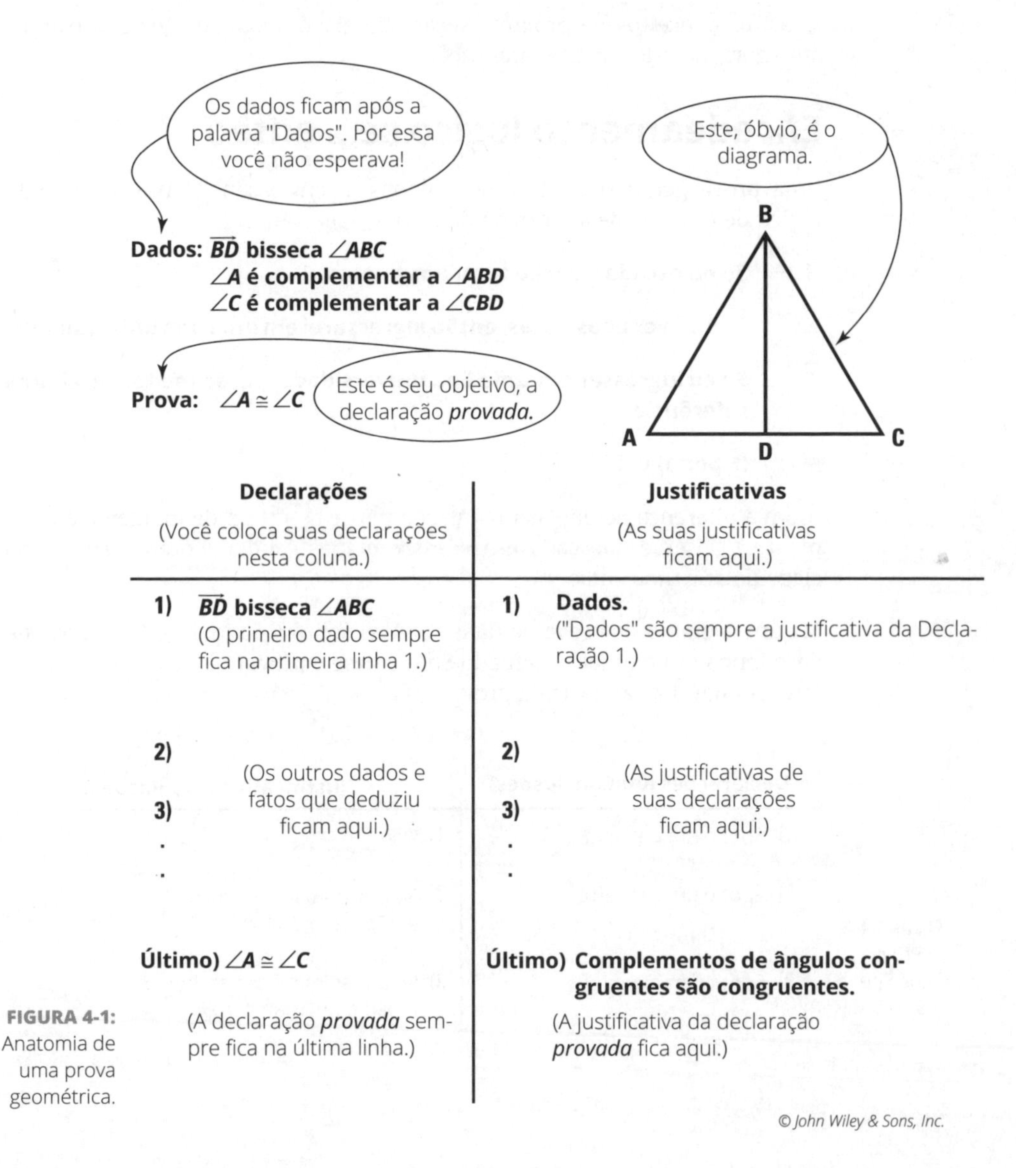

FIGURA 4-1: Anatomia de uma prova geométrica.

Raciocínio com a Lógica Se... Então

Toda prova geométrica é uma sequência de deduções lógicas. Você escreve o primeiro dos fatos dados como Declaração 1. Então, para a Declaração 2, você coloca algo que decorre da Declaração 1 e escreve sua justificativa na coluna respectiva. A seguir, faz o mesmo com a Declaração 3, e assim por diante, até chegar à declaração *provada*. Você vai da declaração 1 para a 2, da 2 para a 3, e assim sucessivamente, usando a lógica *se... então*.

Aliás, os conceitos na próxima seção são elaborados. Se esteve dormindo até agora, acorde e preste atenção!

Encadeamento lógico se... então

Uma prova geométrica de duas colunas é, em essência, um argumento lógico de um encadeamento de deduções, tais como:

1. **Se eu estudar, então terei boas notas.**
2. **Se eu tiver boas notas, então ingressarei em uma boa universidade.**
3. **Se eu ingressar em uma boa universidade, então me tornarei uma referência.**
4. **(E por aí vai...)**

(Com a diferença de que as provas geométricas tratam de imagens, obviamente.) Observe que cada uma dessas etapas é uma sentença com uma cláusula *se* e uma *então*.

Eis um exemplo de prova de duas colunas sobre o cotidiano. Digamos que você tenha um dálmata chamado Spot e deseje provar que ele é um mamífero. A Figura 4-2 mostra a prova.

Declarações (ou Conclusões)	Justificativas (ou Razões)
1) Spot é um dálmata	1) Dado.
2) Spot é um cachorro	2) Se um animal é um dálmata, então é um cachorro.
3) Spot é um mamífero	3) Se um animal é um cachorro, então é um mamífero.

© John Wiley & Sons, Inc.

FIGURA 4-2: Provando que Spot é um mamífero.

Na primeira linha da coluna de declarações você coloca o fato dado sobre Spot ser um dálmata, e escreve *Dado* na coluna de justificativas. Então, na declaração 2, coloca o novo fato que deduz a partir da declaração 1 — ou seja, *Spot é um cachorro*. Na justificativa 2, você confirma e defende essa afirmação com a justificativa *Se um animal é um dálmata, então é um cachorro*.

Aqui estão duas maneiras de perceber como as justificativas funcionam:

» Suponha que eu saiba que Spot é um dálmata e então você me diga: "Spot é um cachorro". Eu lhe pergunto: "Como você sabe?" Sua resposta para mim é o que você escreve na coluna de justificativas.

» Quando escreve uma justificativa como *Se um animal é um dálmata, então é um cachorro*, você pode entender a palavra *se* como *porque eu já sabia*, e a palavra *então* como *agora posso deduzir*. Assim, basicamente, a segunda justificativa na Figura 4-2 significa que, como você já sabe que Spot é um dálmata, pode deduzir e concluir que Spot é um cachorro.

Dando seguimento à prova, na declaração 3 você escreve algo que deduziu da 2, ou seja, que Spot é um mamífero. Por fim, como justificativa 3 você escreve sua conclusão a partir da declaração 3: *Se um animal é um cachorro, então é um mamífero*. Toda solução de prova geométrica tem a mesma estrutura básica.

Você tem suas justificativas: Definições, teoremas e postulados

Definições, teoremas e postulados são a base das provas geométricas. Com poucas exceções, toda conclusão na coluna de justificativas é um desses três elementos. Olhe novamente para a Figura 4-2. Se aquela fosse uma prova geométrica, em vez de uma prova a respeito de um cachorro, a coluna de justificativas conteria definições *se... então*, teoremas e postulados sobre geometria, em vez da lógica *se... então* aplicada a cachorros. Eis os fatos sobre definições, teoremas e postulados.

Usando definições na coluna de justificativas

LEMBRE-SE

Definição: (É a definição da palavra *definição*. Bem inesperado, não?) Tenho certeza de que você sabe o que uma definição significa — esmiúça e explica o sentido de um termo. Eis um exemplo: "O *ponto médio* divide um segmento em duas partes congruentes".

Você escreve todas as definições sob a forma *se... então* independente da ordem dos fatores: "Se um ponto é o ponto médio de um segmento, então o divide em duas partes congruentes" ou "Se um ponto divide um segmento em duas partes congruentes, então ele é seu ponto médio".

A Figura 4-3 lhe mostra como usar ambas as versões sobre a definição de um ponto médio em uma prova de duas colunas.

As miniprovas a seguir usam esta imagem: A M B

Para a primeira miniprova, é dado que *M* é o ponto médio de $\overline{AB}$, e você precisa ***provar*** que $\overline{AM} \cong \overline{MB}$.

Declarações (ou Conclusões)	Justificativas (ou Razões)
1) *M* é o ponto médio de $\overline{AB}$	1) Dado.
2) $\overline{AM} \cong \overline{MB}$	2) ***Se*** um ponto é o ponto médio de um segmento, ***então*** o divide em duas partes congruentes.

Para a segunda miniprova, é ***dado*** que $\overline{AM} \cong \overline{MB}$, e você precisa ***provar*** que *M* é o ponto médio de $\overline{AB}$.

Declarações (ou Conclusões)	Justificativas (ou Razões)
1) $\overline{AM} \cong \overline{MB}$	1) Dado.
2) *M* é o ponto médio de $\overline{AB}$	2) ***Se*** um ponto divide um segmento em duas partes congruentes, ***então*** ele é seu ponto médio.

FIGURA 4-3: Função dupla — usando ambas as versões da definição de ponto médio na coluna de justificativas.

Ao escolher entre essas definições de ponto médio, lembre-se de pensar no *se* como *porque eu já sabia* e no *então* como *agora posso deduzir*. Por exemplo, para a justificativa 2 na primeira prova da Figura 4-3, você escolhe a versão "*Se* um ponto é o ponto médio de um segmento, *então* o divide em duas partes congruentes", porque você já sabe que *M* é o ponto médio de $\overline{AB}$ (é um dado), e do fato dado, agora pode deduzir que $\overline{AM} \cong \overline{MB}$.

Usando teoremas e postulados na coluna de justificativas

LEMBRE-SE

Teoremas e postulados: São declarações sobre verdades geométricas, como *Todos os ângulos retos são congruentes* ou *Todos os raios de um círculo são congruentes*. A diferença entre teoremas e postulados é que esses são tratados como verdades, mas os teoremas precisam ser provados com base nos postulados e/ou em teoremas já provados. Você não precisa se preocupar com essa definição, a menos que esteja escrevendo sua tese de doutorado sobre estruturas dedutivas. Entretanto, como desconfio que você *não* está atualmente trabalhando em uma tese em geometria, relaxe quanto a isso.

Escrito sob a forma *se... então*, o teorema *Todos os ângulos retos são congruentes* fica: "Se dois ângulos são retos, então são congruentes". Diferente das definições, teoremas *não* costumam ser reversíveis. Por exemplo, se revertesse esse teorema, você teria uma sentença falsa: "Se dois ângulos são congruentes, então são retos". (Se um teorema for verdadeiro dos dois jeitos, você tem teoremas separados para cada versão. Os dois teoremas sobre o triângulo isósceles — *Se lados, então ângulos* e *Se ângulos, então lados* — são um exemplo. Veja o Capítulo 9.) A Figura 4-4 mostra o teorema sobre o ângulo reto em uma prova.

Para esta miniprova, é ***dado*** que $\angle A$ e $\angle B$ são ângulos retos, e você precisa ***provar*** que $\angle A \cong \angle B$.

Declarações (ou Conclusões)	Justificativas (ou Razões)
1) $\angle A$ é um ângulo reto $\angle B$ é um ângulo reto	1) Dado.
2) $\angle A \cong \angle B$	2) Se dois ângulos são retos, então são congruentes.

© John Wiley & Sons, Inc.

FIGURA 4-4: Usando um teorema na coluna de justificativas de uma prova.

DICA

Ao resolver sua primeira prova ou se tiver dificuldade com alguma mais difícil, é útil escrever suas justificativas (definições, teoremas e postulados) sob a forma *se... então*. Ela facilita seguir a estrutura lógica da prova. Depois que se tornar um especialista em provas, você pode resumir suas justificativas de forma diferente ou simplesmente listar os nomes das definições, teoremas e postulados.

Lógica da bolha em provas de duas colunas

Gosto de acrescentar bolhas e setas à solução de uma prova para mostrar as conexões entre declarações e justificativas. Não lhe será pedido para fazer isso ao resolver uma prova. É apenas uma forma de fazê-lo entender seu funcionamento. A Figura 4-5 mostra a prova a respeito do cachorro Spot, da Figura 4-2, desta vez com bolhas e setas que exibem o caminho da lógica pela prova.

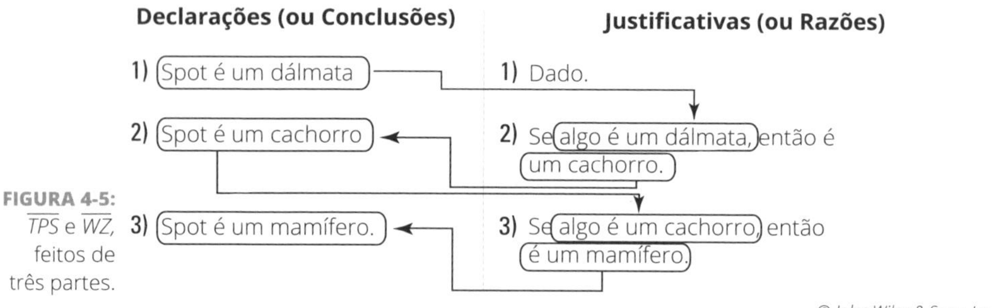

FIGURA 4-5: $\overline{TPS}$ e $\overline{WZ}$, feitos de três partes.

Siga as setas bolha a bolha e minhas dicas nessa folha para resolver essa trambolha! (É por excelentes poemas como esse que me pagam montanhas de dinheiro.) A próxima dica é realmente importante, então fique ligado.

Em uma prova de duas colunas:

» A ideia da cláusula *se* para cada justificativa deve ficar *acima* dela, na coluna de justificativas.

» A ideia na cláusula *então* para cada justificativa deve coincidir com a declaração, ficando na *mesma linha*.

As setas e bolhas na Figura 4-5 mostram a atuação dessa estrutura lógica.

Uma Prova para Cair do Cavalo

Para finalizar esse prelúdio sobre provas geométricas, lhe darei mais uma prova não geométrica, para mostrar como argumentos dedutivos funcionam juntos. Na prova a seguir, brilhantemente declaro que o cavalo Clyde, o Clydesdale, não fará um discurso em sua formatura. Eis o argumento básico:

1. **Clyde é um Clydesdale.**
2. **Então Clyde é um cavalo (porque todos os Clydesdales são cavalos).**
3. **Então Clyde não fala (porque cavalos não falam).**
4. **Então Clyde não pode fazer um discurso de formatura (porque quem não fala não pode fazer um discurso).**
5. **Então Clyde não fará um discurso em sua formatura no ensino médio (porque quem não pode fazer um discurso não pode fazê-lo em uma formatura de ensino médio).**

Eis o argumento resumido: Clydesdale → cavalo → não fala → não faz discurso de formatura → não pode fazer um discurso de uma formatura de ensino médio.

Agora veja como esse argumento ou prova ficaria da maneira padrão de prova geométrica de duas colunas, com as justificativas escritas sob a forma *se... então*. Dessa maneira, você vê o fluxo do encadeamento lógico.

Dado: Clyde é um Clydesdale.

Prova: Clyde não pode fazer um discurso de formatura de ensino médio.

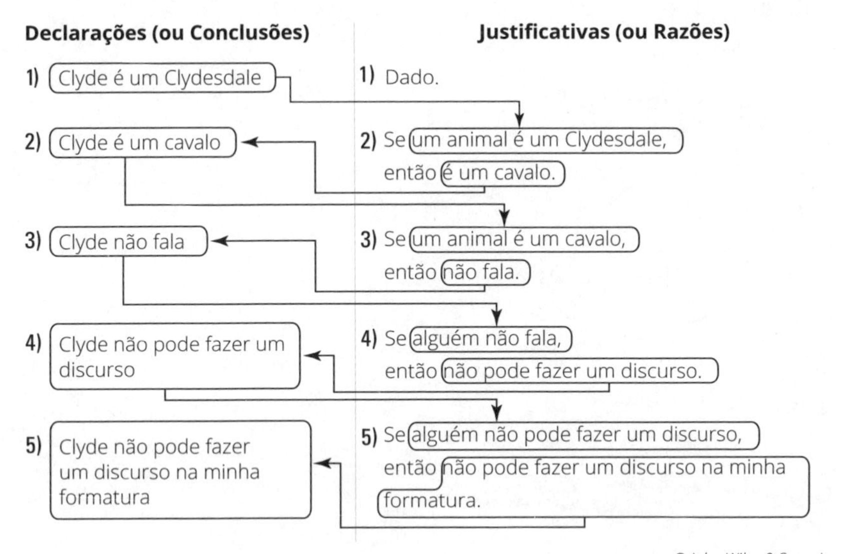

© John Wiley & Sons, Inc.

Siga as setas bolha a bolha. Repare novamente que a ideia na cláusula *se* de cada justificativa se conecta à mesma ideia na coluna de declarações, *acima* da linha da justificativa. A ideia na cláusula *então* de cada justificativa se conecta à mesma ideia na coluna de declarações *na mesma linha* que a justificativa.

LEMBRE-SE

Observe a diferença entre as informações que você coloca na coluna de declarações e na de justificativas: em todas as provas, a coluna de declarações contém *fatos específicos* (informações sobre um cavalo em particular, como *Clyde é um Clydesdale*), e a de justificativas, os *princípios gerais* (conceitos sobre cavalos, em geral, como *Se um animal é um cavalo, então não fala*).

NESTE CAPÍTULO

» **Entendendo os teoremas de ângulos complementares e suplementares**

» **Resumindo os teoremas de soma e subtração**

» **Usando dobro, triplo, metade e terços**

» **Identificando ângulos congruentes com o teorema dos ângulos opostos pelos vértices**

» **Reposicionando com as propriedades de transitividade e substituição**

Capítulo **5**

Seu Kit Inicial de Teoremas Fáceis e Pequenas Provas

Neste capítulo você avança do material de aquecimento dos capítulos anteriores e começa a trabalhar para valer em legítimas provas geométricas. (Se não estiver pronto para esse salto, o Capítulo 4 trata dos componentes de provas geométricas de duas colunas e sua estrutura lógica.) Aqui eu lhe dou um kit de inicialização que contém 18 teoremas e algumas provas que ilustram como eles são usados.

Andando Reto e Pousando Raso: Ângulos Complementares e Suplementares

Esta seção o apresenta aos teoremas de ângulos complementares e suplementares. *Ângulos complementares* são dois ângulos que, juntos, somam 90º, ou um ângulo reto. Dois *ângulos suplementares* juntos somam 180º, ou um ângulo raso. Esses ângulos não são os elementos mais empolgantes da geometria, mas você precisa saber localizá-los em um diagrama e como usar seus teoremas relacionados.

Você usa os teoremas que listo aqui para ângulos complementares:

- **Os complementares do mesmo ângulo são congruentes.** Se dois ângulos são complementares a um terceiro, então são congruentes. (Observe que esse teorema envolve três ângulos no total.)
- **Os complementares de ângulos congruentes são congruentes.** Se dois ângulos são complementares a dois outros ângulos congruentes, então são congruentes. (Esse teorema envolve quatro ângulos no total.)

Os exemplos a seguir mostram como a lógica desses dois teoremas é incrivelmente simples.

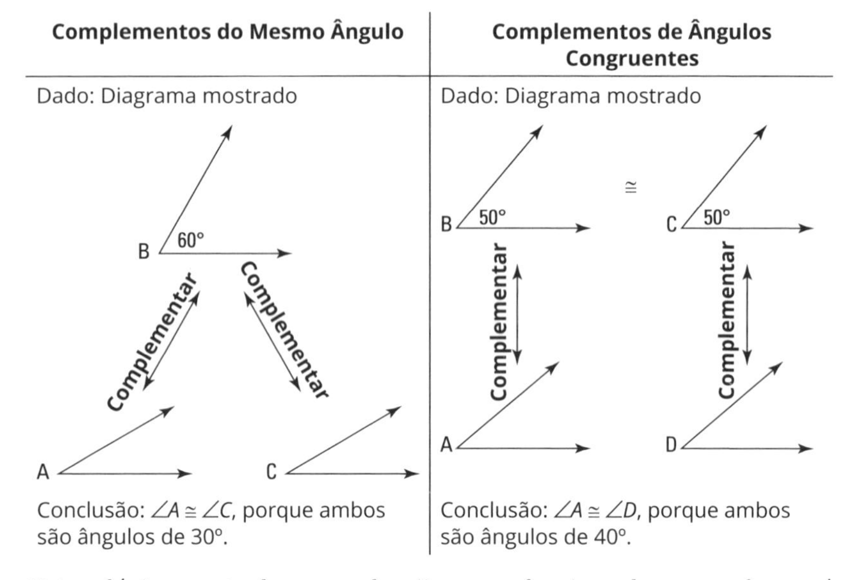

Complementos do Mesmo Ângulo	Complementos de Ângulos Congruentes
Dado: Diagrama mostrado	Dado: Diagrama mostrado
Conclusão: $\angle A \cong \angle C$, porque ambos são ângulos de 30°.	Conclusão: $\angle A \cong \angle D$, porque ambos são ângulos de 40°.

Nota: a lógica mostrada nessas duas imagens funciona da mesma forma, é claro, quando você não sabe o tamanho dos ângulos dados ($\angle B$, à esquerda, e $\angle B$ e $\angle C$, à direita).

E aqui estão os dois teoremas sobre ângulos suplementares, que atuam exatamente da mesma maneira que os dois teoremas sobre ângulos complementares:

- **Os suplementares do mesmo ângulo são congruentes.** Se dois ângulos são suplementares a um terceiro, então são congruentes. (Essa é a versão para três ângulos.)

» **Os suplementares de ângulos congruentes são congruentes.** Se dois ângulos são suplementares a dois outros ângulos congruentes, então são congruentes. (Essa é a versão para quatro ângulos.)

Os quatro teoremas anteriores, sobre ângulos complementares e suplementares, bem como os teoremas de soma, subtração e transitividade (que você vê posteriormente neste capítulo), vêm em pares: um dos teoremas envolve *três* segmentos ou ângulos, e o outro, com base na mesma ideia, *quatro* segmentos ou ângulos. Ao resolver uma prova, note que as partes relevantes de seu diagrama contêm três ou quatro segmentos ou ângulos para determinar se deve usar a versão de três ou quatro elementos do teorema adequado.

Observe um dos teoremas sobre ângulos complementares e um sobre ângulos suplementares em ação:

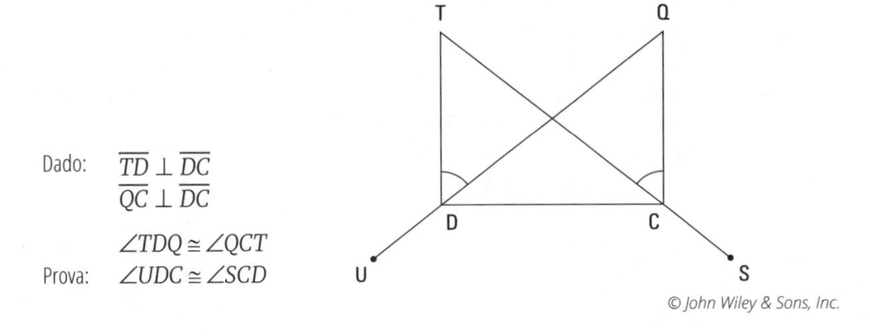

© John Wiley & Sons, Inc.

Crédito extra: O que *UDTQCS* significa?

DICA

Antes de escrever uma prova formal de duas colunas, costuma ser uma boa ideia pensar em um argumento com base na sua experiência e intuição sobre o porquê de a declaração *provada* ser verdadeira. Chamo esse tipo de argumento de *estratégia* (dou mais detalhes de como formular uma estratégia no Capítulo 6). Estratégias são especialmente úteis para provas maiores, porque, sem um plano estratégico, você pode ficar perdido no percurso. Ao longo deste livro, incluí estratégias de exemplo para muitas das provas. Para as que não o fiz, tente criar as suas antes de ler a solução formal da prova de duas colunas.

DICA

Ao usar uma estratégia, pode ser útil reunir tamanhos aleatórios de segmentos e ângulos na prova. É possível fazer isso com os segmentos e ângulos dados e, no devido tempo, com os não mencionados. Porém, você não pode supor tamanhos de elementos que tenta mostrar que são congruentes.

Estratégia: nesta prova, por exemplo, você poderia dizer a si mesmo: "Vejamos... Como os segmentos dados são perpendiculares, tenho dois ângulos retos. O outro dado me diz que $\angle TDQ \cong \angle QCT$. Se ambos tivessem 50°, $\angle QDC$ e $\angle TCD$ teriam 40°, então $\angle UDC$ e $\angle SCD$ teriam 140° (porque uma reta tem 180°)". É isso.

Eis uma prova formal:

Declarações	Justificativas
1) $\overline{TD} \perp \overline{DC}$ $\overline{QC} \perp \overline{DC}$	1) Dado. (Por que lhe dizem isso? Veja a justificativa 2.)
2) $\angle TDC$ é um ângulo reto $\angle QCD$ é um ângulo reto	2) Se dois segmentos são perpendiculares, então formam um ângulo reto (definição de perpendicular).
3) $\angle CDQ$ é complementar a $\angle TDQ$, $\angle DCT$ é complementar a $\angle QCT$	3) Se dois ângulos formam um ângulo reto, então são complementares (definição de ângulos complementares).
4) $\angle TDQ \cong \angle QCT$	4) Dado.
5) $\angle CDQ \cong \angle DCT$	5) Se dois ângulos são complementares a dois outros ângulos congruentes, então são congruentes.
6) $\angle UDQ$ é um ângulo raso $\angle SCT$ é um ângulo raso	6) Suposto a partir do diagrama.
7) $\angle UDC$ é suplementar a $\angle CDQ$, $\angle SCD$ é suplementar a $\angle DCT$	7) Se dois ângulos formam um ângulo raso, então são suplementares (definição de ângulos suplementares).
8) $\angle UDC \cong \angle SCD$	8) Se dois ângulos são suplementares a dois outros ângulos congruentes, então são congruentes.

Nota: dependendo do quanto seu professor de geometria seja exigente, pode lhe permitir omitir a etapa 6 dessa prova, porque é simples e óbvia. Muitos professores começam o primeiro semestre insistindo para que todas as pequenas etapas sejam incluídas. Porém, conforme o semestre progride, eles aliviam um pouco e lhe permitem ignorar essas etapas mais primárias.

A resposta para a questão do crédito extra é tão fácil quanto contar: *UDTQCS* significa *um*, *dois*, *três*, *quatro*, *cinco*, *seis*.

Adição e Subtração: Oito Teoremas Despretensiosos

Nesta seção, mostro oito teoremas simples: quatro de adição e subtração de segmentos e quatro (que funcionam exatamente do mesmo jeito) de adição e subtração de ângulos. Tenho certeza de que não terá problemas com eles, porque todos envolvem conceitos que você entenderia facilmente — e não estou exagerando — por volta dos seus sete e oito anos.

Teoremas de adição

Nesta seção, trato dos quatro teoremas de adição: dois para segmentos e dois para ângulos... tão fáceis quanto 2 + 2 = 4.

Use estes dois teoremas de adição para provas envolvendo três segmentos ou três ângulos:

- **Adição de segmentos (três segmentos no total):** Se um segmento for adicionado a dois segmentos congruentes, então a soma é congruente.
- **Adição de ângulos (três ângulos no total):** Se um ângulo for adicionado a dois ângulos congruentes, então a soma é congruente.

Depois que se sentir confortável com as provas e entender bem os teoremas, você pode resumi-los como *adição de segmentos*, *adição de ângulos* ou simplesmente *adição*. No entanto, quando estiver começando, escrever os teoremas completos é a melhor opção.

A Figura 5-1 lhe mostra como esses teoremas funcionam.

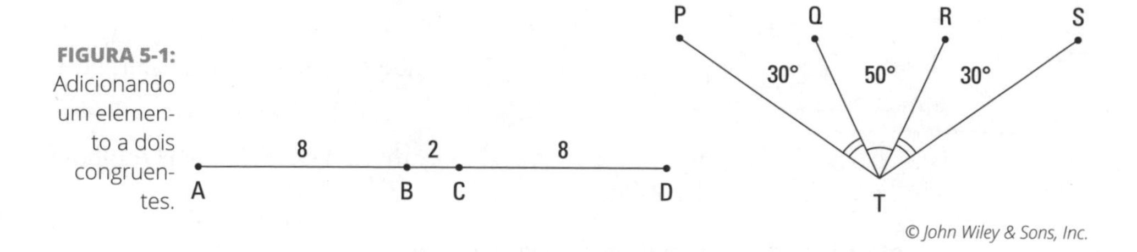

FIGURA 5-1: Adicionando um elemento a dois congruentes.

Se adicionar $\overline{BC}$ aos segmentos congruentes $\overline{AB}$ e $\overline{CD}$, a soma, ou seja, $\overline{AC}$ e $\overline{BD}$, é congruente. Em outras palavras, 8 + 2 = 8 + 2. Extraordinário!

E se adicionar $\angle QTR$ aos ângulos congruentes $\angle PTQ$ e $\angle RTS$, a soma, $\angle PTR$ e $\angle QTS$, será congruente: $30° + 50° = 30° + 50°$. Brilhante!

Nota: nas provas, você não terá dados sobre o comprimento dos segmentos e a medida dos ângulos, como na Figura 5-1. Eu os coloquei na figura para que você veja mais facilmente o processo.

DICA

Ao encontrar teoremas neste livro, observe atentamente as imagens que os acompanham. Elas mostram a lógica dos teoremas de forma visual, para ajudá-lo a se lembrar de sua contraparte escrita. Pense se você consegue desenhar um teorema a partir de sua leitura ou escrevê-lo a partir de sua imagem.

LEMBRE-SE

Use estes teoremas para provas com quatro segmentos ou quatro ângulos (também chamados *adição de segmentos*, *adição de ângulos* ou somente *adição*):

» **Adição de segmentos (quatro ângulos no total):** Se dois segmentos congruentes são adicionados a dois outros segmentos congruentes, então a soma é congruente.

» **Adição de ângulos (quatro ângulos no total):** Se dois ângulos congruentes são adicionados a outros dois ângulos congruentes, então a soma é congruente.

Confira a Figura 5-2, que ilustra esses teoremas.

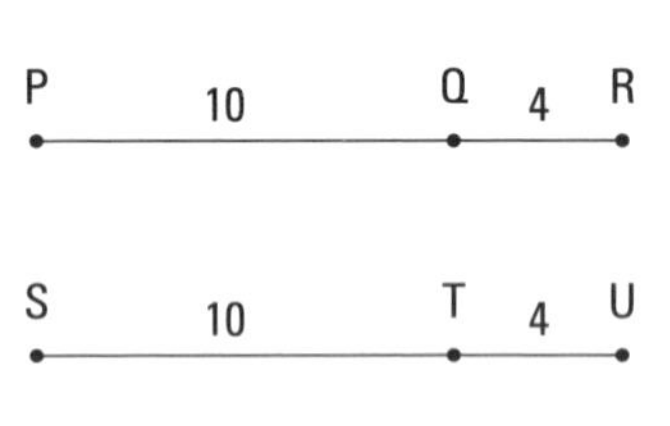

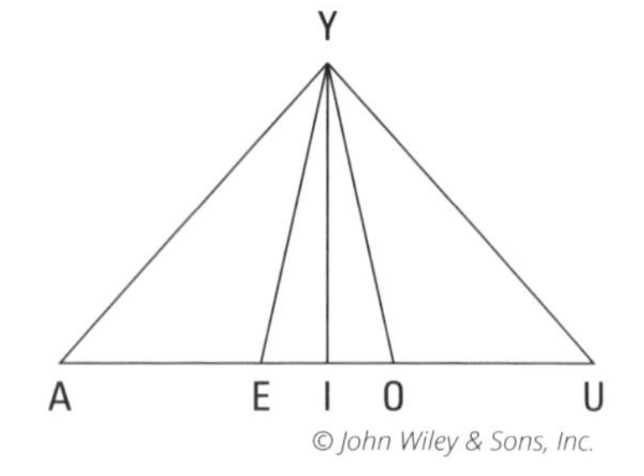

FIGURA 5-2: Adicionando elementos congruentes a outros também congruentes.

© John Wiley & Sons, Inc.

Se $\overline{PQ}$ e $\overline{ST}$ são congruentes, e $\overline{QR}$ e $\overline{TU}$ também, então $\overline{PR}$ é obviamente congruente a $\overline{SU}$, certo?

E se $\angle AYE \cong \angle UYO$ (digamos que ambos meçam 40º) e $\angle EYI \cong \angle OYI$ (ambos, 20º), então $\angle AYI \cong \angle UYI$ (ambos, 60º).

Agora uma prova com adição de segmentos:

Dado: $\overline{MD} \cong \overline{VI}$
$\overline{DX} \cong \overline{CV}$

Prova: $\overline{MC} \cong \overline{XI}$

M D X C V I

© John Wiley & Sons, Inc.

Me impressione: Qual ano é MDXCVI?

Me impressione de verdade: Que matemático famoso (que proporcionou a maior guinada da geometria) nasceu nesse ano?

Coloquei o equivalente a uma estratégia para essa prova dentro da solução de duas colunas a seguir, entre as linhas numeradas.

<table>
<tr><th>Declarações</th><th>Justificativas</th></tr>
<tr><td>1) $\overline{MD} \cong \overline{VI}$</td><td>1) Dado.</td></tr>
<tr><td>2) $\overline{DX} \cong \overline{CV}$</td><td>2) Dado.</td></tr>
<tr><td colspan="2">Espero que você saiba o que vem a seguir. Mas, por desencargo de consciência, vamos fingir que não. A declaração 3 precisa usar um ou ambos os dados. Para ver como você pode usar os quatro segmentos de seus dados, suponha comprimentos arbitrários para eles: digamos que $\overline{MD}$ e $\overline{VI}$ medem 5; e $\overline{DX}$ e $\overline{CV}$, 2. Obviamente, isso torna $\overline{MX}$ e $\overline{CI}$ iguais a 7, e isso se chama adição, claro. Pronto, você tem a linha 3.</td></tr>
<tr><td>3) $\overline{MX} \cong \overline{CI}$</td><td>3) Se dois segmentos são adicionados a dois outros segmentos congruentes, então a soma é congruente.</td></tr>
<tr><td colspan="2">Agora suponha que $\overline{XC}$ seja 10. Isso tornaria $\overline{MC}$ e $\overline{XI}$ iguais a 17, e, assim, congruentes. Essa é a versão de três segmentos para a adição. Está feito.</td></tr>
<tr><td>4) $\overline{MC} \cong \overline{XI}$</td><td>4) Se um segmento é adicionado a dois segmentos congruentes, então a soma é congruente.</td></tr>
</table>

Aliás, viu a outra maneira de fazer essa prova? Ela usa o teorema de adição de três segmentos na linha 3 e o de quatro segmentos na 4.

Sobre o questionário, você adivinhou que era René Descartes, nascido em 1596? Pode ver seu famoso plano cartesiano no Capítulo 18.

DICA

Antes de conferir o próximo exemplo, veja estas duas dicas — são essenciais! Muitas vezes simplificam um problema intrincado e o livram de pegadinhas:

» **Use todos os dados.** Você precisa usar todos os dados em uma prova. Então, se não estiver seguro sobre o que fazer em uma prova, não desista antes de se perguntar "Por que me deram este dado?" para cada um deles. Se anotar o que se segue a cada dado (mesmo que não saiba se aquela informação lhe é útil), verá como proceder. Talvez você tenha um professor de geometria que goste de eventualmente pregar peças, mas em todo livro de geometria que conheço, os autores não lhe dão dados irrelevantes. E isso significa que *todo dado tem uma dica embutida*.

» **Pense de trás para a frente.** Pensar sobre como uma prova terminará — como serão as duas últimas linhas — costuma ser útil. Em algumas provas, você deve ser capaz de pensar a partir da última declaração para a penúltima, antepenúltima e talvez ainda mais uma. Isso facilita a resolução da prova porque você não precisa mais "ver" todo o caminho do *dado* até a *declaração provada*. Em certo sentido, a prova é reduzida. Você pode usar esse processo quando ficar empacado no meio de uma prova ou mesmo já de início.

A prova a seguir mostra como usar adição de ângulos:

Dado: $\overrightarrow{TB}$ bisseca $\angle XTZ$
$\overrightarrow{TX}$ e $\overrightarrow{TZ}$ trisseca $\angle LTR$

Prova: $\overrightarrow{TB}$ bisseca $\angle LTR$

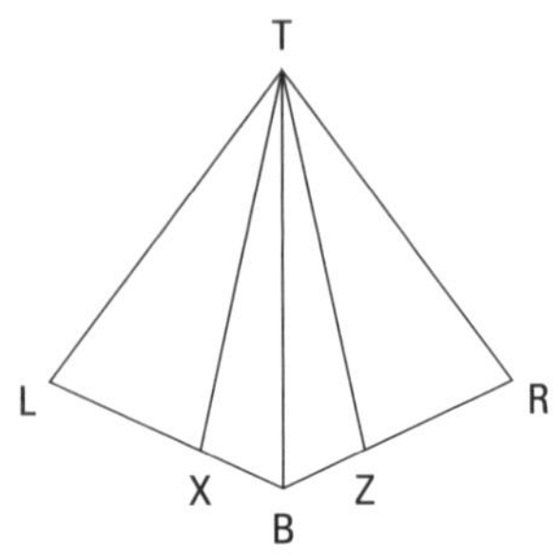

Nessa prova, acrescentei uma estratégia parcial, para a parte da prova em que algumas pessoas podem ter dificuldades. As únicas ideias que faltam nessa estratégia são as que se seguem (que você vê nas linhas 2 e 4) imediatamente após os dois dados.

Declarações	**Justificativas**
1) $\overrightarrow{TB}$ bisseca $\angle XTZ$	1) Dado. (Por que lhe disseram isso? Veja a declaração 2.)
2) $\angle XTB \cong \angle ZTB$	2) Se um ângulo é bissecado, então é dividido em dois ângulos congruentes (definição de bisseção).
3) $\overrightarrow{TX}$ e $\overrightarrow{TZ}$ trisseca $\angle LTR$	3) Dado. (E por que lhe disseram isso?)
4) $\angle LTX \cong \angle RTZ$	4) Se um ângulo é trissecado, então é dividido em três ângulos congruentes (definição de trissecção).

Digamos que você tenha empacado aqui. Experimente pular para o final da prova e pensar de trás para a frente. Você sabe que a declaração final deve ser a conclusão da *prova*, $\overrightarrow{TB}$ bisseca $\angle LTR$. Agora pergunte-se o que precisa saber a fim de chegar a essa conclusão. Para concluir que uma semirreta bisseca um ângulo, é necessário saber que a semirreta o divide em dois ângulos iguais. Assim, a antepenúltima declaração deve ser $\angle LTB \cong \angle RTB$. E como você deduz isso? Bem, com adição de ângulos. Os ângulos congruentes das declarações 2 e 4 são somados a $\angle LTB$ e $\angle RTB$. É assim que funciona.

5) $\angle LTB \cong \angle RTB$	5) Se dois ângulos congruentes são somados a outros dois ângulos congruentes, então a soma é congruente.
6) $\overrightarrow{TB}$ bisseca $\angle LTR$	6) Se uma semirreta divide um ângulo em dois ângulos congruentes, então o bisseca (definição de bisseção).

Teoremas de subtração

Nesta seção eu o apresento aos quatro teoremas de subtração: dois para segmentos e dois para ângulos. Cada um deles corresponde a um teorema de adição.

Eis os teoremas de subtração para três segmentos e três ângulos (reduzidos para *subtração de segmentos*, *subtração de ângulos* ou apenas *subtração*):

- **Subtração de segmentos (três segmentos no total):** Se um segmento é subtraído de dois segmentos congruentes, então a diferença é congruente.
- **Subtração de ângulos (três ângulos no total):** Se um ângulo é subtraído de dois ângulos congruentes, então a diferença é congruente.

Confira a Figura 5-3, a contraparte visual desses dois teoremas. Se $\overline{JL} \cong \overline{KM}$, então $\overline{JK}$ deve ser congruente a $\overline{LM}$. (Digamos que $\overline{KL}$ meça 3, e $\overline{JL}$ e $\overline{KM}$, 10. Então $\overline{JK}$ e $\overline{LM}$ são 10 − 3, ou 7.) Para ângulos, se $\angle EFB \cong \angle DFG$ e você subtrai $\angle GFB$ de ambos, termina com diferenças congruentes, $\angle EFG$ e $\angle DFB$.

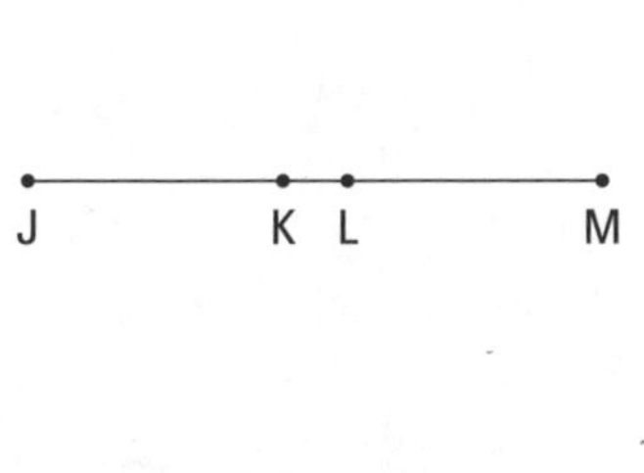

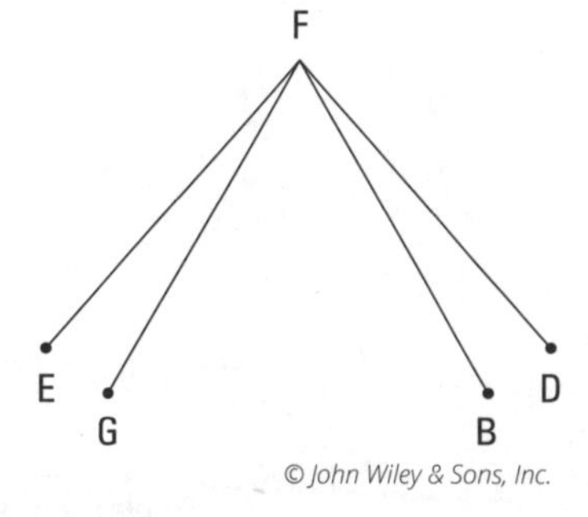

FIGURA 5-3: Versões de três aspectos dos teoremas de subtração de segmentos e ângulos.

LEMBRE-SE

Por fim, mas não menos importante, apresento teoremas de subtração para quatro segmentos e quatro ângulos (resumidos como teoremas de subtração de quatro aspectos):

» **Subtração de segmentos (quatro segmentos no total):** Se dois segmentos congruentes são subtraídos de dois outros também congruentes, então a diferença é congruente.

» **Subtração de ângulos (quatro ângulos no total):** Se dois ângulos congruentes são subtraídos de dois outros também congruentes, então a diferença é congruente.

A Figura 5-4 ilustra esses dois teoremas.

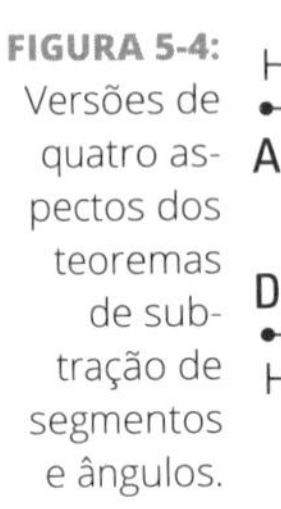
FIGURA 5-4: Versões de quatro aspectos dos teoremas de subtração de segmentos e ângulos.

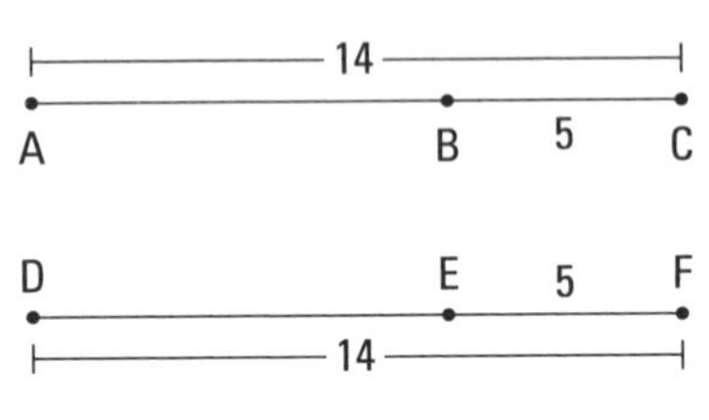

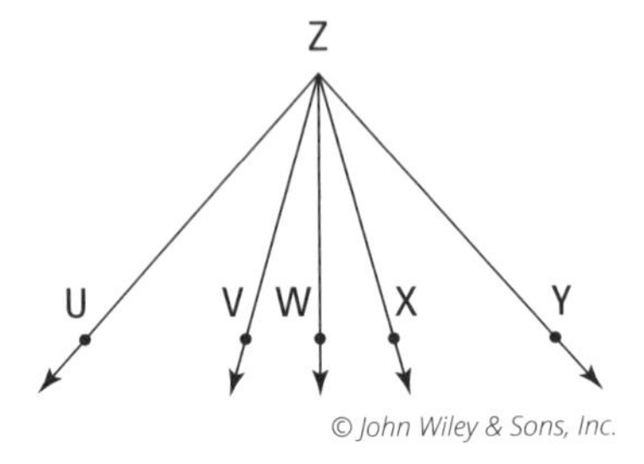

Como $\overline{AC}$ e $\overline{DF}$ são congruentes e $\overline{BC}$ e $\overline{EF}$ também são, $\overline{AB}$ e $\overline{DE}$ também deveriam ser (ambos mediriam 14, 5 ou 9). Funciona da mesma maneira com os ângulos: se $\angle UZW$ e $\angle XZW$ são congruentes e $\angle VZW$ e $\angle XZW$ são também congruentes, então subtrair o menor par de ângulos do maior resulta nos ângulos congruentes $\angle UZV$ e $\angle YZX$.

Antes de ler a solução de duas colunas da próxima prova, tente seguir sua própria estratégia ou o bom senso para descobrir por que a declaração da *prova* é verídica. ***Dica:*** admitir medidas para os dois ângulos congruentes dados e para $\angle PUS$ e $\angle QUR$ deve ajudá-lo a ver como tudo funciona.

Dado: $\angle PUR \cong \angle SUQ$
$\overrightarrow{UT}$ bisseca $\angle PUS$

Prova: $\angle QUT \cong \angle RUT$

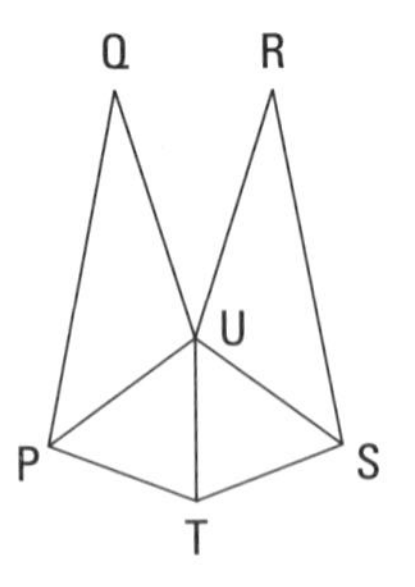

© John Wiley & Sons, Inc.

Declarações	Justificativas
1) $\angle PUR \cong \angle SUQ$	1) Dado.

2) $\angle PUQ \cong \angle SUR$	2) Se um ângulo ($\angle QUR$) é subtraído de dois ângulos congruentes ($\angle PUR$ e $\angle SUQ$), então as diferenças são congruentes.
3) $\overrightarrow{UT}$ bisseca $\angle PUS$	3) Dado.
4) $\angle PUT \cong \angle SUT$	4) Se uma semirreta bisseca um ângulo, ela o divide em dois ângulos congruentes (definição de bissetriz).
5) $\angle QUT \cong \angle RUT$	5) Se dois ângulos congruentes (os ângulos da declaração 2) forem adicionados a dois outros ângulos congruentes (os ângulos da declaração 4), então as somas são congruentes.

Moleza, certo? Agora, antes de prosseguir para a próxima seção, confira o seguinte. Você deve ter percebido que cada um dos teoremas de adição corresponde a um dos teoremas de subtração, e que um diagrama similar é usado para ilustrar cada par de teoremas correspondentes. A Figura 5-1, sobre teoremas de adição, pareia-se com a Figura 5-3, sobre teoremas de subtração; e as Figuras 5-2 e 5-4 pareiam-se da mesma maneira. Devido à similaridade entre essas figuras e às ideias que estão por trás delas, as pessoas às vezes confundem teoremas de adição e subtração. Eis a maneira de não confundi-los:

Em uma prova, você usa um dos teoremas de *adição* quando adiciona segmentos *menores* (ou ângulos) e conclui que dois segmentos *maiores* (ou ângulos) são congruentes. Você usa um dos teoremas de *subtração* quando subtrai segmentos (ou ângulos) de segmentos *maiores* (ou ângulos) para concluir que dois segmentos *menores* (ou ângulos) são congruentes. Em resumo, teoremas de *adição* levam do menor ao maior, e teoremas de *subtração* levam do maior para o menor.

Gosta de Multiplicar e Dividir? Então Estes Teoremas São para Você!

Os dois teoremas nesta seção são baseados em ideias muito simples (multiplicação e divisão), mas eles fazem com que as pessoas tropecem de vez em quando, então certifique-se de prestar muita atenção em como esses teoremas são usados nas provas de exemplo. E fique ligado nas dicas. Elas o impedirão de confundir os teoremas de múltiplos e divisores comuns com as definições de ponto médio, bissetriz e trissetriz (que você encontra no Capítulo 3).

LEMBRE-SE

Múltiplos Comuns: Se dois segmentos (ou ângulos) são congruentes, então seus múltiplos em comum são congruentes. Por exemplo, se houver dois ângulos congruentes, o triplo de um deles será equivalente ao triplo do outro.

Veja a Figura 5-5. Se $\overline{AB} \cong \overline{WX}$ e $\overline{AD}$ e $\overline{WZ}$ forem o triplo dos anteriores, então o Teorema dos Múltiplos Comuns afirma que $\overline{AD} \cong \overline{WZ}$.

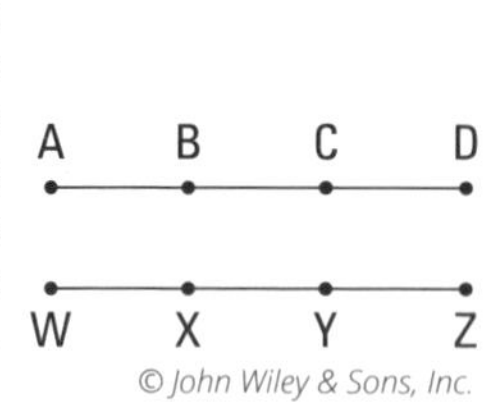

FIGURA 5-5: Você pode usar o Teorema de Múltiplos Comuns em dois segmentos trissecados.

LEMBRE-SE

Divisores Comuns: Se dois segmentos (ou ângulos) são congruentes, então seus *divisores comuns* são congruentes. Se você tiver, digamos, dois segmentos congruentes, então $\frac{1}{4}$ de um equivale a $\frac{1}{4}$ do outro, ou $\frac{1}{10}$ de um equivale a $\frac{1}{10}$ do outro, e assim por diante.

Observe a Figura 5-6. Se $\angle BAC \cong \angle YXZ$ e ambos os lados forem bissecados, então o Teorema dos Divisores Comuns diz que $\angle 1 \cong \angle 3$ e que $\angle 2 \cong \angle 4$. E a partir do teorema é possível deduzir também que $\angle 1 \cong \angle 4$ e que $\angle 2 \cong \angle 3$. Mas observe que você *não pode* usar o Teorema de Divisores Comuns para concluir que $\angle 1 \cong \angle 2$ ou que $\angle 3 \cong \angle 4$. Essas congruências vêm da definição de bissetriz.

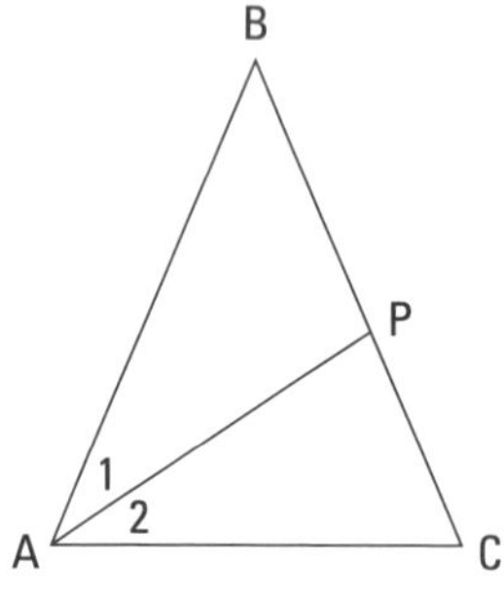

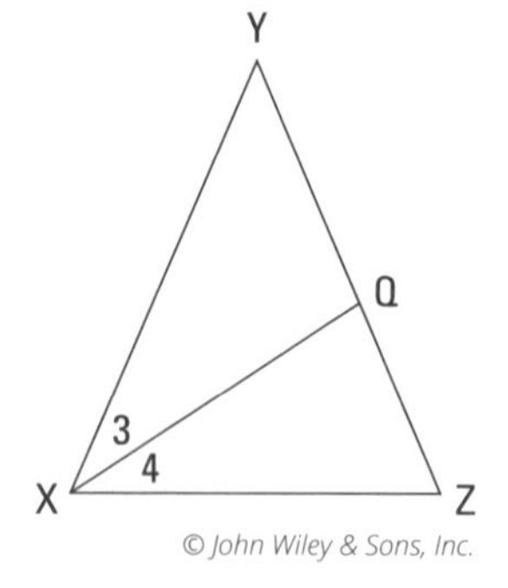

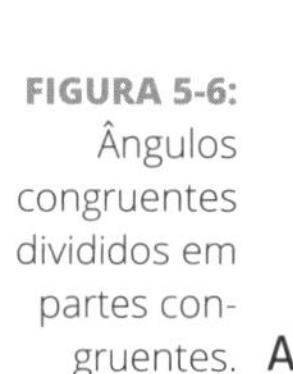

FIGURA 5-6: Ângulos congruentes divididos em partes congruentes.

DICA

Às vezes as pessoas confundem os teoremas de múltiplos e divisores comuns. Aqui vai uma dica que o ajudará a evitar isso: em uma prova, utilize o Teorema dos Múltiplos Comuns quando usar segmentos *menores* (ou ângulos) para concluir que dois segmentos *maiores* (ou ângulos) são congruentes. Utilize o Teorema dos Divisores Comuns quando usar coisas *menores* para concluir que duas coisas *maiores* são congruentes. Em resumo, *Múltiplos Comuns* levam do menor ao maior, e *Divisores Comuns* levam do maior ao menor.

DICA

Ao olhar para os dados em uma prova e ver um dos termos *ponto médio*, *bissetriz* ou *trissetriz* mencionados *duas vezes,* provavelmente será necessário usar o Teorema de Múltiplos ou de Divisores Comuns. Mas se o termo for utilizado apenas uma vez, é mais provável ter de usar a definição do termo em questão.

Veja como utilizar o Teorema dos Múltiplos Comuns na prova a seguir:

Dados: $\angle EHM \cong \angle JMH$
$\angle NHM \cong \angle IMH$
$\overrightarrow{HE}$ e $\overrightarrow{HF}$ trissecam $\angle GHN$
$\overrightarrow{MJ}$ e $\overrightarrow{MK}$ trissecam $\angle LMI$

Prova: $\angle GHN \cong \angle LMI$

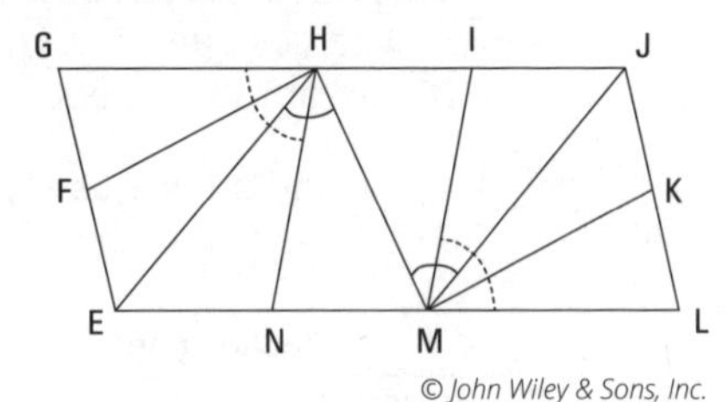

Estratégia: é assim que o raciocínio para essa prova deve seguir: pergunte-se como os dados podem ser usados. Nessa prova, você pode ver o que é possível deduzir a partir dos pares de ângulos congruentes nos dados? Caso não consiga, atribua medidas aleatórias para os ângulos. Digamos que $\angle EHM$ e $\angle JMH$ meçam 65°, e $\angle NHM$ e $\angle IMH$ meçam 40°. O que viria a seguir? Subtraia 40° de 65° e obtenha 25° para $\angle EHN$ e $\angle JMI$. Então, ao ver *trissecar* duas vezes nos outros dados, isso deveria tocar uma campainha e fazê-lo pensar em *Múltiplos ou Divisores Comuns*. Como foram usadas coisas menores ($\angle EHN$ e $\angle JMI$) para deduzir a congruência de coisas maiores ($\angle GHN$ e $\angle LMI$), *Múltiplos Comuns* é a resposta.

Declarações	Justificativas
1) $\angle EHM \cong \angle JMH$	1) Dado.
2) $\angle NHM \cong \angle IMH$	2) Dado.
3) $\angle EHN \cong \angle JMI$	3) Se dois ângulos congruentes são subtraídos de dois outros ângulos congruentes, então as diferenças são congruentes.
4) $\overrightarrow{HE}$ e $\overrightarrow{HF}$ trissecam $\angle GHN$	4) Dado.
5) $\overrightarrow{MJ}$ e $\overrightarrow{MK}$ trissecam $\angle LMI$	5) Dado.
6) $\angle GHN \cong \angle LMI$	6) Se dois ângulos são congruentes (*EHN* e *JMI*), então seus múltiplos comuns são congruentes (três vezes um equivale a três vezes o outro).

Agora uma prova que utiliza *Divisores Comuns*:

Dados: $\overline{ND} \cong \overline{EL}$
O é ponto médio de $\overline{NE}$
A é ponto médio de $\overline{DL}$

Prova: $\overline{NO} \cong \overline{AL}$

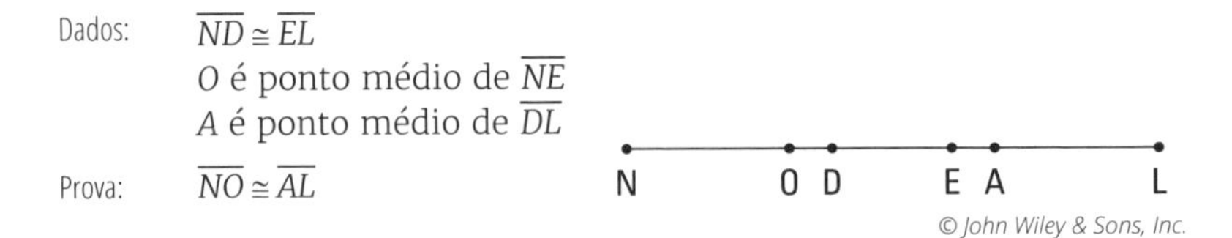

Uma possível estratégia: o que pode ser feito com o primeiro dado? Se não conseguir descobrir imediatamente, admita comprimentos para $\overline{ND}$, $\overline{EL}$ e $\overline{DE}$. Digamos que $\overline{ND}$ e $\overline{EL}$ meçam 12 e que $\overline{DE}$ meça 6. Isso faz com que $\overline{NE}$ e $\overline{DL}$ meçam 18 unidades.

Logo, como ambos os segmentos são bissecados por seus pontos médios, $\overline{NO}$ e $\overline{AL}$ medem 9. Está feito.

Declarações	Justificativas
1) $\overline{ND} \cong \overline{EL}$	1) Dado.
2) $\overline{NE} \cong \overline{DL}$	2) Se um segmento é adicionado a dois segmentos congruentes, então as somas são congruentes.
3) O é ponto médio de $\overline{NE}$ A é ponto médio de $\overline{DL}$	3) Dado.
4) $\overline{NO} \cong \overline{AL}$	4) Se dois segmentos são congruentes ($\overline{NE}$ e $\overline{DL}$), então seus divisores comuns são congruentes (metade de um equivale à metade do outro).

DICA

O Teorema dos Divisores Comuns é particularmente fácil de ser confundido com as definições de *ponto médio*, *bissetriz* e *trissetriz* (veja o Capítulo 3), então lembre-se: use as definições de *ponto médio*, *bissetriz* ou *trissetriz* quando quiser mostrar que partes de um segmento ou ângulo, bissecado ou trissecado, são iguais. Use o Teorema dos Divisores Comuns quando *dois* objetos estiverem bissecados ou trissecados (como $\overline{NE}$ e $\overline{DL}$ na prova anterior) e quiser mostrar que determinada parte de um deles ($\overline{NO}$) é igual a determinada parte do outro ($\overline{AL}$).

Arquivo X: Ângulos Opostos pelos Vértices Estão por aí

Quando duas retas se interceptam formando um X, os ângulos nos lados opostos do X são chamados de ângulos *opostos pelos vértices* (mais sobre eles no Capítulo 2). Esses ângulos são iguais, e aqui está o teorema que explica por quê.

LEMBRE-SE

Ângulos opostos pelos vértices são congruentes: Se dois ângulos são opostos pelos vértices, então eles são congruentes (veja a Figura 5-7).

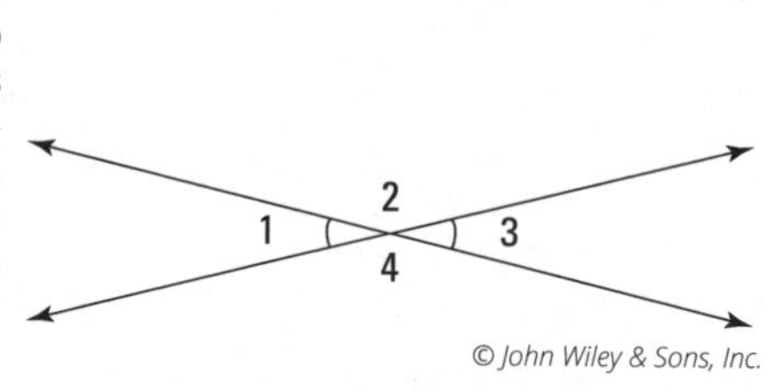

FIGURA 5-7: Os ângulos 1 e 3 são congruentes opostos pelos vértices, assim como os ângulos 2 e 4.

© John Wiley & Sons, Inc.

DICA

Ângulos opostos pelos vértices são uma das coisas mais utilizadas em provas e outros tipos de problemas geométricos e são uma das coisas mais fáceis de identificar em um diagrama. Não esqueça de procurar por eles!

Aqui está um problema de geometria algébrica que ilustra esse simples conceito: determine a medida dos seis ângulos na figura a seguir.

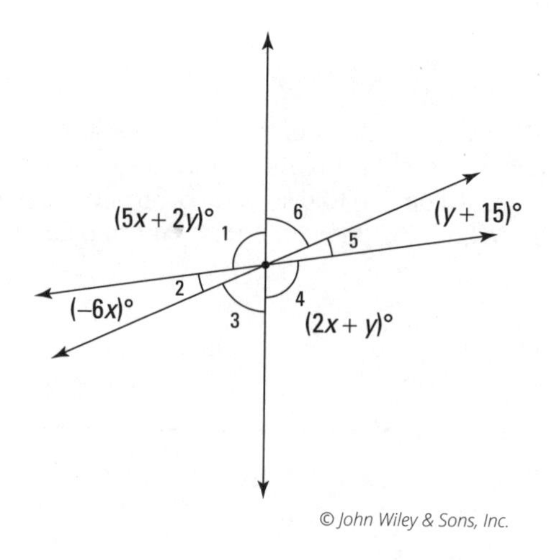

© John Wiley & Sons, Inc.

Ângulos opostos pelos vértices são congruentes, então $\angle 1 \cong \angle 4$ e $\angle 2 \cong \angle 5$; assim, é possível igualar suas medidas:

$$\begin{array}{ccc} \angle 1 \cong \angle 4 & & \angle 2 \cong \angle 5 \\ 5x + 2y = 2x + y & \text{e} & -6x = y + 15 \end{array}$$

Agora você tem um sistema de duas equações e duas incógnitas. Para solucioná-lo, resolva primeiro cada equação para y:

$$y = -3x \qquad y = -6x - 15$$

Em seguida, como ambas as equações foram resolvidas para y, você pode igualar as duas expressões que contêm x e resolver para x:

$$\begin{aligned} -3x &= -6x - 15 \\ 3x &= -15 \\ x &= -5 \end{aligned}$$

Para obter y, substitua -5 por x na primeira equação simplificada:

$$\begin{aligned} y &= -3x \\ y &= -3(-5) \\ y &= 15 \end{aligned}$$

Agora substitua -5 e 15 nas expressões dos ângulos para obter quatro dos seis ângulos:

$$\angle 4 \cong \angle 1 = 5x + 2y = 5(-5) + 2(15) = 5^{\circ}$$

$$\angle 5 \cong \angle 2 = -6x = -6(-5) = 30^{\circ}$$

Para obter $\angle 3$, observe que $\angle 1$, $\angle 2$ e $\angle 3$ formam uma linha reta, então devem somar 180°:

$$\begin{aligned} \angle 1 + \angle 2 + \angle 3 &= 180^{\circ} \\ 5^{\circ} + 30^{\circ} + \angle 3 &= 180^{\circ} \\ \angle 3 &= 145^{\circ} \end{aligned}$$

Por fim, os ângulos $\angle 3$ e $\angle 6$ são opostos pelos vértices, então $\angle 6$ deve também medir 145°. Reparou que os ângulos no livro estão absurdamente fora de escala? Não se esqueça de que não se pode presumir nada a respeito dos tamanhos relativos de ângulos ou segmentos em um diagrama (veja o Capítulo 3).

Alternando com as Propriedades Transitiva e Substitutiva

LEMBRE-SE

As propriedades transitiva e substitutiva são as duas principais que você deveria entender logo de cara. Se $a = b$ e $b = c$, então $a = c$, correto? Isso é transitividade. E se $a = b$ e $b < c$, então $a < c$. Isso é substituição. Fácil assim. Na lista a seguir você verá esses teoremas em mais detalhes:

- **Propriedade Transitiva (para três segmentos ou ângulos):** Se dois segmentos (ou ângulos) são congruentes a um terceiro segmento (ou ângulo), então eles são congruentes entre si. Por exemplo, se $\angle A \cong \angle B$ e $\angle B \cong \angle C$, então $\angle A \cong \angle C$ ($\angle A$ e $\angle C$ são congruentes a $\angle$B, logo, são congruentes entre si). Veja a Figura 5-8.
- **Propriedade Transitiva (para quatro segmentos ou ângulos):** Se dois segmentos (ou ângulos) são congruentes a segmentos congruentes (ou ângulos), logo, eles são congruentes entre si. Por exemplo, se $\overline{AB} \cong \overline{CD}$, $\overline{CD} \cong \overline{EF}$ e $\overline{EF} \cong \overline{GH}$, então $\overline{AB} \cong \overline{GH}$. ($\overline{AB}$ e $\overline{GH}$ são congruentes aos segmentos congruentes $\overline{CD}$ e $\overline{EF}$, logo, são congruentes entre si.) Veja a Figura 5-9.
- **Propriedade Substitutiva:** Se dois objetos geométricos (segmentos, ângulos, triângulos ou quaisquer que sejam) forem congruentes e você tiver uma declaração envolvendo um deles, você pode alternar e substituir um pelo outro. Por exemplo, se $\angle X \cong \angle Y$ e $\angle Y$ é suplementar a $\angle Z$, então $\angle X$ é suplementar a $\angle Z$. Uma figura não ajuda muito aqui, então vamos em frente.

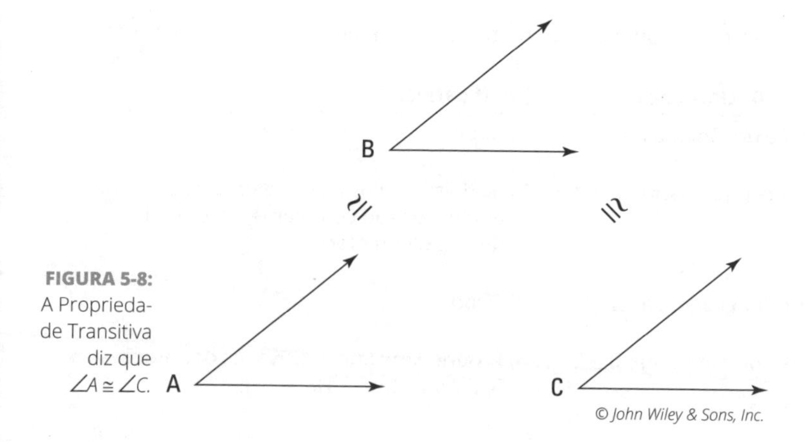

FIGURA 5-8: A Propriedade Transitiva diz que $\angle A \cong \angle C$.

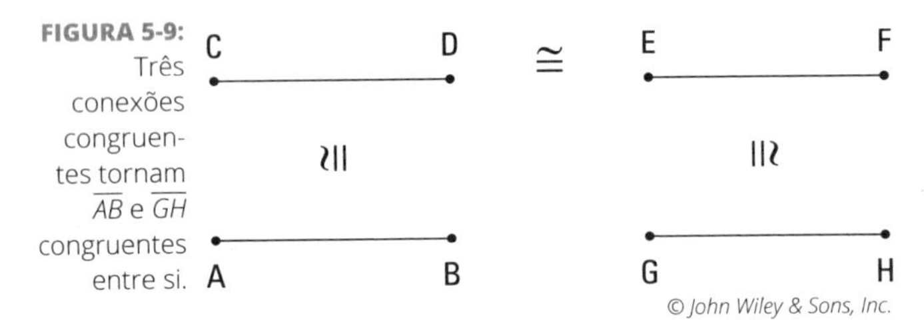

FIGURA 5-9: Três conexões congruentes tornam $\overline{AB}$ e $\overline{GH}$ congruentes entre si.

Para evitar confundir as propriedades transitiva e substitutiva, basta seguir estas diretrizes:

- Use a *Propriedade Transitiva* como justificativa em uma prova quando a declaração na mesma linha tratar de coisas congruentes.
- Use a *Propriedade Substitutiva* quando a declaração não tratar de uma congruência. ***Nota:*** a propriedade substitutiva é o único teorema neste capítulo que não envolve uma congruência na coluna de declarações.

Confira essa prova do retângulo *TGIF*, que trata de ângulos:

Dado: $\angle TFI$ é um ângulo reto
$\angle 1 \cong \angle 2$

Prova: $\angle 2$ é complementar a $\angle 3$

© John Wiley & Sons, Inc.

Como a prova é pequena, não há necessidade de estratégia — confira:

Declarações	**Justificativas**
1) $\angle TFI$ é um ângulo reto	1) Dado.
2) $\angle 1$ é complementar a $\angle 3$	2) Se dois ângulos formam um ângulo reto, então eles são complementares (definição de complementar).
3) $\angle 1$ é congruente a $\angle 2$	3) Dado.
4) $\angle 2$ é complementar a $\angle 3$	4) Propriedade Substitutiva (as declarações 2 e 3; $\angle 2$ substitui $\angle 1$).

© John Wiley & Sons, Inc.

E para o segmento final do programa, aqui está uma prova relacionada, *OCHS*. (Oh, Céus, Hoje é Segunda):

Dado: X é ponto médio de $\overline{SC}$ e $\overline{OH}$
$\overline{CX} \cong \overline{HX}$

Prova: $\overline{SC} \cong \overline{OX}$

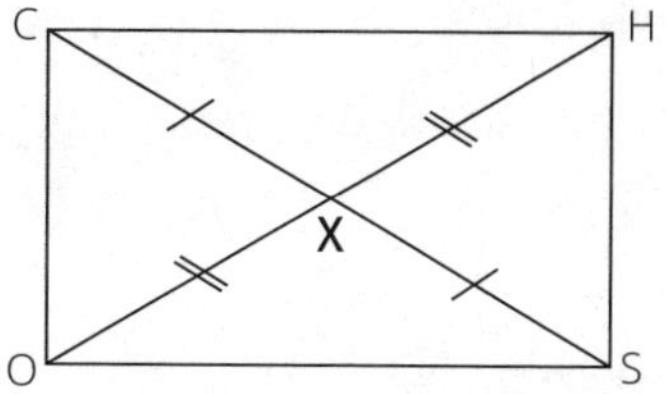

Esta é outra prova incrivelmente pequena que não exige estratégia.

Declarações	Justificativas
1) X é ponto médio de $\overline{SC}$ e $\overline{OH}$	1) Dado.
2) $\overline{CX} \cong \overline{SX}$ $\overline{HX} \cong \overline{OX}$	2) O ponto médio divide um segmento em dois segmentos congruentes.
3) $\overline{CX} \cong \overline{HX}$	3) Dado.
4) $\overline{SX} \cong \overline{OX}$	4) Propriedade Transitiva (para quatro segmentos; declarações 2 e 3).

NESTE CAPÍTULO

» **Elaborando uma estratégia**

» **Começando do início, fazendo de trás para a frente e encontrando no meio do caminho**

» **Certificando-se de que sua lógica funciona**

Capítulo 6

O Guia Supremo para Lidar com Provas Maiores

Os Capítulos 4 e 5 apresentam provas menores e algumas dúzias de teoremas básicos. Aqui, passaremos por provas mais longas e bem detalhadas, analisando cuidadosamente cada passo. Ao longo do capítulo, veremos todo o pensamento desenvolvido na solução, revisando e expandindo as estratégias de prova dos Capítulos 4 e 5. Quando estiver trabalhando em uma prova e travar, este capítulo é uma boa orientação de como proceder.

A prova que criei para este capítulo não é tão aterrorizante. É só um pouco maior do que as do Capítulo 5. Aqui está:

Dados: $\overline{BD} \perp \overline{DE}$
$\overline{BF} \perp \overline{FE}$
$\angle 1 \cong \angle 2$
$\angle 5$ é complementar a $\angle 3$
$\angle 6$ é complementar a $\angle 4$

Prova: $\overrightarrow{BX}$ bisseca $\angle ABC$

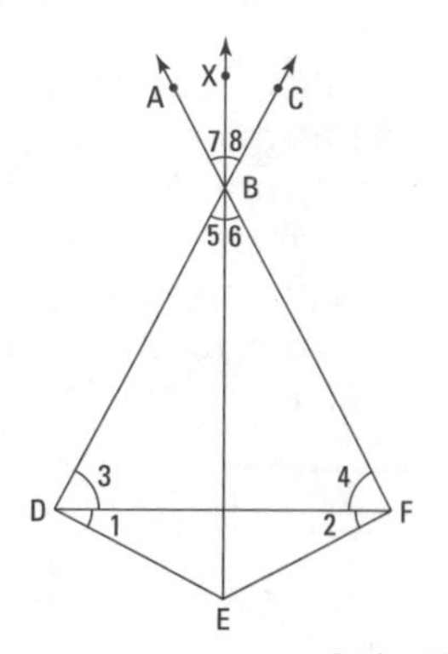

Elaborando uma Estratégia

Uma boa maneira de começar qualquer prova é elaborar uma estratégia ou um esboço de como faria a prova. A maneira formal de escrever uma prova de duas colunas pode ser difícil, especialmente nas primeiras vezes — quase como aprender um idioma estrangeiro. Escrever uma prova é mais fácil se você a quebrar em duas partes menores, mais manejáveis.

Primeiro, anote ou pense em uma estratégia na qual você prosseguirá pela lógica da prova usando seu bom senso, sem se preocupar em acertar a linguagem técnica. Uma vez que tenha feito isso, o segundo passo, que é transportar essa lógica para o formato de duas colunas, não é tão difícil.

Como você viu no Capítulo 5, quando estiver trabalhando em uma estratégia, às vezes é uma boa ideia atribuir medidas arbitrárias para os segmentos e ângulos dados, assim como para os não mencionados. Entretanto, não é recomendado atribuir valores para segmentos e ângulos dos quais se está tentando provar a congruência. Essa etapa opcional torna o diagrama de prova mais palpável e facilita a compreensão de como a prova funciona.

Eis uma possível estratégia para a prova em que estamos trabalhando: os dados provêm dois pares de segmentos perpendiculares, o que resulta em 90° para $\angle BDE$ e $\angle BFE$. Então, digamos que os ângulos congruentes $\angle 1$ e $\angle 2$ meçam 30°. Isso faria com que $\angle 3$ e $\angle 4$ medissem $90^o - 30^o$, ou 60°. Em seguida, como $\angle 3$ e $\angle 5$ são complementares, assim como $\angle 4$ e $\angle 6$, $\angle 5$ e $\angle 6$ deveriam medir 30°. Os ângulos 5 e 8 são congruentes verticais, assim como $\angle 6$ e $\angle 7$, então $\angle 7$ e $\angle 8$ deveriam também medir 30° — portanto, eles são congruentes. Finalmente, como $\angle 7 \cong \angle 8$, $\angle ABC$ é bissecado. Resumidamente, temos $\hat{7} = \hat{6} = 90^o - \hat{4} = \hat{2} = \hat{1} = 90^o - \hat{3} = \hat{5} = \hat{8}$; ou seja, $A\hat{B}C$ é bissecado.

Se tiver problemas em seguir a cadeia lógica por uma estratégia, você deve marcar o diagrama de prova enquanto avança por cada passo da lógica. Por exemplo, sempre que deduzir a congruência de um par de ângulos ou segmentos, é possível mostrá-la marcando o diagrama. Marcá-lo é uma maneira visual e prática de acompanhar seu raciocínio.

Quando fizer uma prova, elaborar um esboço da argumentação, como na estratégia anterior, é sempre uma boa ideia. Contudo, podem ocorrer momentos em que não será possível descobrir o argumento completo imediatamente. Caso isso aconteça, você pode usar as estratégias apresentadas no restante deste capítulo para ajudar a pensar na prova. As próximas seções também fornecem dicas que poderão ajudar a transformar um rascunho de estratégia em uma brilhante prova de duas colunas.

Use Todos os Dados

Talvez você não siga a estratégia da seção anterior — ou talvez siga e se surpreenda ao ter sido capaz de fazer isso em apenas uma tentativa —, e então está olhando para a prova e não sabe por onde começar. Meu conselho: verifique todos os dados da prova e pergunte-se *por que* lhe dariam cada um deles.

LEMBRE-SE

Cada dado tem uma dica embutida.

Veja os cinco dados desta prova (veja a introdução do capítulo). À primeira vista, não é muito nítido como o terceiro, quarto e quinto dados podem ajudá-lo. Mas e quanto aos dois primeiros dados, que tratam de segmentos perpendiculares? Por que lhe diriam isso? O que retas perpendiculares geram? Ângulos retos, é claro. Ok, então você está caminhando — já conhece as duas primeiras linhas da prova (veja a Figura 6-1).

Declarações	Justificativas
1) $\overline{BD} \perp \overline{DE}$ $\overline{BF} \perp \overline{FE}$	1) Dado.
2) $\angle BDE$ é um ângulo reto $\angle BFE$ é um ângulo reto	2) Se os segmentos são perpendiculares, então eles formam ângulos retos.

FIGURA 6-1: As primeiras duas linhas da prova.

Observe que se você lembrar como a estrutura "se... então" funciona, a segunda justificativa se torna óbvia (veja a próxima seção e o Capítulo 4 para mais sobre a lógica "se... então").

Use a Lógica "Se... então"

Ir dos dados à conclusão final em uma prova de duas colunas é quase como derrubar uma fileira de dominós. Cada declaração, assim como cada dominó, derruba outra declaração (embora, diferente dos dominós, uma justificativa nem sempre derruba a próxima logo em seguida). A estrutura de sentenças "se... então" de cada justificativa em uma prova de duas colunas mostra como cada declaração "derruba" outra declaração. Na Figura 6-1, por exemplo, considere a justificativa "*se* dois segmentos são perpendiculares, *então* formam um ângulo reto". A peça perpendicular (declaração 1) derruba a peça do ângulo reto (declaração 2). Na Figura 6-2, mais uma linha é adicionada a essa prova. A justificativa 3 explica como a peça do ângulo reto (declaração 2) derruba a peça do ângulo congruente (declaração 3). Esse processo continua ao longo da prova, mas, como mencionado antes, não é sempre tão simples quanto 1 derruba 2, 2 derruba 3, 3 derruba 4, e assim sucessivamente. Às vezes serão necessárias duas declarações para derrubar outra, e algumas vezes você deverá pular declarações. Em outra prova, por exemplo, a declaração 3 pode derrubar a 5. Focar a lógica "se... então" o ajudará a ver como toda a prova funciona.

LEMBRE-SE

Certifique-se de que a estrutura "se... então" das justificativas esteja correta (mais detalhes sobre a lógica "se... então" no Capítulo 4):

- » A ideia ou as ideias da condição *se* de uma justificativa devem aparecer na coluna das declarações em algum lugar *acima* da justificativa.
- » A simples ideia da condição *então* de uma justificativa deve ser a mesma ideia que está na declaração, *precisamente* na mesma linha da justificativa.

Observe novamente a Figura 6-1. Como a declaração 1 é a única acima da justificativa 2, ela é a única em que você pode conter as ideias que satisfazem a condição *se* da justificativa 2. Então, se começar essa prova colocando os dois pares de segmentos perpendiculares na declaração 1, terá que usar essa informação na justificativa 2 e, portanto, deverá começar com "se os segmentos são perpendiculares, então...".

Agora digamos que você não saiba como preencher a declaração 2. A estrutura "se... então" da justificativa 2 ajudará. Como a justificativa 2 começa com "se dois segmentos são perpendiculares...", você deveria se perguntar: "Bem, o que acontece quando dois segmentos são perpendiculares?"

A resposta, obviamente, é que ângulos retos são formados. A ideia do ângulo reto deve, portanto, entrar na condição então da justificativa 2 e na mesma linha da declaração 2.

Ok, e agora? Bem, pense na justificativa 3. Uma maneira de começar é com os ângulos retos da declaração 2. A condição se da justificativa 3 pode ser "se dois ângulos são retos...". Consegue completar? Claro: se dois ângulos são retos, então eles são congruentes. Então é isso: você obteve a justificativa 3, e a declaração 3 deve conter a ideia da condição então da justificativa 3, ou seja, a congruência de ângulos retos. A Figura 6-2 mostra a prova até agora.

Declarações	Justificativas
1) $\overline{BD} \perp \overline{DE}$ $\overline{BF} \perp \overline{FE}$	1) Dado.
2) $\angle BDE$ é um ângulo reto $\angle BFE$ é um ângulo reto	2) Se dois segmentos são perpendiculares, então formam ângulos retos.
3) $\angle BDE \cong \angle BFE$	3) Se dois ângulos são retos, então são congruentes.

FIGURA 6-2: As primeiras três linhas da prova.

Quando escrever uma prova, diga cada passo em voz alta, como se estivesse ensinando-a para um computador. Por exemplo, pode parecer óbvio que dois pares de segmentos perpendiculares formam ângulos retos, mas essa simples dedução é elaborada em três etapas em uma prova de duas colunas. É necessário ir dos segmentos perpendiculares para os ângulos retos e em seguida para os ângulos congruentes — você não pode pular direto para os ângulos congruentes. É assim que um computador "pensa": A leva para B, B leva para C, C leva para D, e assim por diante. Você deve explicar cada conexão da cadeia lógica.

Dissolvendo o Problema

Aceite: você ficará travado em algum momento ao trabalhar em uma prova, ou — Deus nos livre! — em muitos momentos! Está se perguntando o que fazer quando isso acontecer?

Tente alguma coisa. Ao resolver provas geométricas, disponha-se a experimentar algumas ideias por tentativa e erro. Elaborar provas não é tão preto no branco quanto a matemática que vimos antes. Frequentemente, você pode não ter certeza do que funcionará. Apenas tente alguma coisa, e, se não funcionar, tente outra. Cedo ou tarde você completará a prova.

Até agora, temos os dois ângulos congruentes na declaração 3, mas você não fará progresso com apenas essa ideia. Então confira os dados outra vez. Qual dos três dados não utilizados deve agregar para a declaração 3? Não há como responder a essa pergunta com certeza, então você deverá confiar em seus instintos, escolher um deles e tentar (se achar que não tem inclinação para matemática, apenas tente algum deles, qualquer um).

O terceiro dado diz que $\angle 1 \cong \angle 2$. Parece promissor, porque os ângulos 1 e 2 são parte dos ângulos retos da declaração 3. Pergunte a si mesmo: "O que viria a seguir se $\angle 1$ e $\angle 2$ medissem, digamos, 35°?" Você sabe que o ângulo reto mede 90°, logo, se $\angle 1$ e $\angle 2$ medissem 35°, então $\angle 3$ e $\angle 4$ mediriam 55°, e assim, obviamente, eles seriam congruentes. É isso. Você está progredindo. Pode usar o terceiro dado na declaração 4 e afirmar que $\angle 3 \cong \angle 4$ na declaração 5.

A Figura 6-3 mostra a prova até a declaração 5. As bolhas e setas mostram as conexões entre as declarações e as justificativas. É possível notar que a condição se de cada justificativa está conectada a uma declaração acima da justificativa e que a condição então está conectada a declaração na mesma linha da justificativa. Como ainda não chegamos na justificativa 5, ela não está na imagem. Veja se consegue descobri-la antes de ler a explicação a seguir. ***Dica:*** a condição para a justificativa 5 deve estar conectada à declaração 5, como mostrado na imagem.

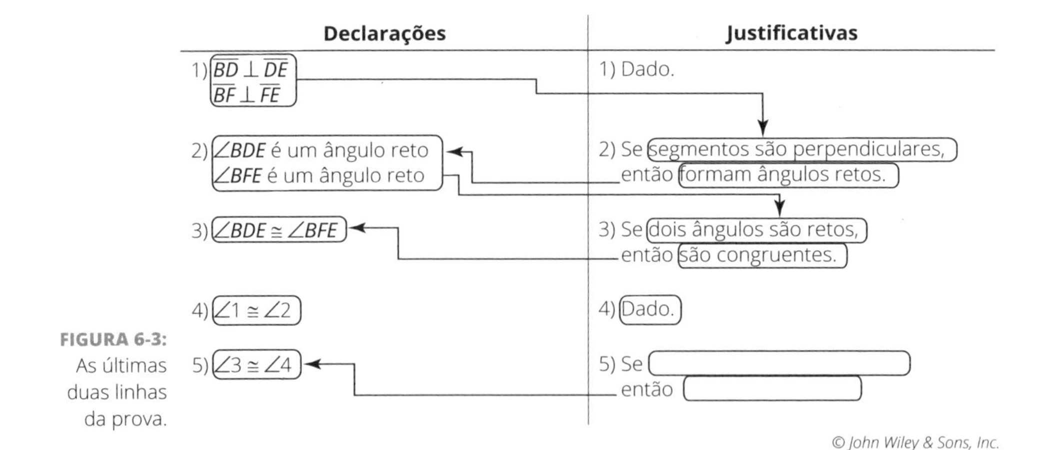

FIGURA 6-3: As últimas duas linhas da prova.

Então, descobriu a justificativa 5? É *subtração* de ângulos. Ao admitir 35º para $\angle 1$ e $\angle 2$, $\angle 3$ e $\angle 4$ na declaração 5 devem medir 55º, e você obterá a resposta de 55º resolvendo um problema de subtração: 90º - 35º = 55º. (Não cometa o erro de achar que se trata de adição de ângulos porque 35º + 55º = 90º.) Você está subtraindo dois ângulos de dois outros ângulos, então utilize a versão de quatro ângulos da subtração de ângulos (veja o Capítulo 5). A justificativa 5 é, portanto: "Se dois ângulos congruentes ($\angle 1$ e $\angle 2$) são subtraídos de dois outros ângulos congruentes (os ângulos retos), então as diferenças ($\angle 3$ e $\angle 4$) são congruentes".

A essa altura, você deve estar um pouco confuso (ou muito) se não souber aonde essas cinco linhas o estão levando ou se estão corretas. "Qual é a vantagem em ter feito cinco linhas e não saber para onde estou indo?" É compreensível que você faça esse questionamento. Aqui está a resposta.

DICA

Se estiver resolvendo uma prova e não souber como chegar ao fim, lembre-se de que realizar cada passo é uma boa opção. Se você for capaz de deduzir mais e mais fatos e for capaz de preencher a coluna das declarações, está no caminho certo. Não se preocupe com a possibilidade de ir pelo caminho errado. (Apesar de ter que fazer alguns desvios de vez em quando, não fique nervoso. Caso termine sem resposta, volte e tente outro caminho.)

Não se sinta pressionado a fazer um gol de placa (isto é, ver como toda a prova se encaixa). Em vez disso, contente-se em fazer apenas um bom passe (preencher mais uma declaração), e em seguida, outro passe, e assim por diante. Cedo ou tarde você colocará a bola na rede. Certa vez ouvi falar de um estudante que ia dos finais C e D para A e B apenas mudando o foco de fazer gols para marcar cestas.

Saltando para o Final e Trabalhando de Trás para a Frente

Suponha que você esteja no meio de uma prova e, de onde está agora, não consiga enxergar o final. Sem problemas — pule para o final da prova e *trabalhe de trás para a frente*.

Ok, partindo de onde paramos na prova deste capítulo: completamos cinco linhas da prova e estamos em $\angle 3 \cong \angle 4$. Para onde ir agora? Seguir em frente a partir daqui pode ser difícil, então trabalhe de trás para a frente. Você sabe que a última linha da prova deve ser a prova da declaração: $\overrightarrow{BX}$ bisseca $\angle ABC$. Agora, pensando em qual deve ser a última ou penúltima justificativa, não deveria ser difícil perceber que você precisa de dois ângulos congruentes (as duas metades) para concluir que um ângulo maior é bissecado. A Figura 6-4 mostra como o final da prova deve parecer. Perceba as bolhas que se completam com a lógica "se... então" (se as condições nas justificativas conectam-se às declarações acima, então, as condições nas justificativas conectam-se às declarações na mesma linha).

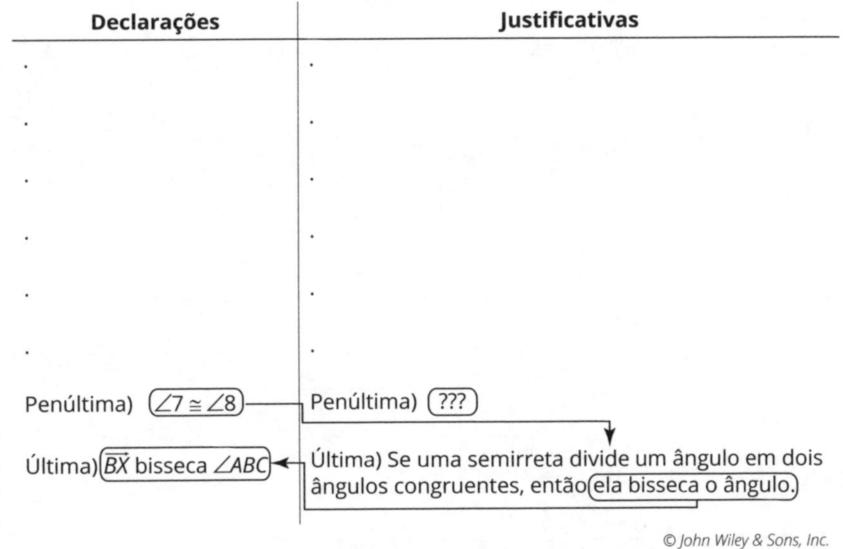

FIGURA 6-4: As últimas duas linhas da prova.

Continue indo de trás para a frente até a antepenúltima declaração, a declaração antes desta, e assim por diante. (Trabalhar na direção contrária em uma prova exige que você chute algumas coisas, mas não deixe que isso o impeça.) O que prova que $\angle 7$ é congruente a $\angle 8$? Bem, provavelmente não será necessário procurar muito para perceber o par de ângulos congruentes verticais $\angle 5$ e $\angle 8$, e o outro par, $\angle 6$ e $\angle 7$.

Ok, então você quer provar que ∠7 é congruente a ∠8 e sabe que ∠6 é igual a ∠7 e que ∠5 é igual a ∠8. Então, se tivesse certeza de que ∠5 e ∠6 são congruentes, teria terminado a tarefa.

Agora que fez alguns passos de trás para a frente, aqui está o argumento na direção normal: a prova poderia terminar ao afirmar, na declaração anterior à antepenúltima, que $\angle 5 \cong \angle 6$, e na antepenúltima, afirmando que $\angle 5 \cong \angle 8$ e $\angle 6 \cong \angle 7$ (porque ângulos verticais são congruentes), e em seguida na penúltima, afirmando que $\angle 7 \cong \angle 8$ pela propriedade transitiva (para quatro ângulos — veja o Capítulo 5). A Figura 6-5 mostra como tudo isso é no formato de duas colunas.

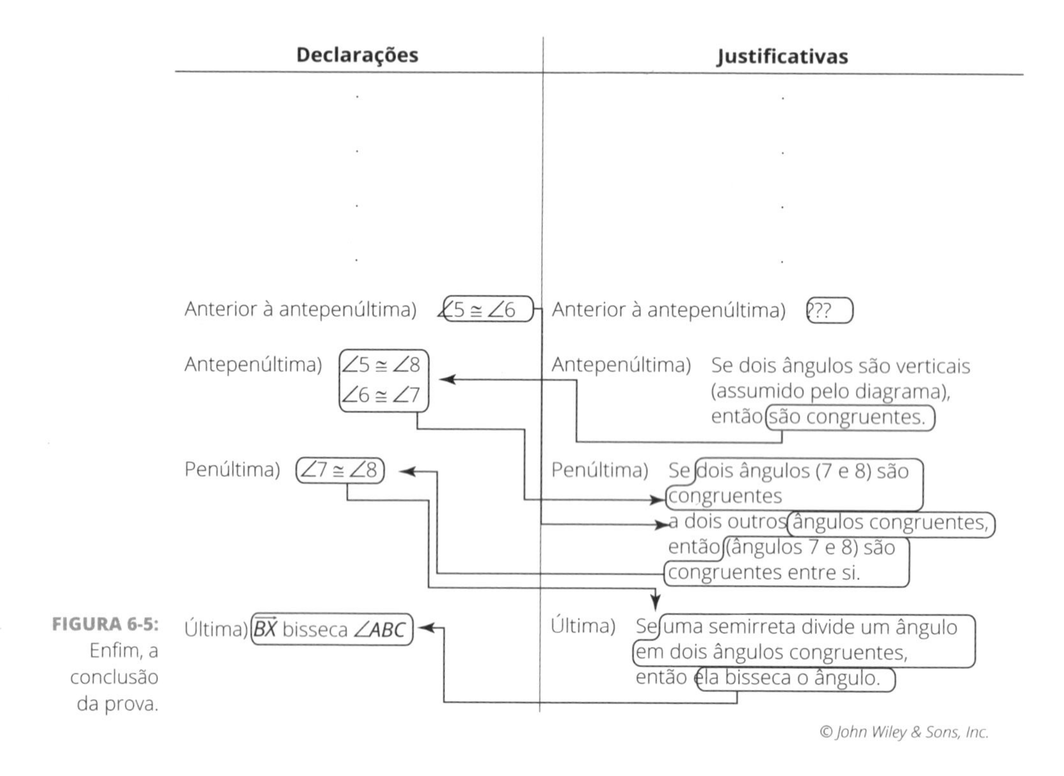

FIGURA 6-5: Enfim, a conclusão da prova.

Preenchendo as Lacunas

Como expliquei na seção anterior, trabalhar de trás para a frente em uma prova é uma excelente estratégia. Você não poderá trabalhar sempre a partir da última declaração, como nessa prova — às vezes só é possível começar da penúltima ou antepenúltima declaração. Mas ainda que você preencha apenas uma ou duas declarações (em adição à declaração automática no final), essas adições podem ser de muita ajuda. Depois de fazer as adições, as provas ficam mais fáceis devido à nova orientação "final" (digamos a antepenúltima declaração), que está a poucos passos do início da prova e, assim, é um objetivo mais fácil de focar. É mais ou menos como resolver um daqueles labirintos das revistas ou jornais: você pode começar da entrada. Em seguida, se tiver dificuldade, pode começar pela saída. Finalmente, pode voltar de onde parou no primeiro caminho e conectar os percursos. A Figura 6-6 mostra o processo.

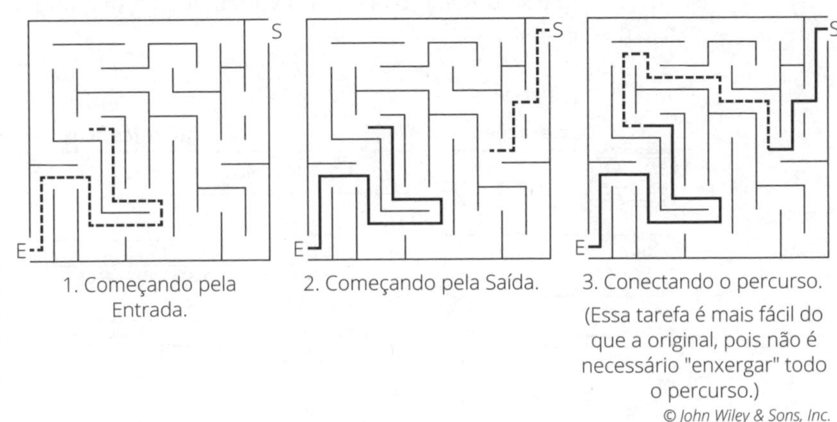

FIGURA 6-6: Começando pelas duas alternativas e conectando o percurso.

Ok, como você imagina que termino essa prova? Tudo o que restou para ser feito é construir o caminho entre a declaração 5 ($\angle 3 \cong \angle 4$), e a declaração anterior à penúltima ($\angle 5 \cong \angle 6$). Há dois dados que você ainda não usou, então eles provavelmente são o segredo para solucionar a prova.

Como é possível utilizar os dados que se referem aos pares de ângulos complementares? Tente admitir valores arbitrários mais uma vez. Use os mesmos números da parte "Elaborando uma Estratégia" e admita que os ângulos congruentes $\angle 3$ e $\angle 4$ meçam 55°. O ângulo 5 é complementar ao $\angle 3$, então, se $\angle 3$ mede 55°, $\angle 5$ deve medir 35°. O ângulo 6 é complementar ao $\angle 4$, então $\angle 6$ também deve medir 35°. É isso aí: $\angle 5$ e $\angle 6$ são congruentes, você uniu as pontas soltas. Tudo o que precisa ser feito agora é escrever a prova formal, o que faremos na próxima seção.

A propósito, supor tamanhos para os ângulos desse jeito é uma excelente estratégia, embora geralmente desnecessária. Se souber bem os teoremas, deve ter percebido que se $\angle 3$ e $\angle 4$ são congruentes, seus complementos ($\angle 5$ e $\angle 6$) também o serão.

Escrevendo a Prova Solucionada

Soem as trombetas! Aqui está a prova inteira solucionada com o esquema das bolhas (veja a Figura 6-7). (Dessa vez coloquei apenas as setas que conectam as justificativas às condições se. Você sabe que a condição então de cada justificativa deve estar conectada à declaração na mesma linha.) Se compreender todas as estratégias e dicas abordadas neste capítulo e seguir cada passo dessa prova, estará apto a lidar com qualquer prova que cair em suas mãos.

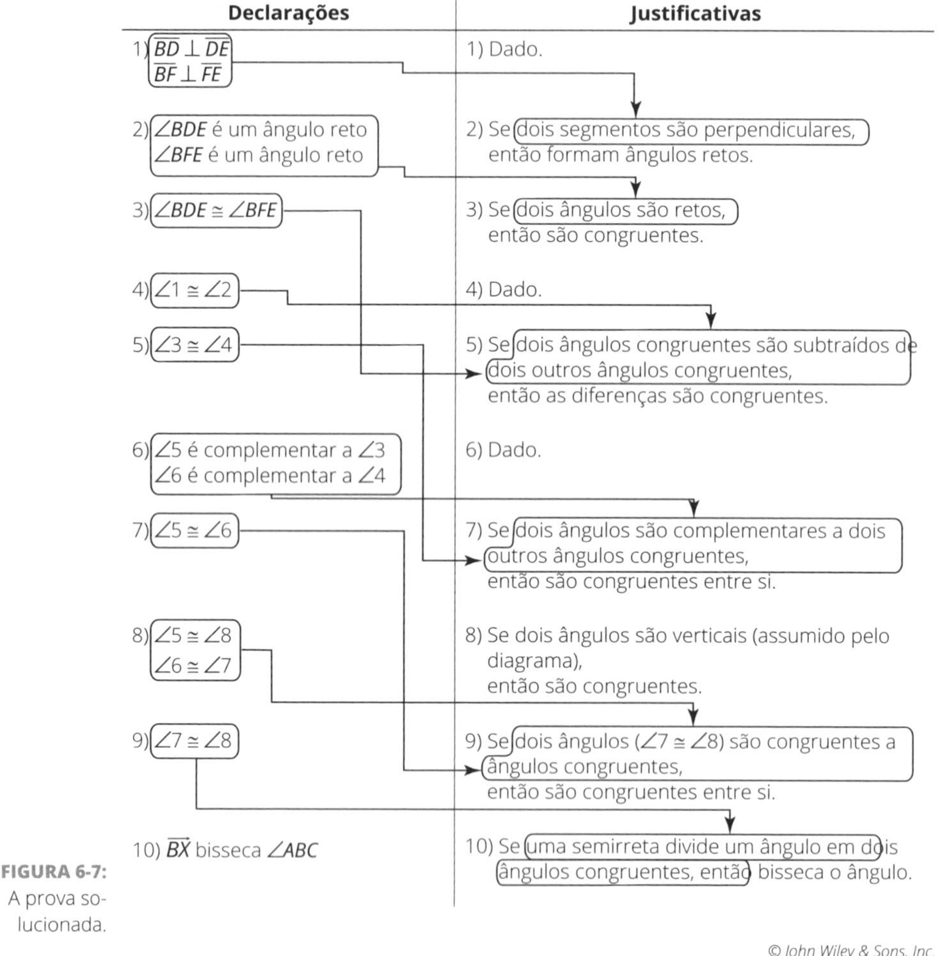

FIGURA 6-7: A prova solucionada.

© John Wiley & Sons, Inc.

3

Triângulos: Polígonos de Três Lados

NESTA PARTE...

Familiarize-se com triângulos.

Divirta-se com triângulos retângulos.

Trabalhe em provas de triângulos congruentes.

NESTE CAPÍTULO

- **Observando os lados de um triângulo: semelhantes ou não?**
- **Descobrindo o princípio da desproporcionalidade triangular**
- **Classificando triângulos pelos ângulos e calculando sua área**
- **Encontrando os quatro "centros" de um triângulo**

Capítulo 7

Entendendo os Fundamentos dos Triângulos

Considerados um filhote da família dos polígonos, triângulos com certeza exercem um grande papel na geometria. Eles são um dos componentes mais importantes em provas geométricas (veremos provas de triângulos no Capítulo 9). Os triângulos têm também uma grande quantidade de propriedades interessantes que você não esperaria dos polígonos mais simples. Talvez Leonardo Da Vinci (1452–1519) estivesse considerando algo quando disse: "A simplicidade é a maior das sofisticações".

Neste capítulo, estudaremos os conceitos básicos dos triângulos — seus nomes, lados, ângulos e área. Também veremos como encontrar os quatro "centros" de um triângulo.

Conhecendo os Lados de um Triângulo

Triângulos são classificados de acordo com o tamanho dos lados ou a medida dos ângulos. Essas classificações vêm em três, assim como os lados e ângulos. Isto é, um triângulo tem três lados, e três condições descrevem os triângulos com base nisso. Um triângulo tem também três ângulos, e há três classificações baseadas nisso. Falaremos sobre as classificações baseadas nos ângulos na próxima seção, "Conhecendo os Triângulos pelos Ângulos".

As classificações a seguir baseiam-se nos lados:

» **Triângulo escaleno:** É um triângulo que não tem lados congruentes.

» **Triângulo isósceles:** É um triângulo com pelo menos dois lados congruentes.

» **Triângulo equilátero:** É um triângulo com três lados congruentes.

Como um triângulo equilátero é também isósceles, todos os triângulos são escalenos ou isósceles. Mas quando um triângulo é dito *isósceles,* normalmente isso quer dizer um triângulo com apenas dois lados iguais, pois se um triângulo tem três lados iguais, ele é chamado de *equilátero.* Então existem três tipos de triângulos ou apenas dois? Você decide.

Triângulos escalenos: Errado, torto e desalinhado

Além de ter três lados diferentes, triângulos escalenos têm três ângulos diferentes. O lado menor está de frente para o ângulo menor, o lado médio está de frente para o ângulo médio, e — adivinhe — o lado maior está de frente para o ângulo maior. A Figura 7-1 mostra o que isso quer dizer.

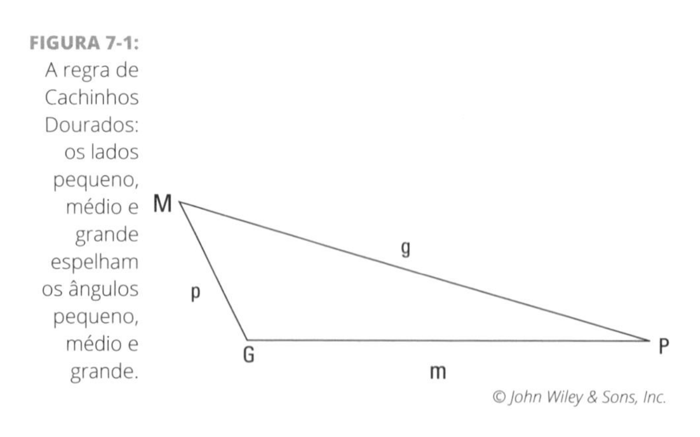

FIGURA 7-1: A regra de Cachinhos Dourados: os lados pequeno, médio e grande espelham os ângulos pequeno, médio e grande.

MUITOS TRIÂNGULOS ESCALENOS

Esse fato pode surpreender você: em contraste com o que se vê em livros de geometria, carregados de triângulos isósceles e equiláteros (e triângulos retângulos), 99,999% dos triângulos no universo matemático são escalenos. Os triângulos especiais (isósceles, equilátero e triângulos retângulos) são como agulhas ínfimas no palheiro dos triângulos. Sendo assim, se você sorteasse um triângulo aleatório entre todos os possíveis, a probabilidade de obter um isósceles, equilátero ou um triângulo retângulo é praticamente um gordo e grande 0%! Isso é surpreendente para a maioria das pessoas, pois triângulos especiais (isósceles, triângulo retângulo e equilátero) aparecem em todo lugar no mundo real (em construções, produtos cotidianos, e assim por diante), e é por isso que vamos estudá-los.

Os lados não são proporcionais aos ângulos. Não suponha que se um lado do triângulo for, digamos, duas vezes maior do que outro, que os ângulos de frente para eles também estejam em uma proporção de 2:1. A proporcionalidade entre os lados deve estar próxima da proporcionalidade entre os ângulos, mas ela *nunca* é exatamente equivalente (exceto quando os lados são iguais).

Se estiver tentando descobrir alguma coisa sobre triângulos — por exemplo se a bissetriz de um ângulo também bisseca (corta pela metade) o lado oposto — você pode esboçar um triângulo e ver se parece verdade. Mas ele não deve ser um triângulo retângulo ou escaleno (em oposição a um isósceles, equilátero ou triângulo retângulo). Isso ocorre porque triângulos escalenos, por definição, não têm propriedades particulares, como lados congruentes ou ângulos retos. Caso você esboce, digamos, um triângulo isósceles, qualquer conclusão à qual chegar será aplicável apenas para triângulos desse tipo. Resumindo, quando quiser testar alguma coisa, em qualquer área da matemática, não torne as coisas mais particulares do que devem ser.

Triângulos isósceles: Belo par de pernas

Um triângulo isósceles tem dois lados e dois ângulos equivalentes. Os lados equivalentes são chamados de *pernas*, e o terceiro lado é chamado de *base*. Os dois ângulos que tocam a base (que são congruentes ou equivalentes) são chamados de *ângulos de base*. O ângulo entre as pernas é chamado de *ângulo do vértice*. Veja a Figura 7-2.

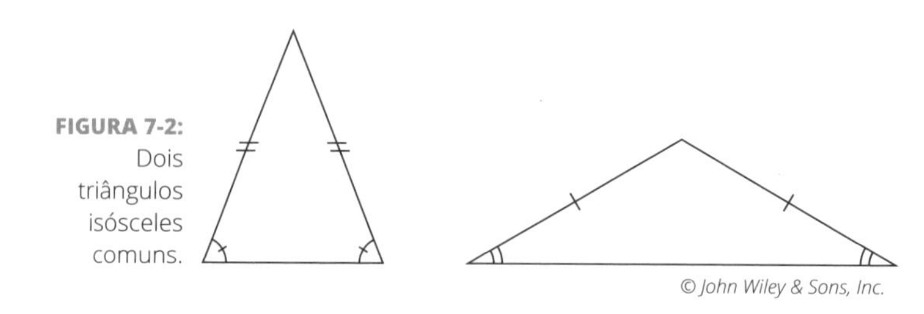

FIGURA 7-2: Dois triângulos isósceles comuns.

© John Wiley & Sons, Inc.

Triângulos equiláteros: Todas as partes iguais

Um triângulo equilátero tem três lados e ângulos iguais (cada um mede 60º). Seus ângulos iguais o tornam *equiângulo* tanto quanto equilátero. No entanto, não se ouve com frequência a expressão *triângulo equiângulo*, porque o único triângulo equiângulo é o triângulo equilátero, e todos chamam esse triângulo de *equilátero*. (Com quadriláteros e outros polígonos, no entanto, são necessários os dois termos, pois uma forma equiangular, como um retângulo, pode ter lados de tamanhos diferentes e uma forma equilateral, como um losango, pode ter ângulos de diferentes medidas. Veja o Capítulo 12 para mais detalhes.)

Se você cortar um triângulo equilátero bem no meio, terá dois triângulos de medidas 30º-60º-90º. Veremos esse incrivelmente importante triângulo no próximo capítulo.

Apresentando o Princípio da Desigualdade entre Triângulos

LEMBRE-SE

O princípio da desigualdade: O princípio da desigualdade entre triângulos afirma que a soma dos comprimentos de dois lados de um triângulo deve ser maior do que o do terceiro lado. O princípio aparece em inúmeros problemas, então não se esqueça! Ele se baseia no simples fato de que a menor distância entre dois pontos é uma reta. Confira a Figura 7-3 e a explicação que se segue para entender o que falo.

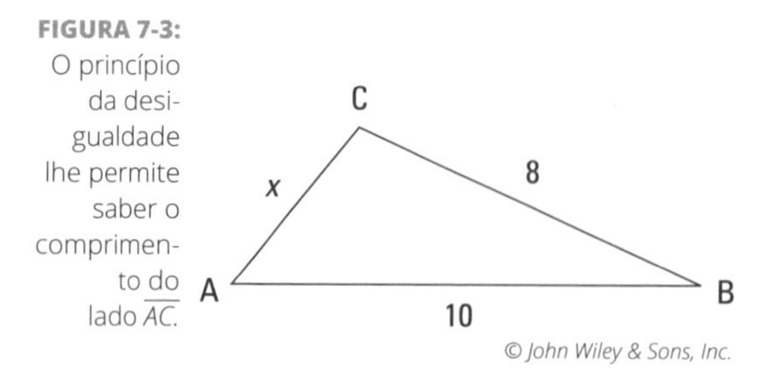

FIGURA 7-3: O princípio da desigualdade lhe permite saber o comprimento do lado $\overline{AC}$.

© John Wiley & Sons, Inc.

Em ΔABC, qual é o caminho mais curto de A até B? Obviamente, ir direto de A para B é um caminho mais curto do que desviar para C e depois para *B*. Esse é o princípio da desigualdade resumido.

Em ΔABC, como se sabe que AB é menor do que AC mais CB, $x + 8$ deve ser maior do que 10, portanto:

$$x + 8 > 10$$
$$x > 2$$

Mas não se esqueça de que o mesmo princípio se aplica do caminho de A para C, portanto, $8 + 10$ deve ser maior do que x:

$$8 + 10 > x$$
$$18 > x$$

Você pode escrever ambas as respostas em uma única desigualdade:

$$2 < x < 18$$

Esses são os comprimentos possíveis para o lado $\overline{AC}$. A Figura 7-4 mostra o alcance desses comprimentos. Pense no vértice B como uma dobradiça. À medida que a dobradiça se abre, o comprimento de $\overline{AC}$ aumenta.

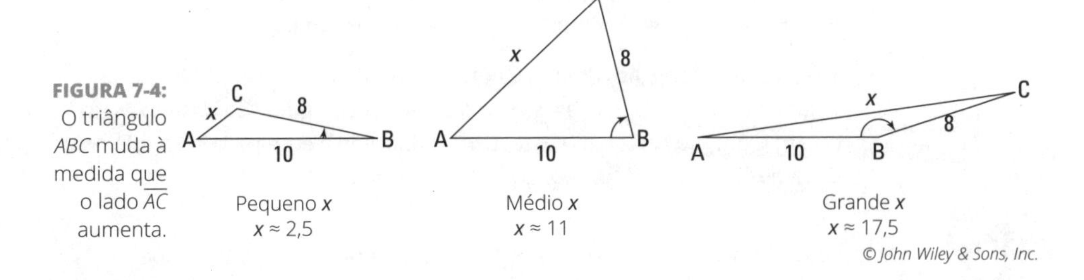

FIGURA 7-4: O triângulo *ABC* muda à medida que o lado $\overline{AC}$ aumenta.

Nota: orgulhe-se de si mesmo caso esteja se perguntando por que não mencionei o terceiro caminho, de B para C. Resposta: na primeira desigualdade acima, coloquei o maior lado (10) ao lado direito da desigualdade, e na segunda, coloquei o lado desconhecido (x) também ao lado direito. Isso é tudo o que precisa ser feito para se obter a resposta. Não é necessário criar uma desigualdade com o lado mais curto (8) do lado direito, pois isso não acrescentaria nada à resposta — você simplesmente descobriria que x deve ser maior do que -2, e o comprimento dos lados deve ser positivo.

A propósito, se esse problema tratasse de três cidades *A*, *B* e *C*, em vez de ΔABC, as possíveis distâncias entre as cidades A e C pareceriam iguais, exceto pelo fato de que os símbolos de menor seriam símbolos de menor ou igual:

$$2 \leq x \leq 18$$

Isso porque — diferente dos vértices A, B e C de ΔABC — as cidades A, B e C podem estar em uma mesma linha. Olhe novamente para a Figura 7-4. Se $\angle B$ diminui até 0, as cidades estão em uma reta. e a distância de A para C seria precisamente 2; se $\angle B$ abrir até 180°, as cidades estão de novo em uma reta, e a distância de A para C é precisamente 18. Contudo, você não pode fazer isso com o problema do triângulo, pois quando A, B e C estão alinhados, não há triângulo algum.

Conhecendo os Triângulos pelos Ângulos

Como mencionado na seção anterior intitulada "Conhecendo os Lados de um Triângulo", pode-se classificar os triângulos pelos ângulos, assim como pelos lados. Seguem as classificações por ângulos:

» **Triângulo agudo:** É um triângulo com três ângulos agudos (menor que 90°).

» **Triângulo obtuso:** É um triângulo com um ângulo obtuso (maior que 90°). Os outros dois ângulos são agudos. Se um triângulo tivesse dois ângulos obtusos (ou três), dois de seus lados seguiriam em direções opostas e nunca se encontrariam para formar um triângulo.

» **Triângulo retângulo:** É um triângulo com um ângulo reto (90°) e dois ângulos agudos. As pernas de um triângulo retângulo são os lados que tocam o ângulo reto, e a *hipotenusa* é o lado de frente para o ângulo reto. O Capítulo 8 é devotado aos triângulos retângulos.

LEMBRE-SE

Os ângulos de um triângulo somam 180°. Essa é outra razão pela qual, se um dos ângulos for de 90° ou maior, os outros dois ângulos precisam ser agudos.

Veremos outro exemplo desse total de 180° na seção intitulada "Triângulos equiláteros: Todas as partes iguais". Os ângulos de um triângulo equilátero medem 60°, 60° e 60°. No Capítulo 8, veremos outros dois exemplos importantes: o triângulo 30°-60°-90° e o triângulo 45°-45°-90°.

Calculando a Área do Triângulo

Nesta seção, veremos tudo o que é necessário para determinar a área de um triângulo (como você já deve saber, *área* é a quantidade de espaço dentro de uma forma). Veremos o que é altura e como usá-la na fórmula padrão da área do triângulo. Você aprenderá também um atalho que poderá usar quando souber todos os lados do triângulo e quiser encontrar a área diretamente, sem precisar calcular a altura.

Escalando alturas

Altura (do triângulo): A altura é um segmento que vai de um vértice do triângulo ao lado oposto (ou à extensão do lado oposto, se necessário) e é perpendicular a ele; o lado oposto é chamado *base*. (Usaremos a definição de altura em algumas provas de triângulos. Veja o Capítulo 9.)

Imagine que você tem um triângulo de cartolina em pé em uma mesa. A altura do triângulo diz exatamente o que era de se esperar — a altura do triângulo (h) medida da ponta superior até a mesa. Essa altura desce para a base do triângulo que está alinhada com a mesa. A Figura 7-5 mostra um exemplo de altura.

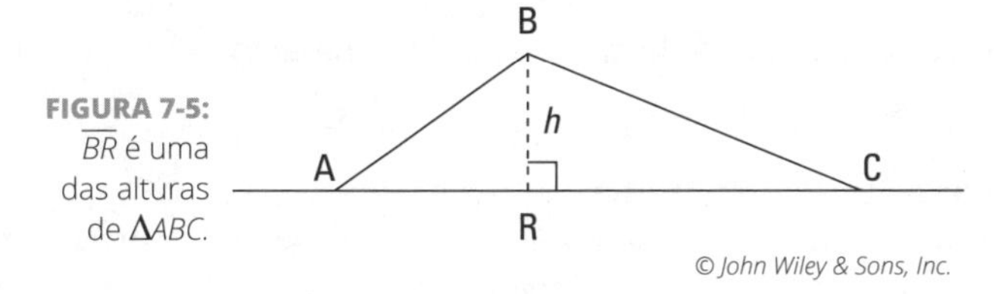

FIGURA 7-5: $\overline{BR}$ é uma das alturas de ΔABC.

Todo triângulo tem três alturas, uma para cada lado. A Figura 7-6 mostra o mesmo triângulo da Figura 7-5 de pé sobre a mesa nas duas outras posições possíveis: com $\overline{CB}$ e $\overline{BA}$ servindo de bases.

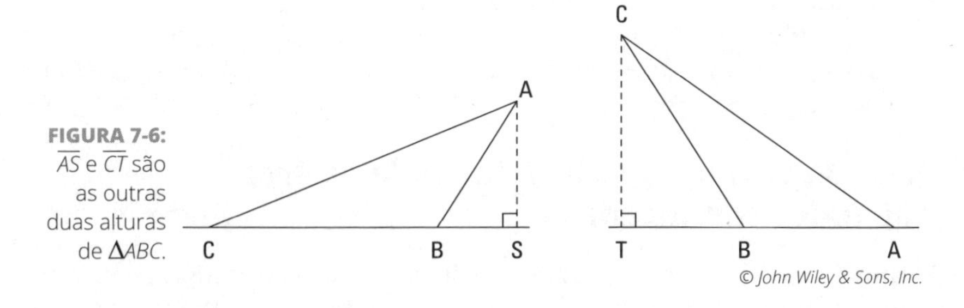

FIGURA 7-6: $\overline{AS}$ e $\overline{CT}$ são as outras duas alturas de ΔABC.

Todo triângulo tem três alturas, estando ou não em pé sobre uma mesa. E você pode usar qualquer lado do triângulo como base, independentemente de estar ou não embaixo. A Figura 7-7 mostra ΔABC com todas as três alturas.

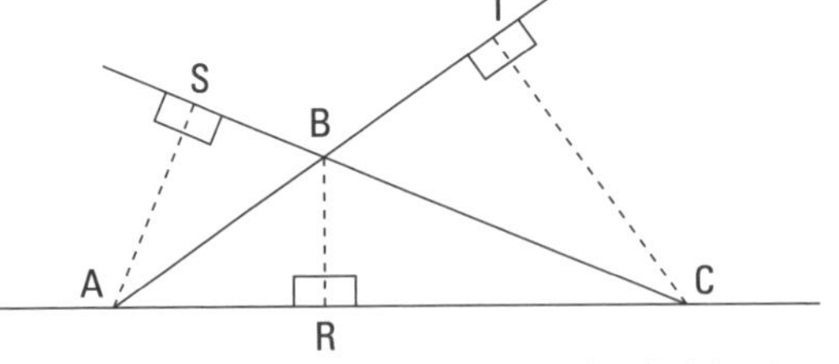

FIGURA 7-7: O triângulo *ABC* com as três alturas: $\overline{BR}$, $\overline{AS}$ e $\overline{CT}$.

Os tópicos a seguir informam sobre comprimento e localização das alturas de tipos diferentes de triângulos (veja "Conhecendo os Lados de um Triângulo" e "Conhecendo os Triângulos pelos Ângulos" para mais detalhes sobre nomenclaturas de triângulos):

- **Escaleno:** Nenhuma das alturas tem o mesmo tamanho.
- **Isósceles:** Duas alturas têm o mesmo comprimento.
- **Equilátero:** Todas as três alturas têm o mesmo comprimento.
- **Agudo:** Todas as três alturas estão dentro do triângulo.
- **Triângulo retângulo:** Uma altura está dentro do triângulo, e as outras duas alturas são as pernas do triângulo (lembre-se disso quando estiver calculando a área de um triângulo retângulo).
- **Obtuso:** Uma altura está dentro do triângulo e duas alturas estão fora.

Determinando a área de um triângulo

Nesta seção, veremos três métodos para calcular a área de um triângulo: a conhecida fórmula padrão, a fórmula sofisticada de 2 mil anos, muito útil, porém menos conhecida, e a fórmula para a área de um triângulo equilátero.

Testado e comprovado: A fórmula de área que todos conhecem

LEMBRE-SE

Fórmula de área do triângulo: Provavelmente você viu pela primeira vez a fórmula básica de área do triângulo em torno do sexto, sétimo ou oitavo ano. Caso tenha se esquecido, não se preocupe — ela está bem aqui:

$$\text{Área}_{\Delta} = \frac{1}{2}\text{ base x altura}$$

Presuma, para fins de argumentação, que você tenha dificuldade em se lembrar dessa fórmula. Bem, você não esquecerá se focar como funciona — o que nos traz a uma das dicas mais importantes neste livro.

Sempre que possível, não memorize apenas por hábito conceitos matemáticos, fórmulas etc. Tente compreender *como* funcionam. Se você entender os *porquês* subjacentes às ideias, se lembrará deles melhor e apreciará mais profundamente as conexões entre as ideias matemáticas. Essa apreciação o tornará um estudante mais bem-sucedido.

Então por que a área de um triângulo é $\frac{1}{2}$ base x altura? Porque a área do retângulo é a base x altura (que é o mesmo de comprimento x largura), e um triângulo é a metade de um retângulo.

Observe a Figura 7-8, que mostra dois triângulos inscritos nos retângulos *HALF e PINT*.

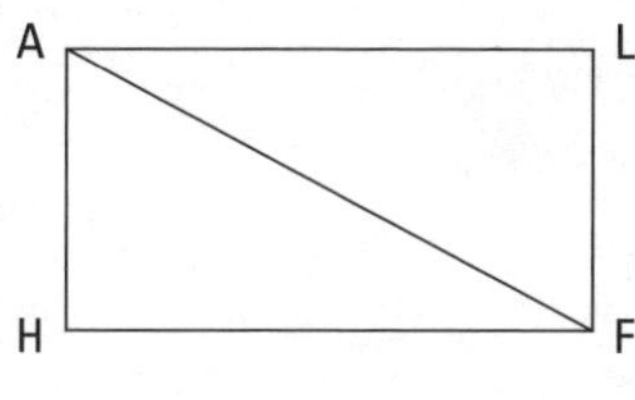

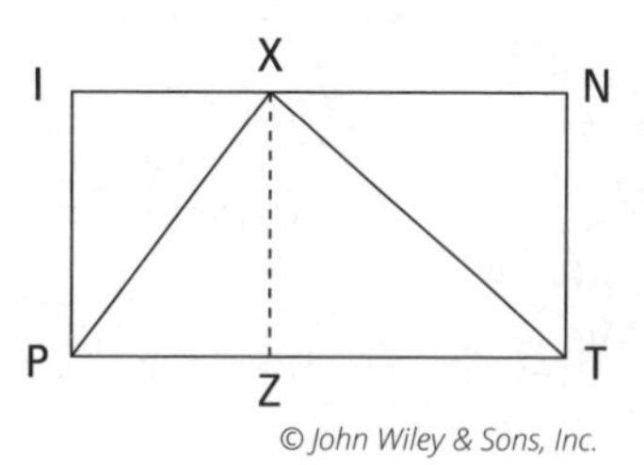

FIGURA 7-8: Um triângulo ocupa metade da área de um retângulo.

Deveria ser óbvio que ΔHAF ocupa metade da área do retângulo *HALF*. E não deveria lhe causar uma hemorragia cerebral perceber que ΔPXT também ocupa metade da área do retângulo que o envolve. (O triângulo *PXZ* é metade do retângulo *PIXZ*, e o triângulo *ZXT* é metade do retângulo *ZXNT*.) Como todo triângulo possível (incluindo, a propósito, ΔHAF, se você admitir $\overline{AF}$ como base) cabe em algum retângulo exatamente como ΔPXT se encaixa no retângulo *PINT*, todo triângulo é metade de um retângulo.

Agora um problema que envolve encontrar a área de um triângulo: quanto mede a altura $\overline{XT}$ em ΔWXR na Figura 7-9?

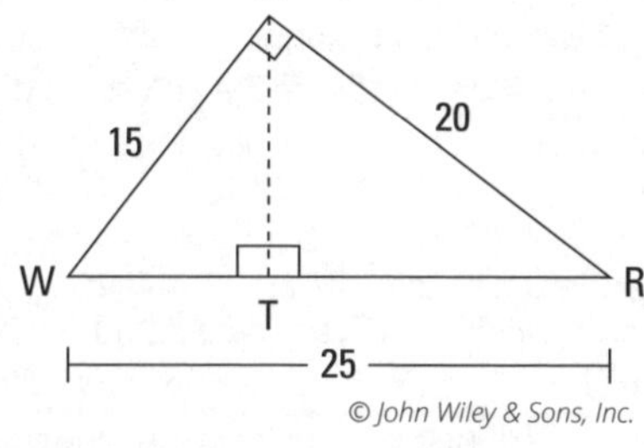

FIGURA 7-9: O triângulo retângulo WXR e suas três alturas.

AGORA VOCÊ VÊ, AGORA NÃO VÊ MAIS

Coloque seu chapéu de pensamento — aqui vai um desafio cerebral. A primeira forma está dividida em quatro partes. Abaixo dela, as mesmas quatro partes foram reorganizadas. Entretanto, aquele quadradinho branco aparece, misteriosamente. Como é possível que as quatro peças idênticas da primeira forma não preencham completamente a segunda? (Pare de ler se quiser descobrir a resposta por si mesmo.)

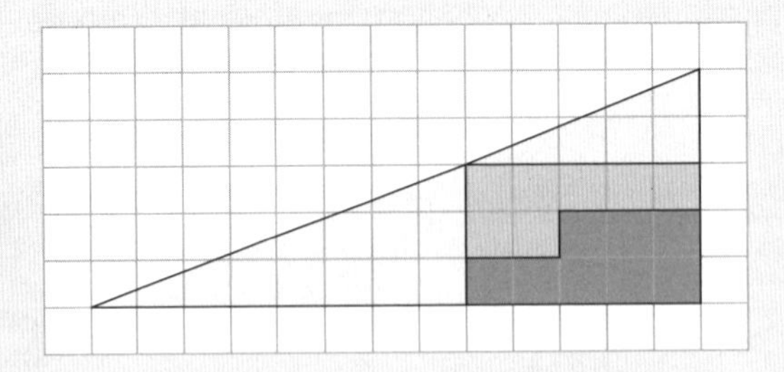

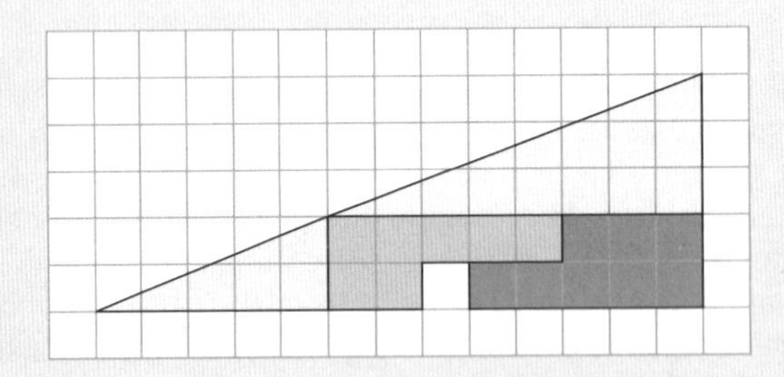

© John Wiley & Sons, Inc.

Poucas pessoas conseguem resolver esses problemas sem dicas. (Se você conseguiu, me impressionou. Se não, confira algumas dicas e tente outra vez antes de ler a solução inteira.) Observe as quatro partes: os dois triângulos e aquelas duas parecidas com um L. O triângulo preto tem base 8 e altura 3, logo, sua área mede $\frac{1}{2} \times 8 \times 3$, ou 12. A área do triângulo cinza é $\frac{1}{2} \times 5 \times 2$, ou 5. As duas partes em formato de L têm áreas medindo 7 e 8. A soma das áreas resulta em 32. Mas os triângulos juntos têm base 13 e altura 5, logo, suas áreas medem 32,5. No que isso resulta?

Nisto aqui: os dois triângulos "grandes" não são triângulos — são quadriláteros! Segure o livro em suas mãos, certificando-se de que esta página fique plana, feche um dos olhos e vire o livro de maneira que consiga focar ao longo da "hipotenusa" do primeiro "triângulo" — ou seja, de maneira que a "hipotenusa" esteja apontando diretamente para o seu olho. Se observar com atenção, perceberá que a "hipotenusa" tem uma dobra para baixo muito leve.

Essa pequena depressão explica por que as quatro partes somam apenas 32. Não fosse por esse desvio (se a hipotenusa fosse reta), o total das quatro peças seria de 32,5 — a área do triângulo de base 13 e altura 5. (Se não conseguir visualizar a dobra, tente alinhar uma régua às duas pontas da hipotenusa. Se fizer isso com muito cuidado, verá a discretíssima dobra para baixo.)

A "hipotenusa" do segundo "triângulo" dobra-se levemente para cima. Essa dobra cria o pequeno espaço extra necessário para que as quatro partes que totalizam 32 acrescentem o quadrado vazio de área 1. Esse total de 33 unidades quadradas encaixa-se no triângulo com a protuberância, que teria uma área de 32,5 sem ela. Interessante, não?

O macete aqui é perceber que, como ΔWXR é um triângulo retângulo, as pernas $\overline{WX}$ e $\overline{RX}$ são também alturas. Então você pode usar qualquer uma como altura, e a outra perna automaticamente se tornará a base. Substitua os valores na fórmula para determinar a área do triângulo:

$$\begin{aligned}\text{Área}_{\Delta WXR} &= \frac{1}{2}\text{ base x altura}\\ &= \frac{1}{2}(RX)(WX)\\ &= \frac{1}{2}(20)(15)\\ &= 150\end{aligned}$$

Agora você pode usar a fórmula da área de novo, utilizando essa área de 150, a base $\overline{WR}$ e a altura $\overline{XT}$:

$$\begin{aligned}\text{Área}_{\Delta WXR} &= \frac{1}{2}\text{ base x altura}\\ 150 &= \frac{1}{2}(WR)(XT)\\ 150 &= \frac{1}{2}(25)(XT)\\ 12 &= XT\end{aligned}$$

Bingo.

Golpe de mestre: A fórmula da área que quase ninguém conhece

LEMBRE-SE

Fórmula de Herão: Quando souber os comprimentos dos três lados do triângulo e não souber a altura, a Fórmula de Herão funcionará como mágica. Confira:

$$\text{Área}_{\Delta} = \sqrt{p(p-a)(p-b)(p-c)},$$

onde a, b e c são os comprimentos dos lados do triângulo e p é o *semiperímetro* (que é metade do perímetro: $p = \frac{a+b+c}{2}$).

Usemos a fórmula de mestre para calcular a área do triângulo de lados 5, 6 e 7. Primeiro você precisará do perímetro (a soma do comprimento dos lados), e a partir disso obterá o semiperímetro. O perímetro é 5+6+7 = 18, logo, o semiperímetro é 9. Agora substitua 9, 5, 6 e 7 na fórmula:

$$\begin{aligned} \text{Área}_\Delta &= \sqrt{9(9-5)(9-6)(9-7)} \\ &= \sqrt{9 \times 4 \times 3 \times 2} \\ &= \sqrt{36 \times 6} \\ &= 6\sqrt{6}\text{, ou aproximadamente } 14{,}7 \end{aligned}$$

Melhor de três: A área do triângulo equilátero

Você pode se virar sem a fórmula da área do triângulo equilátero, pois pode usar o comprimento de um lado para descobrir a altura e em seguida utilizar a fórmula regular da área (saiba mais sobre triângulos de 30º–60º–90º no Capítulo 8). Mas é bom saber esta fórmula, pois ela lhe dará a resposta de primeira.

Área do triângulo equilátero (com o lado *s*):

$$\text{Área}_{\text{Equilátero}\Delta} = \frac{s^2\sqrt{3}}{4}$$

Veremos exemplos práticos dessa fórmula nos Capítulos 12 e 14.

Localizando os "Centros" de um Triângulo

Nesta seção, você conhecerá quatro pontos associados a todo triângulo. Um desses pontos é chamado de *baricentro*, e os outros três são chamados de *centros*, mas nenhum deles é o centro "real" do triângulo. Diferentemente dos círculos, quadrados e retângulos, os triângulos (exceto pelos triângulos equiláteros) não têm um centro de verdade.

Balançando no baricentro

Antes de definir *baricentro*, é necessária a definição de outro termo do triângulo: *mediana*.

Mediana: A mediana de um triângulo é um segmento que vai de um dos vértices do triângulo ao ponto médio do lado oposto. Todo triângulo tem três medianas. (Utilizaremos a definição de mediana em algumas provas de triângulos. Veja o Capítulo 9.)

LEMBRE-SE

Baricentro: As três medianas do triângulo se interceptam no baricentro, que é o ponto de equilíbrio do triângulo ou centro de gravidade.

Em cada mediana, a distância do vértice ao baricentro é duas vezes maior do que a distância do baricentro ao ponto médio. Observe a Figura 7-10.

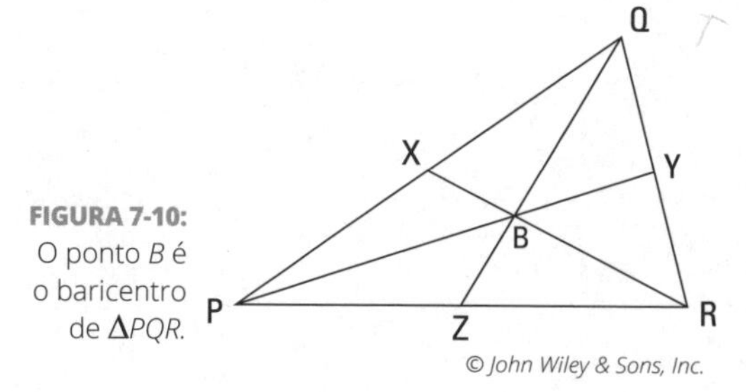

FIGURA 7-10: O ponto *B* é o baricentro de ΔPQR.

© John Wiley & Sons, Inc.

X, *Y* e *Z* são os pontos médios dos lados de ΔPQR; $\overline{RX}$, $\overline{PY}$ e $\overline{QZ}$ são as medianas; e as medianas se interceptam no ponto *B*, o baricentro. Se você usar uma régua (ou mesmo os dedos), poderá verificar se os baricentros estão à $\frac{1}{3}$ de distância, digamos, da mediana $\overline{PY}$ — em outras palavras, $\overline{BY}$ é $\frac{1}{3}$ de $\overline{PY}$ (e $\overline{BY}$ é, portanto, metade de $\overline{BP}$).

Se você for do Rio de Janeiro (terra da malandragem), se perguntará como exatamente um triângulo se equilibra no baricentro. Corte um triângulo de qualquer tamanho em um pedaço de cartolina bem duro. Com cuidado, encontre os pontos médios de dois dos lados e em seguida desenhe as duas medianas correspondentes a eles. O baricentro é onde essas medianas se encontram. (Você pode desenhar a terceira mediana se quiser, mas não é necessário para encontrar o baricentro.) Agora, utilizar alguma coisa pequena e com a superfície achatada, como um lápis sem ponta, fará com que o triângulo se equilibre em seu baricentro bem no meio da ponta do lápis.

O baricentro de um triângulo é provavelmente o melhor ponto para lhe dar uma ideia de onde está o centro. O baricentro é, sem dúvida, um candidato melhor para o centro do que os outros "centros" que veremos na seção seguinte.

UM GRUPO INFINITO DE TRIÂNGULOS

Reflitam (isso me ocorreu enquanto escrevia este capítulo): o triângulo em questão é o ΔPQR da Figura 7-10 com um triângulo adicionado, ΔXYZ. Para obter o novo triângulo, simplesmente conectei os pontos médios dos três lados.

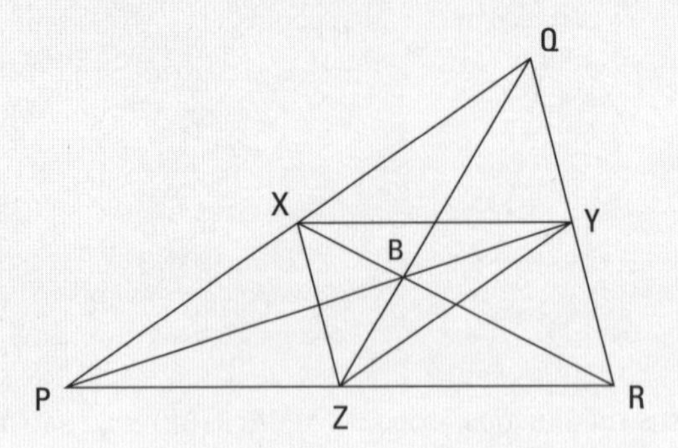

© *John Wiley & Sons, Inc.*

Acontece que ΔXYZ tem o mesmo formato e exatamente $\frac{1}{4}$ da área de ΔPQR. (Triângulos — e outros polígonos — com o mesmo formato são chamados *similares ou semelhantes*; veremos isso no Capítulo 13.) E B, o baricentro de ΔPQR, é também o baricentro de ΔXYZ.

Agora olhe novamente para o mesmo triângulo com mais dois triângulos adicionados:

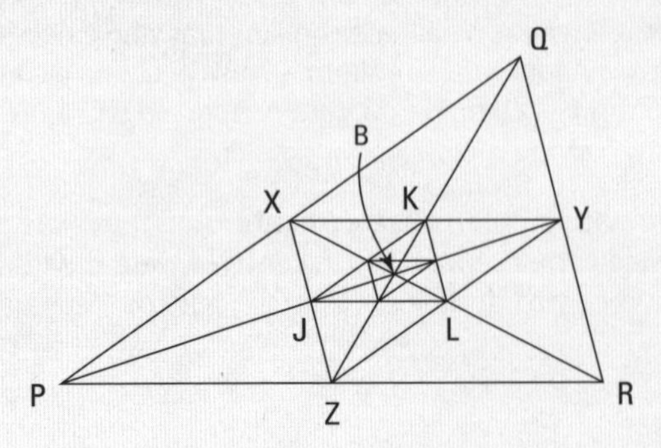

© *John Wiley & Sons, Inc.*

O próximo triângulo, ΔJKL, funciona da mesma maneira: tem o mesmo formato e ocupa $\frac{1}{4}$ da área de ΔXYZ, e B é o baricentro.

Esse padrão continua infinitamente. Você terminará com um número infinito de triângulos aninhados, todos com o mesmo formato e tendo *B* como baricentro. Finalmente, apesar de ter um número infinito de triângulos, sua área total não é infinita; a área total de todos os triângulos é meramente $1\frac{1}{3}$ vezes a área de ΔPQR. Portanto, se a área de ΔPQR for 3, a área total do grupo infinito de triângulos é apenas 4. (Caso esteja se perguntando, encontrar essas respostas envolve cálculo. Algo para mais tarde, certo? Confira *Cálculo Para Leigos,* 2ª Edição — também escrito por mim e publicado pela Alta Books — se você não aguentar esperar.)

Encontre mais três "centros" no triângulo

Junto ao baricentro, todo triângulo tem mais três "centros", localizados nas interseções de semirretas, retas e segmentos associados ao triângulo:

» **Incentro:** O incentro é onde as três bissetrizes se interceptam (uma bissetriz é uma semirreta que corta um ângulo pela metade); o incentro é o centro de um círculo *inscrito* (desenhado) dentro do triângulo.

» **Circuncentro:** O circuncentro é onde as três *mediatrizes* dos lados do triângulo se interceptam (uma mediatriz é uma reta que forma um ângulo de 90° com um segmento e o corta pela metade); o circuncentro é o centro de um círculo *circunscrito* em volta (desenhado fora) do triângulo.

» **Ortocentro:** O ortocentro é onde as três *alturas* do triângulo se interceptam (veja a seção anterior "Escalando Alturas" para saber mais sobre alturas).

Investigando o incentro

Você encontra o incentro de um triângulo na interseção das três bissetrizes. Essa localização atribui ao incentro uma propriedade interessante: o incentro é equidistante aos três lados do triângulo. Nenhum outro ponto tem essa qualidade. Incentros, assim como baricentros, estão sempre dentro do triângulo.

A Figura 7-11 mostra dois triângulos com seus incentros e *círculos inscritos*, ou *incírculos* (círculos desenhados dentro dos triângulos de maneira que apenas toquem os lados de cada triângulo). Os incentros são os centros dos incírculos. (Não fale muito sobre esses assuntos se quiser estar dentro dos círculos sociais.)

MANTENDO OS CENTROS ALINHADOS

Cada um dos quatro "centros" a seguir está pareado às retas, semirretas ou segmentos que o interceptam no centro:

- **Baricentro — Medianas**
- **Circuncentro — Mediatrizes**
- **Incentro — Ângulos Bissecados**
- **Ortocentro — Alturas**

Os dois "centros" que começam em consoantes combinam com termos que também começam com consoantes. O mesmo para os dois "centros" que começam com uma vogal. Fácil, não? Além do mais, se você for um aluno "mediano", não é recomendável estudar no "bar-icentro"; e compreender "ortocentro" na certa o levará às "alturas". Esse mnemônico pode soar bobo, mas é melhor do que nada. Se souber de um melhor, use-o! Com essa informação incrivelmente importante à sua disposição, você terá algo para dizer caso um silêncio desconfortável atrapalhe seu encontro. (Outra forma de se lembrar da lista é pensar em finanças. Quando os quatros centros à esquerda são colocados em ordem alfabética, as iniciais dos termos à direita formam o acrônimo para Melhor Brincar com Ações Altas.)

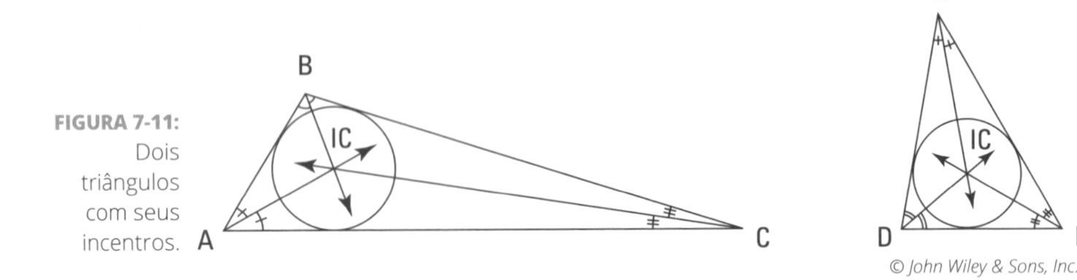

FIGURA 7-11: Dois triângulos com seus incentros.

Localizando o circuncentro

Você encontra o circuncentro de um triângulo na interseção das mediatrizes aos lados do triângulo. Essa localização confere ao circuncentro uma propriedade interessante: ele é equidistante dos três vértices do triângulo.

A Figura 7-12 mostra dois triângulos com seus circuncentros e *círculos circunscritos*, ou *circuncírculos* (círculos desenhados em volta do triângulo para que passem por cada um de seus vértices). Os circuncentros são os centros dos circuncírculos. (***Nota***: caso seja curioso, um circuncírculo, além de circunscrever um triângulo, também o cerca e ladeia; mas talvez eu esteja empolgado demais com esse circunlóquio circunlocutório.)

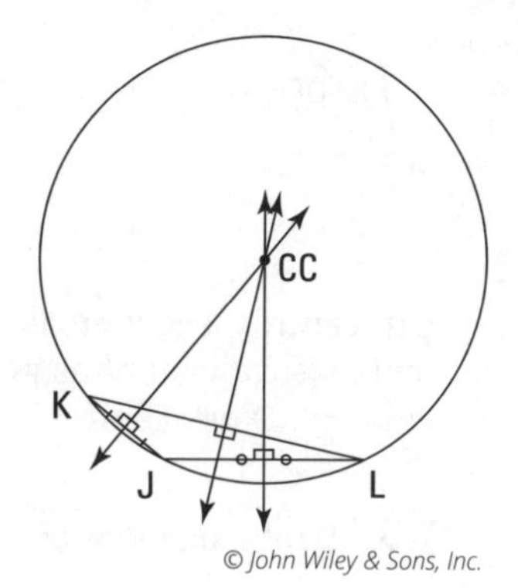

FIGURA 7-12: Dois triângulos com seus circuncentros.

© John Wiley & Sons, Inc.

Você pode ver na Figura 7-12 que, diferente de baricentros e incentros, um circuncentro às vezes está fora do triângulo. O circuncentro fica:

- Dentro de todos os triângulos agudos.
- Fora de todos os triângulos obtusos.
- Sobre todos os triângulos retos (no ponto médio da hipotenusa).

Obtendo o ortocentro

Confira a Figura 7-13 para ver um par de ortocentros. Você encontra o ortocentro de um triângulo na interseção de suas alturas. Diferente de baricentro, incentro e circuncentro — todos localizados em pontos específicos do triângulo (o centro de gravidade do triângulo, o ponto equidistante de seus três lados e equidistante de seus três vértices, respectivamente) —, o ortocentro de um triângulo não fica sobre um ponto com características predeterminadas. Bem, três em quatro até que parece vantajoso.

Mas fique atento: olhe novamente para os triângulos na Figura 7-13. Pegue os quatro pontos marcados de cada triângulo (os três vértices mais o ortocentro). Se você fizer um triângulo a partir de três daqueles quatro pontos, o quarto ponto será seu ortocentro. Bem simples, não?

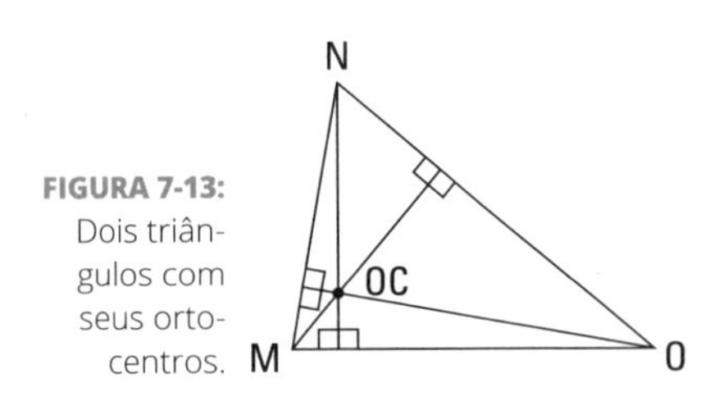

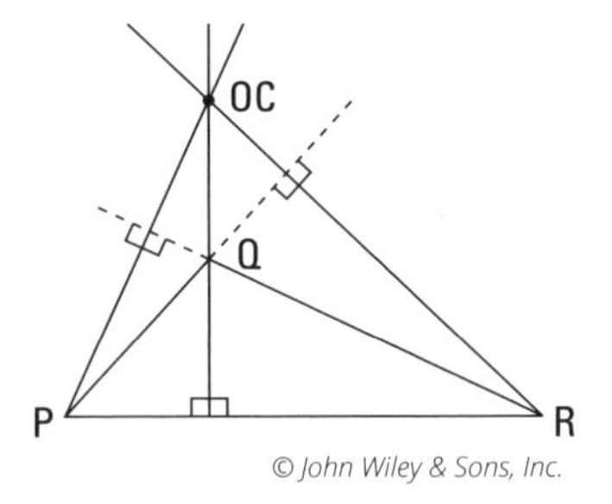

FIGURA 7-13: Dois triângulos com seus ortocentros.

Ortocentros seguem as mesmas regras de circuncentros (observe que ambos envolvem retas perpendiculares — altitudes e bissetores perpendiculares). O ortocentro fica:

- Dentro de todos os triângulos agudos.
- Fora de todos os triângulos obtusos.
- Sobre todos os triângulos retos (no vértice do ângulo direito).

NESTE CAPÍTULO

» **Estudando o Teorema de Pitágoras**

» **Jogando com triplos pitagóricos e famílias**

» **Raciocinando sobre as proporções angulares: triângulos de 45°-45°-90° e 30°-60°-90°**

Capítulo **8**

Sobre o Triângulo Retângulo

No universo matemático de todos os triângulos possíveis, os triângulos retângulos são extremamente raros (veja o Capítulo 7). Mas no tão famigerado mundo real, ângulos retos — portanto, triângulos retângulos — são extremamente comuns. Ângulos retos estão em todo lugar: os cantos de quase toda parede, piso, telhado, porta, janela e tapete; as pontas de todo livro, mesa, caixa e pedaço de papel; o cruzamento de muitas ruas; o ângulo entre a altura de alguma coisa (como um prédio, árvore ou montanha) e o solo — para não mencionar o ângulo entre a altura e a base de qualquer forma geométrica bi ou tridimensional. A lista é interminável. Em todo lugar que houver um ângulo reto, muito provavelmente haverá um triângulo retângulo. São muito utilizados em navegação, sobrevivência, carpintaria e arquitetura — até mesmo os construtores das Grandes Pirâmides do Egito usaram os conceitos do triângulo retângulo.

Outro motivo para a abundância dos triângulos retângulos em livros de geometria é a simples relação entre o comprimento de seus lados. Devido a essa conexão, triângulos retângulos são uma grande fonte de problemas geométricos. Neste capítulo, veremos como os triângulos retângulos funcionam.

Aplicando o Teorema de Pitágoras

O Teorema de Pitágoras é conhecido há pelo menos 2.500 anos (digo *há pelo menos* porque ninguém sabe se alguém o descobriu antes de Pitágoras).

O Teorema de Pitágoras é usado quando se sabe o comprimento de dois dos lados de um triângulo retângulo e deseja descobrir o comprimento do terceiro lado.

LEMBRE-SE

Teorema de Pitágoras: Afirma que a soma dos quadrados dos catetos é igual ao quadrado da hipotenusa:

$$a^2 + b^2 = c^2$$

Aqui, a e b são os comprimentos dos catetos, e c é o comprimento da hipotenusa. Os *catetos* são os dois lados menores que tocam o ângulo reto, e a *hipotenusa* (o lado maior) é oposta ao ângulo reto.

A Figura 8-1 mostra como funciona o Teorema de Pitágoras em um triângulo retângulo de catetos 3 e 4 e hipotenusa 5.

Tente resolver os três problemas a seguir, que usam o Teorema de Pitágoras. Eles ficam mais difíceis à medida que você avança.

Aqui está o primeiro (Figura 8-2): na caminhada até o trabalho, você pode circundar um parque ou cruzá-lo diagonalmente. Se o parque mede 2 por 3 quadras, quanto sua caminhada será mais curta se pegar o atalho diagonal?

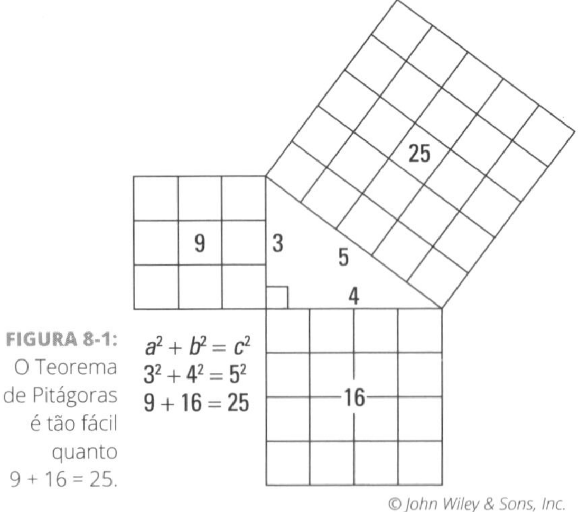

FIGURA 8-1: O Teorema de Pitágoras é tão fácil quanto 9 + 16 = 25.

PITÁGORAS E A GANGUE MATHEMATIKOI

Pelas contagens, Pitágoras (nascido na ilha grega de Samos por volta de 575 a.C., falecido por volta de 500 a.C.) foi um grande pensador e matemático. Seu trabalho original foi baseado em matemática, filosofia e teoria musical. Contudo, ele e seus seguidores, os *mathematikoi*, seguiram por um lado ligeiramente mais peculiar. Diferentemente do teorema, algumas das regras seguidas pelos membros da sociedade não resistiram à prova do tempo: não comer favas, não mexer no fogo com um atiçador de ferro, não passar sobre traves, não pegar o que caiu da mesa, não olhar em um espelho próximo da luz e não tocar galos brancos.

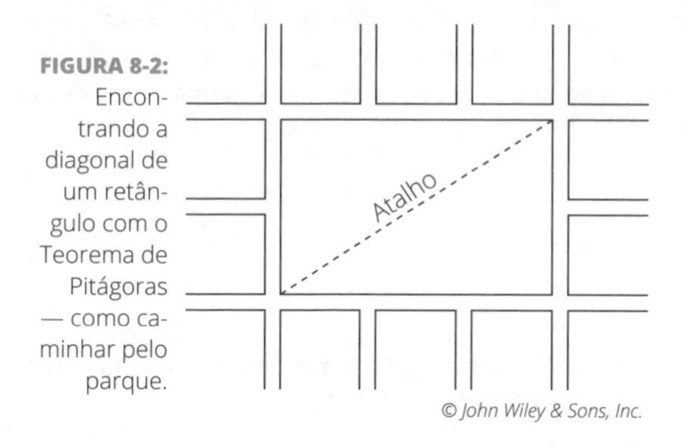

FIGURA 8-2: Encontrando a diagonal de um retângulo com o Teorema de Pitágoras — como caminhar pelo parque.

Você tem um triângulo retângulo com catetos de 2 e 3 quadras. Substitua esses números no Teorema de Pitágoras para calcular o comprimento do atalho, que é a hipotenusa do triângulo:

$$2^2 + 3^2 = c^2$$
$$4 + 9 = c^2$$
$$13 = c^2$$
$$c = \sqrt{13} \approx 3{,}6 \text{ quadras}$$

Esse é o comprimento do atalho. Circundar o parque seria andar 2 + 3 = 5 quadras, logo, o atalho o fará andar menos 1,4 quadra.

Aqui está um problema de dificuldade média. É um problema de várias fases no qual você terá de usar o Teorema de Pitágoras mais de uma vez. Na Figura 8-3, encontre x e a área do hexágono *ABCDEF*.

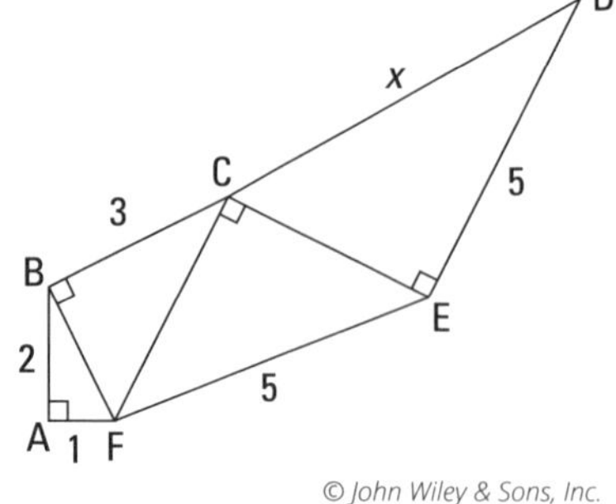

FIGURA 8-3: Um curioso hexágono feito de triângulos retângulos.

© John Wiley & Sons, Inc.

ABCDEF é formado por quatro triângulos retângulos conectados, em que cada triângulo compartilha pelo menos um lado com outro triângulo. Para obter x, você realizará uma sucessão de eventos na qual resolverá o lado desconhecido de um dos triângulos, e em seguida usará a resposta para encontrar o lado desconhecido do próximo triângulo — use o Teorema de Pitágoras quatro vezes. Você já sabe o comprimento de dois dos lados de ΔBAF, então comece encontrando *BF*:

$$(BF)^2 = (AF)^2 + (AB)^2$$
$$(BF)^2 = 1^2 + 2^2$$
$$(BF)^2 = 5$$
$$BF = \sqrt{5}$$

Agora que sabe o comprimento de *BF* e o comprimento de dois dos lados de ΔCBF, use o Teorema de Pitágoras para encontrar *CF*:

$$(CF)^2 = (BF)^2 + (BC)^2$$
$$(CF)^2 = \sqrt{5}^2 + 3^2$$
$$(CF)^2 = 5 + 9$$
$$CF = \sqrt{14}$$

Com o comprimento de *CF*, é possível encontrar o cateto menor de ΔECF:

$$(CE)^2 + (CF)^2 = (FE)^2$$
$$(CE)^2 + \sqrt{14}^2 = 5^2$$
$$(CE)^2 + 14 = 25$$
$$(CE)^2 = 11$$
$$CE = \sqrt{11}$$

E agora que sabe o comprimento de *CE*, é possível encontrar x:

$$x^2 = (CE)^2 + (ED)^2$$
$$x^2 = \sqrt{11}^2 + 5^2$$
$$x^2 = 11 + 25$$
$$x^2 = 36$$
$$x = 6$$

Ok, vamos para a segunda metade do problema. Para obter a área de *ABCDEF*, basta somar as áreas dos quatro triângulos retângulos. A área de um triângulo é $\frac{1}{2}$ base x altura. Em um triângulo retângulo, você pode utilizar os dois catetos como base e altura. Resolver para *x* já lhe deu os comprimentos de todos os lados do triângulo, então basta substituir os valores na fórmula da área:

$$\text{Área}_{\Delta BAF} = \frac{1}{2} \times 1 \times 2 = 1$$

$$\text{Área}_{\Delta CBF} = \frac{1}{2} \times \sqrt{5} \times 3 = 1{,}5\sqrt{5}$$

$$\text{Área}_{\Delta ECF} = \frac{1}{2} \times \sqrt{11} \times \sqrt{14} = 0{,}5\sqrt{154}$$

$$\text{Área}_{\Delta DCE} = \frac{1}{2} \times \sqrt{11} \times 5 = 2{,}5\sqrt{11}$$

Portanto, a área do hexágono *ABCDEF* é $1 + 1{,}5\sqrt{5} + 0{,}5\sqrt{154} + 2{,}5\sqrt{11}$, ou algo em torno de 18,9 unidades2.

E agora um problema mais desafiador. Neste você precisará resolver um sistema de duas equações para descobrir duas incógnitas. Tire a poeira de seus conhecimentos sobre álgebra e prossiga. Aqui está o problema: encontre a área de ΔFAC na Figura 8-4 usando a fórmula padrão da área do triângulo, ao invés da Fórmula de Herão, que tornaria este problema muito mais fácil. Em seguida, utilize a Fórmula de Herão para verificar a resposta (veja o Capítulo 7 para ambas as fórmulas).

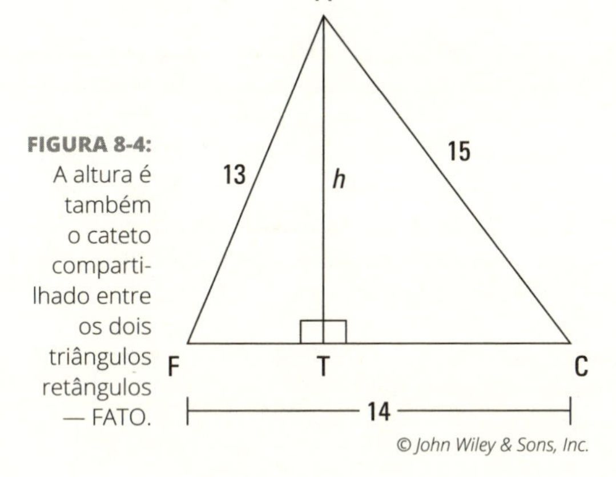

FIGURA 8-4: A altura é também o cateto compartilhado entre os dois triângulos retângulos — FATO.

Você já sabe o comprimento da base de ΔFAC, logo, para encontrar a área, precisará da altura. A altura forma ângulos retos com a base de ΔFAC, assim, há dois triângulos retângulos: ΔFAT e ΔCAT. Se você encontrar o comprimento do cateto inferior de qualquer um dos triângulos, poderá utilizar o Teorema de Pitágoras para encontrar a altura.

Você sabe que *FT* e *TC* somam 14. Logo, se igualar *FT* a x, *TC* torna-se $14 - x$. Agora há duas variáveis no problema, h e x. Se você usar o Teorema de Pitágoras para ambos os triângulos, terá um sistema de duas equações e duas incógnitas:

$$\Delta FAT: \quad h^2 + x^2 = 13^2$$
$$h^2 + x^2 = 169$$

$$\Delta CAT: \quad h^2 + (14 - x)^2 = 15^2$$
$$h^2 + 196 - 28x^2 + x^2 = 225$$
$$h^2 + x^2 - 28x = 29$$

Para resolver esse sistema, primeiro é necessário resolver uma equação de uma incógnita. Você pode fazer isso com o método de substituição. Use a equação final *FAT* e resolva para h^2:

$$\Delta FAT: \quad h^2 + x^2 = 169$$
$$h^2 = 169 - x^2$$

Agora utilize o lado direito da equação e substitua h^2 na equação final *CAT*. Essa substituição resultará em uma única equação para x que, então, será possível resolver:

$$\Delta CAT: \quad h^2 + x^2 - 28x = 29$$
$$(169 - x^2) + x^2 - 28x = 29$$
$$169 - 28x = 29$$
$$-28x = -140$$
$$x = 5$$

Você percebeu o interessante atalho para resolver esse sistema? (Preferi a solução padrão mais longa, pois esse atalho raramente funciona.) A equação *FAT* diz que $h^2 + x^2 = 169$. Como a equação final *CAT* também contém $h^2 + x^2$, você pode substituir essa expressão por 169, o que dará $169 - 28x = 29$. Conclua por ali como acabei de fazer. (A propósito, o ideal seria resolver para h, em vez de x, porque h é o necessário para resolver o problema. Contudo, isso envolveria raízes quadradas e complicaria tudo, logo, resolver primeiramente x é sua melhor aposta.)

Agora substitua 5 por x na primeira equação *FAT* (ou primeira equação *CAT*, embora a equação *FAT* seja mais simples) e resolva h:

$$h^2 + x^2 = 169$$
$$h^2 + 5^2 = 169$$
$$h^2 = 144$$
$$h^2 = \pm 12 \text{ (você pode rejeitar -12)}$$

Para concluir, use a fórmula da área:

$$\begin{aligned} \text{Área}_{\Delta FAC} &= \frac{1}{2} \times b \times a \\ &= \frac{1}{2} \times 14 \times 12 \\ &= 84 \text{ unidades}^2 \end{aligned}$$

AgoraconfirmeoresultadocomaFórmuladeHerão: $\text{Área}_{\Delta} = \sqrt{p(p-a)(p-b)(p-c)}$ .Pode-se dizer que $a = 13$, $b = 14$ e $c = 15$ (não importa qual é qual) e então $p = \frac{13 + 14 + 15}{2} = 21$. Portanto,

$$\begin{aligned} \text{Área}_{\Delta FAC} &= \sqrt{21(21-13)(21-14)(21-15)} \\ &= \sqrt{21 \times 8 \times 7 \times 6} \\ &= \sqrt{7056} \\ &= 84 \text{ unidades}^2 \end{aligned}$$

A resposta confere.

Examinando Triplos Pitagóricos

Se você admitir quaisquer números antigos para os lados de um triângulo retângulo, o Teorema de Pitágoras quase sempre lhe dará a raiz quadrada de alguma coisa para o terceiro lado. Por exemplo, um triângulo retângulo de catetos 5 e 6 tem hipotenusa $\sqrt{61}$; se os catetos forem 3 e 8, a hipotenusa é $\sqrt{73}$; e se um dos catetos for 6 e a hipotenusa 9, o outro cateto será $\sqrt{81-36}$, que é $\sqrt{45}$ ou $3\sqrt{5}$.

Um *triplo pitagórico* é um triângulo retângulo cujo comprimento dos lados é composto por números inteiros, como 3, 4 e 5 ou 5, 12 e 13. As pessoas gostam de usar esses triângulos em problemas porque eles não contêm aquelas malditas raízes quadradas. Apesar de haver um número infinito desses triângulos, eles são raros e distantes entre si (como o fato de que os múltiplos de 100 são raros e distantes dos outros inteiros, ainda que exista um número infinito desses múltiplos).

O quarteto fantástico dos triplos pitagóricos

Os primeiros quatro triplos pitagóricos são os favoritos dos "fazedores" de problemas geométricos. Esses triplos — especialmente o primeiro e o segundo na lista a seguir — bombam nos livros de geometria. (***Nota:*** os primeiros dois números em cada um dos triplos são os comprimentos dos catetos, e o terceiro maior número é o comprimento da hipotenusa.)

Aqui estão os quatro primeiros triplos pitagóricos:

- O triângulo 3-4-5
- O triângulo 5-12-13
- O triângulo 7-24-25
- O triângulo 8-15-17

Você mandaria bem se decorasse o quarteto fantástico. Assim, poderia reconhecê-los facilmente em qualquer prova.

Formando triplos pitagóricos irredutíveis

Em alternativa a contar carneirinhos durante a noite, você pode tentar descobrir quantos outros triplos pitagóricos existem.

Os três primeiros na lista anterior seguem um padrão. Considere o triângulo 5-12-13, por exemplo. O quadrado do cateto ímpar menor ($5^2 = 25$) é a soma entre o cateto maior e a hipotenusa ($12 + 13 = 25$). E o cateto maior e a hipotenusa são sempre números consecutivos. Esse padrão torna fácil montar quantos triângulos mais você quiser. Eis o que fazer:

1. **Pegue qualquer número ímpar e eleve-o ao quadrado.**

   $9^2 = 81$, por exemplo

2. **Ache dois números consecutivos que, somados, resultam nesse valor.**

   $40 + 41 = 81$

   Com frequência, é possível criar os números, mas se não os vir imediatamente, basta subtrair 1 do resultado da Etapa 1 e dividir a resposta por 2:

   $$\frac{81 - 1}{2} = 40$$

   Esse resultado e o próximo número maior são os seus dois números.

3. **Escreva o número que foi elevado ao quadrado e os dois números da Etapa 2 em ordem consecutiva para nomear o triplo.**

   Agora você tem outro triplo pitagórico: 9-40-41.

Aqui estão os próximos triplos pitagóricos que seguem esse padrão:

- » 11-60-61 ($11^2 = 121$; $60 + 61 = 121$)
- » 13-84-85 ($13^2 = 169$; $84 + 85 = 169$)
- » 15-112-113 ($15^2 = 225$; $112 + 113 = 225$)

A lista é interminável — capaz de lidar com o pior caso possível de insônia. E observe que cada triângulo nessa lista é irredutível, isto é, não possui múltiplo ou algum triplo pitagórico menor (exceto o triângulo 6-8-10, por exemplo, o qual *não* é irredutível, porque equivale ao triângulo 3-4-5 dobrado).

Quando você cria um triplo pitagórico (como 6-8-10) a partir de um menor (3-4-5), obtém triângulos com a mesma forma. Mas cada triplo pitagórico *irredutível* tem forma diferente de todos os outros triângulos irredutíveis.

Um novo padrão: Formando outros triplos pitagóricos

O triângulo 8-15-17 é o primeiro triplo pitagórico que não segue o padrão mencionado na seção anterior. Aqui vão as etapas que seguem o padrão 8-15-17:

1. **Escolha um múltiplo de 4.**

   Digamos que você escolha 12.

2. **Eleve a metade dele ao quadrado.**

   $(12 \div 2)^2 = 6^2 = 36$

3. **Pegue o número da Etapa 1 e os dois números uma unidade acima e uma unidade abaixo da Etapa 2 para obter um triplo pitagórico.**

   12-35-37

Os próximos triplos nesse grupo infinito são:

- » 16-63-65 ($16 \div 2 = 8$; $8^2 = 64$; 63, 65)
- » 20-99-101 ($20 \div 2 = 10$; $10^2 = 100$; 99, 101)
- » 24-143-145 ($24 \div 2 = 12$; $12^2 = 144$; 143, 145)

A propósito, você pode utilizar esse método para outros números pares (os não múltiplos de 4), como 10, 14, 18, e assim por diante. Mas com isso obterá triângulos como o 10-24-26, que é o triplo pitagórico 5-12-13 dobrado, em vez de um triângulo irredutível e de formato único.

Famílias dos triplos pitagóricos

Cada triplo pitagórico irredutível, como o triângulo 5-12-13, é o pai de uma família com infinitas crianças. A *família* 3 : 4 : 5 (atente para os dois pontos), por exemplo, consiste no triângulo 3-4-5 e em todos seus descendentes. Descendentes são formados a partir do aumento ou diminuição do triângulo 3-4-5: eles incluem os triângulos 3/100-4/100-5/100, o triângulo 6-8-10, o triângulo 21-28-35 (3-4-5 vezes 7) e seus peculiares irmãos, como o triângulo $3\sqrt{11}$-$4\sqrt{11}$-$5\sqrt{11}$ e o triângulo 3π-4π-5π. Todos os membros da família 3 : 4 : 5 — ou qualquer outra família de triângulos — têm o mesmo formato dentro da família (eles são *semelhantes* — veja o Capítulo 13 para mais informações sobre similaridade ou triângulos semelhantes).

Quando se sabe apenas dois dos três lados de um triângulo retângulo, pode-se calcular o terceiro lado utilizando o Teorema de Pitágoras. Caso este pareça ser um dos triângulos do quarteto fantástico das famílias dos triplos pitagóricos — e você for capaz de reconhecê-lo —, é sempre possível poupar tempo e esforço (veja "O quarteto fantástico dos triplos pitagóricos"). Tudo o que você precisa fazer é descobrir o fator aumentativo ou diminutivo que converte o triângulo do quarteto no triângulo em questão e usar esse fator para calcular o lado desconhecido do triângulo dado.

Casos óbvios

Frequentemente é possível verificar de maneira rápida que o triângulo em questão faz parte de uma das famílias do quarteto fantástico e descobrir o fator aumentativo ou diminutivo de cabeça. Verifique a Figura 8-5.

Na Figura 8-5a, os dígitos 8 e 17 em 0,08 e 0,17 são a dica de que esse triângulo é um membro da família 8 : 15 : 17. Como 8 dividido por 100 é 0,08 e 17 dividido por 100 é 0,17, esse é o triângulo 8-15-17, 100 vezes menor. O lado *j* é, portanto, 15 dividido por 100, ou 0,15. Bingo! Esse atalho é definitivamente mais fácil do que usar o Teorema de Pitágoras.

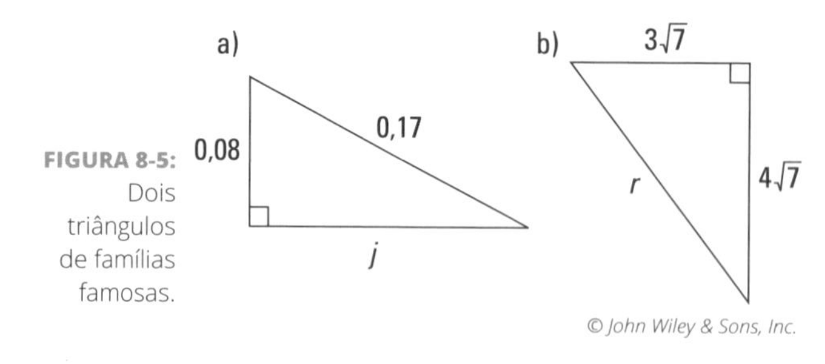

FIGURA 8-5: Dois triângulos de famílias famosas.

Da mesma maneira, os dígitos 3 e 4 sugerem que o triângulo na Figura 8-5b é um membro da família 3 : 4 : 5. Como $3\sqrt{7}$ é $\sqrt{7}$ vezes 3 e $4\sqrt{7}$ é $\sqrt{7}$ vezes 4, percebe-se que é um triângulo 3-4-5 aumentado pelo fator $\sqrt{7}$. Sendo assim, o lado r é simplesmente $\sqrt{7}$ vezes 5, ou $5\sqrt{7}$.

CUIDADO

Certifique-se de combinar corretamente os lados do triângulo da família do quarteto fantástico com os lados do triângulo que estiver usando. Em um triângulo 3 : 4 : 5, por exemplo, os catetos devem ser o 3 e o 4, e a hipotenusa deve ser o 5. Logo, um triângulo de catetos 30 e 50 (apesar do 3 e do 5) não está na família 3 : 4 : 5, porque o 50 (o lado 5) é um dos catetos, em vez da hipotenusa.

O método passo a passo do triplo pitagórico

Se você não conseguir identificar a que família do quarteto pertence um triângulo, poderá sempre utilizar o método passo a passo a seguir para descobrir a família e o lado desconhecido. Não se atenha ao tamanho do método; é mais fácil fazer do que explicar. O triângulo na Figura 8-6 ilustra esse processo.

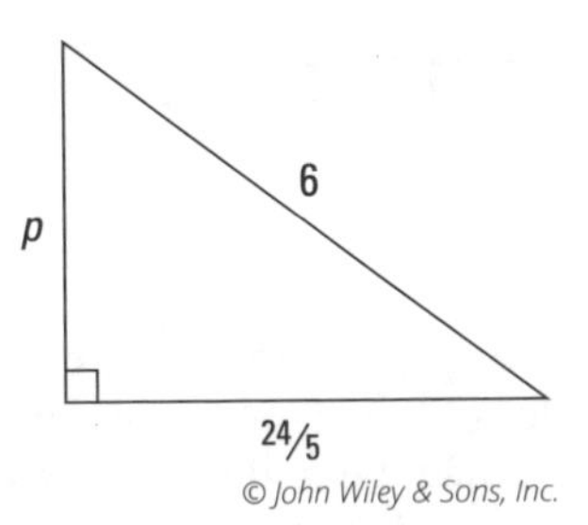

FIGURA 8-6: Use uma divisão para descobrir a que família pertence o triângulo.

© John Wiley & Sons, Inc.

1. **Faça uma divisão entre os lados conhecidos (em forma de fração ou de dois pontos) do lado menor para o maior.**

   Pegue $\frac{24}{5}$ e 6 e faça a divisão de $\frac{24/5}{6}$.

2. **Simplifique essa divisão em números inteiros.**

   Se multiplicar por 5 o numerador e o denominador de $\frac{24/5}{6}$, você obterá $\frac{24}{30}$, que se reduz a $\frac{4}{5}$. (Em uma calculadora, essa etapa é moleza, pois muitas delas têm uma função que reduz frações a termos menores.)

3. **Olhe para a fração na Etapa 2 para identificar a família do triângulo.**

   Os números 4 e 5 são parte do triângulo 3-4-5, logo, é essa a família.

4. **Divida um dos lados do triângulo em questão pelo lado do triângulo correspondente para obter o multiplicador (que informa o quanto o triângulo foi aumentado ou diminuído).**

   Use o comprimento da hipotenusa do triângulo dado (trabalhar com um número inteiro é mais fácil) e divida pelo 5 da proporção 3 : 4 : 5. O resultado será $\frac{6}{5}$ como multiplicador.

5. **Multiplique o terceiro número da família (o número que você não vê na fração reduzida da Etapa 2) pelo resultado da Etapa 4 para encontrar o lado desconhecido.**

   Três vezes $\frac{6}{5}$ é $\frac{18}{5}$. Esse é o comprimento do lado *p*, e é assim que funciona.

Você deve estar se perguntando por que fazer tudo isso se poderia resolver pelo Teorema de Pitágoras. Boa observação. O Teorema de Pitágoras é mais fácil para alguns triângulos (principalmente se for possível utilizar uma calculadora). Mas — acredite — essa técnica do triplo pitagórico pode ser útil. Faça sua escolha.

Triângulos Retângulos Especiais: Conheça Dois Deles

Certifique-se de conhecer os dois triângulos retângulos desta seção: o triângulo 45°-45°-90° e o triângulo 30°-60°-90°. Eles aparecem em muitos problemas geométricos, para não falar de o quanto aparecem em trigonometria, pré-cálculo e cálculo. Apesar dos malditos comprimentos irracionais (raízes quadradas) que eles têm em alguns lados, são mais básicos e mais importantes do que os triplos pitagóricos discutidos na seção anterior. Eles são mais básicos por serem os progenitores dos triângulos retângulos, isósceles e equiláteros, e são mais importantes porque seus ângulos são frações agradáveis de um ângulo reto.

Triângulo 45°- 45°- 90°: Meio quadrado

O triângulo 45°-45°-90° (ou triângulo retângulo isósceles): É um triângulo de ângulos 45°, 45° e 90° e lados na proporção de $1 : 1 : \sqrt{2}$. Observe que esse é o formato da metade de um quadrado cortado pela diagonal e que esse é um triângulo isósceles (os catetos têm o mesmo comprimento). Veja a Figura 8-7.

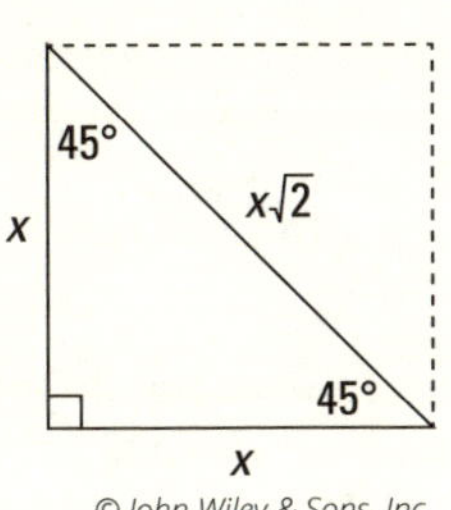

FIGURA 8-7: O triângulo 45°-45°-90°.

Tente resolver alguns problemas. Encontre os comprimentos dos lados desconhecidos nos triângulos *BAR* e *BOI* mostrados na Figura 8-8.

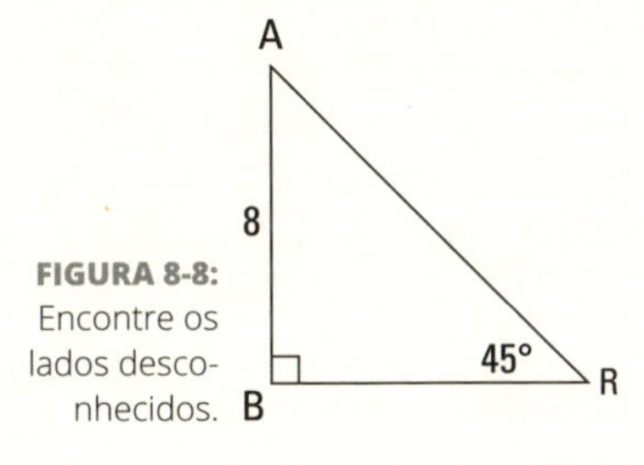

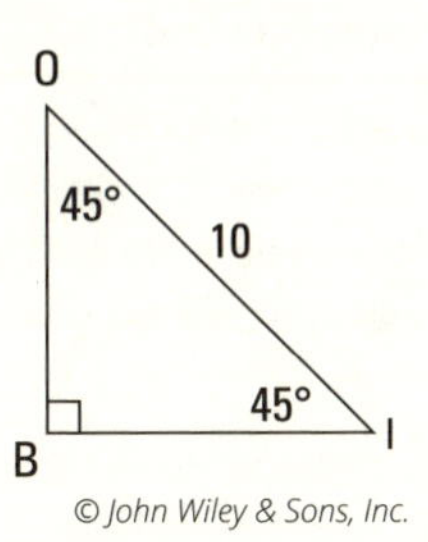

FIGURA 8-8: Encontre os lados desconhecidos.

Você pode resolver os problemas do triângulo 45°-45°-90° de duas maneiras: pelo método formal do livro e pelo método sagaz. Tente os dois e faça sua escolha. O método formal utiliza a proporção dos lados da Figura 8-7.

$$\begin{array}{ccccc} \text{cateto} & : & \text{cateto} & : & \text{hipotenusa} \\ x & : & x & : & x\sqrt{2} \end{array}$$

Para ΔBAR, como um dos catetos é 8, na proporção, x mede 8. Substituir 8 nos três x lhe dará:

$$\begin{array}{ccccc} \text{cateto} & : & \text{cateto} & : & \text{hipotenusa} \\ 8 & : & 8 & : & 8\sqrt{2} \end{array}$$

Em ΔBOI, a hipotenusa é 10. Logo, iguale $x\sqrt{2}$ a 10 e resolva para x:

$$x\sqrt{2} = 10$$

$$x = \frac{10}{\sqrt{2}} = \frac{10}{\sqrt{2}} \times \frac{\sqrt{2}}{\sqrt{2}} = \frac{10\sqrt{2}}{\sqrt{2}} = 5\sqrt{2}$$

Isso faz isto:

cateto	:	cateto	:	hipotenusa
$5\sqrt{2}$	:	$5\sqrt{2}$	:	10

DICA

Agora, um método interessante para resolver o triângulo 45°-45°-90° (esse método é baseado na mesma matemática do método formal, porém, envolve menos etapas): lembre-se do triângulo 45°-45°-90° como "triângulo da $\sqrt{2}$". Utilizando essa informação, escolha uma das opções:

» Se você souber o comprimento de um cateto e quiser descobrir o comprimento da hipotenusa (o lado *maior), multiplique* por $\sqrt{2}$. Na Figura 8-8, um dos catetos de Δ*BAR* é 8, então basta multiplicar 8 por $\sqrt{2}$ para obter a hipotenusa maior: $8\sqrt{2}$.

» Se você souber o comprimento da hipotenusa e quiser descobrir o comprimento de um dos catetos (o lado *menor*), *divida* por $\sqrt{2}$. Na Figura 8-8, a hipotenusa de Δ*BOI* é 10, então basta dividir 10 por $\sqrt{2}$ para obter os catetos menores; cada um mede $\frac{10}{\sqrt{2}}$.

Olhe novamente para os comprimentos dos lados em Δ*BAR* e Δ*BOI*. Em Δ *BAR*, a hipotenusa é o único lado que tem radical. Em Δ*BOI*, a hipotenusa é o único lado que não tem radical. Esses dois casos (um ou dois lados com radical) são, de longe, os mais comuns, mas em alguns casos raros, todos os três lados podem conter radical.

Contudo, você nunca encontrará um triângulo 45°-45°-90° sem radicais. Essa situação seria possível apenas se o triângulo 45°-45°-90° fosse um membro de uma das famílias de triplos pitagóricos — mas ele não é (veja a seção anterior "Examinando Triplos Pitagóricos"). O box "Na trave: Triângulos retângulos especiais e triplos pitagóricos", na seção a seguir, informa mais sobre esse interessante fato.

Triângulo 30°-60°-90°: Meio equilátero

LEMBRE-SE

O triângulo 30°-60°-90°: É um triângulo com ângulos de 30°, 60° e 90° e lados na proporção de 1 : $\sqrt{3}$: 2. Observe que esse é o formato da metade de um triângulo equilátero, dividido bem no meio pela altura. Observe a Figura 8-9.

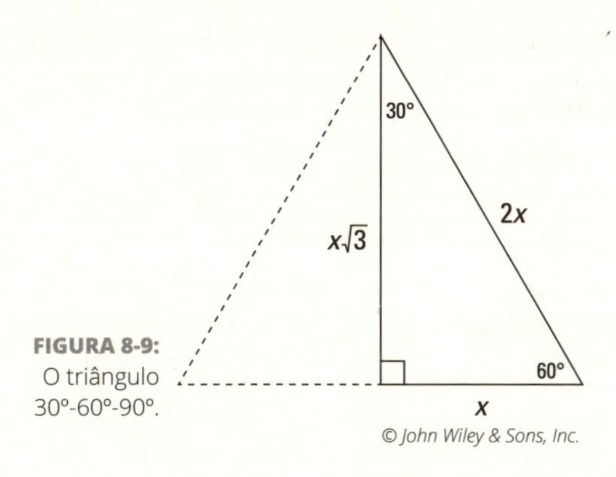

FIGURA 8-9: O triângulo 30º-60º-90º.

Familiarize-se com esse triângulo resolvendo alguns problemas. Encontre o comprimento dos lados desconhecidos em ΔUMA e ΔIRA na Figura 8-10.

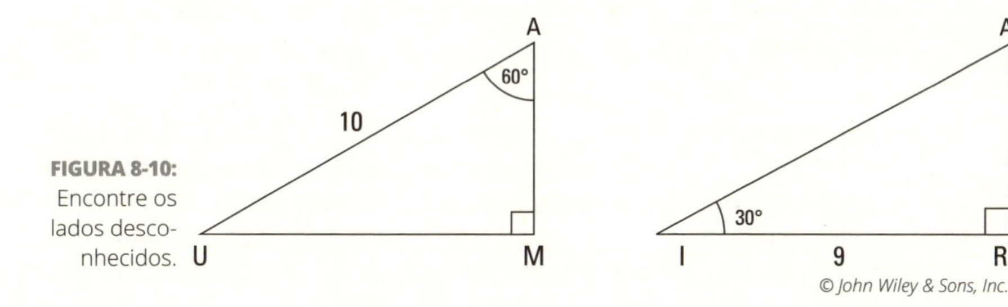

FIGURA 8-10: Encontre os lados desconhecidos.

Você pode resolver triângulos 30º-60º-90º com o método do livro didático ou com o sagaz. O método do livro didático começa com a proporção entre os lados da Figura 8-9:

cateto menor	:	cateto maior	:	hipotenusa
x	:	$x\sqrt{3}$	:	$2x$

Em ΔUMA, a hipotenusa é 10, logo, iguale $2x$ a 10 e resolva x, obtendo $x = 5$. Agora basta substituir 5 pelos x, e você terá ΔUMA:

cateto menor	:	cateto maior	:	hipotenusa
5	:	$5\sqrt{3}$	:	10

Em ΔIRA, o cateto maior é 9, logo, iguale $x\sqrt{3}$ à 9 e resolva:

$$x\sqrt{3} = 9$$

$$x = \frac{9}{\sqrt{3}} = \frac{9}{\sqrt{3}} \times \frac{\sqrt{3}}{\sqrt{3}} = \frac{9\sqrt{3}}{3} = 3\sqrt{3}$$

Substitua o valor de x e terminamos:

cateto menor	:	cateto maior	:	hipotenusa
$(3\sqrt{3})$	:	$(3\sqrt{3})\sqrt{3}$	:	$2(3\sqrt{3})$
$3\sqrt{3}$	:	9	:	$6\sqrt{3}$

DICA

Aqui está o *método sagaz* para o triângulo 30º-60º-90º. (Ligeiramente mais envolvido do que o método para o triângulo 45º-45º-90º.) Pense no triângulo 30º-60º-90º como o triângulo "$\sqrt{3}$". Utilizando isso, faça o seguinte:

- A relação entre o cateto menor e a hipotenusa não é nada difícil: a hipotenusa é duas vezes maior do que o cateto menor. Logo, se você souber um deles, poderá calcular o outro de cabeça. O método $\sqrt{3}$ diz respeito principalmente à conexão entre o cateto menor e o maior.
- Se você souber o cateto menor e quiser calcular o cateto maior, *multiplique por* $\sqrt{3}$. Se souber o cateto maior e quiser calcular o cateto menor, *divida por* $\sqrt{3}$.

Tente utilizar o método sagaz com os triângulos na Figura 8-10. A hipotenusa em ΔUMA é 10, sendo assim, primeiramente divida-o pela metade para obter o cateto menor, que será, portanto, 5. Em seguida, para obter o cateto *maior*, *multiplique por* $\sqrt{3}$, que resultará em $5\sqrt{3}$. Em ΔIRA, o cateto maior é 9, então, para obter o cateto *menor*, *divida por* $\sqrt{3}$, que resultará em $\frac{9}{\sqrt{3}}$ ou $3\sqrt{3}$. A hipotenusa é o dobro disso, ou seja, $6\sqrt{3}$.

Exatamente como os triângulos 45º-45º-90º, os triângulos 30º-60º-90º quase sempre têm um ou dois lados contendo uma raiz quadrada. Mas com os triângulos 30º-60º-90º, o cateto *maior é a exceção* (quase sempre o cateto maior é o único lado que contém ou não uma raiz quadrada). Assim como os triângulos 45º-45º-90º, os três lados de um triângulo 30º-60º-90º poderiam conter raízes quadradas, mas é impossível que nenhum dos lados contenha — o que nos traz ao aviso a seguir.

CUIDADO

Como pelo menos um lado do triângulo 30º-60º-90º contém uma raiz quadrada, um triângulo 30º-60º-90º *não pode* pertencer a nenhuma das famílias de triplos pitagóricos. Logo, não cometa o erro de achar que triângulos 30º-60º-90º estão, por exemplo, na família 8 : 15 : 17, ou que qualquer triângulo que pertença a uma das famílias de triplos pitagóricos é também um triângulo 30º-60º-90º. Não há correlação alguma entre o triângulo de 30º-60º-90º (ou o triângulo 45º-45º-90º) e qualquer um dos triângulos pertencentes às famílias de triplos pitagóricos. O box "Na trave: Triângulos retângulos especiais e triplos pitagóricos" explica melhor essa importante ideia.

NA TRAVE: TRIÂNGULOS RETÂNGULOS ESPECIAIS E TRIPLOS PITAGÓRICOS

Você pode encontrar um triplo pitagórico muito próximo do formato de um triângulo de 30º-60º-90º, mas nunca encontrará um que tenha exatamente o mesmo formato.

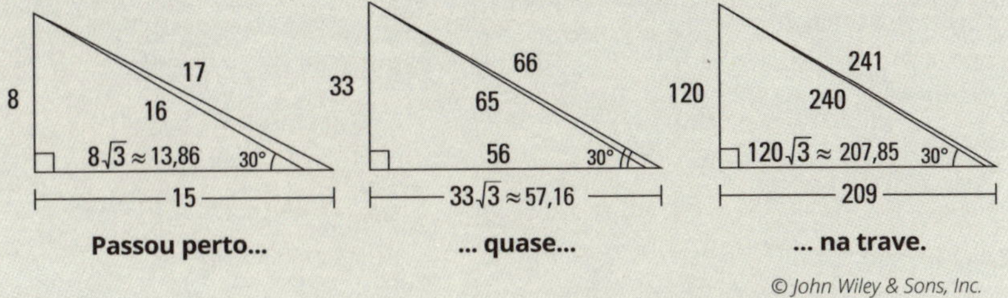

© John Wiley & Sons, Inc.

Não há limite de o quão perto você pode chegar. O mesmo vale para o triângulo de 45º-45º-90º: não há triplo pitagórico que tenha exatamente o mesmo formato que ele, mas você pode chegar muito perto. Há, por exemplo, o tão familiar triângulo retângulo de 803.760-803.761 e 1.136.689, cujos catetos estão na proporção de algo em torno de 1 : 1,0000012. Isso faz dele *quase* isósceles, embora, obviamente, não o torne um triângulo retângulo isósceles de 45º-45º-90º.

NESTE CAPÍTULO

» **Provando a congruência dos triângulos com LLL, LAL, ALA, AAL e HCAR**

» **PCTCC: focando partes dos triângulos congruentes**

» **Abordando os dois teoremas do triângulo isósceles**

» **Encontrando mediatrizes e segmentos congruentes com os teoremas de equidistância**

» **Indo por outro caminho com provas indiretas**

Capítulo **9**

Provando a Congruência entre Triângulos

Você chegou ao principal evento geométrico do ensino médio: provas de triângulos. Nos Capítulos 4, 5 e 6 há provas completas que mostram como elas funcionam e ilustram muitas das estratégias mais importantes para resolvê-las. Mas, por outro lado, são apenas um tipo de aquecimento que estabelece as bases para as verdadeiras provas de triângulos que você verá neste capítulo. Aqui, mostro como provar a congruência entre triângulos, como trabalhar com as partes congruentes deles e como usar os teoremas do triângulo isósceles. Também explico a lógica um tanto peculiar envolvida em provas indiretas.

Três Maneiras de Provar a Congruência entre Triângulos

Na verdade, você pode provar a congruência entre triângulos de cinco maneiras, mas acho que o excesso deve ser limitado a feriados como o Natal e o Dia do Pi (14 de março). Então, para que você possa desfrutar das provas com moderação, explico aqui apenas as três primeiras maneiras, e as duas últimas, na seção brilhantemente intitulada "Mais Duas Outras Maneiras de Provar a Congruência entre Triângulos".

LEMBRE-SE

Triângulos congruentes: São triângulos nos quais todos os pares de lados e ângulos correspondentes são congruentes.

Talvez a melhor maneira de compreender a congruência entre triângulos (ou quaisquer outras formas) é pensar que você pode movê-los (mudar de lugar, girar ou virar) de modo que se encaixem perfeitamente um sobre o outro.

Você indica a congruência entre triângulos através de uma declaração como $\Delta ABC \cong \Delta XYZ$, que significa que o vértice A (a primeira letra) corresponde e se encaixa com o vértice X (a primeira letra), B se encaixa com Y e C se encaixa com Z. O lado $\overline{AB}$ se encaixa com o lado $\overline{XY}$, $\angle B$ se encaixa com $\angle Y$, e assim por diante.

A Figura 9-1 mostra dois triângulos congruentes na posição original (à esquerda) e, em seguida, alinhados. Os triângulos à esquerda são congruentes, mas a declaração $\Delta ABC \cong \Delta PQR$ é falsa. Perceba a maneira como é necessário mover ΔPQR para alinhá-lo com ΔABC — você teria que virá-lo e, em seguida, girá-lo. À direita, desloquei ΔPQR de maneira a alinhá-lo perfeitamente com ΔABC. E ficou assim: $\Delta ABC \cong \Delta RQP$. Todas as partes correspondentes dos triângulos são congruentes: $\overline{AB} \cong \overline{RQ}$, $\overline{BC} \cong \overline{QP}$, $\angle C \cong \angle P$, e assim por diante.

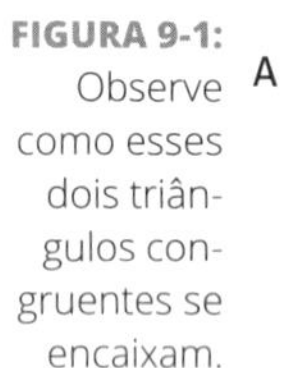
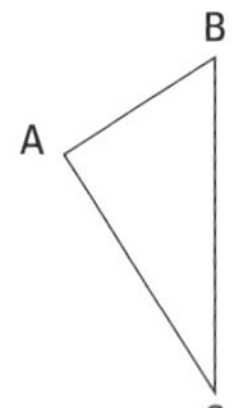

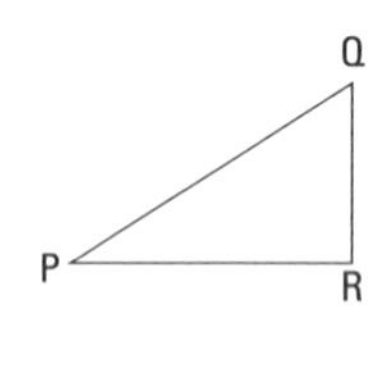

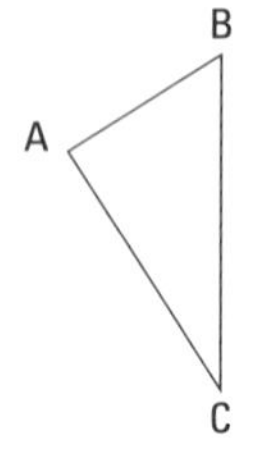

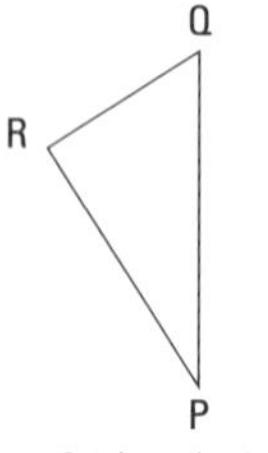

FIGURA 9-1: Observe como esses dois triângulos congruentes se encaixam.

© John Wiley & Sons, Inc.

LLL: Usando o método lado-lado-lado

LEMBRE-SE

LLL (Lado-Lado-Lado): O postulado LLL declara que se os três lados de um triângulo são congruentes aos três lados de outro triângulo, então os triângulos são congruentes. A Figura 9-2 ilustra essa ideia.

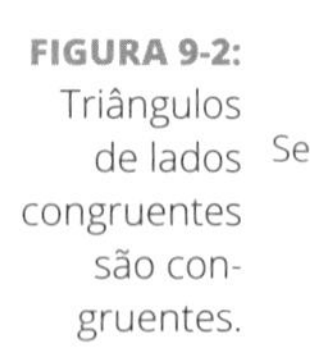

FIGURA 9-2: Triângulos de lados congruentes são congruentes.

© John Wiley & Sons, Inc.

Você pode usar o postulado LLL na seguinte prova do "*TRIÂNGULO*":

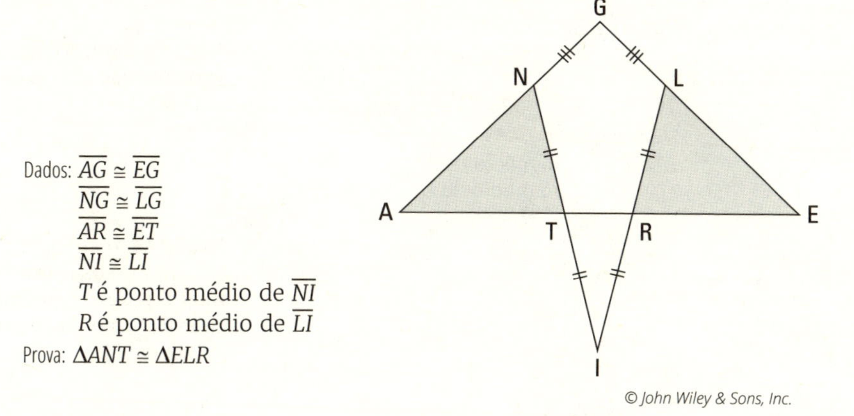

Dados: $\overline{AG} \cong \overline{EG}$
$\overline{NG} \cong \overline{LG}$
$\overline{AR} \cong \overline{ET}$
$\overline{NI} \cong \overline{LI}$
T é ponto médio de $\overline{NI}$
R é ponto médio de $\overline{LI}$
Prova: $\Delta ANT \cong \Delta ELR$

© *John Wiley & Sons, Inc.*

Antes de começar a escrever uma prova formal, elabore sua estratégia. É assim que funciona:

Você sabe que deve provar a congruência entre os triângulos, então sua primeira pergunta deveria ser: "Eu posso mostrar que os três pares de lados correspondentes são congruentes?" Com certeza, você pode fazer o seguinte:

- Subtraia $\overline{NG}$ e $\overline{LG}$ de $\overline{AG}$ e $\overline{EG}$ para obter o primeiro par de lados congruentes, $\overline{AN}$ e $\overline{EL}$.
- Subtraia $\overline{TR}$ de $\overline{AR}$ e $\overline{ET}$ para obter o segundo par de lados congruentes, $\overline{AT}$ e $\overline{ER}$.
- Corte ao meio os segmentos congruentes $\overline{NI}$ e $\overline{LI}$ para obter o terceiro par, $\overline{NT}$ e $\overline{LR}$. É isso.

Para deixar a estratégia mais tangível, você deve admitir valores para os segmentos. Digamos que AG e EG meçam 9, NG e LG meçam 3, AR e ET meçam 8, TR meça 3, e NI e LI meçam 8. Quando fizer os cálculos, verá que ΔANT e ΔELR têm lados 4, 5 e 6, o que significa que são congruentes.

Veja como a prova formal se configura:

Declarações	Justificativas
1) $\overline{AG} \cong \overline{EG}$ $\overline{NG} \cong \overline{LG}$	1) Dado.
2) $\overline{AN} \cong \overline{EL}$	2) Se dois segmentos congruentes são subtraídos de dois outros segmentos congruentes, então as diferenças são congruentes.

3) $\overline{AR} \cong \overline{ET}$	3) Dado.
4) $\overline{AT} \cong \overline{ER}$	4) Se um segmento é subtraído de dois segmentos congruentes, então as diferenças são congruentes.
5) $\overline{NI} \cong \overline{LI}$ T é ponto médio de $\overline{NI}$ R é ponto médio de $\overline{LI}$	5) Dado.
6) $\overline{NT} \cong \overline{LR}$	6) Se dois segmentos são congruentes, então seus divisores comuns são congruentes (metade de um equivale à metade do outro — veja o Capítulo 5).
7) $\Delta ANT \cong \Delta ELR$	7) LLL (2, 4, 6).

Nota: depois da indicação LLL, na última etapa, aponto as três linhas da coluna de declarações em que mostro que os três pares de lados são congruentes. Você não precisa fazer isso, mas é recomendável, pois ajuda a evitar que cometa alguns erros por descuido. Lembre-se de que cada uma das três linhas deve mostrar uma *congruência* entre segmentos (ou ângulos, se usar outra abordagem para provar a congruência entre triângulos).

LAL: Usando o método lado-ângulo-lado

LEMBRE-SE

LAL (Lado-Ângulo-Lado): O postulado LAL afirma que se dois lados e o ângulo adjacente de um triângulo são congruentes a dois lados e o ângulo adjacente de outro triângulo, então os triângulos são congruentes. (O *ângulo adjacente* é formado pelos dois lados em questão.) A Figura 9-3 ilustra esse método.

FIGURA 9-3: A congruência de dois pares de lados e do ângulo entre eles torna os triângulos congruentes.

Se ... então os triângulos são congruentes.

Observe o postulado LAL em prática:

Dados: ΔQZX é isósceles com base $\overline{QX}$

$\overline{JQ} \cong \overline{XF}$

$\angle 1 \cong \angle 2$

Prova: $\Delta JZX \cong \Delta FZQ$

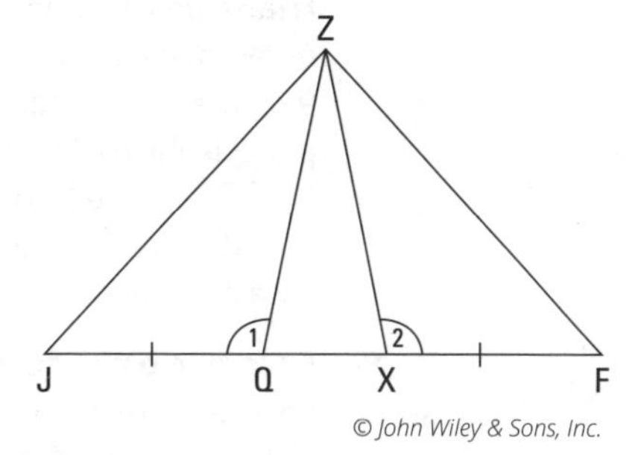

© John Wiley & Sons, Inc.

Quando triângulos sobrepostos confundirem sua visão do diagrama, tente redesenhá-lo com os triângulos separados. Ao fazer isso, terá uma ideia mais clara de como os lados e ângulos dos triângulos estão relacionados. Focar o novo diagrama facilitará a descoberta do que é necessário para provar que os triângulos são congruentes. Contudo, você ainda precisa usar o diagrama original para compreender algumas partes da prova, então use o segundo diagrama como auxílio para obter melhor domínio do diagrama original.

A Figura 9-4 mostra o diagrama da prova com os triângulos separados.

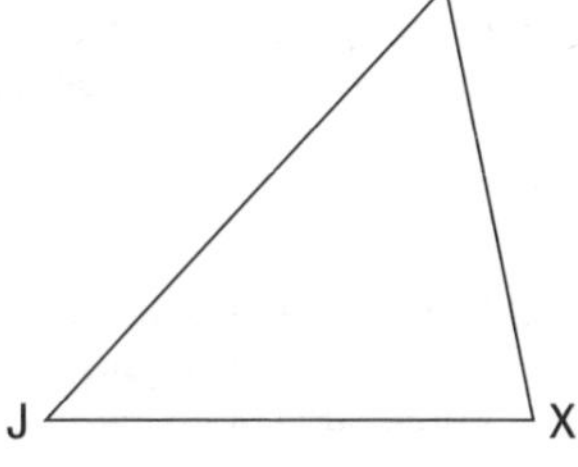

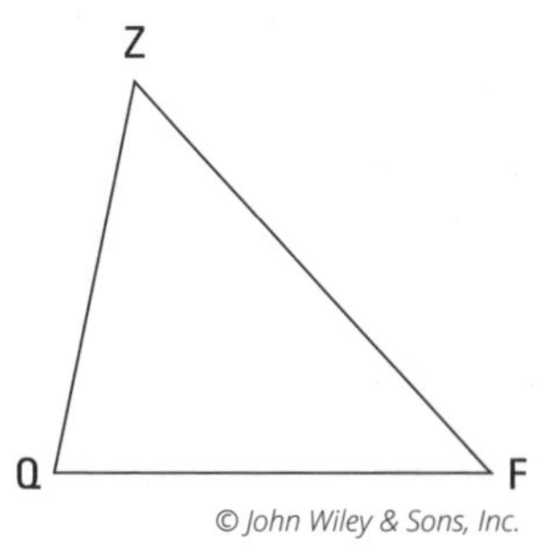

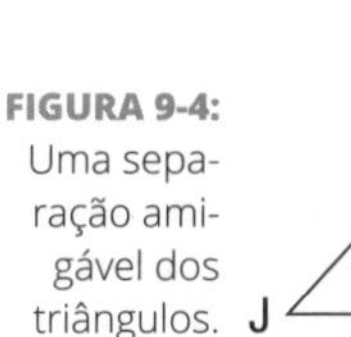

FIGURA 9-4: Uma separação amigável dos triângulos.

© John Wiley & Sons, Inc.

Olhando para a Figura 9-4, você pode notar que os triângulos são congruentes (são imagens espelhadas). E vê também que o lado $\overline{ZX}$ corresponde ao lado $\overline{ZQ}$, e que $\angle X$ corresponde a $\angle Q$.

Então, usando ambos os diagramas, aqui vai uma possível estratégia:

» **Determine qual postulado de congruência dos triângulos provará que os triângulos são congruentes.** Você deve provar a congruência entre os triângulos, e um dos dados trata de ângulos, então LAL parece melhor candidato do que LLL para a justificativa final. (Você não precisa descobrir agora, mas não seria nada mau ter uma ideia a respeito dela.)

- **Olhe para os dados e pense no que informam a respeito dos triângulos.** O triângulo QZX é isósceles e, com isso, $\overline{ZQ} \cong \overline{ZX}$. Observe esses lados em ambas as imagens. Marque os lados $\overline{ZQ}$ e $\overline{ZX}$ na Figura 9-4 para mostrar que você sabe que são congruentes. Agora pense em por que lhe dariam o próximo dado, $\overline{JQ} \cong \overline{XF}$. Bem, e se ambos medissem 6 e $\overline{QX}$ medisse 2? $\overline{JX}$ e $\overline{QF}$ mediriam 8, então você teria um segundo par de lados congruentes. Adicione marcações na Figura 9-4 para evidenciar essa congruência.
- **Encontre o par de ângulos congruentes.** Observe a Figura 9-4 de novo. Se você mostrar que $\angle X$ é congruente a $\angle Q$, terá LAL. Percebe onde $\angle X$ e $\angle Q$ (da Figura 9-4) se encaixam no diagrama original? Note que esses são os suplementos de $\angle 1$ e $\angle 2$. É isso. Os ângulos 1 e 2 são congruentes, então seus suplementos também são congruentes. (Se você admitir valores, verá que se $\angle 1$ e $\angle 2$ medem 100°, e que $\angle Q$ e $\angle X$ medem 80°.)

Aqui está a prova formal:

Declarações	Justificativas
1) ΔQZX é isósceles com base $\overline{QX}$	1) Dado.
2) $\overline{ZX} \cong \overline{ZQ}$	2) Definição do triângulo isósceles.
3) $\overline{JQ} \cong \overline{XF}$	3) Dado.
4) $\overline{JX} \cong \overline{FQ}$	4) Se um segmento é adicionado a dois segmentos congruentes, então as somas são congruentes.
5) $\angle 1 \cong \angle 2$	5) Dado.
6) $\angle ZXJ \cong \angle ZQF$	6) Se dois ângulos são suplementares a dois outros ângulos congruentes, então são congruentes.
7) $\Delta JZX \cong \Delta FZQ$	7) LAL (2, 6, 4).

ALA: O método ângulo-lado-ângulo

LEMBRE-SE

ALA (Ângulo-Lado-Ângulo): O postulado ALA afirma que se dois ângulos e o lado adjacente de um triângulo são congruentes a dois ângulos e o lado adjacente de outro triângulo, então os triângulos são congruentes. (O *lado adjacente* é aquele entre os vértices dos dois ângulos.) Veja a Figura 9-5.

ADERINDO AO BÁSICO: O TRABALHO POR TRÁS DE LLL, LAL E ALA

A ideia por trás do postulado LLL é bem simples. Digamos que você tenha três palitos de comprimentos dados (que tal 5, 7 e 9 centímetros?) e faça um triângulo com eles. Agora, usando mais três palitos com as mesmas medidas, monte um segundo triângulo. Não importa como conecte os palitos, terminará com dois triângulos com exatamente o mesmo tamanho e forma — em outras palavras, dois triângulos *congruentes*.

Talvez você esteja pensando: "É claro que se eu fizer dois triângulos usando palitos do mesmo tamanho em ambos, acabarei com dois triângulos de mesmo tamanho e forma. O que tem isso?" Bem, talvez seja meio óbvio, mas esse princípio não funciona para polígonos de quatro ou mais lados. Se você pegar, por exemplo, quatro palitos de 4, 5, 6 e 7 centímetros, não há quantidade limite de quadriláteros com formas diferentes que você pode montar. Faça o teste.

Agora considere o postulado LAL. Se começar com dois palitos que se conectam e formam um ângulo dado, você terá mais uma vez um triângulo de determinada forma. E por fim, o postulado ALA funciona porque, se você começar com um palito e dois ângulos de medidas determinadas, que estão nas pontas do palito, há também apenas um triângulo que você pode fazer (esse é um pouco mais difícil de imaginar).

A propósito, você não precisa dessa ideia do palito para entender os três postulados. Eu só quero explicar *como* eles funcionam. Em resumo, todos funcionam, pois os três dados (que podem ser três lados, ou dois lados e um ângulo, ou dois ângulos e um lado) o restringem a um triângulo determinado.

FIGURA 9-5: A congruência de dois pares de ângulos e do lado entre eles faz desses triângulos congruentes.

Aqui está uma prova de congruência entre triângulos com o postulado ALA:

Dados: E é ponto médio de $\overline{NO}$
$\angle SNW \cong \angle TOA$
$\overline{NW}$ bisseca $\angle SNE$
$\overline{OA}$ bisseca $\angle TOE$
Prova: $\Delta SNE \cong \Delta TOE$

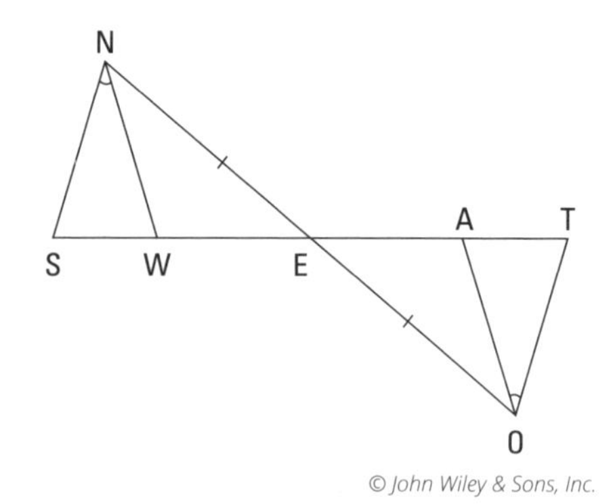

Aqui está a minha estratégia:

» **Procure no diagrama por lados e ângulos congruentes.** Antes de mais nada, procure os ângulos congruentes verticais (apresento os ângulos verticais no Capítulo 2). Eles são importantes em muitas provas, então não os deixe escapar. Em seguida, o ponto médio E indica que $\overline{NE} \cong \overline{OE}$. Então você tem um par de ângulos e lados congruentes.

» **Determine qual postulado precisará usar.** Para concluir com LAL, você precisa mostrar que $\overline{SE} \cong \overline{TE}$; e para concluir com ALA, você precisa mostrar que $\angle SNE \cong \angle TOE$. Uma breve olhada nos ângulos bissecados nos dados (ou no título desta seção, mas aí é trapaça!) o deixa certo da segunda alternativa. Você pode obter $\angle SNE \cong \angle TOE$, porque um dado $\angle SNE$ ($\angle SNW$) é congruente à metade de $\angle TOE$ ($\angle TOA$). E terminamos.

Aqui está a prova formal:

Declarações	Justificativas
1) $\angle SEN \cong \angle TEO$	1) Ângulos opostos pelos vértices são congruentes.
2) E é ponto médio de $\overline{NO}$	2) Dado.
3) $\overline{NE} \cong \overline{OE}$	3) Definição de ponto médio.
4) $\angle SNW \cong \angle TOA$	4) Dado.
5) $\overrightarrow{NW}$ bisseca $\angle SNE$ $\overrightarrow{OA}$ bisseca $\angle TOE$	5) Dado.
6) $\angle SNE \cong \angle TOE$	6) Se dois ângulos são congruentes (os ângulos SNW e TOA), então seus Múltiplos Comuns são congruentes (o dobro de um equivale ao dobro de outro).
7) $\Delta SNE \cong \Delta TOE$	7) ALA (1, 3, 6).

PCTCC: Levando Adiante as Provas de Congruência entre Triângulos

Na seção anterior, as provas relativamente curtas terminam mostrando que dois triângulos são congruentes. Porém, em provas mais avançadas, mostrar a congruência entre triângulos é apenas uma etapa para provar outras coisas. Nesta seção você lidará com elas.

Provar a congruência entre triângulos é, com frequência, o ponto principal de uma prova, então sempre confira o diagrama para *todos* os pares de triângulos que aparentam ter o mesmo tamanho e forma. Se encontrar algum, provavelmente terá que provar que um (ou mais) pares são congruentes.

Definindo PCTCC

PCTCC: É um acrônimo para *partes correspondentes de triângulos congruentes são congruentes.* Essa ideia é quase um teorema, mas na verdade é apenas a definição de congruência entre triângulos.

Como triângulos congruentes têm seis pares de partes congruentes (três pares de segmentos e três pares de ângulos) e você precisa de três dos pares para LLL, LAL ou ALA, haverá sempre três pares sobrando que não foram usados. O propósito de PCTCC é mostrar que um (ou mais) desses pares que sobraram é congruente.

PCTCC é muito simples de utilizar. Depois de mostrar que dois triângulos são congruentes, você pode declarar, na linha seguinte da prova, que dois dos lados ou ângulos são congruentes usando PCTCC como justificativa. Esse grupo de duas linhas consecutivas integra o coração de muitas provas.

Digamos que você esteja no meio de uma prova (a prova parcial mostrada na Figura 9-6 apresenta a ideia). E digamos que, em determinado momento, seja possível mostrar com ALA que ΔPQR é congruente a ΔXYZ. (As marcações no diagrama indicam o par de lados congruentes e os dois pares de ângulos congruentes que eram usados para ALA.) Então, após indicar a congruência entre os triângulos, pode-se declarar na linha seguinte que $\overline{QR} \cong \overline{YZ}$ e usar PCTCC como justificativa (você também poderia usar PCTCC para justificar que $\overline{PR} \cong \overline{XZ}$ ou que $\angle QRP \cong \angle YZX$).

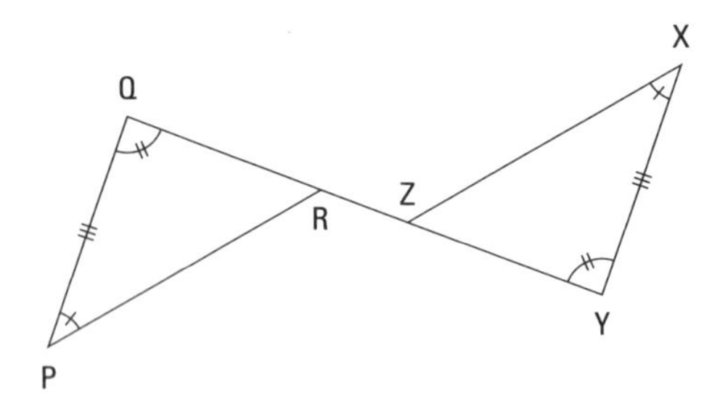

Declarações	Justificativas
...	...
...	...
...	...
6) $\Delta PQR \cong \Delta XYZ$	6) ALA.
7) $\overline{QR} \cong \overline{YZ}$	7) PCTCC.
...	...
...	...
...	...

FIGURA 9-6: Um par crucial de linhas de prova: triângulos congruentes e PCTCC.

Lidando com uma prova PCTCC

Você pode conferir PCTCC em ação na prova a seguir. Porém, antes de chegar a ele, eis uma propriedade que você precisa para resolver o problema. É um conceito muito simples que aparece em muitas provas.

LEMBRE-SE

Propriedade Reflexiva: Declara que qualquer segmento ou ângulo é congruente a ele mesmo. (Quem diria, não é?)

Sempre que você vir dois triângulos que compartilham um lado ou ângulo, esse pertence aos dois triângulos. Com a propriedade reflexiva, o lado ou ângulo compartilhado torna-se um par congruente que você pode usar como um dos três pares de que precisa para provar a congruência entre dois triângulos. Confira a Figura 9-7.

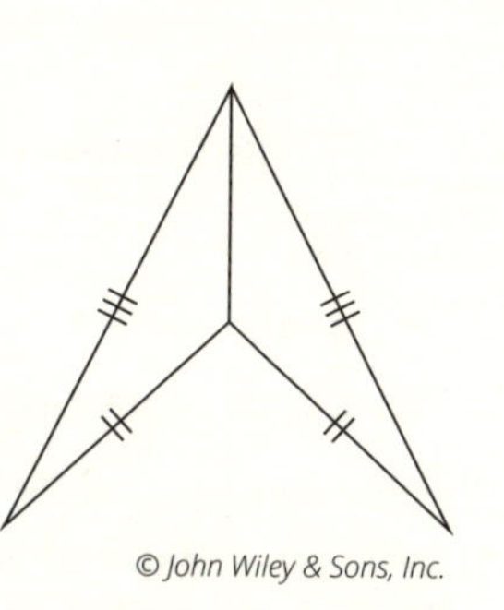

FIGURA 9-7: Usando a propriedade reflexiva para o lado compartilhado. Esses triângulos são congruentes por LLL.

Aqui está sua prova PCTCC:

Dado: $\overline{BD}$ é a mediana e uma das alturas de ΔABC

Prova: $\overrightarrow{BD}$ bisseca $\angle ABC$

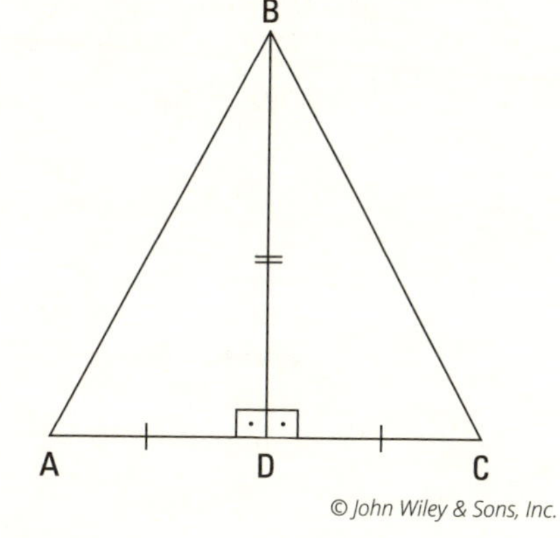

Antes de escrever a prova formal, prepare uma estratégia. Aqui está uma possibilidade:

- **Procure triângulos congruentes.** Os triângulos congruentes estão bem na sua cara no diagrama. Pense em como você mostrará que eles são congruentes. O lado compartilhado $\overline{BD}$ é o par de lados congruentes. $\overline{BD}$ é uma das alturas, o que lhe proporciona ângulos retos congruentes. E como $\overline{BD}$ é mediana, $\overline{AD} \cong \overline{CD}$ (veja o Capítulo 7 para mais sobre medianas e alturas). É isso; você tem LAL.
- **Agora pense no que você tem que provar e no que precisa saber para chegar lá.** Para concluir que $\overrightarrow{BD}$ bisseca $\angle ABC$, você precisa de $\angle ABD \cong \angle CBD$ na penúltima linha. E como você conseguirá isso? Com PCTCC, é claro!

Aqui está a prova de duas colunas:

Declarações	Justificativas
1) $\overline{BD}$ é mediana de ΔABC	1) Dado.
2) D é ponto médio de $\overline{AC}$	2) Definição de mediana.
3) $\overline{AD} \cong \overline{CD}$	3) Definição de ponto médio.
4) $\overline{BD}$ é uma das alturas de ΔABC	4) Dado.
5) $\overline{BD} \perp \overline{AC}$	5) Definição de altura (se um segmento é uma altura [Declaração 4], então é perpendicular à base do triângulo [Declaração 5]).
6) $\angle ADB$ é um ângulo reto $\angle CDB$ é um ângulo reto	6) Definição de perpendicular.
7) $\angle ADB \cong \angle CDB$	7) Todos os ângulos retos são congruentes.
8) $\overline{BD} \cong \overline{BD}$	8) Propriedade reflexiva.
9) $\Delta ABD \cong \Delta CBD$	9) LAL (3, 7, 8).
10) $\angle ABD \cong \angle CBD$	10) PCTCC.
11) $\overrightarrow{BD}$ bisseca $\angle ABC$	11) Definição de bissetriz.

LEMBRE-SE

Todo passo em uma prova deve ser especificado. Por exemplo, na prova anterior, você não pode pular da ideia de uma mediana (linha 1) para segmentos congruentes (linha 3) em apenas uma etapa — ainda que seja óbvio —, porque a definição de mediana não aborda nada a respeito de segmentos congruentes. Pela mesma razão, você não pode pular da ideia de altura (linha 4) para ângulos retos congruentes (linha 7) em uma ou mesmo duas etapas. Você precisa de quatro etapas para conectar as ideias nessa cadeia lógica: altura → perpendicular → ângulos retos → ângulos congruentes.

Teoremas do Triângulo Isósceles

As seções anteriores neste capítulo abordam *pares* de triângulos congruentes. Aqui você verá dois teoremas que envolvem *apenas um triângulo* isósceles. Embora frequentemente precise desses teoremas para provas em que você mostra que dois triângulos são congruentes, os teoremas em si referem-se a apenas um único triângulo.

Os dois teoremas a seguir baseiam-se em uma simples ideia a respeito dos triângulos isósceles que funciona em ambas as direções:

» **Se os lados, então os ângulos:** Se dois lados de um triângulo são congruentes, então os ângulos opostos a eles são congruentes. A Figura 9-8 mostra como isso funciona.

» **Se os ângulos, então os lados:** Se dois ângulos de um triângulo são congruentes, então os lados opostos a esses ângulos são congruentes. Observe a Figura 9-9.

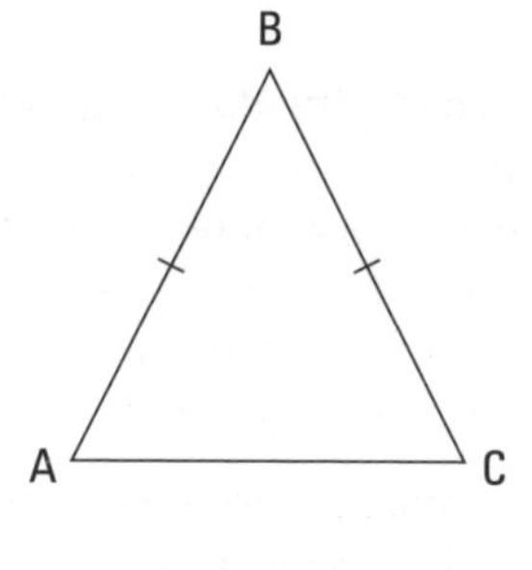

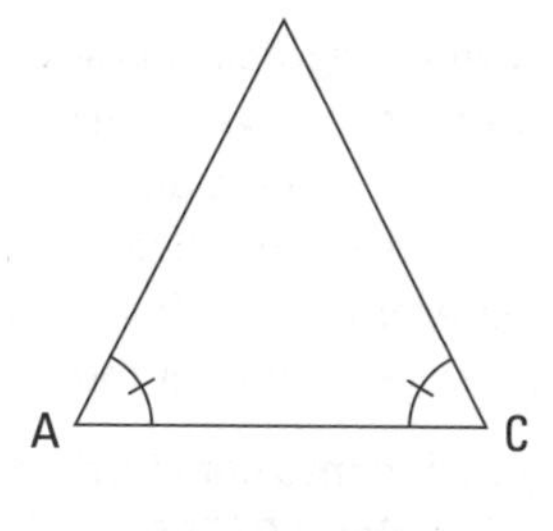

FIGURA 9-8: Os lados congruentes mostram que os ângulos são congruentes.

© John Wiley & Sons, Inc.

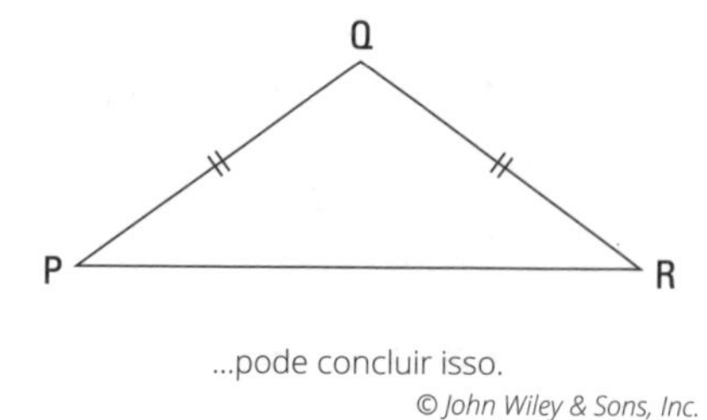

FIGURA 9-9: Os ângulos congruentes mostram que os lados são congruentes.

© John Wiley & Sons, Inc.

Procure triângulos isósceles. Os dois teoremas que relacionam os ângulos e os lados são cruciais para resolver muitas provas, logo, quando começar a resolver uma, examine o diagrama e identifique todos os triângulos isósceles. Em seguida, considere que você pode ter que aplicar um dos teoremas anteriores a um ou mais dos triângulos isósceles. Esses teoremas são incrivelmente fáceis de aplicar se você identificar todos os isósceles (o que não deve ser muito difícil). Entretanto, se passarem despercebidos, a prova pode se tornar impossível. E observe que seu objetivo aqui é identificar triângulos isósceles isolados, pois, ao contrário de LLL, LAL e ALA, os teoremas do triângulo isósceles não se aplicam a pares de triângulos.

Aqui está uma prova. Tente resolvê-la sozinho por meio de uma estratégia e/ou prova formal antes de ler as que eu apresento aqui.

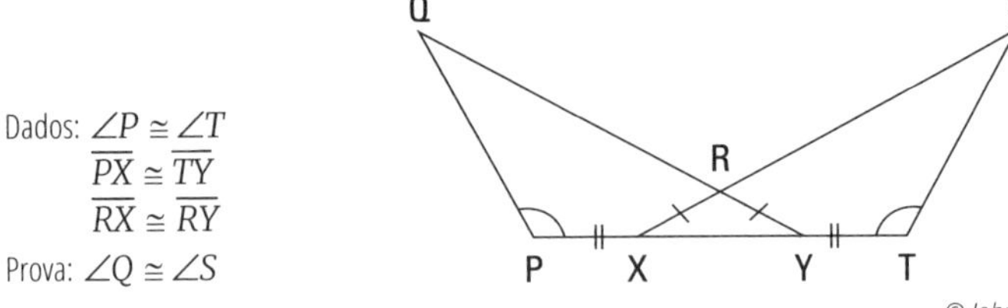

© John Wiley & Sons, Inc.

Eis uma estratégia:

- **Procure triângulos isósceles e pares de triângulos congruentes no diagrama de prova.** Esse diagrama de prova tem um triângulo isósceles, o que é uma grande dica de que você provavelmente usará um dos teoremas desse triângulo. Você também dispõe de um par de triângulos que parecem congruentes (os sobrepostos), o que é outra dica enorme de que você vai querer mostrar que eles são congruentes.
- **Pense em como concluir a prova usando um teorema de congruência de triângulos e PCTCC.** Você tem os lados do triângulo isósceles, o que implica em ângulos congruentes. Também sabe que $\angle P \cong \angle T$, o que implica em um segundo par de ângulos congruentes. Se puder obter $\overline{PY} \cong \overline{TX}$, você terá ALA. E pode obter esse último adicionando $\overline{XY}$ aos segmentos congruentes dados $\overline{PX}$ e $\overline{TY}$. E concluir com PCTCC.

Verifique a prova formal:

Declarações	Justificativas
1) $\overline{RX} \cong \overline{RY}$	1) Dado.
2) $\angle RYX \cong \angle RXY$	2) Se dois lados de um triângulo são congruentes, então os ângulos opostos a esses lados são congruentes.
3) $\overline{PX} \cong \overline{TY}$	3) Dado.
4) $\overline{PY} \cong \overline{TX}$	4) Se um segmento é adicionado a dois segmentos congruentes, então as somas são congruentes.
5) $\angle P \cong \angle T$	5) Dado.
6) $\Delta PQY \cong \Delta TSX$	6) ALA (2, 4, 5).
7) $\angle Q \cong \angle S$	7) PCTCC.

© John Wiley & Sons, Inc.

Mais Duas Maneiras de Provar a Congruência entre Triângulos

Na seção "Três Maneiras de Provar a Congruência entre Triângulos", prometi a você que ensinaria mais duas maneiras de provar que dois triângulos são congruentes, e como sou um homem de palavra, aqui estão elas.

Não tente encontrar qualquer conexão entre esses dois métodos adicionais. Eles estão juntos simplesmente porque eu não queria apresentar todos os cinco métodos na primeira seção e correr o risco de confundi-lo.

AAL: Teorema ângulo-ângulo-lado

LEMBRE-SE

AAL (Ângulo-Ângulo-Lado): O postulado AAL declara que, se dois ângulos e um lado que não está entre eles são congruentes às partes correspondentes de outro triângulo, então os triângulos são congruentes. A Figura 9-10 mostra como AAL funciona.

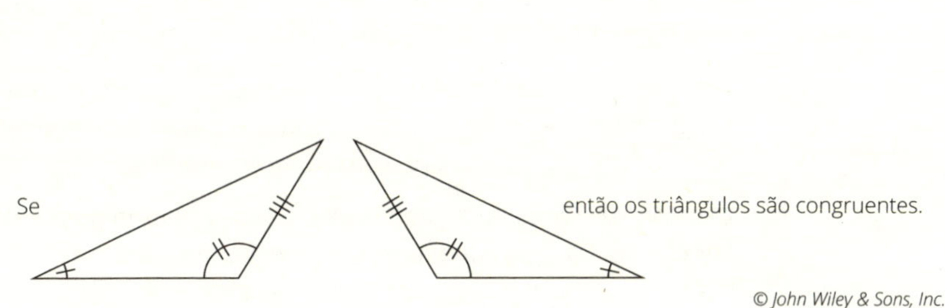

FIGURA 9-10: A congruência entre dois pares de ângulos e um lado que não está entre eles faz desses triângulos congruentes.

© John Wiley & Sons, Inc.

Como ALA (veja a seção anterior), para usar AAL você precisa de dois pares de ângulos congruentes e um par de lados congruentes para provar a congruência entre dois triângulos. Entretanto, para AAL, os dois ângulos e o lado de cada triângulo devem seguir a ordem ângulo-ângulo-lado (em volta do triângulo no sentido horário ou anti-horário).

CUIDADO

ALL e LLA não provam nada, então não tente usar ALL (ou o seu gêmeo malvado, LLA) para provar que dois triângulos são congruentes. Você pode usar LLL, LAL, ALA e AAL (ou LAA, o gêmeo malvado de AAL) para provar congruência entre triângulos, mas não ALL ou LLA. Resumidamente, cada combinação de três letras *A* e *L* prova algo, menos ALL ou LLA. (Você trabalha com AAA no Capítulo 13, mas ele mostra que os triângulos são similares, não congruentes.)

Tente resolver a prova a seguir procurando primeiramente todos os triângulos isósceles (com os dois teoremas destes em mente) e todos os pares de triângulos congruentes (com PCTCC em mente). Posso soar como um disco arranhado, mas garanto que algumas provas ficam muito mais fáceis quando você se lembra de conferir esses detalhes!

Dados: $\angle QRT \cong \angle UTR$
$\angle VRT \cong \angle VTR$
$\overline{SQ} \cong \overline{SU}$
Prova: V é ponto médio de $\overline{QU}$

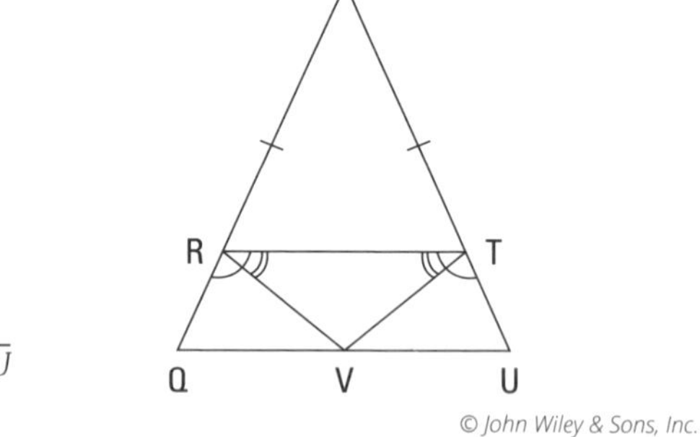

© John Wiley & Sons, Inc.

Aqui está uma estratégia que mostra como você deve seguir por essa prova:

» **Tome nota dos triângulos isósceles e dos pares de triângulos congruentes.** Você deveria perceber três triângulos isósceles (ΔQSU, ΔRST e ΔRVT). Os lados congruentes dados de ΔQSU comprovam que $\angle Q \cong \angle U$, e os ângulos congruentes dados de ΔRVT confirmam que $\overline{RV} \cong \overline{TV}$.

  Você deveria notar também os dois triângulos aparentemente congruentes (QRV e ΔUTV) e perceber que apontar a congruência entre eles e usar PCTCC muito provavelmente é a resposta.

» **Observe as declarações da prova e pense em uma possível conclusão.** Para comprovar o ponto médio, você precisa de $\overline{QV} \cong \overline{UV}$ na penúltima linha, e poderia conseguir isso através de PCTCC se soubesse que ΔQRV e ΔUTV são congruentes.

» **Descubra como provar que os triângulos são congruentes.** Você já conseguiu (de primeira) um par de ângulos congruentes ($\angle Q$ e $\angle U$) e um par de lados congruentes ($\overline{RV}$ e $\overline{TV}$). Devido à posição em que esses ângulos e lados estão, LAL e ALA não se aplicarão, então a resposta é AAL. Para usá-lo, você precisaria de $\angle QRV \cong \angle UTV$. Você pode conseguir isso? Com certeza. Verifique os dados: subtraia os ângulos congruentes *VRT* e *VTR* dos ângulos congruentes *QRT* e *UTR*. Xeque-mate.

Aqui está a prova formal:

Declarações	Justificativas
1) $\angle VRT \cong \angle VTR$	1) Dado.
2) $\overline{RV} \cong \overline{TV}$	2) Se os ângulos, então os lados.
3) $\angle QRT \cong \angle UTR$	3) Dado.
4) $\angle QRV \cong \angle UTV$	4) Se dois ângulos congruentes ($\angle VRT$ e $\angle VTR$) são subtraídos de dois outros ângulos congruentes ($\angle QRT$ e $\angle UTR$), então as diferenças ($\angle QRV$ e $\angle UTV$) são congruentes.
5) $\overline{SQ} \cong \overline{SU}$	5) Dado.
6) $\angle RQV \cong \angle TUV$	6) Se os lados, então os ângulos.
7) $\Delta QRV \cong \Delta UTV$	7) AAL (6, 4, 2).
8) $\overline{QV} \cong \overline{UV}$	8) PCTCC.
9) V é ponto médio de $\overline{QU}$	9) Definição de ponto médio.

HCAR: A abordagem correta para triângulos retângulos

HCAR (Hipotenusa-Cateto-Ângulo Reto): O postulado HCAR declara que, se a hipotenusa e um dos catetos de um triângulo retângulo são congruentes à hipotenusa e um dos catetos de outro triângulo retângulo, então os triângulos são congruentes. A Figura 9-11 mostra um exemplo. HCAR é diferente das outras quatro maneiras de provar a congruência entre triângulos porque funciona apenas para triângulos retângulos.

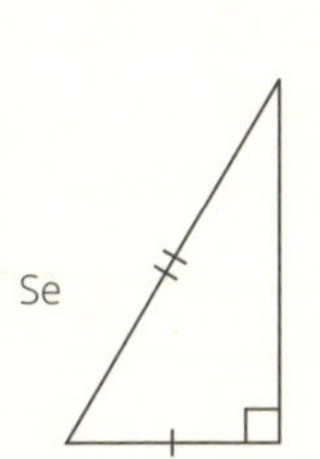

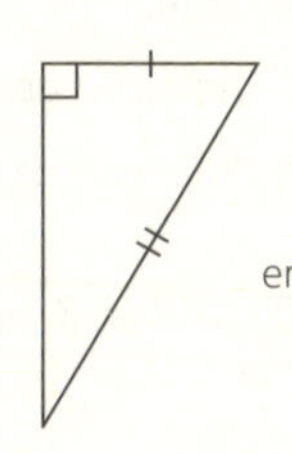

FIGURA 9-11: Catetos e hipotenusa congruentes fazem desses triângulos retângulos congruentes.

Em outros livros, HCAR é geralmente chamado HL. Rebelde que sou, renomeei audaciosamente para HCAR, pois as quatro letras enfatizam que — assim como LLL, LAL, ALA e AAL — para usar isso em uma prova, você precisa de três coisas na coluna de declarações: hipotenusas congruentes, catetos congruentes e ângulos retos.

Nota: quando você usa HCAR, listar o par de ângulos retos na coluna de declarações é suficiente para essa parte do teorema. Se quiser usar um par de ângulos retos com LAL, ALA e AAL, você precisa declarar que os ângulos retos são congruentes, mas com HLR não é preciso fazer isso.

Preparado para uma prova HCAR? Bem, estando ou não, lá vamos nós.

Dados: ΔABC é isósceles com base $\overline{AC}$
$\overline{BD}$ é uma das alturas
Prova: $\overline{BD}$ é uma mediana

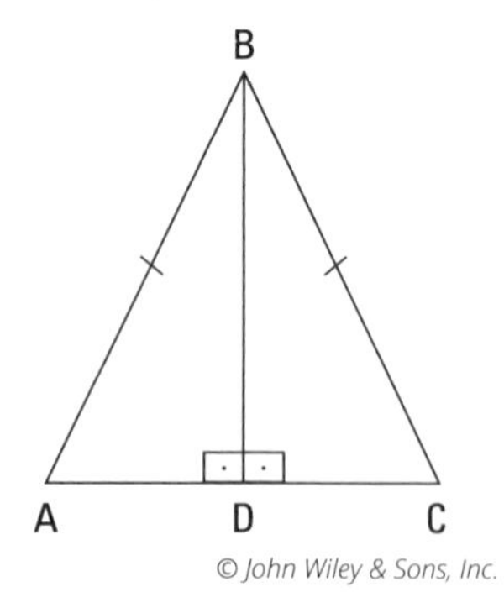

© John Wiley & Sons, Inc.

Aqui está uma estratégia viável. Você vê o par de triângulos congruentes e se pergunta como pode provar que são congruentes. Sabe que há um par de lados congruentes porque ΔABC é isósceles e sabe que há outro par de lados congruentes por causa da propriedade reflexiva para $\overline{BD}$. E há também os ângulos retos, formados pela altura. Voilà, isso é HCAR. Então você obtém $\overline{AD} \cong \overline{CD}$ com PCTCC e conclui. No formato de duas colunas, fica assim:

Declarações	Justificativas
1) ΔABC é isósceles com base $\overline{AC}$	1) Dado.
2) $\overline{AB} \cong \overline{CB}$	2) Definição do triângulo isósceles.
3) $\overline{BD} \cong \overline{BD}$	3) Propriedade reflexiva.
4) $\overline{BD}$ é uma das alturas	4) Dado.
5) $\overline{BD} \perp \overline{AC}$	5) Definição de altura.
6) $\angle ADB$ é um ângulo reto $\angle CDB$ é um ângulo reto	6) Definição de perpendicular.
7) $\Delta ABD \cong \Delta CBD$	7) HCAR (2, 3, 6).

8) $\overline{AD} \cong \overline{CD}$	8) PCTCC.
9) D é ponto médio de $\overline{AC}$	9) Definição de ponto médio.
10) $\overline{BD}$ é mediana de ΔABC	10) Definição de mediana.

Diminuindo a Distância com os Teoremas da Equidistância

Embora o foco deste capítulo sejam os triângulos congruentes, nesta seção apresento dois teoremas que você pode usar com frequência *em vez de* provar a congruência entre triângulos. Mesmo que veja triângulos congruentes nos diagramas de prova desta seção, não precisa provar que eles são — um dos teoremas de *equidistância* fornece um atalho para a declaração de *prova*.

DICA

Fique atento para o atalho da equidistância. Quando estiver fazendo provas de triângulos, fique atento para duas possibilidades: procure triângulos congruentes e pense em maneiras de provar isso, mas, ao mesmo tempo, tente visualizar se um dos teoremas de equidistância pode ajudá-lo a resolver a questão da congruência dos triângulos.

Determinando uma mediatriz

O primeiro teorema da equidistância afirma que dois pontos determinam a mediatriz de um segmento. ("Determinar" algo significa delimitar ou indicar com exatidão, basicamente para mostrar onde está localizado.) Aqui está o teorema:

LEMBRE-SE

Dois pontos equidistantes determinam a mediatriz: Se dois pontos estão (um por vez) equidistantes dos pontos finais de um segmento, então esses pontos determinam a mediatriz do segmento. (Eis um jeito fácil — embora simplista demais — de pensar nisso: se você tem *dois* pares de segmentos congruentes, então há uma mediatriz.)

Esse teorema é um trava-língua, então a melhor maneira de entendê-lo é visualmente. Considere o diagrama em forma de pipa na Figura 9-12.

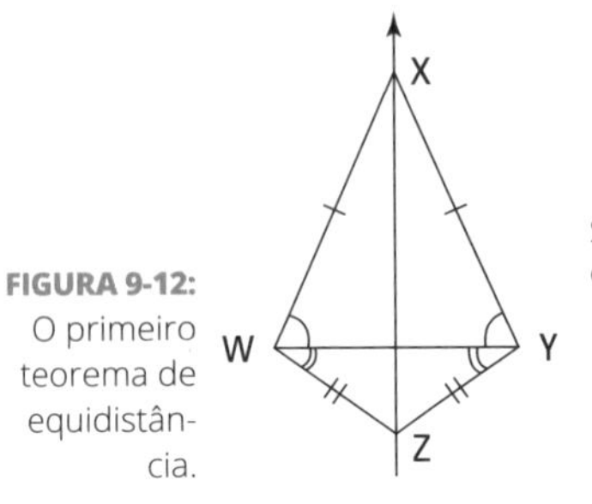

FIGURA 9-12: O primeiro teorema de equidistância.

Se você sabe que $\overline{XW} \cong \overline{XY}$ e $\overline{ZW} \cong \overline{ZY}$, então pode concluir que $\overleftrightarrow{XZ}$ é mediatriz de $\overline{WY}$.

O teorema funciona assim: se você tiver um ponto (como X) equidistante dos pontos finais de um segmento (W e Y) e outro ponto (como Z) que também esteja equidistante dos pontos finais, então os dois pontos (X e Z) determinam a mediatriz desse segmento ($\overline{WY}$). Você pode ver o significado da forma resumida do teorema também neste diagrama: se tem *dois* pares de segmentos congruentes ($\overline{XW} \cong \overline{XY}$ e $\overline{ZW} \cong \overline{ZY}$), então há uma mediatriz ($\overleftrightarrow{XZ}$ é mediatriz de $\overline{WY}$).

Aqui está uma prova *"CURTA"* que mostra como usar o primeiro teorema da equidistância como um atalho, de maneira a pular a parte de provar que os triângulos são congruentes.

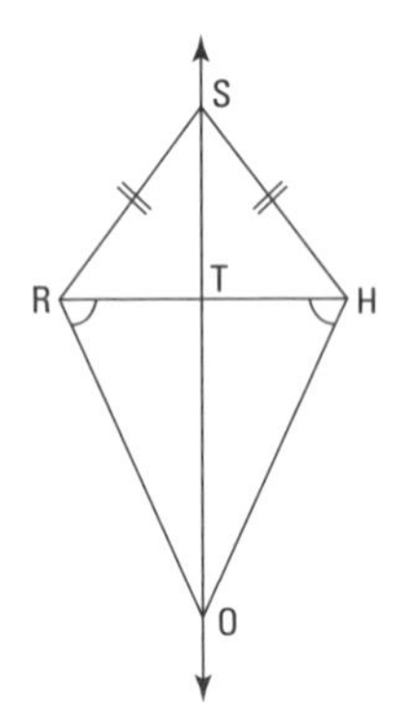

Dados: $\overline{SR} \cong \overline{SH}$
$\angle ORT \cong \angle OHT$
Prova: T é ponto médio de $\overline{RH}$

Você pode resolver essa prova pela congruência entre os triângulos, mas levaria cerca de nove etapas, e seria necessário usar dois pares diferentes de triângulos congruentes. O primeiro teorema da equidistância encurta a prova para o seguinte:

Declarações	Justificativas
1) $\angle ORT \cong \angle OHT$	1) Dado.
2) $\overline{OR} \cong \overline{OH}$	2) Se os ângulos, então os lados.

3) $\overline{SR} \cong \overline{SH}$	3) Dado.
4) $\overleftrightarrow{SO}$ é mediatriz de $\overline{RH}$	4) Se dois pontos (S e O) estão ambos equidistantes dos pontos-finais de um segmento ($\overline{RH}$), então eles determinam a mediatriz daquele segmento.
5) $\overline{RT} \cong \overline{TH}$	5) Definição de bissetriz.
6) T é ponto médio de $\overline{RH}$	6) Definição de ponto médio.

Usando uma mediatriz

Com o segundo teorema de equidistância, você usa um ponto na mediatriz para provar a congruência entre dois segmentos.

LEMBRE-SE

Um ponto na mediatriz de um segmento é equidistante dos pontos finais do segmento: Se um ponto está na mediatriz de um segmento, então é equidistante dos pontos-finais do mesmo segmento. (Aqui está minha versão abreviada: se você tiver um par de mediatrizes, então há *um* par de segmentos congruentes.)

A Figura 9-13 mostra como o segundo teorema da equidistância funciona.

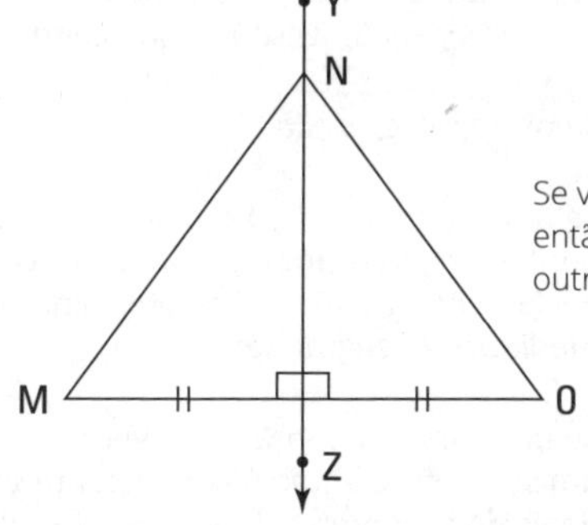

FIGURA 9-13: O segundo teorema da equidistância.

Esse teorema informa que se você começar com um segmento (como $\overline{MO}$) e sua mediatriz ($\overleftrightarrow{YZ}$) e tiver um ponto neste último (como N), então esse ponto é equidistante dos pontos finais do segmento. Perceba que pode ver o raciocínio por trás da forma resumida do teorema no diagrama anterior: se você tem uma mediatriz (a reta $\overleftrightarrow{YZ}$ é mediatriz de $\overline{MO}$), então há *um* par de segmentos congruentes ($\overline{NM} \cong \overline{NO}$).

Aqui está uma prova que utiliza o segundo teorema da equidistância:

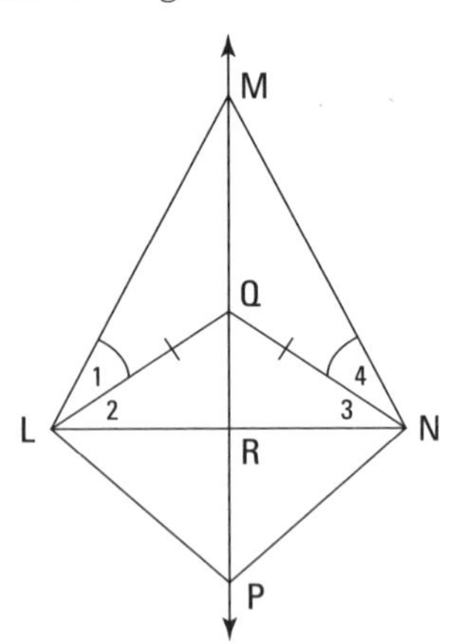

Dados: $\angle 1 \cong \angle 4$

$\overline{LQ} \cong \overline{NQ}$

Prova: $\overline{LP} \cong \overline{NP}$

Declarações	Justificativas
1) $\overline{LQ} \cong \overline{NQ}$	1) Dado.
2) $\angle 2 \cong \angle 3$	2) Se os lados, então os ângulos.
3) $\angle 1 \cong \angle 4$	3) Dado.
4) $\angle MLR \cong \angle MNR$	4) Se dois ângulos congruentes ($\angle 2$ e $\angle 3$) são adicionados a dois outros ângulos congruentes ($\angle 1$ e $\angle 4$), então as somas são congruentes.
5) $\overline{ML} \cong \overline{MN}$	5) Se os ângulos, então os lados.
6) $\overleftrightarrow{MQ}$ é mediatriz de $\overline{LN}$	6) Se dois pontos (M e Q) são equidistantes dos pontos finais de um segmento ($\overline{LN}$; veja as declarações 1 e 5), então determinam uma mediatriz do segmento.
7) $\overline{LP} \cong \overline{NP}$	7) Se um ponto (o ponto P) estiver na mediatriz de um segmento, então é equidistante dos pontos finais do segmento.

Elaborando a Estratégia para uma Prova Mais Longa

Nas seções anteriores, apresento alguns típicos exemplos de provas de triângulos e todos os teoremas de que precisa para resolvê-las. Aqui, guiarei você por uma estratégia em função de uma prova maior, ligeiramente mais complexa. Esta seção lhe confere a oportunidade de usar algumas das mais importantes estratégias de resolução. Como o objetivo desta seção é mostrar a você como raciocinar uma prova maior utilizando o bom senso, vamos pular a prova em si.

Eis a configuração da prova. Tente resolver por si mesmo antes de ler a estratégia a seguir:

Dados: $\overline{EU} \perp \overline{LH}$, $\overline{EU} \perp \overline{SR}$
$\overline{EL} \cong \overline{RU}$, $\overline{ES} \cong \overline{HU}$
Prova: $\overline{EH} \cong \overline{SU}$

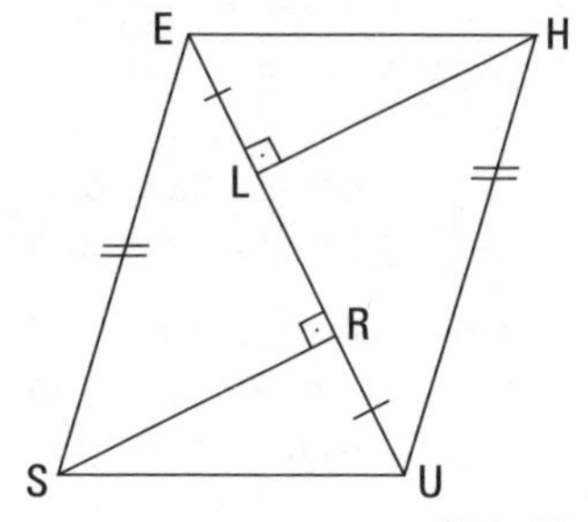

© John Wiley & Sons, Inc.

Aqui está uma estratégia que apresenta um possível raciocínio:

- **Procure triângulos congruentes.** Você deve notar três pares de triângulos congruentes: os dois pequenos, ΔELH e ΔURS; os dois médios, ΔERS e ΔULH; e os dois grandes, ΔEUS e ΔUEH. Em seguida, pergunte-se como provar a congruência entre um ou mais desses pares de triângulos e como PCTCC pode fazer parte dessa prova.
- **Trabalhe de trás para a frente.** A última declaração deverá ser $\overline{EH} \cong \overline{SU}$. PCTCC é, provavelmente, a última justificativa. Para usar PCTCC, você teria que mostrar a congruência dos triângulos pequenos ou dos grandes. Você pode fazer isso?
- **Use todos os dados para ver se pode provar a congruência entre os triângulos.** Nos triângulos pequeno e médio, os dois pares de segmentos perpendiculares fornecem ângulos retos congruentes. A respeito dos triângulos pequenos, você sabe que $\overline{EL} \cong \overline{RU}$. Então, para mostrar sua congruência, você precisaria de $\overline{LH} \cong \overline{SR}$ e usar LAL, ou de $\angle LEH \cong \angle RUS$ e usar AAL. Infelizmente, parece não haver maneira de obter uma dessas congruências.

Se você obtivesse $\overline{EH} \cong \overline{SU}$, poderia mostrar que os triângulos menores são congruentes usando HCAR, mas você está tentando provar que $\overline{EH} \cong \overline{SU}$, então isso anula essa opção.

Quanto a mostrar que os dois triângulos maiores são congruentes, você tem $\overline{ES} \cong \overline{HU}$ e $\overline{EU} \cong \overline{EU}$ pela propriedade reflexiva. Para terminar com LAL, você precisaria de $\angle SEU \cong \angle HUE$, mas esse parece outro beco sem saída.

Parece não haver caminho direto de provar a congruência entre os triângulos pequenos ou grandes e em seguida usar PCTCC para concluir a prova. Bem, se não há caminho direto, então deve haver um caminho indireto.

» **Tente o terceiro conjunto de triângulos.** Se você pudesse provar que os dois triângulos médios são congruentes, seria possível usar PCTCC sobre eles para obter $\overline{LH} \cong \overline{SR}$ (o necessário para provar a congruência entre os triângulos pequenos por LAL). Então, como descrito na etapa anterior, você provaria a congruência entre os triângulos pequenos e concluiria com PCTCC. Então, tudo o que você precisa fazer agora é mostrar que os dois triângulos médios são congruentes, e após fazer isso, sabe como chegar à conclusão.

» **Use os dados outra vez.** Tente usar os dados para provar que $\Delta ERS \cong \Delta ULH$ (os triângulos médios). Você já tem dois pares de partes — os ângulos retos e $\overline{EU} \cong \overline{HU}$ —, tudo de que você precisa é do terceiro par de partes congruentes; $\angle ESR \cong \angle UHL$ ou $\angle SER \cong \angle HUL$ lhe dariam AAL, e $\overline{ER} \cong \overline{UL}$ lhe daria HCAR. Você pode obter algum desses quatro pares? Claro. Os dados incluem $\overline{EL} \cong \overline{RU}$. Adicionar $\overline{LR}$ a ambos fornece aquilo de que você precisa, $\overline{ER} \cong \overline{UL}$. (Caso não consiga visualizar, admita valores: se EL e RU medissem 3 e LR medisse 4, ER e UL mediriam 7.) É isso. Use HCAR para os triângulos médios, e você sabe como concluir a partir daí. Terminamos.

Então, voltando ao topo, você adiciona $\overline{LR}$ a $\overline{EL}$ e $\overline{RU}$, resultando em $\overline{ER} \cong \overline{UL}$. Use esse dado adicional $\overline{ES} \cong \overline{HU}$ e os ângulos retos dos segmentos perpendiculares dados para obter $\Delta ERS \cong \Delta ULH$ através de HCAR. Em seguida, use PCTCC para obter $\overline{LH} \cong \overline{SR}$. Usando os lados dados $\overline{EL} \cong \overline{RU}$, e outro par de ângulos retos congruentes, você obtém $\Delta ELH \cong \Delta URS$ com LAL. PCTCC então lhe fornece $\overline{EH} \cong \overline{SU}$ para concluir a prova.

(Perceba que há pelo menos uma outra alternativa razoável para resolver essa prova. Então, se você identificou um método diferente do que foi descrito nessa estratégia, ele pode ser tão bom quanto.)

O Universo Inverso das Provas Indiretas

Para concluir este capítulo, quero falar sobre provas indiretas — um tipo diferente de prova, como se fosse o tio esquisitão das provas regulares de duas colunas. Em uma prova *indireta*, para provar que algo é verídico, você prova isso *indiretamente*, mostrando que não há como ser falso.

Atente-se para o *não*. Quando sua tarefa em uma prova é mostrar que elementos *não* são congruentes, *não* são perpendiculares, e assim por diante, esses são fortes indícios de que você está lidando com uma prova indireta.

Durante a maioria das etapas, uma prova indireta é bem parecida com uma prova regular de duas colunas. O que a torna diferente é a maneira como começa e termina. Exceto pelo início e pelo fim, para resolver uma prova indireta, você aplica as mesmas técnicas e teoremas que usa nas provas regulares.

A melhor maneira de explicar provas indiretas é mostrando um exemplo. E lá vamos nós:

Dados: $\overrightarrow{SQ}$ bisseca $\angle PSR$

$\angle PQS \ncong \angle RQS$

Prova: $\overline{PS} \ncong \overline{RS}$

© John Wiley & Sons, Inc.

Observe duas coisas peculiares a respeito dessa prova inusitada: os símbolos de *não* congruente nos dados e a declaração da *prova*. Aquele que está na declaração da *prova* é o que torna essa uma prova indireta.

Aqui está uma estratégia que mostra como resolver essa prova indireta. Você parte da premissa de que a declaração da *prova* é falsa, isto é, que $\overline{PS}$ *é* congruente a $\overline{RS}$, e então seu objetivo é contradizer algo verdadeiro conhecido (geralmente um fato dado sobre elementos que *não* são congruentes, *não* são perpendiculares, e assim por diante). Neste problema, seu objetivo é mostrar que $\angle PQS$ *é* congruente a $\angle RQS$, o que contradiz o dado.

Um último detalhe antes de mostrar a solução — você pode escrever provas indiretas no formato regular de duas colunas, entretanto, muitos professores e livros didáticos as apresentam sob a forma de parágrafo, desta maneira:

1. **Admita o oposto da declaração da *prova*, considerando essa declaração oposta como dado.**

   Admita $\overline{PS} \cong \overline{RS}$.

2. **Trabalhe como de costume, tentando provar o oposto de um dos dados (geralmente aquele que declara que elementos *não* são perpendiculares, não são congruentes ou semelhantes).**

   Como $\overrightarrow{SQ}$ bisseca $\angle PSR$, você sabe que $\angle PSQ \cong \angle RSQ$. Você também sabe que $\overline{QS} \cong \overline{QS}$ pela propriedade reflexiva. Utilizando essas duas congruências e a da Etapa 1, você pode concluir que $\Delta PSQ \cong \Delta RSQ$ por LAL e, consequentemente, $\angle PQS \cong \angle RQS$ por PCTCC.

3. **Termine por afirmar que você chegou a uma contradição e que, portanto, a declaração da prova deve ser verdadeira.**

   Essa última declaração é impossível, pois contradiz o dado $\angle PQS \ncong \angle RQS$. Consequentemente, a hipótese ($\overline{PS} \cong \overline{RS}$) é falsa e, portanto, seu oposto ($\overline{PS} \ncong \overline{RS}$) é verdadeiro. Q.E.D. (*Quod erat demonstrandum* — "como se queria demonstrar" — para todos os falantes de Latim por aí; o resto pode entender como: "Terminamos!")

Nota: após admitir que $\overline{PS} \cong \overline{RS}$, este passa a funcionar como um dos dados. E após identificar seu objetivo em mostrar que $\angle PQS \cong \angle RQS$, esse objetivo passa a funcionar como uma declaração de *prova* ordinária. De fato, após realizar essas duas etapas da prova indireta, o resto da prova, que começa com os dados (incluindo o novo "dado" $\overline{PS} \cong \overline{RS}$) e termina com $\angle PQS \cong \angle RQS$, é exatamente como uma prova regular (embora pareça diferente por estar sob a forma de parágrafo).

ENTENDENDO POR QUE PROVAS INDIRETAS FUNCIONAM

Com provas indiretas, você entra no reino da dupla negativa. Assim como multiplicar dois números negativos resulta em uma resposta positiva, usar dois negativos na língua portuguesa resulta em uma declaração positiva. Por exemplo, algo que não é falso é verdadeiro, e se a afirmação de que dois ângulos não são congruentes é falsa, então os ângulos são congruentes.

Digamos que você necessite provar que a ideia *P* é verdadeira. Uma prova regular funcionaria assim: *A* e *B* são dados, e a partir disso você pode deduzir *C*; e se *C* é verdadeiro, *P* também é. Uma prova indireta segue um rumo diferente. Você prova que a ideia *P* não pode ser falsa. Para tal, presume que *P* é falsa e mostra que isso conduz a uma conclusão impossível (como a conclusão de que *A* é falso, o que é impossível, pois *A* é um dado e, consequentemente, verdadeiro). Finalmente, como admitir que a ideia *P* é falsa conduz a uma impossibilidade, *P* deve necessariamente ser verdadeira. Tão fácil quanto dois e dois são quatro, certo?

Infelizmente, há algo mais que pode confundi-lo. Em uma típica prova indireta, aquilo que você foi solicitado a provar é uma declaração negativa de que algo *não* é congruente ou *não* é perpendicular (você poderia ter que *provar* uma declaração como $\angle M \ncong \angle N$, por exemplo). Então, quando presume que a declaração é falsa, evidencia algo positivo (como $\angle M \cong \angle N$). Sendo assim, observe que uma declaração *verdadeira* pode ser *negativa* (como $\overline{AB} \ncong \overline{CD}$) e uma declaração *falsa* pode ser *positiva* (como $\overline{AB} \cong \overline{CD}$). Essa ligeira confusão não afeta a lógica básica, porém, fiz questão de ressaltar isso pois toda essa questão a respeito da presunção de que algo é *falso* e as declarações que tratam dos ângulos *não* serem congruentes pode parecer um pouco confusa. (Espero que nada disso não tenha causado nenhuma incompreensão.)

4

Polígonos com Quatro Lados ou Mais

NESTA PARTE...

Conheça os vários tipos de quadriláteros.

Trabalhe em provas de quadriláteros.

Resolva problemas reais relacionados a polígonos.

Trabalhe em problemas envolvendo formas semelhantes.

NESTE CAPÍTULO

» **Atravessando o caminho: retas paralelas e transversais**

» **Montando a família dos quadriláteros**

» **Entendendo a complexidade de paralelogramos, losangos, retângulos e quadrados**

» **Voando alto com pipas e trapézios**

Capítulo 10

As Sete Maravilhas do Mundo Quadrilátero

Nos Capítulos 7, 8 e 9, você lida com polígonos de três lados — triângulos. Neste capítulo e no próximo, confere *quadriláteros*, polígonos com quatro lados. Em seguida, no Capítulo 12, vê polígonos de até um zilhão de lados. Muito empolgante, não é?

O quadrilátero mais familiar, o retângulo, é de longe a forma mais comum no mundo cotidiano que o cerca. Olhe em volta. Onde quer que esteja, com certeza há formas retangulares à vista: livros, tampos de mesas, molduras, paredes, telhados, pisos, notebooks, e assim por diante.

Os matemáticos têm estudado os quadriláteros por mais de 2 mil anos. Todos os tipos de coisas fascinantes foram descobertas a partir dessas formas com quatro lados, é por isso que dediquei este capítulo às suas definições, propriedades e classificações. A maioria desses quadriláteros tem lados paralelos, por isso apresento também algumas propriedades de retas paralelas.

Começando com as Propriedades das Retas Paralelas

As retas paralelas são importantes quando você estuda quadriláteros porque seis dos sete tipos de quadriláteros (todos, exceto o deltoide) contêm retas paralelas. Nesta seção, apresento algumas propriedades interessantes sobre elas.

Atravessando retas com transversais: Definições e teoremas

Observe a Figura 10-1, que mostra três retas que lembram um sinal de diferença gigante. As duas retas horizontais são paralelas, e a reta que as atravessa é chamada *transversal*. Como você pode ver, as três retas formam oito ângulos.

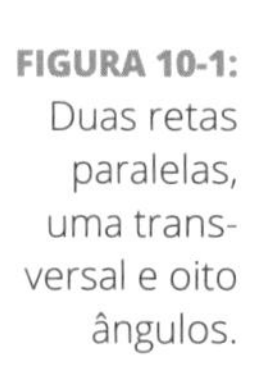

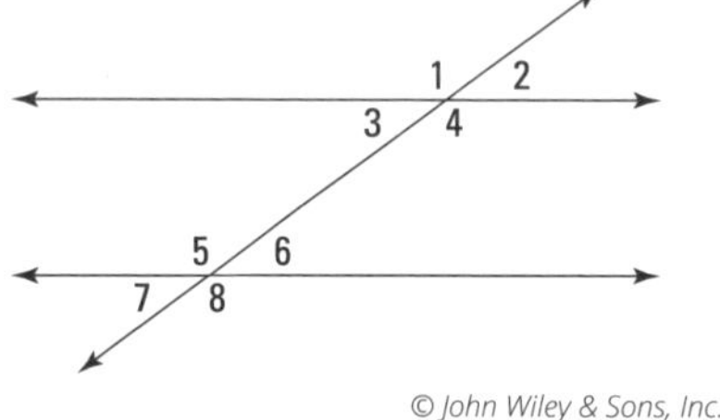

FIGURA 10-1: Duas retas paralelas, uma transversal e oito ângulos.

© John Wiley & Sons, Inc.

Os oito ângulos formados pelas retas paralelas e a transversal são congruentes ou suplementares. Os teoremas a seguir explicam como os vários pares de ângulos se relacionam.

LEMBRE-SE

Provando que ângulos são congruentes: Se uma transversal intercepta duas retas paralelas, então os seguintes ângulos são congruentes (veja a Figura 10-1):

» **Ângulos alternos internos:** O par de ângulos 3 e 6 (assim como 4 e 5) são *ângulos alternos internos*. Esses ângulos estão em lados opostos (alternos) da transversal e estão entre (interiores) as retas paralelas.

» **Ângulos alternos externos:** Os ângulos 1 e 8 (assim como 2 e 7) são chamados *ângulos alternos externos*. Estão em lados opostos da transversal e estão fora (no exterior) das retas paralelas.

» **Ângulos correspondentes:** Os pares de ângulos 1 e 5 (assim como 2 e 6, 3 e 7, 4 e 8) são *ângulos correspondentes*. Os ângulos 1 e 5 são correspondentes por estarem na mesma posição (o canto esquerdo superior) em seu grupo com quatro ângulos.

Perceba também que os ângulos 1 e 4, 2 e 3, 5 e 8, 6 e 7 são opostos um ao outro, formando ângulos verticais, que também são congruentes (veja o Capítulo 5 para mais detalhes).

Provando que ângulos são suplementares: Se uma transversal intercepta duas retas paralelas, então os seguintes ângulos são suplementares (veja a Figura 10-1): 1 e 2, 1 e 3, 2 e 4, 3 e 4, 5 e 6, 5 e 7, 6 e 8, 7 e 8.

- **Ângulos colaterais internos:** Os ângulos 3 e 5 (assim como 4 e 6) estão do mesmo lado da transversal e no interior das retas paralelas, então são chamados (pronto para o choque?) *ângulos colaterais internos.*
- **Ângulos colaterais externos:** Os ângulos 1 e 7 (assim como 2 e 8) são chamados *ângulos colaterais externos* — estão do mesmo lado da transversal e no exterior das retas paralelas.

Quaisquer dois dos oito ângulos são *congruentes* ou *suplementares.* Você pode resumir as definições e teoremas acerca das transversais nessa ideia simples e concisa. Duas retas paralelas cortadas por uma transversal geram quatro ângulos agudos e quatro ângulos obtusos (exceto quando os oito ângulos são retos). Todos os ângulos agudos são congruentes, todos os ângulos obtusos são congruentes, e cada ângulo agudo é suplementar a cada ângulo obtuso.

Provando que retas são paralelas: Todos os teoremas nesta seção funcionam ao contrário. Você pode usar os teoremas a seguir para provar que retas são paralelas. Isto é, duas retas são paralelas se cortadas por uma transversal de maneira que:

- Dois ângulos correspondentes sejam congruentes.
- Dois ângulos alternos internos sejam congruentes.
- Dois ângulos alternos externos sejam congruentes.
- Dois ângulos colaterais internos sejam suplementares.
- Dois ângulos colaterais externos sejam suplementares.

Aplicando os teoremas transversais

Aqui está um problema que o permite checar alguns dos teoremas em ação: dado que as retas *m* e *n* são paralelas, encontre a medida de $\angle 1$.

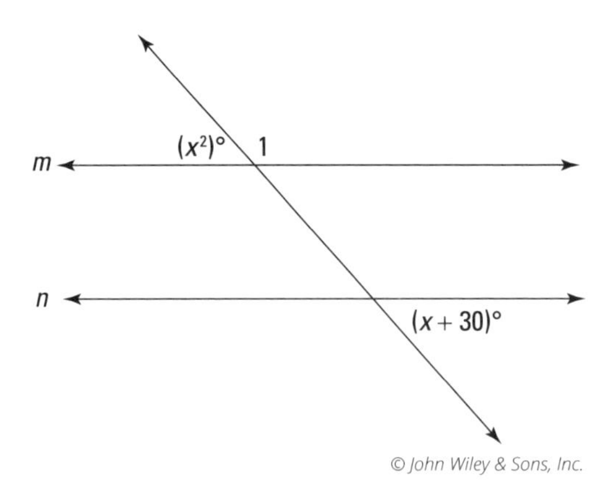

© John Wiley & Sons, Inc.

Eis a solução: os ângulos $(x^2)°$ e $(x + 30)°$ são alternos externos e são, portanto, congruentes. (Ou você pode usar a dica da seção anterior a respeito de transversais: como ambos são, obviamente, agudos, são congruentes.) Iguale-os e resolva x:

$$x^2 = x + 30$$

Iguale a zero: $x^2 - x - 30 = 0$

Fatore: $(x - 6)(x + 5) = 0$

Use a propriedade do produto nulo: $x - 6 = 0$ ou $x + 5 = 0$

$x = 6°$ ou $x = 5°$

Essa equação tem duas soluções, então pegue uma de cada vez e as substitua nos x dos ângulos alternos externos. Admitir $x = 6$ em x^2 resulta em 36° para aquele ângulo. E como $\angle 1$ é seu suplementar, $\angle 1$ deve medir 180°–36°, ou 144°. A solução $x = -5$ resulta em 25° para o ângulo x^2 e 155° para $\angle 1$. Então, 144° e 155° são as respostas para $\angle 1$.

CUIDADO

Quando há duas soluções (como $x = 6$ e $x = -5$) em um problema como esse, *não* substitua uma delas por um dos x (como $6^2 = 36$) e a outra pelo outro x (como $-5 + 30 = 25$). Você deve substituir uma das soluções em *todos* os x, resultando em uma resposta para ambos os ângulos ($6^2 = 36$ e $6 + 30 = 36$), e então você deve, separadamente, substituir a outra solução em *todos* os x, resultando em uma segunda resposta para ambos os ângulos ($(-5)^2 = 25$ e $-5 + 30 = 25$).

CUIDADO

Ângulos e segmentos não admitem medidas ou comprimentos negativos. Certifique-se de que cada solução para x gere respostas *positivas* para *todos* os ângulos ou segmentos em um problema (no problema anterior, você deveria conferir ambos os ângulos $(x^2)°$ e $(x + 30)°$ com cada solução para x). Se uma solução apresenta medida negativa para qualquer ângulo ou segmento no diagrama, deve ser rejeitada, ainda que os ângulos ou segmentos em questão terminem positivos. Contudo, *não* rejeite uma solução apenas porque x é negativo: x pode ser negativo desde que os ângulos e segmentos sejam positivos ($x = -5$, por exemplo, funciona muito bem no problema de exemplo).

Aqui vai uma prova que usa alguns dos teoremas transversais:

Dados: $\overline{LK} \cong \overline{HI}$
$\overline{LK} \parallel \overline{HI}$
$\overline{GK} \cong \overline{JH}$

Prova: $\overline{LJ} \parallel \overline{GI}$

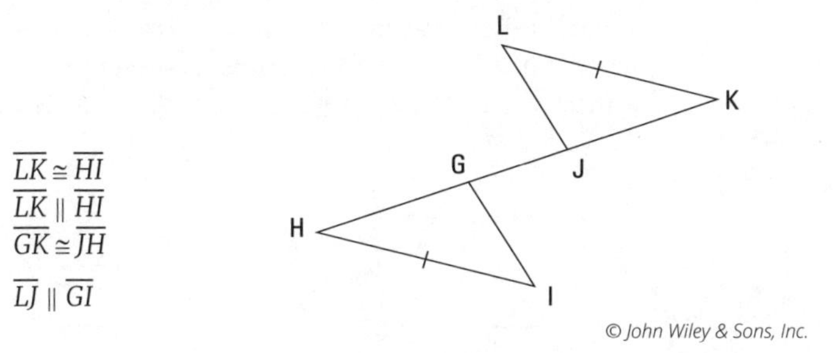

© John Wiley & Sons, Inc.

Verifique a prova formal:

Declarações	**Justificativas**
1) $\overline{LK} \cong \overline{HI}$	1) Dado.
2) $\overline{LK} \parallel \overline{HI}$	2) Dado.
3) $\angle K \cong \angle H$	3) Se as retas são paralelas, então os ângulos alternos internos são congruentes.
4) $\overline{GK} \cong \overline{JH}$	4) Dado.
5) $\overline{JK} \cong \overline{GH}$	5) Se um segmento ($\overline{GJ}$) é subtraído de dois segmentos congruentes, então as diferenças são congruentes.
6) $\Delta JKL \cong \Delta GHI$	6) LAL (1, 3, 5).
7) $\angle LJK \cong \angle IGH$	7) PCTCC.
8) $\overline{LJ} \parallel \overline{GI}$	8) Se ângulos alternos externos são congruentes, então as retas são paralelas.

© John Wiley & Sons, Inc.

DICA

Estenda as retas de problemas transversais. Estender as retas paralelas e transversais pode ajudar a visualizar como os ângulos estão relacionados.

Por exemplo, se você tiver dificuldade em visualizar que $\angle K$ e $\angle H$ são de fato ângulos alternos internos (para a Etapa 3 da prova), gire a imagem (ou incline a cabeça) de maneira que os segmentos paralelos $\overline{LK}$ e $\overline{HI}$ fiquem horizontais, e então prolongue $\overline{LK}$, $\overline{HI}$ e $\overline{HK}$ em ambas as direções, transformando-os em retas (com as setas). Ao fazer isso, estará olhando para o esquema familiar de retas paralelas mostrado na Figura 10-1. Você pode fazer a mesma coisa para $\angle LJK$ e $\angle IGH$ prolongando $\overline{LI}$ e $\overline{GI}$.

Usando mais de uma transversal

Quando um diagrama de paralelas e transversais contém mais de três retas, identificar ângulos congruentes e suplementares pode ser desafiador. A Figura 10-2 apresenta retas paralelas e duas transversais.

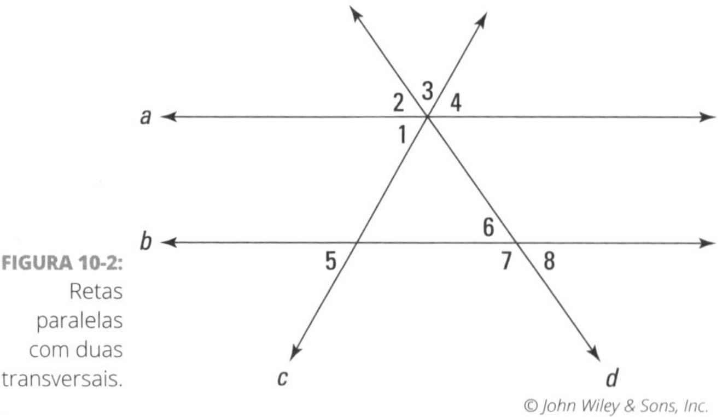

FIGURA 10-2: Retas paralelas com duas transversais.

CUIDADO

Caso encontre uma imagem que contenha mais de três retas e queira aplicar alguma das ideias transversais, certifique-se de usar apenas três retas de cada vez: duas paralelas e uma transversal. Se você não usar um conjunto de três retas, os teoremas não funcionarão. Na Figura 10-2, você pode usar as retas *a*, *b* e *c*, ou as retas *a*, *b* e *d*, mas *não pode* usar as transversais *c* e *d* ao mesmo tempo. Portanto, você não pode, por exemplo, concluir nada a respeito da relação entre ∠1 e ∠6, porque ∠1 está na transversal *c*, e ∠6, na transversal *d*.

A Tabela 10-1 mostra o que você pode dizer acerca de vários pares de ângulos da Figura 10-2. A tabela indica se pode concluir que os ângulos são congruentes ou suplementares. Enquanto lê a tabela, lembre-se de usar apenas duas retas paralelas e uma única transversal.

TABELA 10-1 Organizando Ângulos e Retas Transversais

Par de Ângulos	Conclusão	Justificativa
2 e 8	Congruentes	∠2 e ∠8 são ângulos alternos externos na transversal *d*
3 e 6	Nada	Para formar ∠3, você precisa usar as duas transversais, *c* e *d*
4 e 5	Congruentes	∠4 e ∠5 são ângulos alternos externos em *c*
4 e 6	Nada	∠4 está na transversal *c* e ∠6 está na transversal *d*
2 e 7	Suplementares	∠2 e ∠7 são ângulos colaterais externos em *d*

Par de Ângulos	Conclusão	Justificativa
1 e 8	Nada	$\angle 1$ está na transversal *c* e $\angle 8$ está na transversal *d*
4 e 8	Nada	$\angle 4$ está na transversal *c* e $\angle 8$ está na transversal *d*

DICA

Se encontrar uma imagem com mais de uma transversal ou mais de um conjunto de retas paralelas, você deve fazer o seguinte: desenhe a imagem em um pedaço de papel e destaque um par de retas paralelas e uma transversal. (Ou você pode desenhar apenas as retas paralelas e a transversal que usará.) Então aplique as ideias transversais às retas destacadas. Em seguida, destaque um grupo diferente de três retas e trabalhe com ele.

É claro que, em vez de desenhar ou destacar, você pode simplesmente ficar atento para que os dois ângulos que estiver analisando façam parte de apenas três retas (uma das semirretas de cada ângulo deve ser da transversal, e a outra semirreta deve ser de uma das duas retas paralelas).

Conhecendo os Sete Membros da Família dos Quadriláteros

Um *quadrilátero* é uma forma com quatro lados retos. Nesta seção e na próxima, você descobre mais sobre os sete quadriláteros. Alguns com certeza são familiares, outros podem não ser tanto. Confira as definições a seguir e a árvore genealógica dos quadriláteros na Figura 10-3.

Se você sabe como são os quadriláteros, suas definições farão sentido e serão de fácil compreensão (ainda que a primeira seja meio trava-língua). Aqui estão os sete quadriláteros:

- **Deltoide (ou pipa):** Um quadrilátero no qual dois pares disjuntos de lados consecutivos são congruentes ("pares disjuntos" significa que um lado não pode ser usado em ambos os pares).
- **Paralelogramo:** Um quadrilátero que tem dois pares de lados paralelos.
- **Losango: Um** quadrilátero com quatro lados congruentes. Um losango é um deltoide e um paralelogramo.
- **Retângulo:** Um quadrilátero com quatro ângulos retos. Um retângulo é um tipo de paralelogramo.
- **Quadrado:** Um quadrilátero com quatro lados congruentes e quatro ângulos retos. Um quadrado é um losango e um retângulo.

- **Trapézio:** Um quadrilátero com exatamente um par de lados paralelos (os lados paralelos são chamados *bases*).
- **Trapézio isósceles:** Um trapézio no qual os lados não paralelos (as *pernas*) são congruentes.

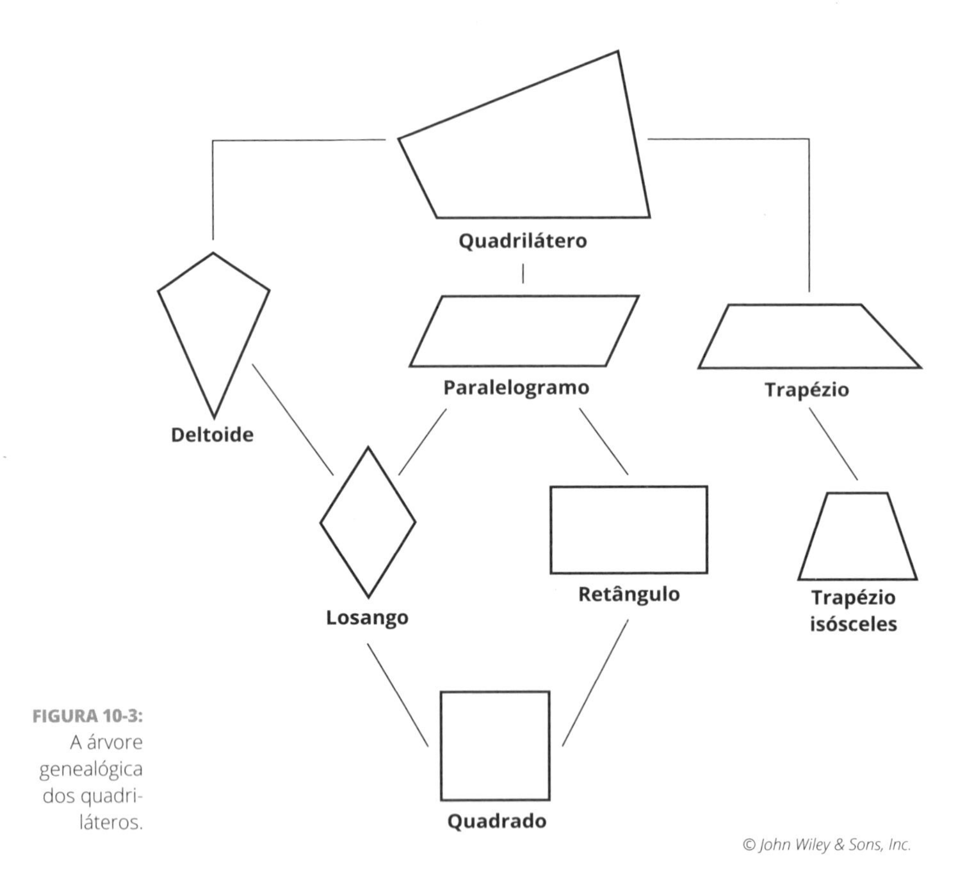

FIGURA 10-3: A árvore genealógica dos quadriláteros.

Na hierarquia dos quadriláteros exibidos na Figura 10-3, um quadrilátero abaixo de outro é um caso especial do que está acima. Um retângulo, por exemplo, é um caso especial de paralelogramo. Portanto, você pode dizer que um retângulo é um paralelogramo, mas não que um paralelogramo é um retângulo (um paralelogramo pode ser, *às vezes*, um retângulo).

Analisando as relações quadrilaterais

A árvore genealógica dos quadriláteros aponta as relações entre os vários tipos de quadriláteros. A Tabela 10-2 fornece uma ideia a respeito de algumas dessas relações. (Você pode testar a si mesmo respondendo — *sempre*, *às vezes* ou *nunca* — antes de verificar a coluna de respostas.)

TABELA 10-2 Como Estes Quadriláteros Estão Relacionados?

Afirmações	Respostas
Um retângulo é um losango.	Às vezes (quando é um quadrado)
Um deltoide é um paralelogramo.	Às vezes (quando é um losango)
Um losango é um paralelogramo.	Sempre
Um deltoide é um retângulo.	Às vezes (quando é um quadrado)
Um trapézio é um deltoide.	Nunca
Um paralelogramo é um quadrado.	Às vezes
Um trapézio isósceles é um retângulo.	Nunca
Um quadrado é um deltoide.	Sempre
Um retângulo é um quadrado.	Às vezes

DICA

Tenha em mãos a árvore genealógica (Figura 10-3) quando estiver resolvendo problemas de *sempre*, *às vezes*, *nunca*, pois você pode usar a posição dos quadriláteros na árvore para descobrir a resposta. Desta maneira:

- Se você *subir* da primeira para a segunda imagem, a resposta é *sempre.*
- Se você *descer* da primeira para a segunda imagem, então a resposta é *às vezes.*
- Se você fizer a conexão *descendo e depois subindo* (como de um retângulo para um deltoide, ou vice-versa), a resposta é *às vezes.*
- Se a única maneira de ir de uma imagem para a outra for *subir e depois descer* (como de um paralelogramo para um trapézio isósceles), a resposta é *nunca.*

Trabalhando com retas auxiliares

A prova seguinte apresenta uma nova ideia: adicionar ao diagrama um segmento ou reta (chamada *reta auxiliar*) para ajudá-lo a resolver a prova. Algumas provas são impossíveis de resolver até que você adicione uma reta ao diagrama.

DICA

Retas auxiliares geralmente criam triângulos congruentes ou interceptam retas existentes e formam ângulos retos. Então, se tiver dificuldade em uma prova, verifique se traçar uma ou mais retas auxiliares geraria uma dessas coisas.

Dois pontos definem uma reta: Quando adicionar uma reta auxiliar, escreva algo como "*AB* adicionada" na coluna de declarações. Em seguida, utilize este postulado na coluna de justificativas: *dois pontos definem uma reta (ou uma semirreta ou um segmento).*

Aqui está uma prova de exemplo:

Dados: *GRAM* é um paralelogramo

Prova: $\overline{GR} \cong \overline{AM}$

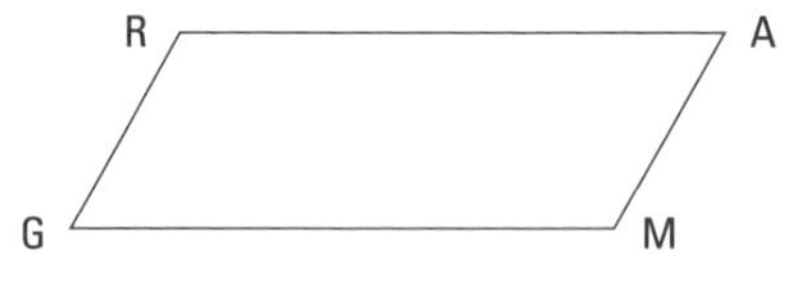

© John Wiley & Sons, Inc.

Você deve seguir uma estratégia como esta:

- **Observe os dados.** A partir do único dado, você pode concluir apenas que os lados de *GRAM* são paralelos (usando a definição do paralelogramo), mas não parece que você pode seguir por aí.
- **Pule para o final da prova.** Qual poderia ser a justificativa para a declaração final $\overline{GR} \cong \overline{AM}$? A essa altura, nenhuma justificativa parece possível, então reflita.
- **Considere incluir uma reta auxiliar.** Traçar $\overline{RM}$, como mostrado na Figura 10-4, gera triângulos que parecem congruentes. E se você mostrar que eles são congruentes, poderia concluir a prova com PCTCC. (***Nota:*** você pode efetuar a prova de maneira similar traçando $\overline{GA}$, em vez de $\overline{RM}$.)
- **Mostre que os triângulos são congruentes.** Para fazer isso, use $\overline{RM}$ como transversal, primeiramente, com os lados paralelos $\overline{RA}$ e $\overline{GM}$, o que resulta nos ângulos alternos internos congruentes *GMR* e *ARM* (veja a seção anterior "Começando com as Propriedades das Retas Paralelas"). Em seguida, utilize $\overline{RM}$ com os lados paralelos $\overline{GR}$ e $\overline{MA}$; o que resulta em mais dois ângulos alternos internos congruentes: *GRM* e *AMR.* Esses dois pares de ângulos congruentes, junto com o lado $\overline{RM}$ (que é congruente a si pela propriedade reflexiva), provam a congruência entre os triângulos com ALA. É isso.

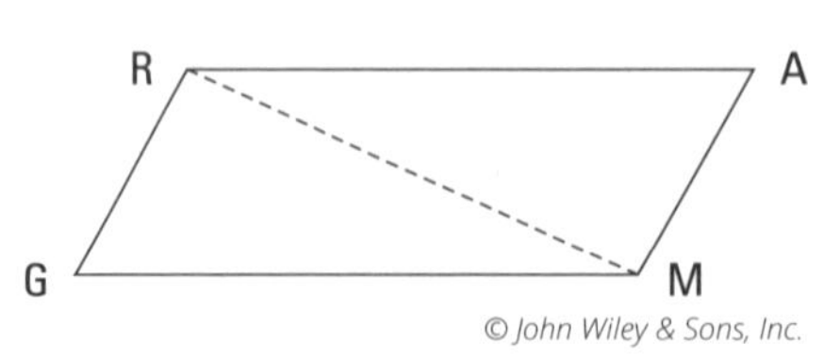

FIGURA 10-4: Conectar dois pontos da imagem cria triângulos que você pode usar na prova.

© John Wiley & Sons, Inc.

Aqui está a prova formal:

Declarações	Justificativas
1) *GRAM* é um paralelogramo	1) Dado.
2) $\overline{RM}$ adicionada	2) Dois pontos definem um segmento.
3) $\overline{RA} \parallel \overline{GM}$	3) Definição de paralelogramo.
4) $\angle GMR \cong \angle ARM$	4) Se duas retas paralelas ($\overleftrightarrow{RA}$ e $\overleftrightarrow{GM}$) são cortadas por uma transversal ($\overline{RM}$), então os ângulos alternos internos são congruentes.
5) $\overline{GR} \parallel \overline{MA}$	5) Definição de paralelogramo.
6) $\angle GRM \cong \angle AMR$	6) O mesmo que a Justificativa 4, mas desta vez $\overleftrightarrow{GR}$ e $\overleftrightarrow{MA}$ são as retas paralelas.
7) $\overline{RM} \cong \overline{MR}$	7) Propriedade reflexiva.
8) $\Delta GRM \cong \Delta AMR$	8) ALA (4, 7, 6).
9) $\overline{GR} \cong \overline{AM}$	9) PCTCC.

Uma boa maneira de detectar ângulos alternos internos congruentes em um diagrama é procurar pares dos chamados *ângulos Z*. Procure um Z — ou um Z esticado — no sentido normal ou ao contrário, como mostrado nas Figuras 10-5 e 10-6. Os ângulos nas curvas do Z são congruentes.

FIGURA 10-5: Quatro pares de ângulos *Z* congruentes.

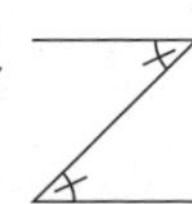
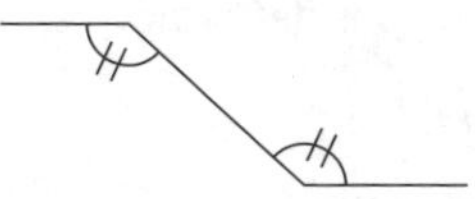
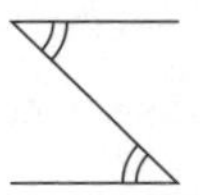
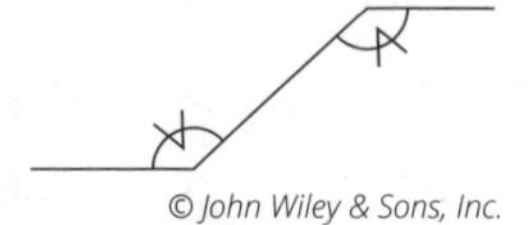

FIGURA 10-6: Os dois pares de ângulos *Z* da prova anterior: um Z invertido e um Z deitado.

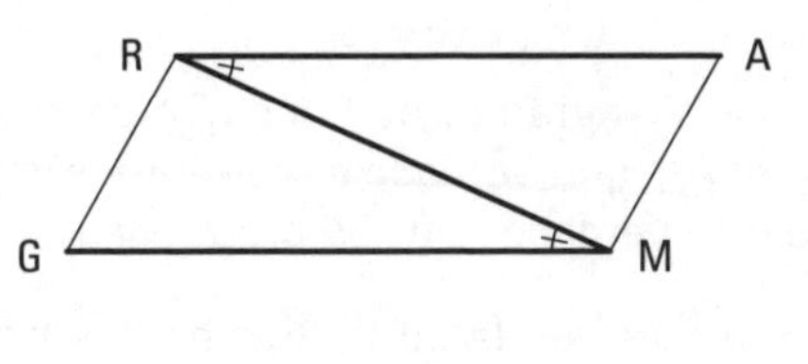

"Z" ao contrário
$\angle GMR \cong \angle ARM$

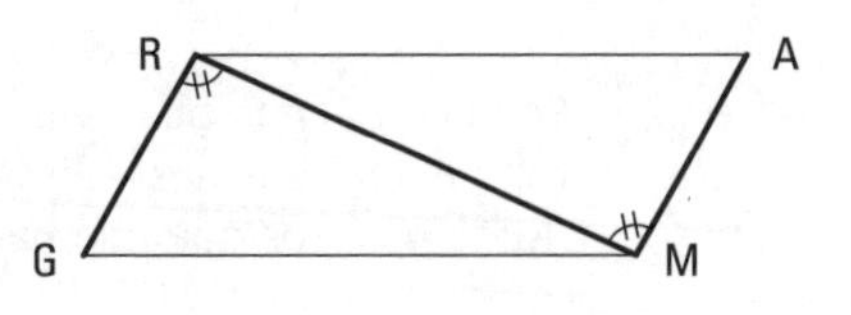

Vire a imagem para ver esse "Z"
$\angle GRM \cong \angle AMR$

Enquadrando: As Propriedades dos Quadriláteros

LEMBRE-SE

As *propriedades* dos quadriláteros consistem simplesmente nas verdades a respeito deles. As propriedades de determinado quadrilátero dizem respeito a:

- **Lados:** São congruentes? Paralelos?
- **Ângulos:** São congruentes? Suplementares? Retos?
- **Diagonais:** São congruentes? Perpendiculares? Bissecam uma à outra? Bissecam os ângulos cujos vértices encontram?

Apresento cerca de 30 propriedades quadrilaterais, o que parece demais para decorar. Sem problemas. Você não precisa se preocupar em decorá-las. Aqui vai uma boa dica para aprender as propriedades de maneira fácil:

DICA

Caso você não identifique se uma afirmação é uma das propriedades de algum quadrilátero, esboce a imagem em questão. Se a afirmação parecer verdadeira, provavelmente é uma propriedade; se não parecer, não é. (Esse método é quase infalível, mas ensiná-lo sugere certa falta de ética da minha parte — então não conte a ninguém, ou posso ter problemas com a Polícia Matemática.)

Propriedades do paralelogramo

Sinto que você pode adivinhar o que tem nesta seção. Acertou — as propriedades dos paralelogramos.

LEMBRE-SE

O paralelogramo conserva as seguintes propriedades:

- Lados opostos são paralelos por definição.
- Lados opostos são congruentes.
- Ângulos opostos são congruentes.
- Ângulos consecutivos são suplementares.
- As diagonais bissecam uma a outra.

Se você apenas observar o paralelogramo, os fatos que parecem verdade (isto é, os itens dessa lista) *são* de fato verdade e, portanto, são propriedades, e os fatos que não parecem verdade não são propriedades.

CUIDADO

Se você desenhar uma forma para ajudá-lo a descobrir as propriedades do quadrilátero, faça o esboço mais genérico possível. Por exemplo, ao esboçar um paralelogramo, certifique-se de que não pareça um losango (com os quatro lados quase congruentes) ou um retângulo (com os quatro ângulos quase retos). Caso seu esboço pareça, digamos, um retângulo, alguma verdade a respeito dos retângulos que não se aplica a todos os paralelogramos (como diagonais congruentes) pode parecer real e, portanto, levá-lo a uma conclusão errônea de que essa é uma propriedade dos paralelogramos. Captou?

Finja que esqueceu as propriedades dos paralelogramos. Você pode esboçar um (como na Figura 10-7) e buscar afirmações que podem ser propriedades.

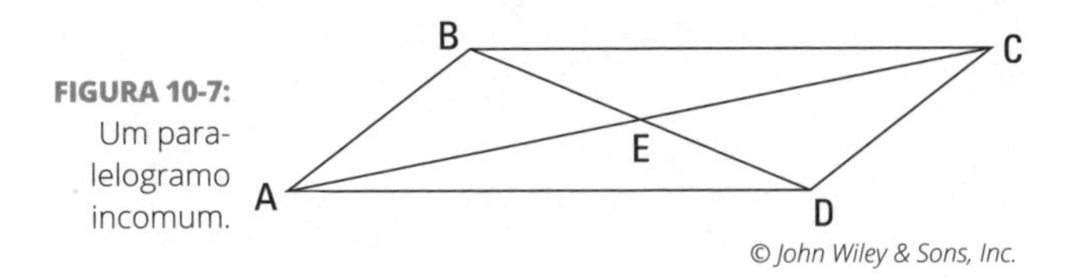

FIGURA 10-7: Um paralelogramo incomum.

A Tabela 10-3 diz respeito a questões acerca dos lados do paralelogramo (referentes à Figura 10-7).

TABELA 10-3 **Questionando os Lados de Paralelogramos**

Os Lados Parecem Ser...	Resposta
Congruentes?	Sim, os lados opostos parecem congruentes, e essa é uma propriedade. Mas os lados adjacentes não parecem congruentes, e essa não é uma propriedade.
Paralelos?	Sim, os lados opostos parecem paralelos (e é claro, você conhece essa propriedade se sabe a definição do paralelogramo).

A Tabela 10-4 explora os ângulos do paralelogramo (veja a Figura 10-7 de novo).

TABELA 10-4 **Questionando os Ângulos de Paralelogramos**

Os Ângulos Parecem Ser...	Resposta
Congruentes?	Sim, os ângulos opostos parecem congruentes, e essa é uma propriedade. (Os ângulos *A* e *C* aparentam medir 45°, e os ângulos *B* e *D* parecem medir 135°.)
Suplementares?	Sim, ângulos consecutivos (como os ângulos *A* e *B*) parecem suplementares, e essa é uma propriedade. (Usando as retas paralelas $\overleftrightarrow{BC}$ e $\overleftrightarrow{AD}$ e a transversal $\overleftrightarrow{AB}$, os ângulos *A* e *B* são ângulos colaterais internos e, portanto, suplementares.)
Ângulos retos?	Obviamente não, e essa não é uma propriedade.

A Tabela 10-5 apresenta declarações acerca das diagonais de um paralelogramo (veja a Figura 10-7).

TABELA 10-5 **Questionando as Diagonais de Paralelogramos**

As Diagonais Parecem Ser...	Resposta
Congruentes?	Nem de longe (na Figura 10-7, uma é aproximadamente duas vezes maior do que a outra, o que surpreende a maioria. Meça-as se não acredita!) — não é uma propriedade.
Perpendiculares?	Nem de longe; não é uma propriedade.
Bissetoras uma da outra?	Sim, cada uma parece cortar a outra ao meio, e essa é uma propriedade.
Bissetrizes dos ângulos cujos vértices encontram?	Não. Você pode ter a impressão de que $\angle A$ (ou $\angle C$) é bissecado pela diagonal $\overline{AC}$, mas se observar com cuidado, verá que $\angle BAC$ é duas vezes maior do que $\angle DAC$. E obviamente a diagonal $\overline{BD}$ nem chega perto de bissecar $\angle B$ ou $\angle D$. Não é uma propriedade.

Observe atentamente seu esboço. Quando mostro aos estudantes um paralelogramo como o da Figura 10-7 e lhes pergunto se as diagonais parecem congruentes, frequentemente respondem que sim, apesar do fato de uma ser duas vezes maior do que a outra! Então, ao se questionar se uma possível propriedade parece verdadeira, não observe o quadrilátero de maneira superficial nem permita que sua visão o engane. Observe os segmentos ou ângulos em questão com muita atenção.

O método do esboço dos quadriláteros e as questões das três tabelas anteriores me lembram de uma dica importante a respeito da matemática em geral:

Sempre que possível, exercite a memorização de regras, fórmulas, conceitos etc. para entender *como* funcionam ou *por que* fazem sentido. Isso não apenas deixa as ideias mais fáceis de memorizar, mas também ajuda a perceber as conexões com outras ideias, e isso alimenta uma compreensão matemática mais intensa.

E agora uma prova de paralelogramo:

Dados: *JKLM* é um paralelogramo
T é ponto médio de $\overline{JM}$
S é ponto médio de $\overline{KL}$

Prova: $\angle 1 \cong \angle 2$

© John Wiley & Sons, Inc.

DICA

Use propriedades quadrilaterais em provas quadrilaterais. Se um dos dados em uma prova diz que uma forma é um quadrilátero específico, pode ter certeza de que precisará aplicar uma ou mais propriedades desse quadrilátero na prova — geralmente para mostrar congruência entre triângulos.

Seu raciocínio pode seguir desta maneira:

» **Perceba os triângulos congruentes.** Se você provar que os triângulos são congruentes, pode obter $\angle JTK \cong \angle LSM$ por PCTCC e, em seguida, obter $\angle 1 \cong \angle 2$ através de suplementos de ângulos congruentes.

» **Prove a congruência entre os triângulos.** Você pode usar algumas propriedades do paralelogramo? Claro: *lados opostos são congruentes* fornece $\overline{JK} \cong \overline{LM}$, e *ângulos opostos são congruentes* fornece $\angle J \cong \angle L$. Dois alvos abatidos, resta um. Os dois pontos médios dados sugerem que você precisa usar Divisores Comuns (veja o Capítulo 5). É isso — corte os ângulos congruentes $\overline{JM}$ e $\overline{KL}$ pela metade para obter $\overline{JT} \cong \overline{LS}$, o que resulta em triângulos congruentes por LAL.

Aqui está a prova formal:

Declarações	Justificativas
1) *JKLM* é um paralelogramo	1) Dado.
2) $\overline{JK} \cong \overline{LM}$	2) Os lados opostos do paralelogramo são congruentes.
3) $\angle J \cong \angle L$	3) Os ângulos opostos do paralelogramo são congruentes.
4) $\overline{JM} \cong \overline{KL}$	4) Os lados opostos do paralelogramo são congruentes.
5) *T* é ponto médio de $\overline{JM}$ *S* é ponto médio de $\overline{KL}$	5) Dados.
6) $\overline{JT} \cong \overline{LS}$	6) Divisores comuns.
7) $\Delta JTK \cong \Delta LSM$	7) LAL (2, 3, 6).
8) $\angle JTK \cong \angle LSM$	8) PCTCC.
9) $\angle 1 \cong \angle 2$	9) Suplementos de ângulos congruentes são congruentes.

As propriedades dos três paralelogramos especiais

A Figura 10-8 mostra os três paralelogramos *especiais*, chamados assim por serem, como dizem os matemáticos, *casos especiais* de paralelogramo. (Além disso, o quadrado é um caso ou tipo especial de retângulo e de losango.) A hierarquia de três níveis que você vê em *paralelogramo → retângulo → quadrado* ou *paralelogramo → losango → quadrado* na árvore genealógica dos quadriláteros (Figura 10-3) funciona exatamente como *mamífero → cão → labrador*. O cão é um tipo especial de mamífero, e o labrador é um tipo especial de cão.

Antes de ler as propriedades a seguir, tente descobri-las sozinho. Usando as formas da Figura 10-8, escreva a lista de possíveis propriedades desde o início de "Enquadrando: As Propriedades dos Quadriláteros", perguntando a si mesmo se elas parecem verdadeiras para o losango, o retângulo e o quadrado. (Observe que o losango e o retângulo na Figura 10-8 estão desenhados da maneira mais generalizada possível. Em outras palavras, nenhum se assemelha a um quadrado. Inclusive, perceba que o losango está disposto verticalmente, em vez de horizontalmente, como os paralelogramos são normalmente desenhados. Essa é a melhor e mais fácil maneira de traçá-lo, pois facilita a visualização da simetria e do fato de que suas diagonais são perpendiculares.)

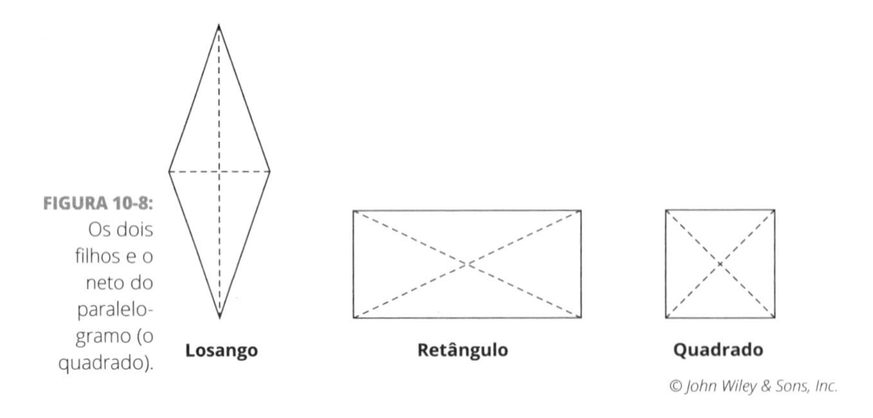

FIGURA 10-8: Os dois filhos e o neto do paralelogramo (o quadrado).

Aqui estão as propriedades do losango, retângulo e quadrado. Observe que, como esses três quadriláteros são todos paralelogramos, suas propriedades incluem as propriedades do paralelogramo.

» **O losango tem as seguintes propriedades:**

- Todas as propriedades do paralelogramo se aplicam (aqui, as importantes são: lados paralelos, ângulos opostos são congruentes e ângulos consecutivos são suplementares).

- Todos os lados são congruentes por definição.
- As diagonais bissecam os ângulos.
- As diagonais são mediatrizes uma da outra.

» **O retângulo tem as seguintes propriedades:**

- Todas as propriedades do paralelogramo se aplicam (aqui, as importantes são: lados paralelos, lados opostos são congruentes e diagonais bissecam uma a outra).
- Todos os ângulos são ângulos retos por definição.
- As diagonais são congruentes.

» **O quadrado tem as seguintes propriedades:**

- Todas as propriedades do losango se aplicam (aqui, as importantes são: lados paralelos, diagonais são mediatrizes uma da outra e diagonais bissecam os ângulos).
- Todas as propriedades do retângulo se aplicam (a única importante aqui é: as diagonais são congruentes).
- Todos os lados são congruentes por definição.
- Todos os ângulos são retos por definição.

Agora tente resolver alguns problemas: dado o retângulo como mostrado, encontre as medidas de $\angle 1$ e $\angle 2$:

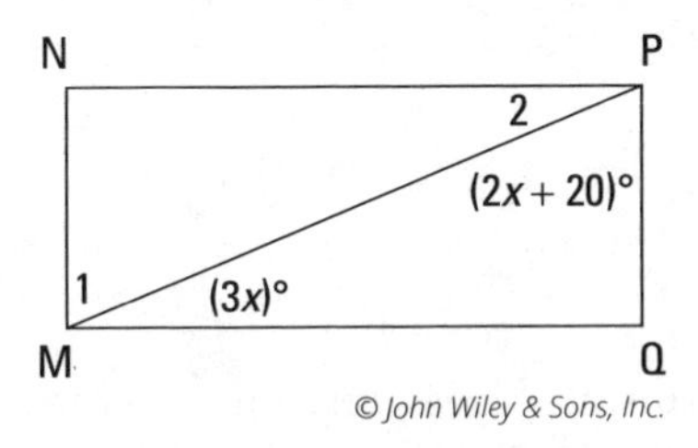

© John Wiley & Sons, Inc.

Aqui está a solução: *MNPQ* é um retângulo, então $\angle Q = 90°$. Portanto, como a soma dos ângulos internos do triângulo é 180°, você pode afirmar o seguinte:

$$90° + (3x)° + (2x + 20)° = 180°$$

$$3x + 2x + 20 = 90$$

$$5x = 70$$

$$x = 14$$

Agora substitua 14 em todos os x. O ângulo QMP, $(3x)°$, mede 3 x 14, ou 42°, e como você tem um retângulo, $\angle 1$ é o complemento de $\angle QMP$ e mede, portanto, 90° – 42°, ou 48°. O ângulo QPM, $(2x + 20)°$, mede 2 x 14 + 20, ou 48°, e $\angle 2$, seu complemento, mede, portanto, 42.

Agora encontro o perímetro do losango *RHOM*.

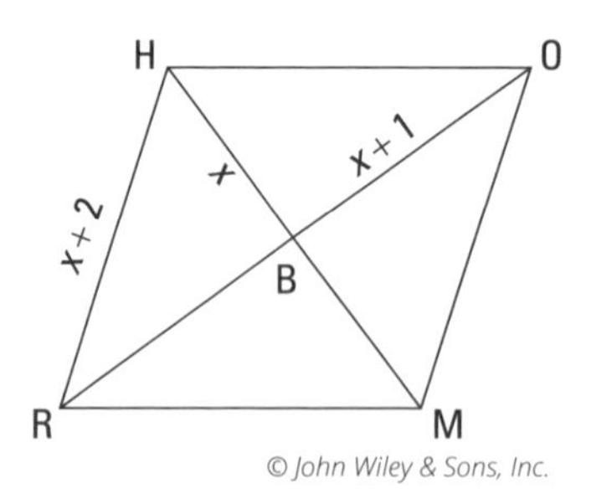

© John Wiley & Sons, Inc.

Aqui está a solução: todos os lados do losango são congruentes, então *HO* equivale a $x + 2$. E como as diagonais do losango são perpendiculares, ΔHBO é um triângulo reto. Conclua utilizando o Teorema de Pitágoras:

$$a^2 + b^2 = c^2$$

$$(HB)^2 + (BO)^2 = (HO)^2$$

$$x^2 + (x + 1)^2 = (x + 2)^2$$

$$x^2 + x^2 + 2x + 1 = x^2 + 4x + 4$$

Combine termos semelhantes e iguale a zero: $$x^2 - 2x - 3 = 0$$

Fatore: $$(x - 3)(x + 1) = 0$$

Use a propriedade do produto nulo: $$x - 3 = 0 \quad \text{ou} \quad x + 1 = 0$$
$$x = 3 \quad \text{ou} \quad x = -1$$

Você pode rejeitar $x = -1$, pois isso resultaria nas pernas de ΔHBO medindo –1 e 0. Então x equivale a 3, que resulta em $\overline{HR}$ medindo 5. Como losangos têm quatro lados congruentes, *RHOM* tem perímetro de 4 x 5, ou 20 unidades.

Propriedades do deltoide

Observe o deltoide (ou pipa) na Figura 10-9 e tente descobrir suas propriedades antes de ler a lista a seguir.

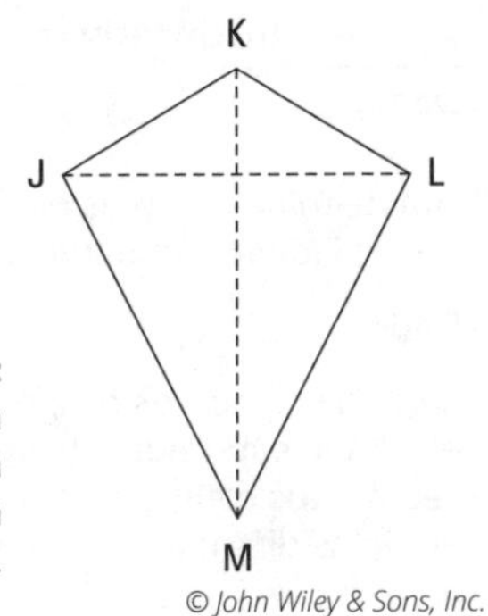

FIGURA 10-9: Uma pipa matemática pronta para voar.

LEMBRE-SE

As propriedades do deltoide são as seguintes:

- Dois pares disjuntos de lados consecutivos são congruentes por definição ($\overline{JK} \cong \overline{LK}$ e $\overline{JM} \cong \overline{LM}$). ***Nota:*** *disjunto* significa que um lado não pode ser usado em ambos os pares — os dois pares são completamente independentes.
- As diagonais são perpendiculares.
- Uma diagonal ($\overline{KM}$, a *diagonal principal*) é mediatriz da outra ($\overline{JL}$, a *diagonal cruzada*). (Os termos "diagonal principal" e "diagonal cruzada" são bem úteis, mas não procure por eles em outros livros de geometria, pois fui eu quem os criou.)
- A diagonal principal bisseca um par de ângulos opostos ($\angle K$ e $\angle M$).
- Os ângulos nos pontos finais da diagonal cruzada são congruentes ($\angle J$ e $\angle L$).

As últimas três propriedades são chamadas de *meias propriedades* do deltoide.

Tome um café e prepare-se para outra prova. Devido a considerações de espaço, pularei a estratégia dessa vez. É por sua conta.

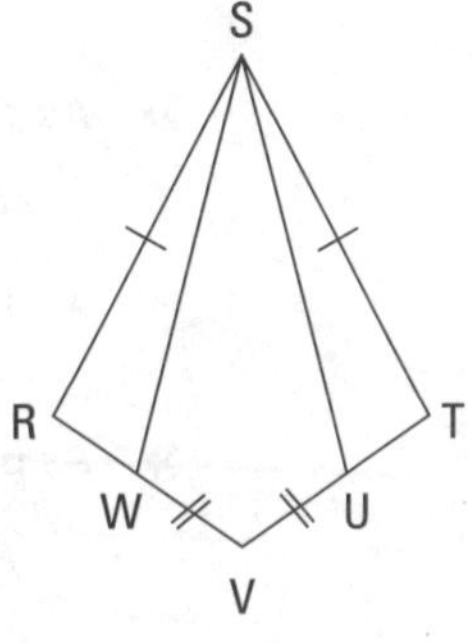

Dado: *RSTV* é um deltoide com $\overline{RS} \cong \overline{TS}$
$\overline{WV} \cong \overline{UV}$

Prova: $\overline{WS} \cong \overline{US}$

Declarações	Justificativas
1) *RSTV* é um deltoide com $\overline{RS} \cong \overline{TS}$	1) Dado.
2) $\overline{RV} \cong \overline{TV}$	2) Um deltoide tem dois pares disjuntos de lados congruentes.
3) $\overline{WV} \cong \overline{UV}$	3) Dado.
4) $\overline{RW} \cong \overline{TU}$	4) Se dois segmentos congruentes ($\overline{WV}$ e $\overline{UV}$) são subtraídos de dois outros segmentos congruentes ($\overline{RV}$ e $\overline{TV}$), então as diferenças são congruentes.
5) $\angle R \cong \angle T$	5) Os ângulos nos pontos finais da diagonal cruzada de um deltoide são congruentes.
6) $\Delta SRW \cong \Delta STU$	6) LAL (1, 5, 4).
7) $\overline{WS} \cong \overline{US}$	7) PCTCC.

Propriedades do trapézio e do trapézio isósceles

LEMBRE-SE

Pratique sua proficiência em descobrir propriedades mais uma vez com o trapézio e o trapézio isósceles na Figura 10-10. ***Lembre-se:*** o que parece ser verdade provavelmente é, e o que não parece não é.

FIGURA 10-10: Um trapézio (à esquerda) e um trapézio isósceles (à direita).

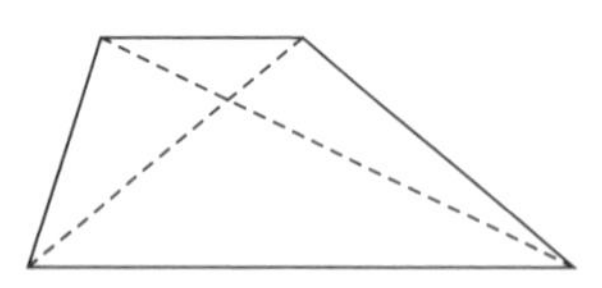

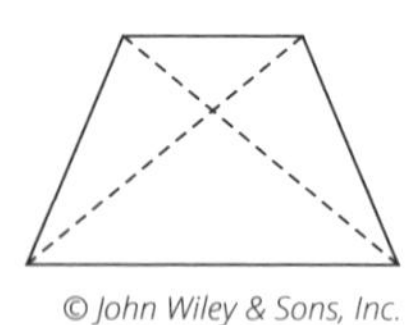

- **As propriedades do trapézio são as seguintes:**
  - As bases são paralelas por definição.
  - Cada ângulo da base inferior é suplementar ao ângulo da base superior do mesmo lado.
- **As propriedades do trapézio isósceles são as seguintes:**
  - As propriedades do trapézio aplicam-se por definição (bases paralelas).

- As pernas são congruentes por definição.
- Os ângulos da base inferior são congruentes.
- Os ângulos da base superior são congruentes.
- Cada ângulo da base inferior é suplementar a cada ângulo da base superior.
- As diagonais são congruentes.

Talvez a propriedade mais difícil de perceber em ambos os diagramas seja a que trata dos ângulos suplementares. Por causa dos lados paralelos, os ângulos consecutivos são ângulos colaterais internos e, portanto, suplementares. (A propósito, todos os quadriláteros, com exceção do deltoide, contêm ângulos suplementares consecutivos.)

Aqui está uma prova de trapézio isósceles. Mais uma vez, deixo a elaboração da estratégia para você.

Dado: *ZOID* é um trapézio isósceles com bases $\overline{OI}$ e $\overline{ZD}$

Prova: $\overline{TO} \cong \overline{TI}$

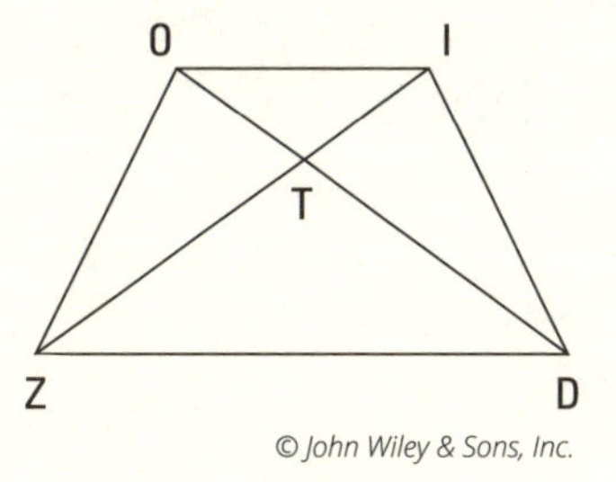

© John Wiley & Sons, Inc.

Declarações	Justificativas
1) *ZOID* é um trapézio isósceles com bases $\overline{OI}$ e $\overline{ZD}$	1) Dado.
2) $\overline{ZO} \cong \overline{DI}$	2) As pernas do trapézio isósceles são congruentes.
3) $\angle ZOI \cong \angle DIO$	3) Os ângulos da base superior de um trapézio isósceles são congruentes.
4) $\overline{OI} \cong \overline{IO}$	4) Propriedade reflexiva.
5) $\Delta ZOI \cong \Delta DIO$	5) LAL (2, 3, 4).
6) $\angle ZIO \cong \angle DOI$	6) PCTCC.
7) $\overline{TO} \cong \overline{TI}$	7) Se os ângulos, então os lados.

© John Wiley & Sons, Inc.

NESTE CAPÍTULO

» **Entendendo a conexão entre propriedades e provas**

» **Provando que uma forma é um paralelogramo ou outro quadrilátero**

Capítulo **11**

Provando Alguns Quadriláteros Específicos

O Capítulo 10 aborda sete tipos de quadriláteros diferentes — suas definições, propriedades, aparência e sua posição na árvore genealógica dos quadriláteros. Aqui, ensino você a classificar um dado quadrilátero em um dos sete tipos.

Ao longo deste capítulo você trabalha em provas que consistem em mostrar que o quadrilátero no diagrama é, digamos, um paralelogramo ou um retângulo ou um deltoide (a última linha da prova — ou uma das últimas — deve ser algo como "*ABCD* é um retângulo"). Talvez você esteja pensando que será fácil, que tudo o que precisa fazer é mostrar que os quadriláteros têm, digamos, uma das propriedades dos retângulos para provar que é um retângulo. Sinto informar que não será tão simples, pois há exemplos em que tipos diferentes de quadriláteros compartilham os mesmos traços. Mas não se preocupe, este capítulo o ensina a enxergar além de qualquer semelhança familiar e obter uma prova genética.

Reunindo Propriedades e Métodos de Prova

Antes de apresentar as maneiras de provar que uma forma é um paralelogramo, retângulo, losango etc., quero falar a respeito da relação entre esses métodos de prova e as propriedades quadrilaterais que abordei no Capítulo 10. (Se, como o Sargento Joe Friday, o seu lema é "Apenas os fatos", você pode pular esta parte e apenas decorar os métodos de prova, que encontra nas próximas seções. Porém, se desejar aprofundar seus conhecimentos acerca desse tópico, vá em frente.)

Para apresentar o assunto sobre as conexões entre os métodos de prova e as propriedades, consideremos uma das propriedades do paralelogramo do Capítulo 10: *lados opostos de um paralelogramo são congruentes.* Apresento essa propriedade sob a forma "se... então", para que você possa compreender a estrutura lógica: *se um quadrilátero é um paralelogramo, então seus lados opostos são congruentes.*

Acontece que o inverso (reverso) dessa propriedade também é verdade: *se lados opostos de um quadrilátero são congruentes, então, é um paralelogramo.* Como o inverso da propriedade é verdade, você pode usá-lo como método de prova. Se estiver resolvendo uma prova de duas colunas em que deve provar que um quadrilátero é um paralelogramo, a declaração final deve ser algo como "ABCD é um paralelogramo", e a justificativa final deve ser "Se lados opostos de um quadrilátero são congruentes, então, é um paralelogramo".

LEMBRE-SE

Algumas propriedades quadrilaterais são reversíveis, e outras não. *Reversíveis ou não* é a resposta. Se o inverso de uma propriedade é também uma declaração verdadeira, então você pode usá-lo como método de prova. Mas se uma propriedade não for reversível (em outras palavras, seu inverso é falso), você não pode usá-la como método de prova. A relação entre propriedades e métodos de prova é um pouco complicada, mas as seguintes orientações e exemplos devem ajudar a esclarecer as coisas:

» **Definições sempre funcionam como método de prova.** Uma das propriedades do losango é que todos os lados são congruentes. Uma declaração abreviada sob a forma "se... então" seria: se é um losango, então todos os lados são congruentes.

  Como essa propriedade decorre da definição de losango, seu inverso também é verdadeiro: *se todos os lados são congruentes, então é um losango.* (Como mostro no Capítulo 4, todas as definições são reversíveis, porém, apenas alguns teoremas e postulados também são.) Como a propriedade é reversível, é uma das maneiras de provar que um quadrilátero é um losango.

- **Quando um quadrilátero "filho" compartilha certa propriedade com um quadrilátero "pai", você não pode usar o inverso da propriedade para provar que o quadrilátero é filho.** (Um quadrilátero "filho" conecta-se ao "pai" acima dele na árvore genealógica dos quadriláteros.) Uma das propriedades do losango é que ambos os pares de lados opostos são paralelos. Em resumo, *se é um losango, então dois pares de lados são paralelos.* Essa propriedade também pertence ao paralelogramo, e o losango também tem essa propriedade por ser um tipo especial de paralelogramo.

  O inverso dessa declaração — *se dois pares de lados são paralelos, então é um losango* — é obviamente falso, pois nem todos os paralelogramos são losangos, portanto, você não pode usar a propriedade para provar que é um losango. Se há dois pares de lados paralelos, você apenas pode concluir que é um paralelogramo.

- **Algumas outras propriedades dos quadriláteros são reversíveis — mas nem sempre conte com isso.** Das propriedades que não decorrem das definições e que não são compartilhadas com os quadriláteros pais, a maioria é reversível, mas algumas não. Uma das propriedades do paralelogramo é que as diagonais bissecam uma à outra: se é um paralelogramo, então as diagonais bissecam uma à outra. O inverso disso — *se as diagonais bissecam uma à outra, então é um paralelogramo* — é verdade e, portanto, é uma das maneiras de provar que uma forma é um paralelogramo.

  Agora considere essa propriedade de um retângulo: *se é um retângulo, então as diagonais são congruentes.* O inverso disso — *se as diagonais são congruentes, então é um retângulo* — é falso e, portanto, você não pode usá-lo como método para provar que é um retângulo. O inverso é falso porque todos os trapézios isósceles, alguns deltoides e alguns quadriláteros não classificados têm diagonais congruentes. (Você pode testar isso usando duas canetas ou lápis de mesmo comprimento, cruzando-os para formar diagonais, e girando-os para criar diferentes formas.)

  E, finalmente, para complicar tudo...

- **Alguns métodos de prova, invertidos, não são propriedades.** Por exemplo, um dos métodos de provar que um quadrilátero é um paralelogramo é mostrar que um dos pares de lados é paralelo e congruente. Apesar de esse método de prova estar relacionado às propriedades do paralelogramo, ele não é o inverso de nenhuma propriedade. Para esses métodos excêntricos, você deve recorrer à memorização.

Caso esteja curioso, esse é o final do quebra-cabeça teórico que eu disse que você poderia pular. Agora voltemos à Terra e vamos aos métodos básicos de prova e como usá-los.

Antes de tentar provar que alguma forma é determinado quadrilátero, certifique-se de conhecer bem todos os métodos de prova. O ideal é que todos estejam ao seu alcance e que você permaneça flexível — apto a usar qualquer um deles. Após considerar os dados, selecione o método de prova que pareça mais provável de resolver. Caso funcione, ótimo! Mas se depois de algum tempo trabalhando com ele parecer que não funcionará ou que demandaria muitas etapas, tome outro rumo e tente outros métodos. Após se familiarizar com todos, você poderá considerá-los simultaneamente.

Provando que um Quadrilátero É um Paralelogramo

Os cinco métodos de provar que um quadrilátero é um paralelogramo estão entre os mais importantes deste capítulo. Uma justificativa de sua importância é que frequentemente você precisa provar que um quadrilátero é um paralelogramo antes de prosseguir para provar que é um dos paralelogramos especiais (retângulo, losango ou quadrado). Provas de paralelogramos são o tipo mais comum de prova quadrilateral em livros didáticos de geometria, então você usará esses métodos mais e mais vezes.

Maneiras infalíveis de classificar um paralelogramo

Cinco maneiras de provar que um quadrilátero é um paralelogramo: Existem cinco maneiras diferentes de provar que um quadrilátero é um paralelogramo. As quatro primeiras são os inversos das propriedades do paralelogramo (incluindo sua definição). Certifique-se de se lembrar da quinta — a qual não é o inverso de uma propriedade —, pois é frequentemente útil:

» **Se os pares de lados opostos de um quadrilátero são paralelos, então é um paralelogramo** (o inverso da definição). Como esse é o inverso da definição, é tecnicamente também uma definição, e não um teorema ou postulado, mas funciona exatamente como um teorema, então não se preocupe em fazer essa distinção.

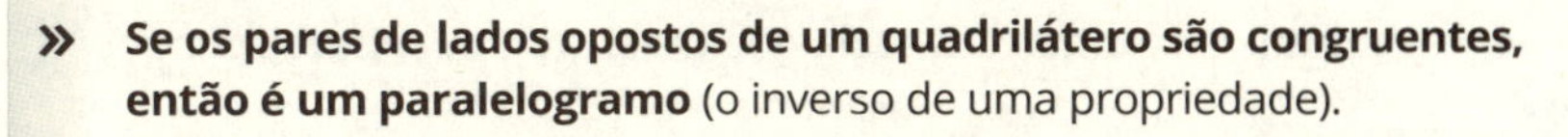

- **Se os pares de lados opostos de um quadrilátero são congruentes, então é um paralelogramo** (o inverso de uma propriedade).

DICA

Para ter uma ideia de como esse método de prova funciona, pegue dois palitos de dente e dois lápis do mesmo comprimento e una as pontas, e crie uma forma fechada, com os palitos de lados opostos. A única forma que você pode criar é um paralelogramo.

- **Se os pares de ângulos opostos de um quadrilátero são congruentes, então é um paralelogramo** (o inverso de uma propriedade).
- **Se as diagonais de um quadrilátero bissecam uma a outra, então é um paralelogramo** (o inverso de uma propriedade).

DICA

Pegue, digamos, um lápis ou uma caneta e um palito de dente (ou dois lápis de comprimentos diferentes) e cruze-os nos pontos médios. Não importa o quanto você altere os ângulos formados, suas pontas formam um paralelogramo.

- **Se um par de lados opostos de um quadrilátero for paralelo e congruente, então é um paralelogramo** (nem o inverso de uma definição, e nem o inverso de uma propriedade).

DICA

Pegue dois lápis ou canetas do mesmo comprimento, segurando um em cada mão. Se os mantiver paralelos, não importa como você os mova, verá que suas quatro pontas formam um paralelogramo.

A lista anterior contém os inversos de quatro das cinco propriedades do paralelogramo. Se estiver se perguntando por que o inverso da quinta propriedade *(ângulos consecutivos são suplementares)* não está na lista, você reparou em um detalhe interessante. Essencialmente, o inverso dessa propriedade, quando verdade, é difícil de utilizar, e você sempre tem a opção de usar um dos outros métodos como alternativa.

Algumas provas de paralelogramo

Aqui está sua primeira prova de paralelogramo:

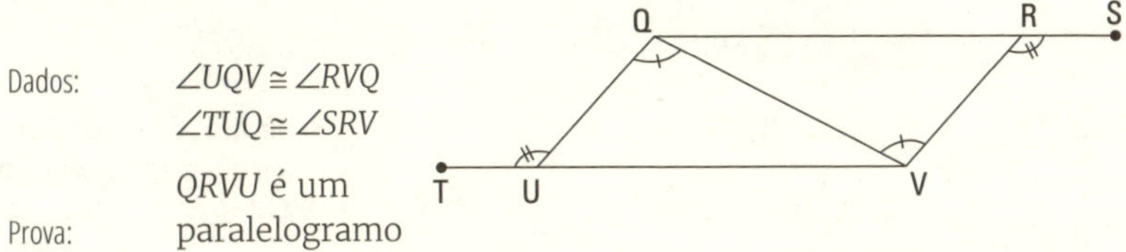

© John Wiley & Sons, Inc.

Aqui está uma estratégia que descreve um bom raciocínio:

- **Perceba os triângulos congruentes.** Sempre procure triângulos que pareçam congruentes!
- **Pule para o final da prova e pergunte a si mesmo se poderia provar que *QRVU* é um paralelogramo se soubesse que os triângulos são congruentes.** Usando PCTCC, você poderia mostrar que *QRVU* tem dois pares de lados congruentes, e isso o tornaria um paralelogramo. Então...
- **Mostre que os triângulos são congruentes.** Você já sabe que $\overline{QV}$ é congruente a ele mesmo pela propriedade reflexiva, já sabe um par de ângulos congruentes (dado) e pode obter o outro ângulo por AAL com *suplementos de ângulos congruentes* (veja o Capítulo 5). É isso.

Há outras duas boas maneiras de resolver essa prova. Se tivesse percebido que os ângulos congruentes dados, *UQV* e *RVQ*, são ângulos alternos internos, poderia ter concluído corretamente que $\overline{UQ}$ e $\overline{VR}$ são paralelos. (Essa é uma boa observação, então meus parabéns se você a fez.) Você deve então ter tido a grande ideia de tentar provar que o outro par de lados é paralelo, e então usar o primeiro método de prova do paralelogramo. Poderia fazer isso provando a congruência entre os triângulos, usando PCTCC e então utilizando os ângulos alternos internos *VQR* e *QVU*, mas presuma, para fins de argumentação, que não havia percebido isso. Pareceria um beco sem saída. Não permita que isso o desanime. Em provas, não é incomum que boas ideias e planos levem a impasses. Quando isso acontecer, refaça o planejamento. Uma terceira maneira de solucionar a prova é mostrar que aquele primeiro par de retas paralelas é também congruente — com triângulos congruentes e PCTCC — e então concluir com o quinto método de prova do paralelogramo. Esses métodos de prova são excelentes alternativas. Só achei que meu método era um pouco mais direto.

Dê uma olhada na prova formal:

Declarações	Justificativas
1) $\angle UQV \cong \angle RVQ$	1) Dado.
2) $\angle TUQ \cong \angle SRV$	2) Dado.
3) $\angle VUQ \cong \angle QRV$	3) Se dois ângulos são suplementares a dois outros ângulos congruentes, então eles são congruentes.
4) $\overline{QV} \cong \overline{VQ}$	4) Propriedade reflexiva.
5) $\Delta VUQ \cong \Delta QRV$	5) AAL (3, 4, 1).

Declarações	Justificativas
6) $\overline{QU} \cong \overline{RV}$	6) PCTCC.
7) $\overline{UV} \cong \overline{QR}$	7) PCTCC.
8) *QRVU* é um paralelogramo	8) Se os dois pares de lados opostos de um quadrilátero são congruentes, então o quadrilátero é um paralelogramo.

Aqui está outra prova — com um par de paralelogramos. Esse problema o ajuda a praticar com métodos de prova de paralelogramos, e como é um pouco maior do que o primeiro, proporciona uma chance de pensar em uma estratégia maior.

Dados: *HEJG* é um paralelogramo
$\angle DGH \cong \angle FEJ$

Prova: *DEFG* é um paralelogramo

DICA

Como todos os quadriláteros (exceto pelo deltoide) contêm retas paralelas, fique atento às oportunidades de usar os teoremas de retas paralelas do Capítulo 10. E fique sempre atento aos triângulos congruentes.

Sua estratégia deve seguir algo mais ou menos assim:

» **Procure triângulos congruentes.** Esse diagrama está recheado de triângulos congruentes — há seis deles no total! Não perca muito tempo pensando neles — exceto aqueles que devem ajudar —, mas ao menos constate que eles estão lá.

» **Considere os dados.** Os ângulos congruentes dados, que são partes de ΔDGH e ΔFEJ, são uma boa dica de que você deveria tentar mostrar a congruência entre esses triângulos. Considerando aqueles ângulos congruentes e os lados congruentes $\overline{HG}$ e $\overline{EJ}$ do paralelogramo *HEJG*, você precisa apenas de mais um par de lados ou ângulos para usar LAL ou ALA (veja o Capítulo 9).

» **Considere o final da prova.** Para provar que *DEFG* é um paralelogramo, ajudaria saber que $\overline{DG} \cong \overline{EF}$, pois então seria possível provar a congruência entre os triângulos e, em seguida, obter $\overline{DG} \cong \overline{EF}$ por PCTCC. Isso elimina a opção LAL para provar a congruência entre os triângulos, porque para usar LAL, você precisaria de $\overline{DG} \cong \overline{EF}$ — exatamente o que está tentando conseguir com PCTCC. (E se soubesse que $\overline{DG} \cong \overline{EF}$, não haveria sentido em mostrar que os triângulos são congruentes, em todo o caso.) Então você deveria tentar a outra opção: provar a congruência entre os triângulos com ALA.

O segundo par de ângulos de que você precisaria para ALA é $\angle DHG$ e $\angle FJE$. Eles são congruentes, pois são ângulos alternos externos usando as retas paralelas $\overleftrightarrow{HG}$ e $\overline{EJ}$ e a transversal $\overleftrightarrow{DF}$. Ok, então os triângulos são congruentes por ALA, e então você obtém $\overline{DG} \cong \overline{EF}$ por PCTCC. Você está no caminho.

Considere métodos de prova de paralelogramos. Agora você tem um par de lados congruentes de *DEFG*. Dois dos métodos de prova do paralelogramo usam um par de lados congruentes. Para completar um desses métodos, você precisa mostrar um dos itens a seguir:

- Que o outro par de lados opostos é congruente.
- Que $\overline{DG}$ e $\overline{EF}$ são paralelos e congruentes.

Pergunte-se que abordagem parece mais fácil ou rápida. Mostrar que $\overline{DE} \cong \overline{GF}$ provavelmente necessitaria mostrar que um segundo par de triângulos é congruente, e parece que isso demandaria mais algumas etapas, então tente da outra maneira.

Você pode mostrar que $\overline{DG} \parallel \overline{EF}$? Claro, com um dos teoremas de retas paralelas do Capítulo 10. Como os ângulos *GDH* e *EFJ* são congruentes (por PCTCC), você pode concluir usando esses ângulos como ângulos alternos internos, ou ângulos Z, para obter $\overline{DG} \parallel \overline{EF}$. Resolvido!

Agora dê uma olhada na prova formal:

Declarações	Justificativas
1) *HEJG* é um paralelogramo	1) Dado.
2) $\overline{HG} \cong \overline{EJ}$	2) Lados opostos de um paralelogramo são congruentes.
3) $\overline{HG} \parallel \overline{EJ}$	3) Lados opostos de um paralelogramo são paralelos.
4) $\angle DHG \cong \angle FJE$	4) Se as retas são paralelas, então ângulos alternos externos são congruentes.
5) $\angle DGH \cong \angle FEJ$	5) Dado.
6) $\Delta DGH \cong \Delta FEJ$	6) ALA (4, 2, 5).

Declarações	Justificativas
7) $\overline{DG} \cong \overline{EF}$	7) PCTCC.
8) $\angle GDH \cong \angle EFJ$	8) PCTCC.
9) $\overline{DG} \parallel \overline{EF}$	9) Se ângulos alternos internos são congruentes ($\angle$GDH e $\angle$EFJ), então as retas são paralelas.
10) *DEFG* é um paralelogramo	10) Se um par de lados opostos de um quadrilátero é paralelo e congruente, então o quadrilátero é um paralelogramo (linhas 9 e 7).

Nota: como mencionei na estratégia, você pode provar que *DEFG* é um paralelogramo mostrando que ambos os pares de lados opostos são congruentes. As primeiras oito etapas seriam iguais, então você mostraria que $\Delta DEF \cong \Delta FGD$ e usaria PCTCC. Esse método de prova levaria em torno de 12 etapas. Ou você poderia provar que ambos os pares de lados opostos de *DEFG* são paralelos (caso estranhamente queira tornar a prova mais extensa). Esse método de prova levaria em torno de 15 etapas.

Provando que um Quadrilátero É Retângulo, Losango ou Quadrado

Algumas das maneiras de provar que um quadrilátero é um retângulo ou um losango estão diretamente relacionadas às suas propriedades (incluindo suas definições). Outros métodos exigem que você mostre antes (ou receba a informação) que o quadrilátero é um paralelogramo e só então prove que o paralelogramo é um retângulo ou losango. O mesmo vale para provar que o quadrilátero é um quadrado, exceto que em vez de mostrar que um quadrilátero é um paralelogramo, você precisa mostrar que é um retângulo e também um losango. Apresento essas provas nas seções seguintes.

Aquecendo para as provas de retângulos

LEMBRE-SE

Três maneiras de provar que um quadrilátero é um retângulo: Perceba que o segundo e terceiro métodos exigem que você mostre antes (ou receba a informação) que o quadrilátero em questão é um paralelogramo:

- **Se todos os ângulos em um quadrilátero são retos, então é um retângulo** (o inverso da definição de retângulo). (Na verdade, você só precisa provar que três ângulos são retos — se forem, automaticamente o quarto também será.) Essa é uma definição, não um teorema ou postulado, mas funciona exatamente como um teorema, então não se preocupe.
- **Se as diagonais de um paralelogramo são congruentes, então é um retângulo** (não é o inverso de uma definição, nem o inverso de uma propriedade).
- **Se um paralelogramo tem um ângulo reto, então é um retângulo** (não é o inverso de uma definição, nem o inverso de uma propriedade).

Faça o seguinte para visualizar como esse método funciona: pegue uma caixa de cereal vazia e empurre as partes superior e inferior. Se olhar dentro da caixa, a parte de baixo forma um retângulo, certo? Agora aperte as laterais da caixa — como se quisesse achatá-la antes de jogar fora (espero que você entenda o que eu quis dizer para que consiga realizar essa experiência altamente científica). Ao inclinar levemente as laterais da caixa, você verá um paralelogramo. Após ter achatado-a um pouco, se você formar um ângulo reto nesse paralelogramo, a base se tornará um retângulo de novo. Você não pode formar um ângulo reto sem fazer com que os outros três também se tornem ângulos retos.

Antes de mostrar qualquer um desses métodos de prova na prática, aqui vai um teorema muito útil de que precisará para resolver a prova seguinte.

Ângulos suplementares congruentes são ângulos retos: Se dois ângulos são suplementares e congruentes, então são ângulos retos. Essa ideia faz sentido, pois $90° + 90° = 180°$.

Ok, aqui está a prova. A estratégia é por sua conta.

Dados: $\angle 1$ é suplementar a $\angle 2$
$\angle 2$ é suplementar a $\angle 3$
$\angle 1$ é suplementar a $\angle 3$

Prova: $\overline{NL} \cong \overline{EG}$

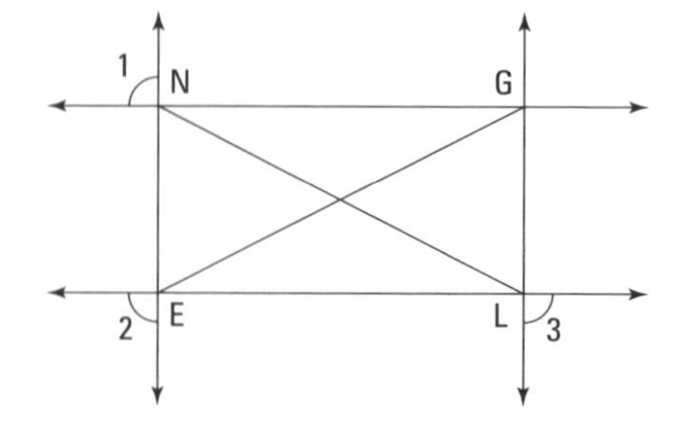

© John Wiley & Sons, Inc.

Declarações	Justificativas
1) $\angle 1$ é suplementar a $\angle 2$ $\angle 2$ é suplementar a $\angle 3$	1) Dados.
2) $\overleftrightarrow{NG} \parallel \overleftrightarrow{EL}$ $\overleftrightarrow{NE} \parallel \overleftrightarrow{GL}$	2) Se ângulos colaterais externos são suplementares, então as retas são paralelas.
3) *NGLE* é um paralelogramo	3) Se os dois pares de lados opostos de um quadrilátero são paralelos, então o quadrilátero é um paralelogramo.
4) $\angle 1 \cong \angle 3$	4) Se dois ângulos são suplementares aos mesmos ângulos, então são congruentes.
5) $\angle 1$ é suplementar a $\angle 3$	5) Dado.
6) $\angle 1$ é um ângulo reto $\angle 3$ é um ângulo reto	6) Se dois ângulos são suplementares e congruentes, então são ângulos retos.
7) $\overleftrightarrow{NG} \perp \overleftrightarrow{NE}$	7) Se as retas formam um ângulo reto, então são perpendiculares.
8) $\angle ENG$ é um ângulo reto	8) Se as retas são perpendiculares, então formam ângulos retos.
9) *NGLE* é um retângulo	9) Se um paralelogramo contém um ângulo reto, então é um retângulo.
10) $\overline{NL} \cong \overline{EG}$	10) As diagonais de um retângulo são congruentes.

A euforia homérica das provas de losango

LEMBRE-SE

Seis maneiras de provar que um quadrilátero é um losango: Você pode utilizar os seis métodos a seguir para provar que um quadrilátero é um losango. Os últimos três métodos desta lista pedem que você mostre (ou receba a informação) que o quadrilátero em questão é um paralelogramo:

- **Se todos os lados de um quadrilátero são congruentes, então é um losango** (o inverso da definição). Essa é uma definição, não um teorema ou postulado.
- **Se as diagonais de um quadrilátero bissecam todos os ângulos, então é um losango** (o inverso de uma propriedade).
- **Se as diagonais de um quadrilátero são mediatrizes uma da outra, então é um losango** (o inverso de uma propriedade).

Para visualizar essa última, pegue duas canetas ou lápis de comprimentos diferentes e cruze-os em seus pontos médios, de maneira a formar ângulos retos. Suas quatro pontas formam um balão de festa junina — um losango.

- **Se dois lados consecutivos de um paralelogramo são congruentes, então é um losango** (não é o inverso de uma definição, nem o inverso de uma propriedade).
- **Se ambas as diagonais de um paralelogramo bissecam dois ângulos, então é um losango** (não é o inverso de uma definição, nem o inverso de uma propriedade).
- **Se as diagonais de um paralelogramo são perpendiculares, então é um losango** (nem o inverso de uma definição, nem o inverso de uma propriedade).

Aqui está uma prova de losango para você. Tente elaborar sua própria estratégia antes de ler a prova de duas colunas.

Dados: $ABCD$ é um retângulo. W, X e Z são os pontos médios de $\overline{AD}$, $\overline{AB}$ e $\overline{DC}$, respectivamente
ΔWXY e ΔWZY são triângulos isósceles compartilhando a mesma base WY

Prova: $WXYZ$ é um losango

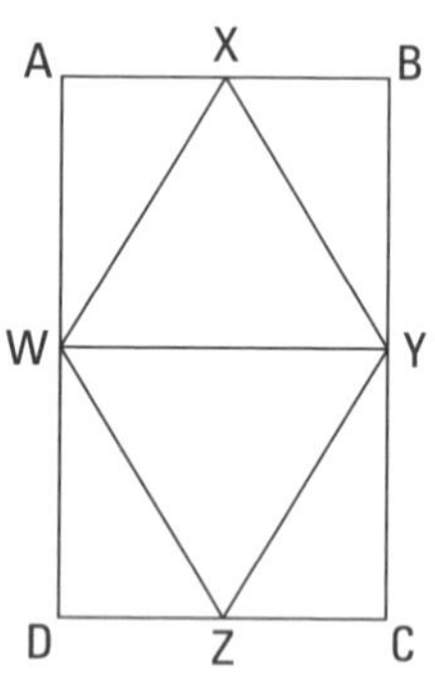

© John Wiley & Sons, Inc.

Declarações	Justificativas
1) $ABCD$ é um retângulo	1) Dado.
2) $\overline{AB} \cong \overline{DC}$	2) Lados opostos de um retângulo são congruentes.
3) X é ponto médio de $\overline{AB}$ Z é ponto médio de $\overline{DC}$	3) Dado.
4) $\overline{AX} \cong \overline{DZ}$	4) Teorema dos Divisores Comuns.
5) $\angle WAX$ é um ângulo reto $\angle WDZ$ é um ângulo reto	5) Todos os ângulos de um retângulo são ângulos retos.

Declarações	Justificativas
6) $\angle WAX \cong \angle WDZ$	6) Todos os ângulos retos são congruentes.
7) W é ponto médio de $\overline{AD}$	7) Dado.
8) $\overline{AW} \cong \overline{DW}$	8) Um ponto médio divide um segmento em dois segmentos congruentes.
9) $\Delta WAX \cong \Delta WDZ$	9) LAL (4, 6, 8).
10) $\overline{WX} \cong \overline{WZ}$	10) PCTCC pode ajudá-lo.
11) ΔWXY é um triângulo isósceles com base $\overline{WY}$, ΔWZY é um triângulo isósceles com base $\overline{WY}$	11) Dado.
12) $\overline{WX} \cong \overline{YX}$ $\overline{WZ} \cong \overline{YZ}$	12) Se um triângulo é isósceles, então suas duas pernas são congruentes.
13) $\overline{YX} \cong \overline{WX} \cong \overline{WZ} \cong \overline{YZ}$	13) Transitividade (10 e 12).
14) $WXYZ$ é um losango	14) Se um quadrilátero tem quatro lados congruentes, então é um losango.

Enquadrando provas de quadrados

LEMBRE-SE

Quatro maneiras de provar que um quadrilátero é um quadrado: Os últimos três métodos, primeiramente, exigem que você prove (ou receba a informação) que o quadrilátero é um retângulo, losango ou ambos:

- **Se um quadrilátero tem quatro lados congruentes e quatro ângulos retos, então é um quadrado** (inverso da definição de quadrado). Essa é uma definição, não um teorema ou postulado.
- **Se dois lados consecutivos de um retângulo são congruentes, então é um quadrado** (não é o inverso de uma definição, nem o inverso de uma propriedade).
- **Se um losango contém um ângulo reto, então é um quadrado** (não é o inverso de uma definição, nem o inverso de uma propriedade).
- **Se um quadrilátero é um retângulo e um losango, então é um quadrado** (não é o inverso de uma definição, nem o inverso de uma propriedade).

Você deveria saber essas quatro maneiras de provar que a imagem é um quadrado, mas pularei a prova de exemplo dessa vez. Se compreender as provas anteriores do quadrado e do losango, dificilmente terá problemas com qualquer prova futura.

Provando que um Quadrilátero É um Deltoide (Pipa)

Duas maneiras de provar que um quadrilátero é um deltoide: Provar que um quadrilátero é um deltoide é moleza. Geralmente, tudo o que precisa fazer é usar triângulos congruentes ou isósceles. Aqui estão os dois métodos:

- **Se dois pares disjuntos de lados consecutivos de um quadrilátero são congruentes, então é um deltoide** (inverso da definição de deltoide). Essa é uma definição, não um teorema ou postulado.
- **Se uma das diagonais de um quadrilátero é uma mediatriz da outra, então é um deltoide** (o inverso de uma propriedade).

Quando você está tentando provar que um quadrilátero é um deltoide, as dicas a seguir podem ser úteis:

- **Procure triângulos congruentes no diagrama.** Não deixe de notar triângulos que pareçam congruentes e de considerar PCTCC para ajudá-lo.
- **Tenha em mente o primeiro teorema de equidistância** (veja o Capítulo 9). Quando você prova que um quadrilátero é um deltoide, deve utilizar o teorema de equidistância em que dois pontos determinam a mediatriz de um segmento.
- **Desenhe diagonais.** Um dos métodos de provar que um quadrilátero é um deltoide envolve diagonais, então se o diagrama não tiver uma ou nenhuma das duas diagonais, desenhe uma delas, ou ambas.

Agora prepare-se para uma prova:

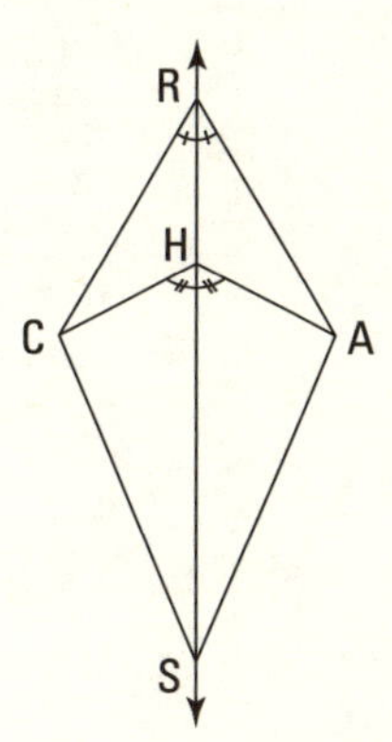

Dado: $\overleftrightarrow{RS}$ bisseca $\angle CRA$ e $\angle CHA$

Prova: $CRAS$ é um deltoide

© John Wiley & Sons, Inc.

Estratégia — veja como seu plano de ataque pode funcionar para essa prova:

» **Observe que uma das diagonais do deltoide está faltando.** Desenhe a diagonal que falta, $\overline{CA}$.

» **Procure triângulos congruentes no diagrama.** Após traçar $\overline{CA}$, existem seis pares de triângulos congruentes. Os dois triângulos que aparentemente vão ajudar são ΔCRH e ΔARH.

» **Prove a congruência entre os triângulos.** Você pode usar ALA (veja o Capítulo 9).

» **Use o teorema de equidistância.** Utilize PCTCC (Capítulo 9) com ΔCRH e ΔARH para obter $\overline{CR} \cong \overline{AR}$ e $\overline{CH} \cong \overline{AH}$. Então, usando o teorema de equidistância, aqueles dois pares de lados congruentes determinam a mediatriz da diagonal que você desenhou. Câmbio e desligo.

Veja a prova formal:

Declarações	Justificativas
1) Desenhe $\overline{CA}$	1) Dois pontos determinam uma reta.
2) $\overleftrightarrow{RS}$ bisseca $\angle CRA$	2) Dado.
3) $\angle CRH \cong \angle ARH$	3) Definição de bisseção.
4) $\overline{RH} \cong \overline{RH}$	4) Propriedade reflexiva.
5) $\overleftrightarrow{RS}$ bisseca $\angle CHA$	5) Dado.
6) $\angle CHS \cong \angle AHS$	6) Definição de bisseção.
7) $\angle CHR \cong \angle AHR$	7) Se dois ângulos são suplementares a dois outros ângulos congruentes ($\angle$CHS e $\angle$AHS), então eles são congruentes.
8) $\Delta CRH \cong \Delta ARH$	8) ALA (3, 4, 7).
9) $\overline{CR} \cong \overline{AR}$	9) PCTCC.
10) $\overline{CH} \cong \overline{AH}$	10) PCTCC.
11) $\overleftrightarrow{RS}$ é a mediatriz de $\overline{CA}$	11) Se dois pontos (R e H) são equidistantes dos pontos finais de um segmento ($\overline{CA}$), então eles determinam a mediatriz daquele segmento.
12) *CRAS* é um deltoide	12) Se uma das diagonais de um quadrilátero ($\overline{RS}$) é a mediatriz de outra ($\overline{CA}$), então o quadrilátero é um deltoide.

Caso esteja se perguntando por que não incluí uma seção falando sobre provar que um quadrilátero é um trapézio ou trapézio isósceles, muito bem — você está no caminho certo. Deixei essas provas de fora pois não há nada de particularmente interessante a respeito delas e porque são mais fáceis do que as provas deste capítulo. Além disso, é muito improvável que você seja solicitado a fazer uma. Para informações a respeito das propriedades de trapézios e trapézios isósceles, veja o Capítulo 10.

NESTE CAPÍTULO

» **Encontrando a área dos quadriláteros**

» **Calculando a área de polígonos regulares**

» **Determinando o número de diagonais em um polígono**

» **Aquecendo os polígonos com o número de graus**

Capítulo **12**

Fórmulas: Área, Ângulos e Diagonais

Neste capítulo você faz uma pausa nas provas e avança para problemas que são *um pouco* mais relacionados ao mundo real. Enfatizei *um pouco* pois as formas com as quais você lida aqui — como trapézios, hexágonos, octógonos e, sim, até mesmo pentadecágonos (15 lados) — não são formas muito comuns fora das aulas de matemática. Mas ao menos os conceitos com os quais você trabalha aqui — o tamanho e formato de polígonos, por exemplo — são bastante comuns. Para quase todos, visualmente, elementos do mundo real, como esses, são mais fáceis do que lidar com provas, que estão mais para o reino da matemática pura.

Calculando a Área dos Quadriláteros

Estou certo de que você já precisou calcular a área de um quadrado ou retângulo antes, tenha sido na aula de matemática ou em alguma situação mais prática, como quando quis descobrir a área de um dos cômodos de sua casa. Nesta seção você vê as fórmulas do quadrado e do retângulo de novo, e obtém algumas fórmulas novas e outras já batidas da área do quadrilátero que pode não ter visto antes.

Apresentando as fórmulas da área do quadrilátero

Aqui estão as cinco fórmulas da área para os sete quadriláteros especiais. Existem apenas cinco fórmulas, porque algumas delas se aplicam a mais de uma forma — por exemplo, você pode calcular a área de um losango com a fórmula do deltoide.

Fórmulas da área do quadrilátero (para informações sobre os tipos de quadriláteros, veja o Capítulo 10):

- $\text{Área}_{\text{Retângulo}}$ = base x altura (ou altura x largura, que é o mesmo)
- $\text{Área}_{\text{Paralelogramo}}$ = base x altura (como o losango é um tipo de paralelogramo, você pode usar essa fórmula para o losango)
- $\text{Área}_{\text{Deltoide}} = \frac{1}{2}$ diagonal$_1$ x diagonal$_2$, ou $\frac{1}{2}d_1d_2$ (um losango também é um tipo de deltoide, então você pode usar a fórmula do deltoide para o losango também)
- $\text{Área}_{\text{Quadrado}}$ = lado^2, ou $\frac{1}{2}$ diagonal^2 (essa segunda fórmula funciona porque um quadrado é um tipo de deltoide)
- $\text{Área}_{\text{Trapézio}} = \frac{\text{base}_1 + \text{base}_2}{2}$ x altura
  = mediana x altura

  Nota: a *mediana* de um trapézio é o segmento que conecta os pontos médios das pernas. Seu comprimento equivale à média dos comprimentos das bases. Você usa essa fórmula para todos os trapézios, incluindo trapézios isósceles.

Como o quadrado é um tipo especial de quatro quadriláteros — paralelogramo, retângulo, deltoide e losango —, não necessita de uma fórmula própria de área. Você pode encontrar a área de um quadrado usando a fórmula do paralelogramo/retângulo/losango (base x altura) ou a fórmula do deltoide/losango ($\frac{1}{2}d_1d_2$). É interessante conhecer a fórmula $A = l^2$, entretanto, como ela é bem conhecida, pensei que seria estranho deixá-la fora da lista. Idem para a fórmula do retângulo — que é desnecessária, pois um retângulo é um tipo de paralelogramo.

Nos bastidores das fórmulas

DICA

As fórmulas da área do paralelogramo, deltoide e trapézio são baseadas na área de um retângulo. As imagens a seguir mostram como cada um desses três quadriláteros se relaciona com um retângulo, e a seguinte lista fornece os detalhes:

» **Paralelogramo:** Na Figura 12-1, se você cortar o pequeno triângulo à esquerda e colocá-lo à direita, o paralelogramo vira um retângulo (e a área obviamente não mudou). Esse retângulo tem a mesma base e altura do paralelogramo original. A área do retângulo é *base* x *altura*, então essa fórmula também resulta na área do paralelogramo. Se você não acredita em mim (ainda que devesse), pode fazer o teste montando um paralelogramo de papel e cortando o triângulo como mostrado na Figura 12-1.

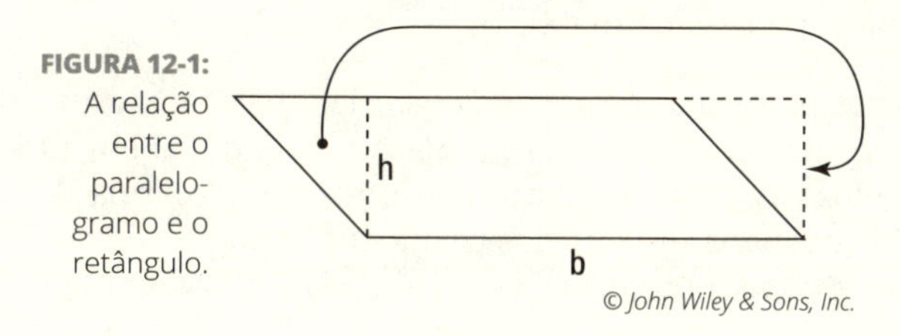

FIGURA 12-1: A relação entre o paralelogramo e o retângulo.

© John Wiley & Sons, Inc.

» **Deltoide (ou Pipa):** A Figura 12-2 mostra que o deltoide tem metade da área do retângulo desenhado a sua volta (isso deriva do fato de que Δ 1 ≅ Δ2, Δ3 ≅ Δ4 etc.). Você pode verificar que o comprimento e a largura do retângulo maior são os mesmos das diagonais do deltoide. A área do retângulo (*comprimento x largura*), portanto, equivale a d_1d_2 e como o deltoide tem metade dessa área, sua área mede $\frac{1}{2}d_1d_2$.

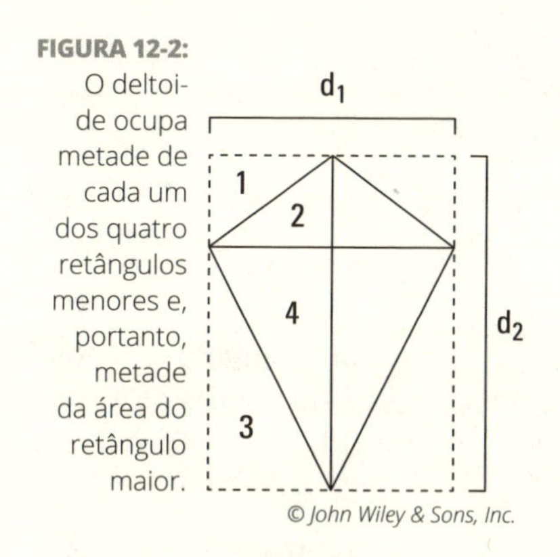

FIGURA 12-2: O deltoide ocupa metade de cada um dos quatro retângulos menores e, portanto, metade da área do retângulo maior.

© John Wiley & Sons, Inc.

» **Trapézio:** Se você cortar os dois triângulos e movê-los como mostro na Figura 12-3, o trapézio vira um retângulo. Esse retângulo tem a mesma altura que o trapézio, e sua base equivale à mediana (*m*) do trapézio. Portanto, a área do retângulo (e consequentemente do trapézio também) é *mediana x altura*.

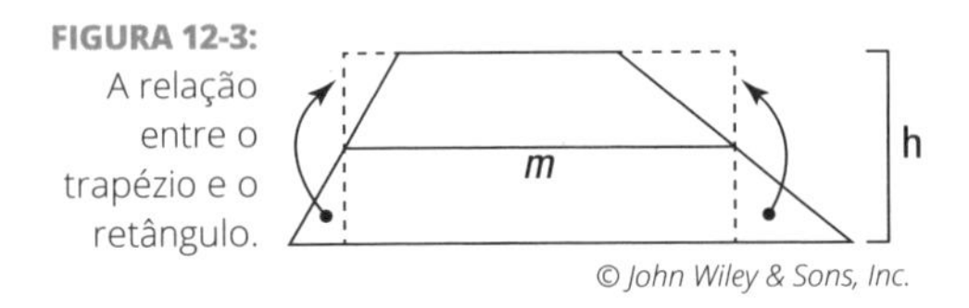

FIGURA 12-3: A relação entre o trapézio e o retângulo.

© John Wiley & Sons, Inc.

Tentando alguns problemas de área

Esta seção o permite colocar a mão na massa.

O segredo para muitos dos problemas de área do quadrilátero é traçar alturas e outros segmentos perpendiculares no diagrama. Fazer isso cria um ou mais triângulos retângulos, os quais lhe permitem utilizar o Teorema de Pitágoras ou o seu conhecimento a respeito dos triângulos retângulos especiais, como os triângulos 45°-45°-90° e 30°-60°-90° (veja o Capítulo 8).

Triângulos retângulos especiais em um problema de paralelogramo

Encontre a área do paralelogramo *ABCD* na Figura 12-4.

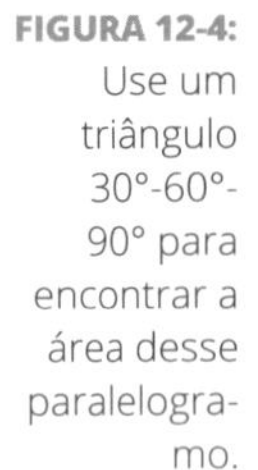

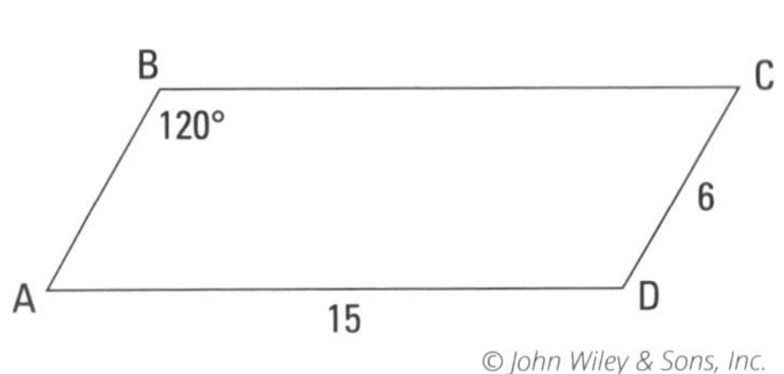

FIGURA 12-4: Use um triângulo 30°-60°-90° para encontrar a área desse paralelogramo.

© John Wiley & Sons, Inc.

Quando você vê um ângulo de 120° em um problema, um triângulo 30°-60°-90° provavelmente espreita em algum canto. (É claro, um ângulo de 30° ou 60° é um forte indício de um triângulo 30°-60°-90°.) E caso você veja um ângulo de 135°, um triângulo 45°-45°-90° provavelmente o aguarda.

Para começar, trace a altura do paralelogramo, indo direto de *B* para a base $\overline{AD}$ para formar um triângulo retângulo, como mostrado na Figura 12-5.

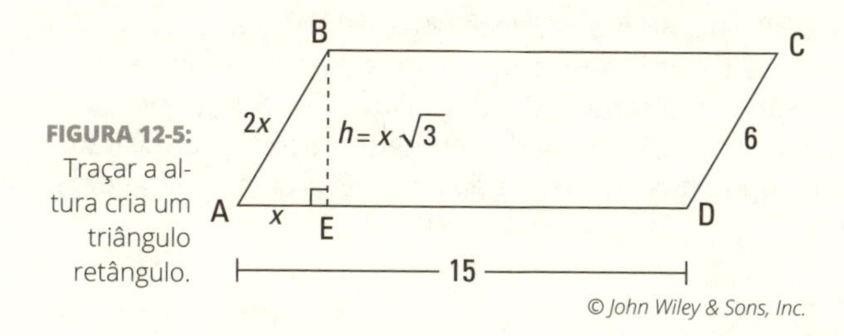

FIGURA 12-5: Traçar a altura cria um triângulo retângulo.

Ângulos consecutivos em um paralelogramo são suplementares. O ângulo *ABC* mede 120°, então $\angle A$ mede 60° e ΔABE é, portanto, um triângulo 30°-60°-90°. Agora, se você conhece a proporção entre os comprimentos dos lados em um triângulo 30°-60°-90°, $x : x\sqrt{3} : 2x$ (veja o Capítulo 8), o resto é canja. *AB* (o lado $2x$) equivale a *CD* e mede, portanto, 6. Então *AE* (o lado x) mede metade disso, ou 3; *BE* (o lado $x\sqrt{3}$) mede, portanto, $3\sqrt{3}$. Aqui está a conclusão com a fórmula da área:

$$\begin{aligned} \text{Área}_{\text{Paralelogramo}} &= b \times a \\ &= 15 \times 3\sqrt{3} \\ &= 45\sqrt{3} \approx 77{,}9 \text{ unidades}^2 \end{aligned}$$

Usando triângulos e proporções em um problema de losango

Agora, um problema de losango: encontre a área do losango *RHOM*, dado que *MB* mede 6 e que a proporção de *RB* para *BH* é de 4 : 1 (veja a Figura 12-6).

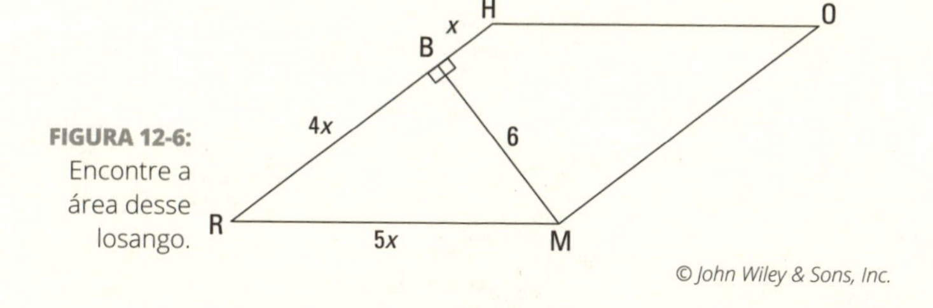

FIGURA 12-6: Encontre a área desse losango.

Esse é ligeiramente complicado. Você deve estar sentindo que não tem informação suficiente ou que simplesmente não sabe por onde começar. Caso se sinta assim no meio de um problema, tenho uma boa dica para você:

Se empacar no meio de um problema de geometria — ou qualquer tipo de problema matemático, aliás —, *faça alguma coisa, qualquer coisa!* Comece por onde puder: use as informações dadas ou quaisquer ideias (tente as simples antes das avançadas) e escreva algo. Desenhe, talvez, um diagrama, caso não haja um. *Coloque algo no papel.* Uma ideia desencadeia outra, e antes que perceba, você terá resolvido o problema. Essa dica é surpreendentemente eficaz.

Como a proporção de RB para BH é 4 : 1, você pode determinar para $\overline{RB}$ um comprimento de $4x$ e para $\overline{BH}$, um comprimento de x. Então, como todos os lados de um losango são congruentes, RM deve equivaler a RH, que mede $4x + x$, ou $5x$. Agora você tem um triângulo retângulo (ΔRBM) com catetos medindo $4x$ e 6 e uma hipotenusa de $5x$, então use o Teorema de Pitágoras:

$$\begin{aligned} a^2 + b^2 &= c^2 \\ (4x)^2 + 6^2 &= (5x)^2 \\ 16x^2 + 36 &= 25x^2 \\ 36 &= 9x^2 \\ 4 &= x^2 \\ x &= 2 \text{ ou } -2 \end{aligned}$$

Como o comprimento dos lados deve ser positivo, rejeite a resposta $x = -2$. O comprimento da base $\overline{RH}$ é, portanto, 5 x 2, ou 10. (O triângulo RBM é seu velho amigo, um triângulo 3-4-5 aumentado por fator 2 — veja o Capítulo 8.) Agora utilize a fórmula da área do paralelogramo/losango:

$$\begin{aligned} \text{Área}_{\text{RHOM}} &= b \times a \\ &= 10 \times 6 \\ &= 60 \text{ unidades}^2 \end{aligned}$$

Traçando diagonais para encontrar a área do deltoide

Qual é a área do deltoide *KITE* na Figura 12-7?

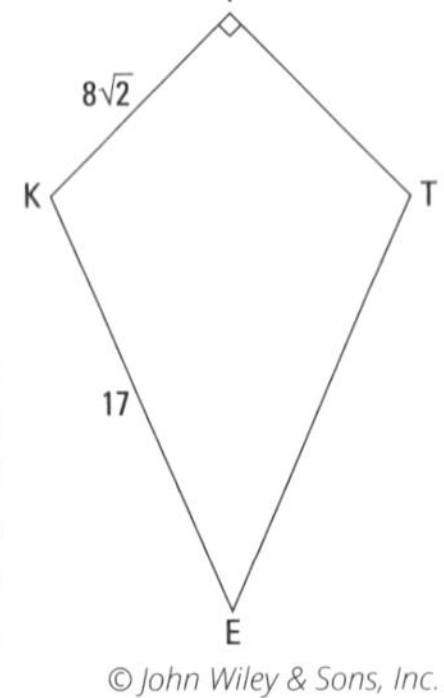

FIGURA 12-7: Um deltoide com um lado de comprimento peculiar.

DICA

Trace as diagonais, se necessário. Para problemas de área do deltoide e losango (e, algumas vezes, outros problemas de quadriláteros), as diagonais são quase sempre necessárias para a resolução (pois formam triângulos retângulos). Você pode ter que incluí-las na imagem.

Trace $\overline{KT}$ e $\overline{IE}$, como mostrado na Figura 12-8.

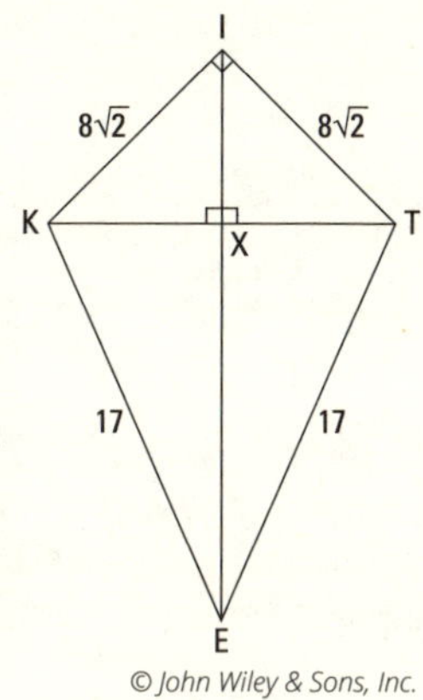

FIGURA 12-8: O deltoide de *KITE* com suas diagonais desenhadas.

O triângulo *KIT* é um triângulo retângulo com catetos congruentes, então é um triângulo 45°-45°-90° com lados na proporção de $x : x : x\sqrt{2}$ (veja o Capítulo 8). O comprimento da hipotenusa, $\overline{KT}$, portanto, equivale a um dos catetos vezes $\sqrt{2}$, que é $8\sqrt{2} \times \sqrt{2}$, ou 16. *KX* vale metade disso, ou 8.

O triângulo *KIX* é outro triângulo 45°-45°-90° (a diagonal principal do deltoide bisseca os ângulos opostos *KIT* e *KET*, e metade de $\angle KIT$ é 45°— veja o Capítulo 10 para outras propriedades do deltoide), portanto, *IX*, como *KX*, é 8. Você tem outro triângulo retângulo, ΔKXE, com o lado 8 e hipotenusa 17. Espero que isso seja o suficiente! Você está olhando para um triângulo 8-15-17 (veja o Capítulo 8), então, sem esforço algum, perceba que *XE* vale 15. (Não foi suficiente? Não se preocupe. Você pode obter *XE* com o Teorema de Pitágoras.) Adicione *XE* a *IX*, e você terá 8 + 15 = 23 para a diagonal $\overline{IE}$.

Agora que sabe o comprimento das diagonais, você tem o que precisa para concluir. O comprimento da diagonal $\overline{KT}$ é 16, e da diagonal $\overline{IE}$ é 23. Substitua esses valores na fórmula de área do deltoide para obter a resposta final:

$$\begin{aligned} \text{Área}_{\text{KITE}} &= \frac{1}{2}d_1d_2 \\ &= \frac{1}{2} \times 16 \times 23 \\ &= 184 \text{ unidades}^2 \end{aligned}$$

Aplicando a manobra do triângulo retângulo em trapézios

Qual é a área do trapézio *TRAP* na Figura 12-9? Parece um trapézio isósceles, não? Lembre-se: as aparências enganam.

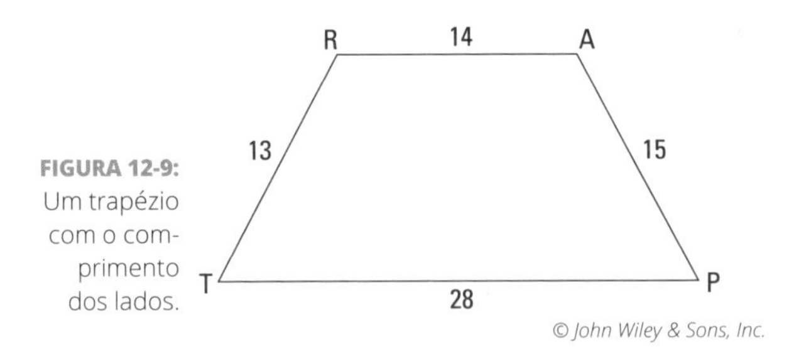

FIGURA 12-9: Um trapézio com o comprimento dos lados.

Você deve estar pensando: *triângulos retângulos, triângulos retângulos, triângulos retângulos.* Então trace duas alturas a partir de R e A, como mostrado na Figura 12-10.

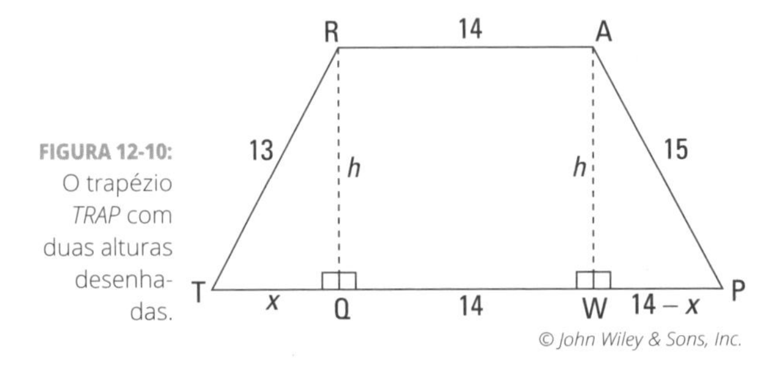

FIGURA 12-10: O trapézio *TRAP* com duas alturas desenhadas.

Observe que QW, assim como RA, mede 14. Então, como TP mede 28, a soma de TQ e WP é 28 – 14, ou 14. Em seguida, você pode admitir para $\overline{TQ}$ um comprimento de x, o que resulta em $\overline{WP}$ medindo $14 - x$. Agora está tudo pronto. O que falta? O Teorema de Pitágoras. Você tem duas incógnitas, x e h, então, para resolver, você precisa de duas equações:

$$\Delta PAW: (14 - x)^2 + h^2 = 15^2$$
$$\Delta TRQ: x^2 + h^2 = 13^2$$

Agora resolva o sistema de equações. Primeiro subtraia a segunda equação da primeira, coluna por coluna: subtraia x^2 de $(14 - x)^2$, h^2 de h^2 (anulando-a) e 13^2 de 15^2. Então resolva x.

$$\begin{aligned} (14 - x)^2 - x^2 &= 15^2 - 13^2 \\ (196 - 28x + x^2) - x^2 &= 225 - 169 \\ 196 - 28x &= 56 \\ -28x &= -140 \\ x &= 5 \end{aligned}$$

Então TQ mede 5, e ΔTRQ é outro triplo pitagórico — o triângulo 5-12-13 (veja o Capítulo 8). A altura de *TRAP* mede, portanto, 12. (Você pode também obter h, é claro, substituindo $x = 5$ nas equações ΔTRQ ou ΔPAW.) Agora conclua com a fórmula da área do trapézio:

$$\text{Área}_{TRAP} = \frac{b_1 + b_2}{2} x\, h$$
$$= \frac{14+28}{2} \text{ x } 12$$
$$= 252 \text{ unidades}^2$$

Encontrando a Área de Polígonos Regulares

Caso você esteja morrendo de vontade de descobrir a área da habitual e octogonal placa de "pare", veio ao lugar certo. (A propósito, você sabia que cada um dos oito lados de uma placa de "pare" regular mede cerca de 25cm? Difícil de acreditar, mas é verdade.) Nesta seção você descobre como encontrar a área de triângulos equiláteros, hexágonos, octógonos e outras formas que têm lados e ângulos iguais.

Fórmulas de área dos polígonos

Um *polígono regular* é equilátero (tem lados iguais) e equiangular (tem ângulos iguais). Para encontrar a área de um polígono regular usa-se um *apótema,* um segmento que une o centro do polígono ao ponto médio de qualquer lado e que é perpendicular a esse lado ($\overline{HM}$ na Figura 12-11 é um apótema).

LEMBRE-SE

Área do polígono regular: Use a fórmula a seguir para encontrar a área de um polígono regular:

$$\text{Área}_{\text{Polígono Regular}} = \frac{1}{2} \text{ perímetro x apótema, ou } \frac{1}{2}pa$$

Nota: essa fórmula geralmente é descrita como $\frac{1}{2}ap$, mas, modéstia à parte, a maneira $\frac{1}{2}pa$ é melhor. Prefiro escrever dessa maneira porque ela é baseada na fórmula da área do triângulo, $\frac{1}{2}bh$: o perímetro do polígono (p) está relacionado à base do triângulo (b), e o apótema (a) está relacionado à altura (h).

Um triângulo equilátero é um polígono regular com o menor número possível de lados. Para descobrir sua área, pode-se usar a fórmula do polígono regular. Contudo, ele tem sua própria fórmula (de que você deve se lembrar do Capítulo 7):

LEMBRE-SE

Área do triângulo equilátero: Aqui está a fórmula da área de um triângulo equilátero.

$$\text{Área}_{\text{Equilátero}\Delta} = \frac{l^2\sqrt{3}}{4} \text{(em que } l \text{ é o comprimento de cada um dos lados)}$$

Lidando com mais problemas de área

Não me fale de seus problemas. Eu também tenho os meus — e aqui estão eles:

Conquistando o hexa em problemas de área de hexágonos

Aqui está seu primeiro problema de polígono regular: qual é a área de um hexágono regular com apótema de $10\sqrt{3}$?

DICA

Para hexágonos, use os triângulos de 30°-60°-90° e equilátero. Um hexágono regular pode ser dividido em seis triângulos equiláteros, e um triângulo equilátero pode ser dividido em dois triângulos 30°-60°-90°. Então, ao resolver um problema de hexágono, você deve subdividir a imagem e usar triângulos equiláteros ou de 30°-60°-90°, o que o ajudará a encontrar o apótema, perímetro ou área.

Primeiramente, esboce o hexágono e suas três diagonais, criando seis triângulos equiláteros. Em seguida, trace o apótema, que vai do centro ao ponto médio de um dos lados. A Figura 12-11 mostra o hexágono *EXAGON*.

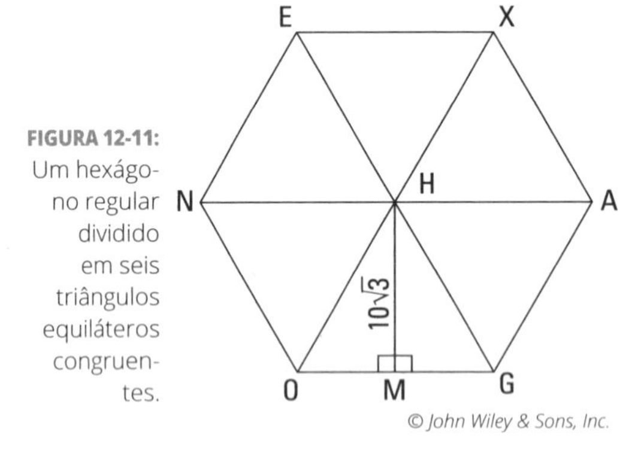

FIGURA 12-11: Um hexágono regular dividido em seis triângulos equiláteros congruentes.

Observe que o apótema divide ΔOHG em dois triângulos de 30°-60°-90° (metades de um triângulo equilátero — veja o Capítulo 8). O apótema é o cateto maior (o lado $x\sqrt{3}$) de um triângulo de 30°-60°-90°, então:

$$x\sqrt{3} = 10\sqrt{3}$$
$$x = 10$$

$\overline{OM}$ é o cateto menor (o lado x), então seu comprimento é 10. $\overline{OG}$ mede o dobro, ou 20. E o perímetro é seis vezes isso, ou 120.

Agora você pode concluir com a fórmula do polígono regular ou com a fórmula do triângulo equilátero (multiplicada por 6). Ambas são fáceis. Faça sua escolha. É assim que funciona com a fórmula do polígono regular:

$$\text{Área}_{EXAGON} = \frac{1}{2}pa$$
$$= \frac{1}{2} \times 120 \times 10\sqrt{3}$$
$$= 600\sqrt{3} \text{ unidades}^2$$

E é assim que você resolve com a fórmula do triângulo equilátero:

$$\text{Área}_{\Delta HOG} = \frac{l^2\sqrt{3}}{4}$$
$$= \frac{20^2\sqrt{3}}{4}$$
$$= 100\sqrt{3} \text{ unidades}^2$$

EXAGON é seis vezes maior do que Δ*HOG*, então, 6 x $100\sqrt{3}$, ou $600\sqrt{3}$ unidades².

Separando quadrados e triângulos em um problema de octógono

Verifique este sofisticado problema de octógono: dado que *EIGHTPLU* na Figura 12-12 é um octógono regular com lados de comprimento 6 e que Δ *SUE* é um triângulo retângulo,

> Use o modelo de prova de parágrafos para mostrar que Δ*SUE* é um triângulo de 45°-45°-90°.
>
> Encontre a área do octógono *EIGHTPLU*.

Aqui está a prova em parágrafo: *EIGHTPLU* é um octógono *regular*, então todos os seus ângulos são congruentes. Portanto, ∠*IEU* ≅ ∠*LUE*. Como suplementos de ângulos congruentes são congruentes, ∠*SEU* ≅ ∠*SUE* e, portanto, Δ*SUE* é isósceles. Finalmente, ∠*S* é um ângulo reto, então Δ*SUE* é um triângulo retângulo isósceles e, portanto, um triângulo de 45°-45°-90°.

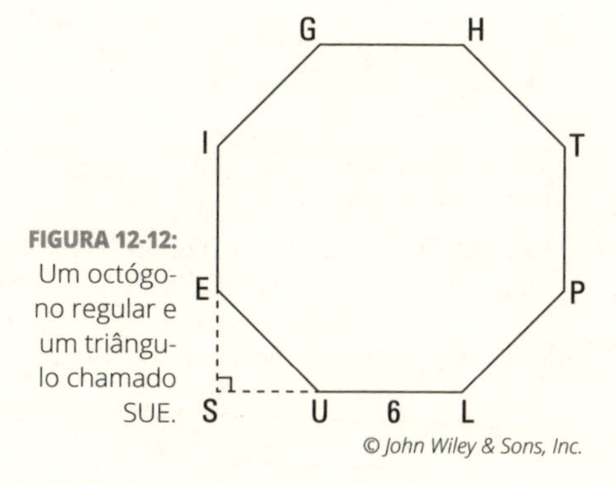

FIGURA 12-12: Um octógono regular e um triângulo chamado SUE.

DICA

Agora, a solução para a área. Mas antes, aqui vão duas boas dicas:

- **Para octógonos, use triângulos de 45°-45°-90°.** Se um problema envolve um octógono regular, adicione segmentos ao diagrama para obter um ou mais triângulos de 45°-45°-90° e alguns quadrados e retângulos para o ajudar a resolver o problema.
- **Pense fora da caixa.** É fácil adquirir o hábito de olhar apenas dentro de uma imagem, pois isso é suficiente na maioria dos problemas. Porém, ocasionalmente você precisará sair dessa rotina e olhar para fora do perímetro da forma.

Ok, então eis o que você fará. Desenhe mais três triângulos de 45°-45°-90° para preencher os cantos de um quadrado como mostrado na Figura 12-13.

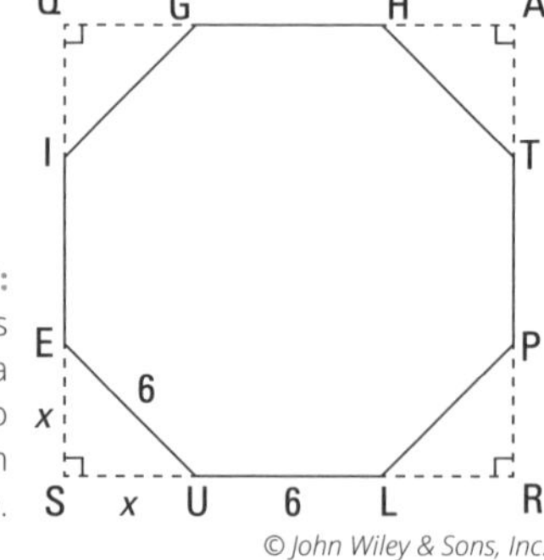

FIGURA 12-13: Traçar retas extras fora do octógono forma um quadrado.

© John Wiley & Sons, Inc.

Para encontrar a área do octógono, subtraia a área dos quatro pequenos triângulos da área do quadrado. *EU* é 6. Esse é o comprimento da hipotenusa (o lado $x\sqrt{2}$) do triângulo de 45°-45°-90° *SUE*, então vá em frente e resolva *x*:

$$x\sqrt{2} = 6$$
$$x = \frac{6}{\sqrt{2}} = 3\sqrt{2}$$

$\overline{SU}$ é o cateto do triângulo de 45°-45°-90°, logo, é o lado *x* e, portanto, tem comprimento $3\sqrt{2}$. $\overline{LR}$ também mede $3\sqrt{2}$, então o quadrado *SQAR* tem um lado de $3\sqrt{2} + 6 + 3\sqrt{2}$, ou $6 + 6\sqrt{2}$ unidades.

Você está na reta final. Primeiro calcule a área do quadrado e a área de um dos triângulos dos cantos:

$$\begin{aligned} \text{Área}_{SQAR} &= l^2 \\ &= (6 + 6\sqrt{2})^2 \\ &= 36 + 72\sqrt{2} + 72 \\ &= 108 + 72\sqrt{2} \end{aligned}$$

$$\begin{aligned} \text{Área}_{\Delta SUE} &= \frac{1}{2} bh \\ &= \frac{1}{2} \text{ x } 3\sqrt{2} \text{ x } 3\sqrt{2} \\ &= 9 \end{aligned}$$

Para concluir, subtraia a área total dos quatro triângulos dos cantos da área do quadrado:

$$\begin{aligned} \text{Área}_{EIGHTPLU} &= \text{área}_{SQAR} - 4 \text{ x área}_{\Delta SUE} \\ &= (108 + 72\sqrt{2}) - (4 \text{ x } 9) \\ &= 72 + 72\sqrt{2} \approx 173{,}8 \text{ unidades}^2 \end{aligned}$$

Usando os Ângulos do Polígono e as Fórmulas da Diagonal

Nesta seção você vê fórmulas de polígonos envolvendo — prepare-se! — ângulos e diagonais. Você pode utilizar essas fórmulas para responder a algumas questões que aposto que perturbam seu sono: 1) Quantas diagonais tem um polígono de 100 lados? *Resposta:* 4.850; e 2) Qual é a soma da medida de todos os ângulos de um icoságono (um polígono de 20 lados)? *Resposta:* 3.240°.

Design interno e externo: Explorando os ângulos de um polígono

Tudo de que você precisa saber a respeito de um polígono não necessariamente está dentro dele. Você usa ângulos que estão fora do polígono também.

Usa-se dois tipos de ângulos quando se trabalha com polígonos (veja a Figura 12-14):

- **Ângulo Interno:** Um ângulo interno de um polígono é um ângulo que está dentro do polígono, em um de seus vértices. O ângulo *Q* é um ângulo interno do quadrilátero *QUAD*.
- **Ângulo Externo:** Um ângulo externo de um polígono é um ângulo que está fora do polígono e é formado por um de seus lados e a extensão de um lado adjacente. Os ângulos *ADZ*, $\angle XUQ$ e $\angle YUA$ são ângulos externos de *QUAD;* o ângulo vertical *XUY* *não é* um ângulo externo de *QUAD.*

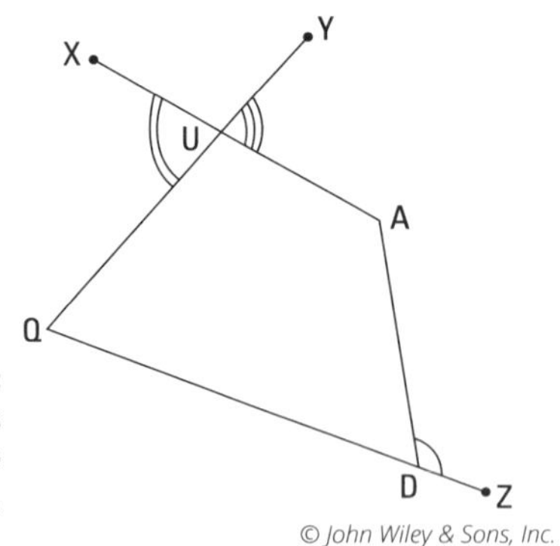

FIGURA 12-14: Ângulos internos e externos.

LEMBRE-SE

Fórmulas dos ângulos interno e externo:

- A soma das medidas dos ângulos internos de um polígono com *n* lados é $(n - 2)180°$.
- A medida de cada ângulo interno de um *n*-ígono equiangular é $\frac{(n-2)180°}{n}$ ou $180 - \frac{360°}{n}$ (o suplemento de um ângulo externo).
- Se você contar um ângulo externo em cada vértice, a soma das medidas dos ângulos externos de um polígono será sempre de 360°.
- A medida de cada ângulo externo de um *n*-ígono equiangular é $\frac{360°}{n}$.

Manipulando os meandros de um problema de ângulo de polígono

Você pode colocar em prática as fórmulas de ângulo interno e externo no problema a seguir, dividido em três partes: dado o dodecágono regular (12 lados),

1. **Encontre a soma das medidas dos ângulos internos.**

   Substitua o número de lados (12) na fórmula para obter a soma dos ângulos internos de um polígono:

   $$\begin{aligned}\text{Soma dos ângulos internos} &= (n - 2)180° \\ &= (12 - 2)180° \\ &= 1.800°\end{aligned}$$

2. **Encontre a medida de um dos ângulos internos.**

   Esse polígono tem 12 lados e, portanto, 12 ângulos. E como se trata de um polígono regular, todos os ângulos são congruentes. Então, para encontrar a medida de um dos ângulos internos, divida a resposta da primeira parte do problema por 12. (Observe que isso é basicamente o mesmo que aplicar a primeira fórmula para obter um dos ângulos internos.)

$$\text{Medida de um dos ângulos internos} = \frac{1.800}{12} = 150°$$

3. Encontre a medida de um dos ângulos externos com a fórmula do ângulo externo. Em seguida, verifique se o suplementar, um ângulo interno, equivale à resposta que você obteve na parte 2 do problema.

Primeiro substitua 12 na tão famigerada fórmula do ângulo externo:

$$\text{Medida de um dos ângulos externos} = \frac{360}{12} = 30°$$

Agora use o suplementar da resposta para encontrar a medida de um dos ângulos internos, e verifique se é a mesma resposta da parte 2:

$$\text{Medida de um dos ângulos internos} = 180 - 30 = 150°$$

Confere. (E observe que esse último cálculo é basicamente o mesmo que usar a segunda fórmula para um dos ângulos internos.)

Trançando diagonais

LEMBRE-SE

Quantidade de diagonais em um n-ígono: A quantidade de diagonais que você pode traçar em um n-ígono é $\frac{n(n-3)}{2}$.

Essa fórmula parece ter sido inventada, não? Juro que faz sentido, mas primeiro você precisará pensar um pouco a respeito. (É claro, apenas memorizá-la já é suficiente, mas qual é a graça disso?)

Apresento a origem da fórmula da diagonal e como ela funciona. Cada diagonal conecta um ponto a outro ponto do polígono que não é seu vizinho mais próximo. Em um polígono de n-lados há n pontos de partida para diagonais. E cada diagonal pode ir a $(n - 3)$ pontos, porque uma diagonal não pode terminar em seu ponto de partida ou em nenhum de seus pontos vizinhos. Então o primeiro passo é multiplicar n por $(n - 3)$. Em seguida, como o ponto final de cada diagonal pode ser usado também como ponto de partida, o produto $n(n - 3)$ conta cada diagonal duas vezes. Esse é o motivo de dividir por 2.

Um último problema para você: se um polígono tem 90 diagonais, quantos lados tem?

Você conhece a fórmula da quantidade de diagonais em um polígono, e você sabe que o polígono tem 90 diagonais, então substitua a resposta por 90 e resolva para n:

$$\frac{n(n-3)}{2} = 90$$

$$n^2 - 3n = 180$$

$$n^2 - 3n - 180 = 0$$

$$(n-15)(n+12) = 0$$

Portanto, n equivale a 15 ou −12. Mas como um polígono não pode ter um número negativo de lados, n vale 15. Então é um polígono de 15 lados (um *pentadecágono*, caso esteja curioso).

UMA RODADA DE TÊNIS COM REVEZAMENTO

Eis uma bela aplicação da fórmula do número de diagonais de um polígono. Digamos que haja um pequeno torneio de tênis com seis pessoas em que todos tenham que jogar com todos. Quantas partidas totais haverá? A imagem a seguir mostra os seis tenistas com segmentos conectando cada par de jogadores.

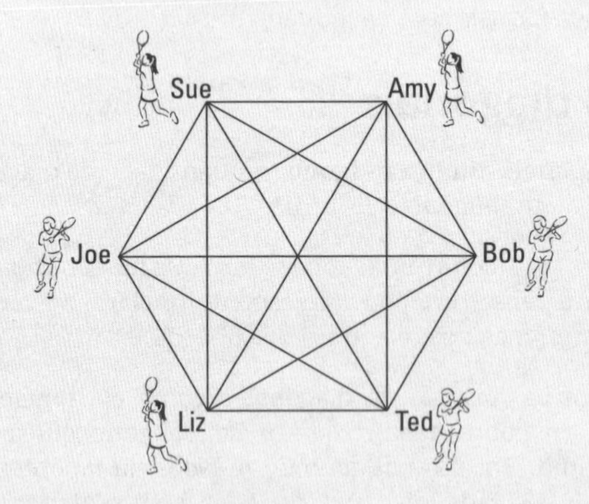

Cada segmento representa a correspondência entre dois concorrentes. Assim, para obter o número total de correspondências, basta contar todos os segmentos da imagem: o número de lados do hexágono (6) mais o de diagonais $\left(\frac{6(6-3)}{2} = 9\right)$.

O total é, portanto, 15 partidas. Em geral, o número total de partidas em um torneio de revezamento com n jogadores seria $n + \frac{n(n-3)}{2}$, o que é simplificado para $\frac{n(n-1)}{2}$. O jogo está definido.

NESTE CAPÍTULO

» **Analisando formas similares**

» **Resolvendo provas de triângulos similares e usando ACTSC e LCTSP**

» **Examinando teoremas sobre proporcionalidade**

Capítulo 13

Similaridade: Mesma Forma, Outro Tamanho

Você conhece o significado da palavra *similar* no discurso cotidiano. Em geometria, ela tem valor parecido, porém mais técnico. Duas imagens são *similares* se têm exatamente a mesma forma. Há imagens similares, por exemplo, quando você usa uma copiadora para ampliar uma imagem. O resultado é maior, mas tem exatamente o mesmo formato que o original. E fotografias mostram imagens reduzidas, porém geometricamente similares ao objeto original.

Você testemunha semelhança praticamente a cada minuto do dia. Enquanto observa as coisas (pessoas, objetos, qualquer coisa) aproximando ou afastando-as de você, elas parecem ficar maiores ou menores, mas mantêm a mesma forma. O formato deste livro é em retângulo. Se você segurá-lo mais de perto, verá um retângulo de determinado tamanho. Quando você o segura mais distante, vê um retângulo *similar* menor. Neste capítulo, mostro todos os tipos de coisas interessantes a respeito da similaridade e como é usada na geometria.

Nota: imagens congruentes são automaticamente similares, mas quando você tem duas imagens congruentes, naturalmente as chama de *congruentes*. Não há por que enfatizar que também são similares (o mesmo formato), porque é óbvio. Assim, embora imagens congruentes se qualifiquem como imagens semelhantes, problemas que abordam similaridade normalmente lidam com imagens do mesmo formato, porém de tamanhos diferentes.

Começando com Formas Similares

Nesta seção, cubro a definição formal de similaridade, como são chamadas formas similares e como estão posicionadas. Então você começa a praticar essas ideias trabalhando em um problema.

Polígonos similares

Como você vê na Figura 13-1, o quadrilátero *WXYZ* tem o mesmo formato do quadrilátero *ABCD*, só que dez vezes maior (embora não esteja desenhado em escala, é claro). Esses quadriláteros são, portanto, similares.

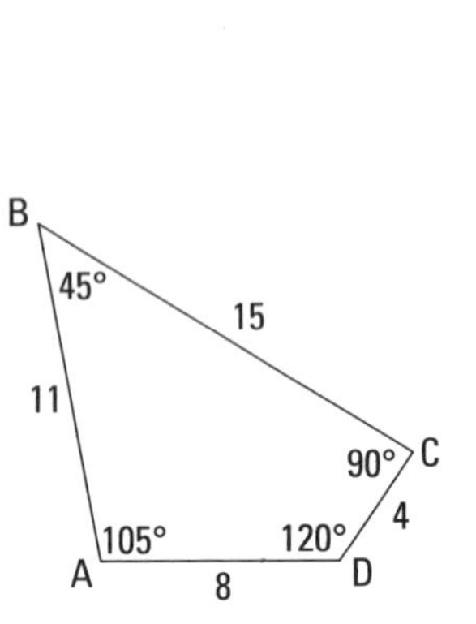

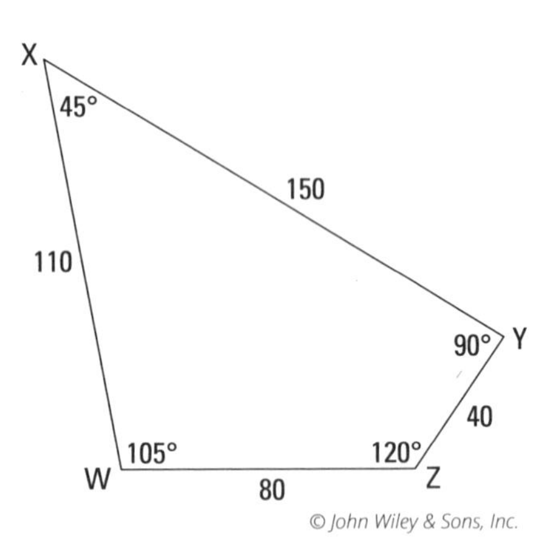

FIGURA 13-1: Esses quadriláteros são *similares*, pois têm exatamente o mesmo formato. Observe que seus ângulos são congruentes.

LEMBRE-SE

Polígonos similares: Para que dois polígonos sejam similares, os seguintes devem se confirmar:

- **Ângulos correspondentes são congruentes.**
- **Lados correspondentes são proporcionais.**

Para entender essa definição, você deve saber o que *ângulos correspondentes* e *lados correspondentes* significam. (Talvez você já tenha descoberto isso apenas olhando a imagem.) Aqui está o resumo sobre *correspondência*: na Figura 13-1, se você expandir *ABCD* ao mesmo tamanho que *WXYZ* e empurrá-lo para a direita, ele se encaixa perfeitamente em *WXYZ*. *A* se encaixa em *W*, *B* em *X*, *C* em *Y* e *D* em *Z*. Esses vértices são, portanto, correspondentes. Logo, $\angle A$ corresponde a $\angle W$, $\angle B$ corresponde a $\angle X$, e assim por diante. Idem, $\overline{AB}$ corresponde a $\overline{WX}$, $\overline{BC}$ a $\overline{XY}$ etc. Em suma, se uma das duas imagens similares for aumentada ou diminuída ao tamanho da outra, ângulos e lados que se encaixam um sobre o outro são chamados *correspondentes*.

LEMBRE-SE

Ao nomear polígonos similares, fique atento a como os vértices se pareiam. Para os quadriláteros na Figura 13-1, você escreve $ABCD \sim WXYZ$ (o símbolo til significa *é similar a*) como *A* e *W* (as primeiras letras) são vértices correspondentes, *B* e *X* (as segundas letras) são correspondentes, e assim por diante. Você pode escrever também $BCDA \sim XYZW$ (pois os vértices correspondentes pareiam-se), mas *não* $ABCD \sim YZWX$.

Agora utilizarei os quadriláteros *ABCD* e *WXYZ* para explorar a definição de polígonos similares mais a fundo:

- **Ângulos correspondentes são congruentes.** Você pode ver que $\angle A$ e $\angle W$ medem 105° e, portanto, são congruentes, $\angle B \cong \angle X$, e assim por diante. Quando você amplia ou reduz uma imagem, os ângulos não mudam.

- **Lados correspondentes são proporcionais.** As proporções dos lados correspondentes são equivalentes, desta maneira:

$$\frac{\text{Lado esquerdo}_{WXYZ}}{\text{Lado esquerdo}_{ABCD}} = \frac{\text{topo}_{WXYZ}}{\text{topo}_{ABCD}} = \frac{\text{lado direito}_{WXYZ}}{\text{lado direito}_{ABCD}} = \frac{\text{base}_{WXYZ}}{\text{base}_{ABCD}}$$

$$\frac{WX}{AB} = \frac{XY}{BC} = \frac{YZ}{CD} = \frac{ZW}{DA}$$

$$\frac{110}{11} = \frac{150}{15} = \frac{40}{4} = \frac{80}{8} = 10$$

Cada proporção equivale a 10, o fator expansivo. (Se as proporções estivessem invertidas — o que é igualmente válido —, cada uma seria $\frac{1}{10}$ o fator redutivo.) E não apenas essas proporções são iguais a 10, mas a proporção dos perímetros de *WXYZ* para *ABCD*, também.

LEMBRE-SE

Perímetros de polígonos similares: A proporção entre os perímetros de dois polígonos similares equivale à de qualquer par de seus lados correspondentes.

Como formas semelhantes se alinham

Duas formas similares podem ser posicionadas de maneira que se alinhem ou não se alinhem. Observe que as imagens *ABCD* e *WXYZ* na Figura 13-1 estão posicionadas da mesma maneira, de modo que, se você ampliasse *ABCD* ao tamanho de *WXYZ* e em seguida empurrasse *ABCD*, ele se encaixaria perfeitamente com *WXYZ*. Agora observe a Figura 13-2, que mostra *ABCD* de novo com outro quadrilátero similar. Você pode notar que, diferente dos quadriláteros na Figura 13-1, *ABCD* e *PQRS não estão* posicionados da mesma maneira.

Na seção anterior, você vê como configurar uma proporção para imagens semelhantes usando o posicionamento dos lados, que eu nomeei *lado esquerdo, lado direito*, *topo* e *base* — por exemplo, uma proporção válida é $\frac{\text{Lado esquerdo}}{\text{Lado esquerdo}} = \frac{\text{topo}}{\text{topo}}$ (observe que ambos os numeradores devem vir da mesma imagem; o mesmo para os denominadores). Essa é uma boa maneira de pensar em como as proporções funcionam com formas similares, embora proporções como essa funcionem apenas se as imagens estiverem desenhadas como *ABCD* e *WXYZ* estão. Quando imagens similares estão desenhadas de maneiras diferentes, como na Figura 13-2, o lado esquerdo de uma não necessariamente corresponde ao lado esquerdo da outra, e assim por diante, e você deve tomar um cuidado maior ao parear os vértices e lados corretos.

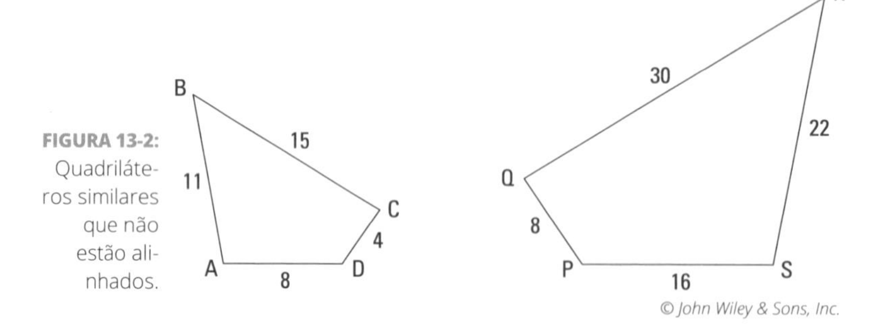

FIGURA 13-2: Quadriláteros similares que não estão alinhados.

Os quadriláteros *ABCD* e *PQRS* são similares, mas você *não pode* dizer que *ABCD* ~ *PQRS*, porque os vértices não se pareiam nessa ordem. Ignorando o tamanho, *PQRS* é a imagem espelhada de *ABCD* (ou você pode dizer que ela foi virada para a direita se comparada com *ABCD*). Se você virar *PQRS* para a esquerda, obtém a imagem da Figura 13-3.

FIGURA 13-3: Virando *PQRS* para que *SRQP* alinhe-se com *ABCD* — pura poesia!

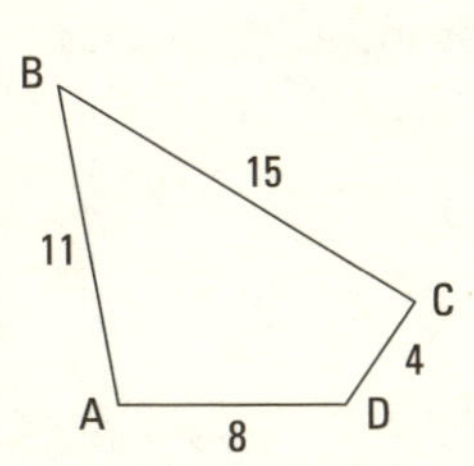

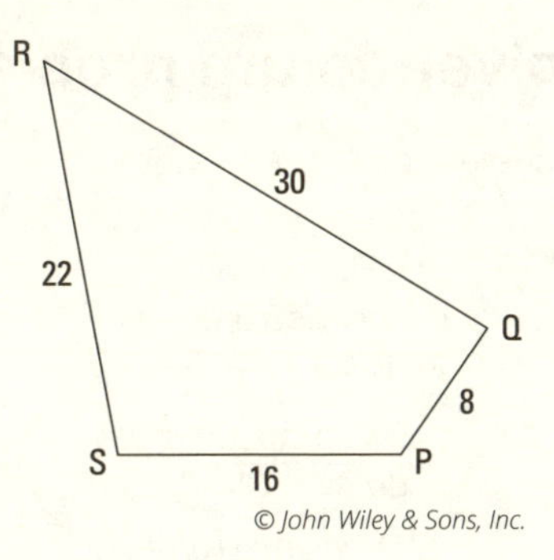

Agora é mais fácil visualizar como os vértices se pareiam. *A* corresponde a *S*, *B* a *R*, e assim por diante, então escreve-se a similaridade desse jeito: *ABCD* ~ *SRQP*.

DICA

Alinhe polígonos similares. Se tiver problemas com um diagrama de polígonos similares que não estão alinhados, considere refazer um deles para que ambos fiquem posicionados da mesma maneira. Isso deve facilitar o problema.

E aqui estão mais algumas coisas que você pode fazer para ajudá-lo a ver como os vértices de polígonos similares se combinam quando os polígonos estão posicionados de maneira diferente:

- Com frequência, você pode apontar como os vértices correspondem apenas olhando para os polígonos, que é realmente uma boa maneira de visualizar se um polígono foi virado ou girado.
- Se a similaridade foi dada e escrita como $\Delta JKL \sim \Delta TUV$, você sabe que as primeiras letras, *J* e *T*, correspondem, *K* e *U* correspondem, e *L* e *V* correspondem. A ordem das letras também informa que $\overline{KL}$ corresponde a $\overline{UV}$, e assim por diante.
- Se você sabe as medidas dos ângulos ou que ângulos são congruentes a quais, essa informação lhe diz como os vértices correspondem, porque ângulos correspondentes são congruentes.
- Se for dado (ou você descobrir) que lados são proporcionais, essa informação lhe diz como os lados se encaixariam, e a partir disso você pode ver como os vértices correspondem.

Resolvendo um problema de similaridade

Chega desses conceitos — hora de ver essas ideias na prática:

Dados: *ROTFL* ~ *SUBAG*
O perímetro de *ROTFL* é 52

Encontre:

1. Os comprimentos de $\overline{AG}$ e $\overline{GS}$
2. O perímetro de *SUBAG*
3. As medidas de $\angle S$, $\angle G$ e $\angle A$

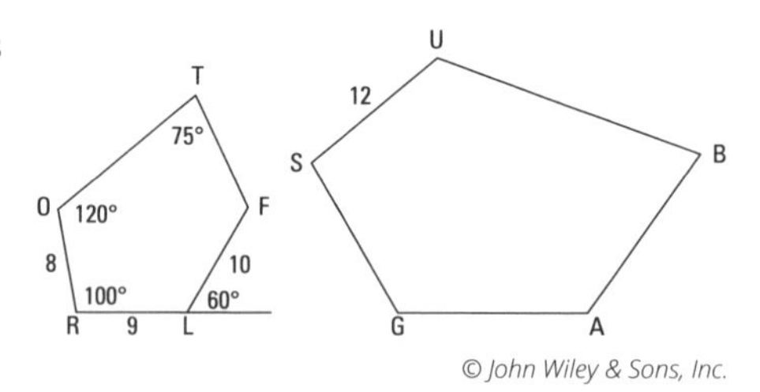

© John Wiley & Sons, Inc.

Você pode perceber que *ROTFL* e *SUBAG* não estão posicionados da mesma maneira apenas olhando para a imagem (e observando que as primeiras letras, *R* e *S*, não estão no mesmo lugar). Então você precisa descobrir como os vértices correspondem. Tente utilizar um dos métodos da lista enumerada na seção anterior. As letras em *ROTFL* ~ *SUBAG* mostram o que corresponde a que. *R* corresponde a *S*, *O* corresponde a *U*, e assim por diante. (A propósito, você sabe o que precisaria fazer para alinhar *SUBAG* com *ROTFL*? *SUBAG* foi girado para a direita, então você teria que girá-lo um pouco no sentido anti-horário e apoiá-lo na base $\overline{GS}$. Redesenhe *SUBAG* dessa maneira, o que pode o ajudar a ver como as partes dos dois pentágonos correspondem.)

1. Encontre os comprimentos de $\overline{AG}$ e $\overline{GS}$.

A ordem dos vértices em *ROTFL* ~ *SUBAG* o informa que $\overline{SU}$ corresponde a $\overline{RO}$ e que $\overline{AG}$ corresponde a $\overline{FL}$. Portanto, você pode configurar a proporção seguinte para encontrar o comprimento desconhecido *AG:*

$$\frac{AG}{FL} = \frac{SU}{RO}$$

$$\frac{AG}{10} = \frac{12}{8}$$

$$\frac{AG}{10} = 1{,}5$$ (ou você pode multiplicar cruzado)

$$AG = 15$$

Este método de configurar uma proporção e resolver para o comprimento desconhecido é o modo padrão de resolver esse tipo de problema. É frequentemente útil, e você deveria saber como fazê-lo (inclusive saber como multiplicar cruzado).

Porém, outro método pode ser útil. Aqui está a maneira de usá-lo para encontrar *GS*: divida os comprimentos de dois lados correspondentes conhecidos das formas, assim: $\frac{SU}{RO} = \frac{12}{8}$, o que equivale a 1,5. Essa resposta diz que todos os lados de *SUBAG* (e o perímetro) são 1,5 vez maior do que suas contrapartes em *ROTFL*. A ordem dos vértices em *ROTFL* ~ *SUBAG* informa que $\overline{GS}$ corresponde a $\overline{LR}$, portanto, $\overline{GS}$ é 1,5 vez maior que $\overline{LR}$:

$$\begin{aligned} GS &= 1{,}5 \times LR \\ &= 1{,}5 \times 9 \\ &= 13{,}5 \end{aligned}$$

2. Encontre o perímetro de *SUBAG*.

O método que acabei de apresentar confirma de imediato que:

$$\begin{aligned} \text{Perímetro}_{\text{SUBAG}} &= 1{,}5 \times \text{perímetro}_{\text{ROTFL}} \\ &= 1{,}5 \times 52 \\ &= 78 \end{aligned}$$

Entretanto, para professores de matemática e outros fãs de formalidade, aqui está o método padrão usando multiplicação cruzada:

$$\begin{aligned} \frac{\textit{Perímetro}_{\text{SUBAG}}}{\textit{Perímetro}_{\text{ROTFL}}} &= \frac{SU}{RO} \\ \frac{P}{52} &= \frac{12}{8} \\ 8 \times P &= 52 \times 12 \\ P &= 78 \end{aligned}$$

3. Encontre as medidas de $\angle S$, $\angle G$ e $\angle A$.

S corresponde a *R*, *G* corresponde a *L* e *A* corresponde a *F*, então:

- O ângulo *S* é o mesmo que $\angle R$, ou 100°.
- O ângulo *G* é o mesmo que $\angle RLF$, que é 120° (o suplementar do ângulo de 60°).

Para obter $\angle A$, você deve encontrar primeiro $\angle F$ com a fórmula da soma dos ângulos do Capítulo 12:

$$\begin{aligned} \text{Soma dos ângulos}_{\text{Pentágono ROTFL}} &= (n - 2)180 \\ &= (5 - 2)180 \\ &= 540° \end{aligned}$$

Como os outros ângulos de *ROTFL* (sentido horário partindo de *L*) somam 120° + 100° + 120° + 75° = 415°, $\angle F$ e, portanto, $\angle A$, medem 540° – 415°, ou 125°.

Similaridade entre Triângulos

O Capítulo 9 ensina quatro maneiras de provar congruência entre triângulos: LLL, LAL, ALA, AAL e HCAR. Nesta seção, mostro algo relacionado — as três maneiras de mostrar que triângulos são *similares:* AA, LLL~ e LAL~.

Use os métodos a seguir para provar a similaridade entre triângulos:

- **AA:** Se dois ângulos de um triângulo são congruentes a dois ângulos de outro triângulo, então os triângulos são similares.
- **LLL~:** Se as proporções de três pares de lados correspondentes entre dois triângulos são equivalentes, então os triângulos são similares.
- **LAL~:** Se as proporções de dois pares de lados correspondentes entre dois triângulos são equivalentes e os ângulos entre eles são congruentes, então os triângulos são similares.

Nas seções seguintes, apresento alguns problemas para que você veja como esses métodos funcionam.

Resolvendo uma prova AA

O método AA é o mais usado e, portanto, o mais importante. Felizmente, é também o mais fácil dos três métodos. Tente resolver a prova seguinte:

Dados: $\angle 1$ é suplementar a $\angle 2$
$\overline{AY} \parallel \overline{LR}$

Mostre que: $\Delta CYA \sim \Delta LTR$

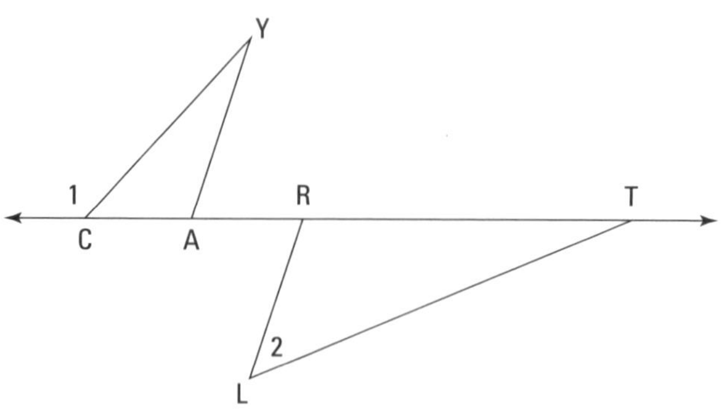

© *John Wiley & Sons, Inc.*

DICA

Sempre que vir retas paralelas em um problema de similaridade entre triângulos, procure maneiras de usar os teoremas de retas paralelas do Capítulo 10 para obter triângulos congruentes.

Aqui está uma estratégia que descreve como seu raciocínio deve seguir (esse raciocínio hipotético admite que você não sabe que essa é uma prova AA do título desta seção): o primeiro dado é sobre ângulos, e o segundo dado é sobre retas paralelas, o qual é provável que informe algo sobre ângulos congruentes. Logo, é quase certo que essa é uma prova AA. Então tudo o que precisa fazer é pensar a respeito dos dados e descobrir de quais dois pares de ângulos você pode provar a congruência para usar em AA. Fácil assim.

Verifique como a prova se desenvolve:

Declarações	Justificativas
1) $\angle 1$ é suplementar a $\angle 2$	1) Dado.
2) $\angle 1$ é suplementar a $\angle YCA$	2) Dois ângulos que formam um ângulo reto (presumido a partir do diagrama) são suplementares.
3) $\angle YCA \cong \angle 2$	3) Suplementos do mesmo ângulo são congruentes.
4) $\overline{AY} \parallel \overline{LR}$	4) Dado.
5) $\angle CAY \cong \angle LRT$	5) Ângulos alternos externos são congruentes (usando os segmentos paralelos $\overline{AY}$ e $\overline{LR}$ e a transversal $\overleftrightarrow{CT}$).
6) $\Delta CYA \cong \Delta LTR$	6) AA. (Se dois ângulos de um triângulo são congruentes a dois ângulos de outro triângulo, então os triângulos são similares; linhas 3 e 5.)

Usando LLL~ para provar similaridade entre triângulos

A prova LLL~ a seguir envolve o teorema da base média, o qual é apresentado aqui.

LEMBRE-SE

Teorema da base média: O segmento que une os pontos médios de dois lados de um triângulo:

- » Tem metade do comprimento do terceiro lado.
- » É paralelo ao terceiro lado.

A Figura 13-4 mostra o teorema.

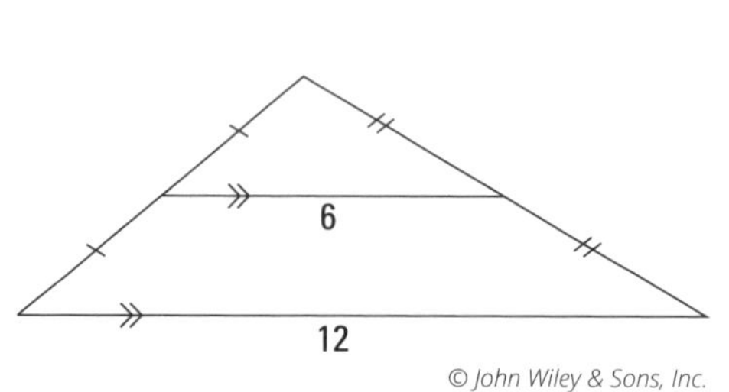

FIGURA 13-4: O segmento que une os pontos médios de dois lados de um triângulo é paralelo ao terceiro e vale metade dele.

Veja esse teorema na prática em uma prova LLL~:

Dados: A, W e Y são os pontos médios de $\overline{KN}$, $\overline{KE}$ e $\overline{NE}$, respectivamente

Encontre: Em uma prova de parágrafos, mostre que $\Delta WAY \sim \Delta NEK$ utilizando:

1. A primeira parte do teorema da base média
2. A segunda parte do teorema da base média

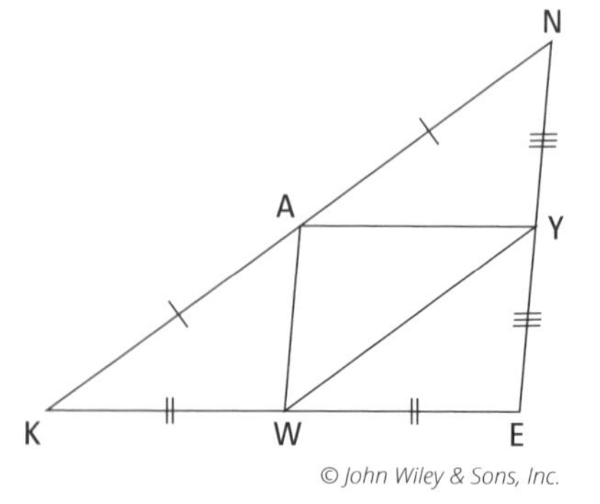

1. **Use a primeira parte do teorema da base média para provar que $\Delta WAY \sim \Delta NEK$.**

Solução: a primeira parte do teorema da base média afirma que um segmento que conecta os pontos médios de dois lados de um triângulo vale a metade do comprimento do terceiro lado. Há três desses segmentos: $\overline{AY}$ vale metade de $\overline{KE}$, $\overline{WY}$ vale metade de $\overline{KN}$, e $\overline{AW}$ vale metade de $\overline{NE}$. Isso oferece a proporcionalidade de que você precisa: $\frac{AY}{KE} = \frac{WY}{KN} = \frac{AW}{NE} = \frac{1}{2}$. Portanto, os triângulos são similares por LLL~.

2. **Use a segunda parte do teorema da base média para provar que $\Delta WAY \sim \Delta NEK$.**

Solução: a segunda parte do teorema da base média afirma que um segmento que conecta os pontos médios de dois lados de um triângulo é paralelo ao terceiro lado. Há três desses segmentos no diagrama: $\overline{AY}$, $\overline{WY}$ e $\overline{AW}$, cada um paralelo a um dos lados de ΔNEK. Os pares de segmentos paralelos indicam que você pode usar os teoremas das retas paralelas (do Capítulo 10), que podem fornecer os ângulos congruentes necessários para provar que os triângulos são similares com AA.

Observe os segmentos paralelos $\overline{AY}$ e $\overline{KE}$, e a transversal $\overline{NE}$. Você pode verificar que $\angle E$ é congruente a $\angle AYN$ porque são ângulos correspondentes (o tipo de reta paralela *correspondente*) são congruentes.

Agora observe os segmentos paralelos $\overline{AW}$ e $\overline{NE}$, e a transversal $\overline{AY}$. O ângulo AYN é congruente a $\angle WAY$ porque são ângulos alternos internos. Então pela propriedade transitiva, $\angle E \cong \angle WAY$.

Seguindo o mesmo raciocínio, em seguida, prove que $\angle K \cong \angle WYA$ ou que $\angle N \cong \angle AWY$. E é assim que funciona. Os triângulos são similares por AA.

Trabalhando em uma prova LAL~

Tente aplicar o método LAL~ para resolver a seguinte prova:

Dado: $\Delta BOA \sim \Delta BYT$

Encontre: $\Delta BAT \sim \Delta BOY$ (forma de parágrafo)

A
T
5
B
20
16
0
Y

© John Wiley & Sons, Inc.

Estratégia — seu raciocínio deve seguir esse caminho: você tem um par de ângulos congruentes, os ângulos verticais $\angle ABT$ e $\angle OBY$. Mas como parece não haver outro par de ângulos congruentes, a abordagem AA está fora. Que outro método pode tentar? Você tem comprimentos laterais na forma, então a combinação entre ângulos e lados sugere LAL~. Para provar que $\Delta BAT \sim \Delta BOY$ com LAL~, você precisa encontrar o comprimento de $\overline{BT}$ para mostrar que $\overline{BA}$ e $\overline{BT}$ (os lados que formam $\angle ABT$) são proporcionais a $\overline{BO}$ e $\overline{BY}$ (os lados que formam $\angle OBY$). Para encontrar BT, você pode usar a similaridade que foi dada.

Então comece a resolver o problema descobrindo o comprimento de $\overline{BT}$. $\Delta BOA \sim \Delta BYT$, então — prestando atenção à ordem das letras — observe que $\overline{BO}$ corresponde a $\overline{BY}$ e $\overline{BA}$ corresponde a $\overline{BT}$. Logo, você pode configurar esta proporção:

$$\frac{BO}{BY} = \frac{BA}{BT}$$

$$\frac{20}{16} = \frac{5}{BT}$$

$$20 \times BT = 16 \times 5$$

$$BT = 4$$

Agora, para provar que $\Delta BAT \sim \Delta BOY$ com LAL~, use os ângulos congruentes verticais e verifique se a proporção a seguir funciona:

$$\frac{BA}{BO} \stackrel{?}{=} \frac{BT}{BY}$$

$$\frac{5}{20} \stackrel{?}{=} \frac{4}{16}$$

Confere. É isso. (A propósito, ambas as frações podem ser reduzidas a $\frac{1}{4}$, então ΔBAT vale $\frac{1}{4}$ de ΔBOY.)

ACTSC e LCTSP, os Primos de PCTCC

Nesta seção você prova que triângulos são similares (como na seção anterior) e avança para provar outros conceitos acerca dos triângulos usando ACTSC e LCTSP (que são apenas acrônimos para as partes da definição de polígonos similares, como aplicado aos triângulos).

LEMBRE-SE

Triângulos similares têm as duas características seguintes:

- **ACTSC:** Ângulos correspondentes de triângulos similares são congruentes.
- **LCTSP:** Lados correspondentes de triângulos similares são proporcionais.

Essa definição de triângulos similares deriva da definição de polígonos similares e, portanto, não caracteriza bem uma nova ideia, então vou explicar por que ela merece um ícone. Bem, a novidade aqui não é a definição em si; é como você usa a definição em provas de duas colunas.

ACTSC e LCTSP funcionam exatamente como PCTCC. Em uma prova de duas colunas, você usa ACTSC ou LCTSP na linha seguinte após mostrar a similaridade entre triângulos, exatamente como usa PCTCC (veja o Capítulo 9) na linha após mostrar a congruência entre triângulos.

Trabalhando em uma prova ACTSC

A prova a seguir mostra como funciona ACTSC:

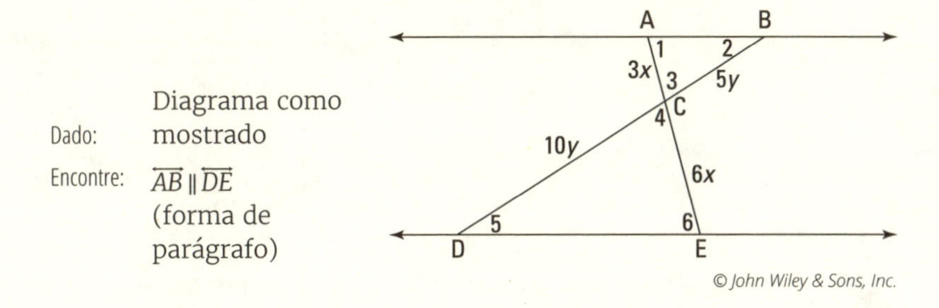

© John Wiley & Sons, Inc.

Sua estratégia deve seguir assim: ao ver os dois triângulos nesse diagrama de prova e sabendo que deve provar que as retas são paralelas, você deve estar pensando em provar que os triângulos são similares. Se pudesse fazer isso, aplicaria ACTSC para obter ângulos congruentes e então usaria esses ângulos congruentes com os teoremas das retas paralelas (do Capítulo 10) para concluir.

Então aqui está a solução. Você tem o par de ângulos verticais congruentes, 3 e 4, então, se pudesse mostrar que os lados que formam esses ângulos são proporcionais, os triângulos seriam similares por LAL~. Então verifique se os lados são proporcionais:

$$\frac{AC}{EC} \stackrel{?}{=} \frac{BC}{DC}$$

$$\frac{3x}{6x} \stackrel{?}{=} \frac{5y}{10y}$$

$$\frac{1}{2} = \frac{1}{2}$$

Confere. Portanto, $\Delta ABC \sim \Delta EDC$ por LAL~. (Observe que a similaridade é escrita de maneira a parear os vértices correspondentes.) Os vértices B e D correspondem, então $\angle 2 \cong \angle 5$ por ACTSC. Como $\angle 2$ e $\angle 5$ são ângulos alternos internos que são congruentes, $\overleftrightarrow{AB} \parallel \overleftrightarrow{DE}$. (Observe que, em vez disso, você poderia mostrar que $\angle 1$ e $\angle 6$ são congruentes por ACTSC e em seguida utilizar esses ângulos como ângulos alternos internos.)

Dando conta de uma prova LCTSP

Provas LCTSP podem ser um pouco mais complexas do que provas ACTSC, pois com frequência elas envolvem uma etapa diferente no final, na qual você deve provar que um produto entre lados equivale a outro produto entre lados. Você entenderá o que quero dizer no problema a seguir:

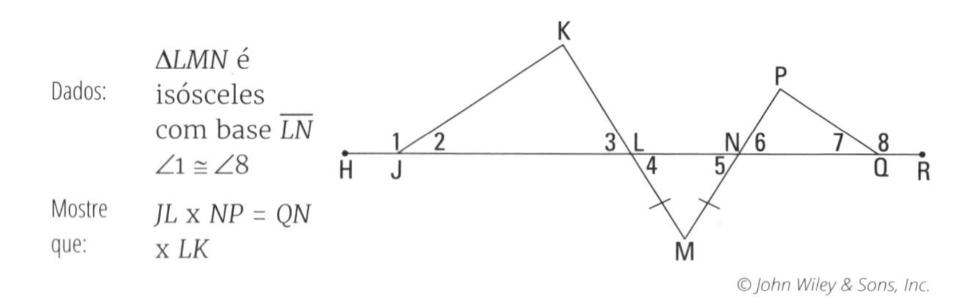

© John Wiley & Sons, Inc.

Frequentemente você pode utilizar uma proporção para provar que dois produtos são equivalentes, portanto, se for solicitado a provar que um produto equivale a outro (como $JL \times NP = QN \times LK$), a prova provavelmente envolve uma proporção relacionada a triângulos similares (ou talvez, embora menos provável, uma proporção relacionada a um dos teoremas nas próximas seções). Então procure triângulos similares que contenham os quatro segmentos na declaração da *prova*. Você pode então configurar uma proporção usando esses quatro segmentos e finalmente multiplicar cruzado para chegar ao produto desejado.

Aqui está a prova formal:

Declarações	Justificativas
1) ΔLMN é um isósceles Δ com base $\overline{LN}$	1) Dado.
2) $\overline{ML} \cong \overline{MN}$	2) Definição de triângulo isósceles.
3) $\angle 4 \cong \angle 5$	3) Se lados, então ângulos.
4) $\angle 3 \cong \angle 4$ $\angle 5 \cong \angle 6$	4) Ângulos verticais são congruentes.
5) $\angle 3 \cong \angle 6$	5) Propriedade Transitiva para quatro ângulos. (Se dois ângulos são congruentes a dois outros ângulos congruentes, então eles são congruentes.)

6) $\angle 1 \cong \angle 8$	6) Dado.
7) $\angle 2 \cong \angle 7$	7) Suplementos de ângulos congruentes são congruentes.
8) $\Delta JKL \sim \Delta QPN$	8) AA (linhas 5 e 7).
9) $\frac{JL}{QN} = \frac{LK}{NP}$	9) LCTSP.
10) $JL \times NP = QN \times LK$	10) Multiplicação cruzada.

Dividindo Triângulos Retângulos com o Teorema da Altura Relativa à Hipotenusa

Em um triângulo retângulo, a altura que é perpendicular à hipotenusa tem uma propriedade especial: ela cria dois triângulos retângulos menores que são similares ao triângulo retângulo original.

LEMBRE-SE

Teorema da altura relativa à hipotenusa: Se uma altura é acrescentada à hipotenusa de um triângulo retângulo, como mostrado na Figura 13-5, então:

- Os dois triângulos formados são similares ao triângulo dado e um ao outro:

  $\Delta ACB \sim \Delta ADC \sim \Delta CDB$

- $h^2 = xy$,
- $a^2 = yc$ e $b^2 = xc$

Observe que as duas equações nesse terceiro marcador são, de fato, apenas uma ideia, não duas. A ideia funciona exatamente da mesma maneira em ambos os lados do triângulo grande:

(cateto do grande $\Delta)^2$ = (parte da hipotenusa abaixo dele) x (hipotenusa toda)

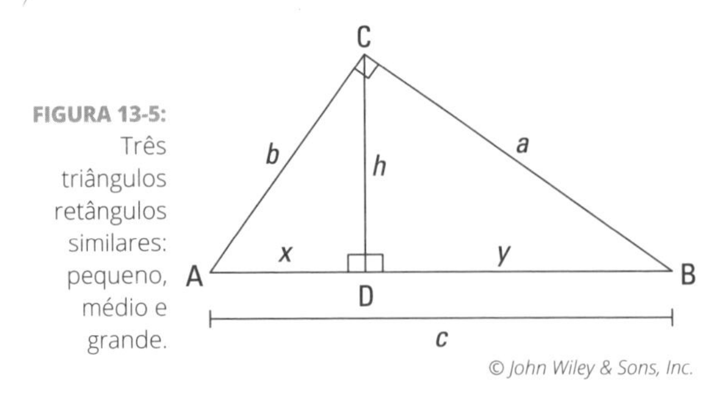

FIGURA 13-5: Três triângulos retângulos similares: pequeno, médio e grande.

Aqui está um problema de duas partes para você: use a Figura 13-6 para responder às questões seguintes:

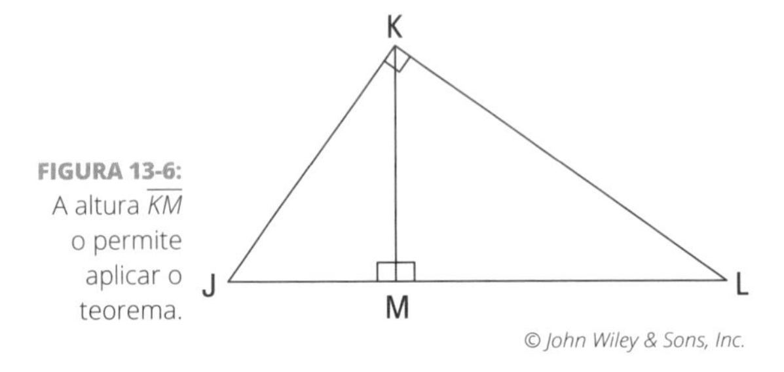

FIGURA 13-6: A altura $\overline{KM}$ o permite aplicar o teorema.

1. Se *JL* = 17 e *KL* = 15, quanto medem *JK*, *JM*, *ML* e *KM*?

É assim que você resolve esse: *JK* mede 8, porque você tem um triângulo de 8-15-17 (ou você pode obter *JK* com o Teorema de Pitágoras; veja o Capítulo 8 para mais informações).

Agora você pode obter *JM* e *ML* utilizando a parte três do teorema da altura relativa à hipotenusa:

$$(JK)^2 = (JM)(JL) \qquad\qquad (KL)^2 = (ML)(JL)$$
$$8^2 = JM \times 17 \qquad \text{e} \qquad 15^2 = ML \times 17$$
$$JM = \frac{64}{17} \approx 3{,}8 \qquad\qquad JM = \frac{225}{17} \approx 13{,}2$$

(Incluí a solução *ML* apenas para mostrar a você outro exemplo do teorema, mas, obviamente, teria sido mais fácil obter *ML* subtraindo *JM* de *JL*.)

Por fim, use a segunda parte do teorema (ou o Teorema de Pitágoras, se preferir) para obter *KM*:

$$(KM)^2 = (JM)(ML)$$

$$(KM)^2 = \left(\frac{64}{17}\right)\left(\frac{225}{17}\right)$$

$$KM = \sqrt{\frac{14.440}{289}} = \frac{120}{17} \approx 7{,}1$$

2. **Se *ML* = 16 e *JK* = 15, quanto vale *JM*?** (Perceba que nenhuma informação da questão 1 se aplica a esta segunda questão.)

Iguale *JM* a *x*; então use a parte três do teorema.

$$(JK)^2 = (JM)(JL)$$
$$15^2 = x(x + 16)$$
$$225 = x^2 + 16x$$
$$x^2 + 16x - 225 = 0$$
$$(x - 9)(x + 25) = 0$$
$$x - 9 = 0 \quad \text{ou} \quad x + 25 = 0$$
$$x = 9 \quad \text{ou} \quad x = -25$$

Você sabe que um comprimento não pode ser -25, então *JM* = 9. (Se tiver dificuldade em ver como fatorá-lo, em vez disso, você pode usar a fórmula quadrática para obter os valores de *x*.)

Ao resolver um problema com diagrama que envolva altura relativa à hipotenusa, não presuma que deverá utilizar a segunda ou terceira parte do teorema da altura relativa à hipotenusa. Às vezes a maneira mais fácil de resolver o problema é com o Teorema de Pitágoras. E outras vezes você pode usar proporções comuns entre triângulos semelhantes para resolver o problema.

O problema seguinte ilustra esta dica: use a imagem a seguir para encontrar h, a altura de ΔABC.

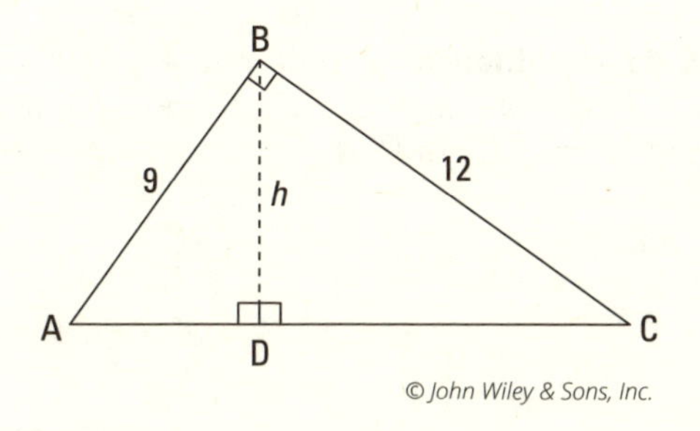

© John Wiley & Sons, Inc.

Primeiro obtenha AC com o Teorema de Pitágoras ou percebendo que você tem um triângulo da família 3 : 4 : 5 — isto é, um triângulo 9-12-15. Então $AC = 15$. Em seguida, embora você possa concluir com o teorema da altura relativa à hipotenusa, essa abordagem é um pouco complicada e trabalhosa. Em vez disso, apenas use uma proporção comum entre triângulos semelhantes:

$$\frac{\text{Cateto maior}_{\Delta ABD}}{\text{Cateto maior}_{\Delta ACB}} = \frac{\text{hipotenusa}_{\Delta ABD}}{\text{hipotenusa}_{\Delta ACB}}$$

$$\frac{h}{12} = \frac{9}{15}$$

$$15h = 108$$

$$h = 7{,}2$$

E isso é tudo, pessoal.

Obtendo Proporcionalidade com Mais Três Teoremas

Nesta seção, apresento três teoremas que envolvem proporções de uma maneira ou de outra. O primeiro desses teoremas é um parente próximo de LCTSP, e o segundo é um parente distante (veja a seção anterior, intitulada "ACTSC e LCTSP, os Primos de PCTCC" para detalhes sobre proporções entre triângulos similares). O terceiro teorema não é parente nem de longe.

Teorema fundamental da semelhança

O teorema fundamental da semelhança não é muito necessário, pois os problemas em que você poderia usá-lo envolvem triângulos similares, então você pode resolvê-los com as proporções entre os triângulos similares que mostrei previamente neste capítulo. O teorema fundamental da semelhança apenas proporciona uma alternativa ou atalho para a solução.

LEMBRE-SE

Teorema fundamental da semelhança: Se uma reta é paralela a um dos lados de um triângulo e intercepta os dois outros lados, ela divide esses lados proporcionalmente. Veja a Figura 13-7.

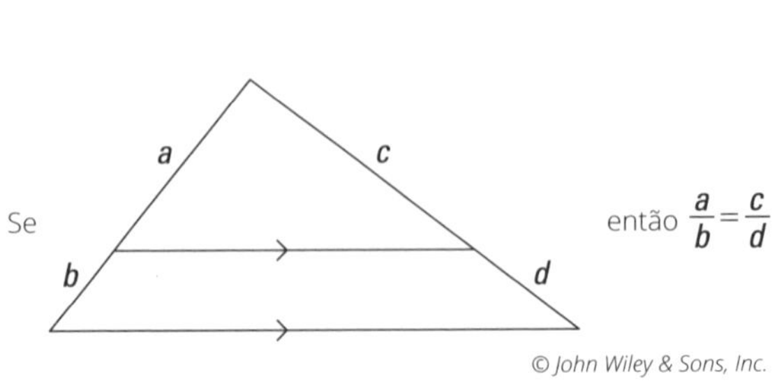

FIGURA 13-7: Uma reta paralela a um dos lados de um triângulo corta os outros dois lados proporcionalmente.

Verifique o problema a seguir, que mostra esse teorema em ação:

Dado: $\overline{PQ} \parallel \overline{TR}$

Prova: $\Delta PQS \sim \Delta TRS$ (prova de parágrafo)

Encontre: x e y

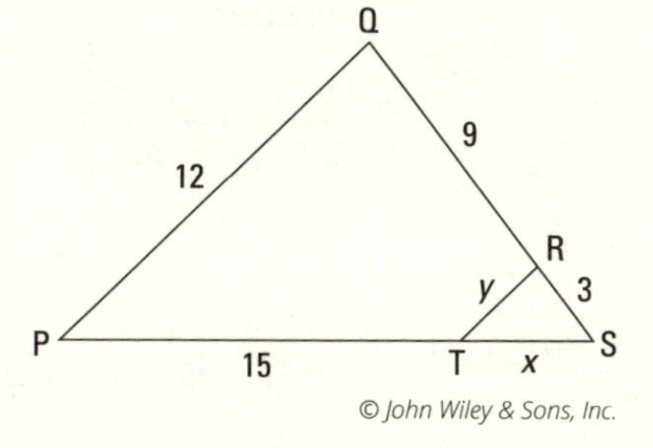

© John Wiley & Sons, Inc.

Eis a prova: como $\overline{PQ} \parallel \overline{TR}$, $\angle Q$ e $\angle TRS$ são ângulos correspondentes congruentes (*correspondentes* no sentido de retas paralelas — veja o Capítulo 10 —, mas esses ângulos também são *correspondentes* no sentido de similaridade dos triângulos. Se ligou?) Então, como ambos os triângulos contêm $\angle S$, são similares por AA.

Agora encontre x e y. Como $\overline{PQ} \parallel \overline{TR}$, use o teorema fundamental da semelhança para obter x:

$$\frac{x}{15} = \frac{3}{9}$$
$$9x = 45$$
$$x = 5$$

E aqui está a solução para y: primeiramente, não caia na cilada de pensar que $y = 4$. Essa é uma armadilha duplamente sorrateira da qual me orgulho bastante. O lado y parece medir 4 por duas razões: primeiro, você poderia concluir erroneamente que ΔTRS é um triângulo retângulo 3-4-5. Mas nada informa que $\angle TRS$ é um ângulo reto, então você não pode concluir isso.

Segundo, quando ao ver as proporções de 9 : 3 (ao longo de $\overline{QS}$) e 15 : 5 (ao longo de $\overline{PS}$, após resolver para x), ambas simplificadas em 3 : 1, parece que PQ e y deveriam estar na mesma proporção de 3 : 1. Isso deixaria $PQ : y$ em uma proporção de 12 : 4, o que, mais uma vez, leva a resposta errada de que y vale 4. A resposta vem errada porque esse raciocínio equivale a usar o teorema fundamental da semelhança para os lados que não estão divididos — o que não é permitido fazer.

Não use o teorema fundamental da semelhança nos lados que não estão divididos. Você pode usar o teorema fundamental da semelhança *apenas* para os quatro segmentos nos lados divididos do triângulo. *Não* o use para os lados paralelos, que estão em uma proporção diferente. Para os lados paralelos, use as proporções entre os triângulos similares. (Sempre que um triângulo é dividido por uma reta paralela a um de seus lados, o triângulo criado é similar ao triângulo maior original.)

Então, finalmente, a maneira certa de obter y é usar uma proporção comum entre triângulos similares. Os triângulos neste problema estão posicionados da mesma maneira, então você pode escrever o seguinte:

$$\frac{\text{Lado esquerdo}_{\Delta TRS}}{\text{Lado esquerdo}_{\Delta PQS}} = \frac{\text{base}_{\Delta TRS}}{\text{base}_{\Delta PQS}}$$

$$\frac{y}{12} = \frac{5}{20}$$

$$20y = 60$$

$$y = 3$$

Concluído.

Encruzilhada: O teorema fundamental da semelhança estendido

Este próximo teorema generaliza o princípio fundamental da semelhança, inserindo-o em um contexto mais amplo. Com o teorema fundamental da semelhança, você traça uma reta paralela que divide os lados de um triângulo proporcionalmente. Com este próximo teorema, você pode traçar quantas retas paralelas quiser, que cortem quaisquer retas (e não apenas os lados de um triângulo) proporcionalmente.

LEMBRE-SE

Teorema de tales: Se três ou mais retas paralelas são interceptadas por duas ou mais transversais, as retas paralelas dividem as transversais proporcionalmente.

Veja a Figura 13-8. Dado que as retas horizontais são paralelas, as proporções seguintes (entre outras) são confirmadas pelo teorema:

$$\frac{AB}{BC} = \frac{PQ}{QR}, \frac{PQ}{QR} = \frac{WX}{XY}, \frac{PR}{RS} = \frac{WY}{YZ}, \frac{AD}{BC} = \frac{WZ}{XY}, \frac{QS}{PQ} = \frac{XZ}{WX}$$

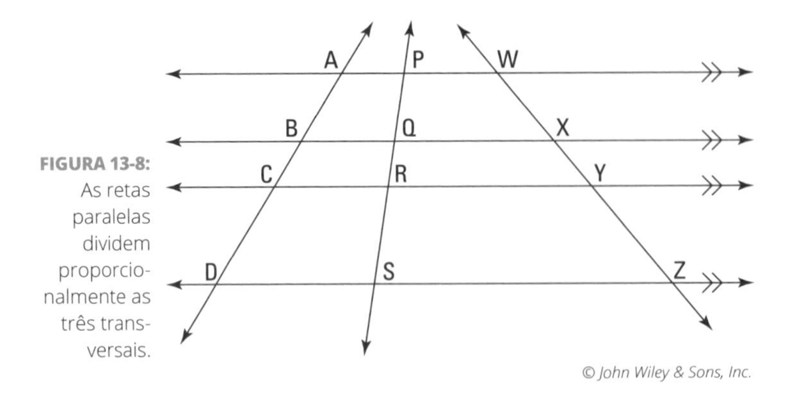

FIGURA 13-8: As retas paralelas dividem proporcionalmente as três transversais.

Pronto para um problema? Ou vai ou racha:

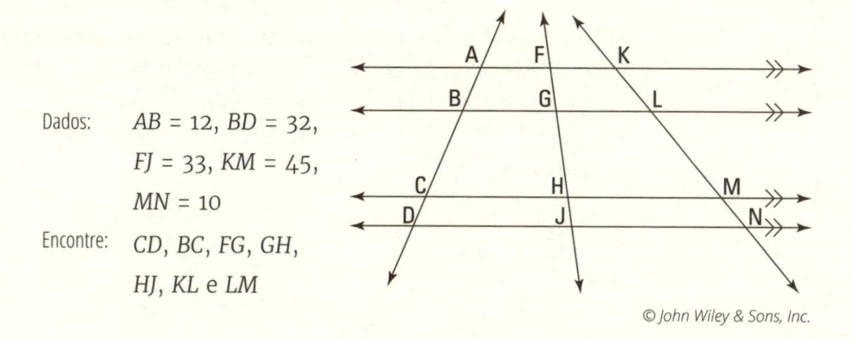

Dados: $AB = 12$, $BD = 32$, $FJ = 33$, $KM = 45$, $MN = 10$

Encontre: CD, BC, FG, GH, HJ, KL e LM

Esse é trabalhoso, então decidi calcular os lados desconhecidos um por um.

1. **Configure uma proporção para obter *CD*.**

$$\frac{CD}{AD} = \frac{MN}{KN}$$
$$\frac{CD}{44} = \frac{10}{55}$$
$$55 \times CD = 44 \times 10$$
$$CD = 8$$

2. **Agora basta subtrair *CD* de *BD* para obter *BC*.**

$$BD - CD = BC$$
$$32 - 8 = BC$$
$$24 = BC$$

3. **Pule os segmentos que formam $\overline{FJ}$ por um momento e use uma proporção para encontrar *KL*.**

$$\frac{AB}{CD} = \frac{KL}{MN}$$
$$\frac{12}{8} = \frac{KL}{10}$$
$$8 \times KL = 12 \times 10$$
$$KL = 15$$

4. **Subtraia para obter *LM*.**

$$KM - KL = LM$$
$$45 - 15 = LM$$
$$30 = LM$$

5. **Para resolver para as partes de $\overline{FJ}$, use o comprimento completo de $\overline{FJ}$ e os comprimentos ao longo de $\overline{AD}$.**

   Para obter *FG*, *GH* e *HJ*, perceba que como a proporção *AB* : *BC* : *CD* é 12 : 24 : 8, que se reduz em 3 : 6 : 2, a proporção de *FG* : *GH* : *HJ* também deve equivaler a 3 : 6 : 2. Então admita $FG = 3x$, $GH = 6x$ e $HJ = 2x$. Como você tem o comprimento de $\overline{FJ}$, sabe que esses três segmentos devem somar 33:

   $$3x + 6x + 2x = 33$$
   $$11x = 33$$
   $$x = 3$$

   Então $FG = 3 \times 3 = 9$, $GH = 6 \times 3 = 18$ e $HJ = 2 \times 3 = 6$. Mamão com açúcar.

O teorema da bissetriz interna

Nesta última seção você aprende outro teorema relacionado à proporção; porém, diferente de tudo neste capítulo, esse teorema não envolve similaridade. (O teorema de Tales na seção anterior parece não ter nenhuma ligação com similaridade, mas está sutilmente relacionado.)

LEMBRE-SE

Teorema da bissetriz interna: Se uma semirreta bisseca um dos ângulos de um triângulo, então divide o lado oposto em segmentos proporcionais aos outros dois lados. Veja a Figura 13-9.

Quando um dos ângulos de um triângulo é bissecado, você *nunca* obtém triângulos similares (a menos que bisseque o ângulo do vértice de um triângulo isósceles, o qual a bissetriz divide o triângulo em dois triângulos congruentes e similares).

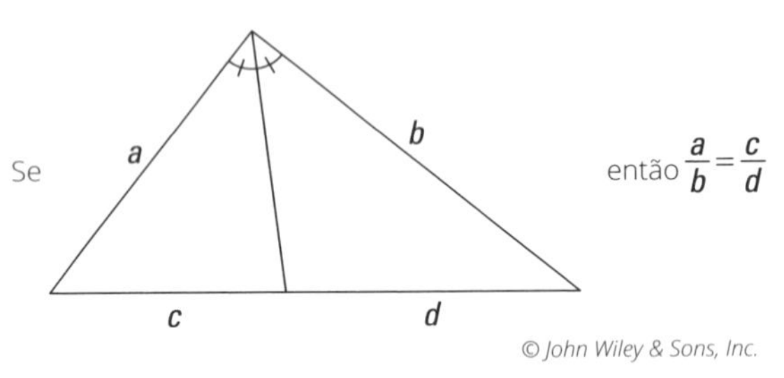

FIGURA 13-9: Como o ângulo é bissecado, os segmentos *c* e *d* são proporcionais aos lados *a* e *b*.

CUIDADO

Não se esqueça do teorema da bissetriz interna. (Por alguma razão, os alunos se esquecem dele com frequência.) Então, sempre que houver um triângulo com um dos ângulos bissecado, considere aplicar esse teorema.

Que tal um problema envolvendo uma bissetriz? Por quê? Ah, *Porque SIM*.

Dado: Diagrama como mostrado

Encontre: 1. PM, SI, IM e PI

2. A área de ΔPSI e ΔPIM

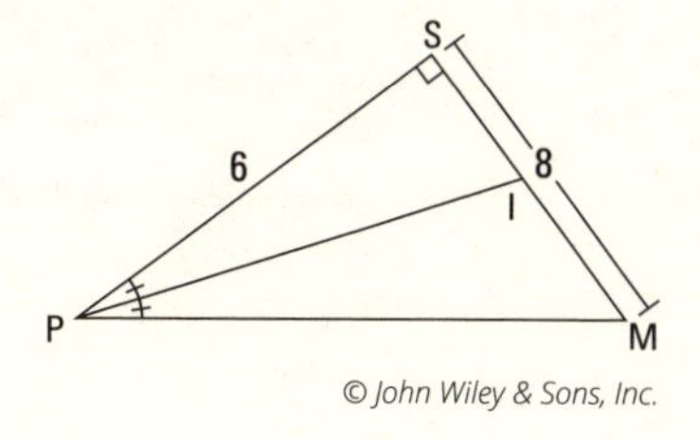

© John Wiley & Sons, Inc.

1. Encontre *PM*, *SI*, *IM* e *PI*.

Você pode obter *PM* com o Teorema de Pitágoras ($6^2 + 8^2 = c^2$) ou ao perceber que como ΔPSM pertence à família 3 : 4 : 5, trata-se de um triângulo 6-8-10. Então *PM* mede 10.

Em seguida, substitua *SI* por x e *IM* por $8 - x$. Aplique o teorema da bissetriz interna e resolva para obter o valor de x:

$$\frac{6}{10} = \frac{x}{8 - x}$$
$$48 - 6x = 10x$$
$$48 = 16x$$
$$3 = x$$

Logo, *SI* mede 3 e *IM* mede 5.

Aplique o Teorema de Pitágoras para obter a medida de *PI*:

$$(PI)^2 = 6^2 + 3^2$$
$$(PI)^2 = 45$$
$$PI = \sqrt{45} = 3\sqrt{5} \approx 6{,}7$$

2. Calcule a área de ΔPSI e ΔPIM.

A altura de ambos os triângulos é 6 (quando você usa $\overline{SI}$ e $\overline{IM}$ como suas bases), então basta usar a fórmula da área do triângulo:

$$\text{Área}_{\Delta} = \frac{1}{2}bh$$

$$\text{Área}_{\Delta PSI} = \frac{1}{2} \times 3 \times 6 = 9 \text{ unidades}^2$$

$$\text{Área}_{\Delta PIM} = \frac{1}{2} \times 5 \times 6 = 15 \text{ unidades}^2$$

Observe que a proporção entre as áreas dos triângulos, 9 : 15, é igual à proporção de suas bases, 3 : 5. Essa equivalência permanece ainda que o triângulo seja dividido em dois por meio de um segmento a partir de seu vértice, oposto ao lado (ainda que esse segmento não corte o vértice do ângulo exatamente na metade).

5
Lidando com Círculos Não Tão Viciosos

NESTA PARTE...

Descubra algumas das propriedades mais fundamentais a respeito dos círculos.

Investigue a lógica entre círculos, ângulos, arcos e vários segmentos associados aos círculos e seus teoremas e fórmulas.

NESTE CAPÍTULO

» **Segmentos dentro dos círculos: raios e cordas**

» **Os Três Mosqueteiros: arcos, cordas e ângulos centrais**

» **Problemas de tangente e de caminhada circular**

Capítulo **14**

Andando em Círculos

De certa maneira, o círculo é a mais simples das formas — uma curva suave, sempre equidistante ao centro: sem cantos, sem irregularidades, o mesmo formato, não importa o quanto você o gire. Em contrapartida, essa simples curva envolve o número pi (π = 3,14159...), e não há nada de simples a respeito dele. É um número infinito sem padrão de repetição nos dígitos. Embora os matemáticos venham estudando o círculo e o número π há mais de 2 mil anos, muitos mistérios não resolvidos a respeito dele permanecem.

Talvez o círculo seja também a forma mais comum no mundo real (contando com as esferas, que são, obviamente, circulares e cujas superfícies têm uma coleção infinita de círculos). As 10^{21} (ou 1.000.000.000.000.000.000.000) de estrelas no universo são esféricas. As gotas de água em uma nuvem são esféricas. Jogue uma pedrinha em uma lagoa e as ondas se propagarão em anéis. A Terra gira ao redor do Sol em uma órbita circular. E exatamente neste momento você está viajando em uma rota circular enquanto a Terra gira em volta do próprio eixo.

Neste capítulo você investiga algumas das propriedades mais fundamentais a respeito dos círculos. Hora de começar.

Um Papo sobre Círculos: Raios e Cordas

Eu duvido que você precise de uma definição para *círculo*, mas para aqueles que amam falar de matemática, eis a definição formal:

Círculo: É o conjunto de todos os pontos em um plano, equidistantes a um único ponto (o centro do círculo).

Nas seções seguintes, falo a respeito dos três principais tipos de segmentos de reta que você pode encontrar em um círculo: raios, cordas e diâmetros. Embora pareça estranho começar com esses elementos tão retos em um capítulo sobre círculos, alguns dos teoremas mais importantes e interessantes a respeito deles originam-se desses três segmentos. Mais adiante você explora esses teoremas em alguns problemas de círculos.

Definindo raios, cordas e diâmetros

Aqui estão três termos fundamentais para sua investigação de círculos:

- **Raio:** O *raio* de um círculo — a distância do centro a um dos pontos da circunferência — informa o tamanho do círculo. Além de ser uma medida de distância, o raio é também um segmento que vai do centro a um ponto da circunferência.
- **Corda:** Um segmento que conecta dois pontos da circunferência é chamado de corda.
- **Diâmetro:** Uma corda que passa pelo centro do círculo é um diâmetro do círculo. O diâmetro do círculo é duas vezes maior do que o raio.

A Figura 14-1 mostra o círculo O com o diâmetro $\overline{AB}$ (que é também uma corda), os raios $\overline{OA}$, $\overline{OB}$ e $\overline{OC}$ e a corda $\overline{PQ}$.

Apresentando cinco teoremas de círculo

Espero que você tenha algum espaço disponível em seu disco rígido mental para mais teoremas. (Caso não tenha, talvez possa liberar um pouco deletando alguns fatos não tão importantes, como o número do celular daquela paixão não correspondida.) Nesta seção, apresento cinco teoremas importantes a respeito das propriedades dos segmentos internos aos círculos.

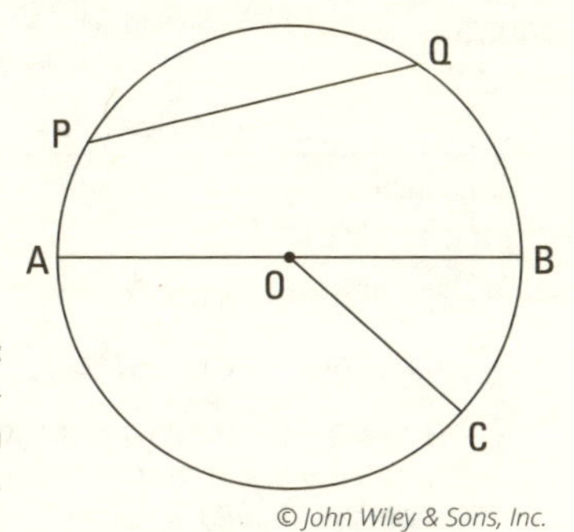

FIGURA 14-1: Retas dentro de um círculo.

Estes teoremas abordam raios e cordas (perceba que dois deles funcionam em ambos os sentidos):

- **Tamanho dos raios:** Todos os raios de um círculo são congruentes.
- **Perpendicularidade e cordas bissecadas:**
  - Se um raio é perpendicular a uma corda, então bisseca a corda.
  - Se um raio bisseca uma corda (que não é um diâmetro), então é perpendicular à corda.
- **Distância e tamanho da corda:**
  - Se duas cordas de um círculo são equidistantes ao centro, então são congruentes.
  - Se duas cordas de um círculo são congruentes, então são equidistantes ao centro.

Trabalhando em uma prova

Aqui está uma prova que usa três dos teoremas da seção anterior:

Dados: Círculo G

F é ponto médio de $\overline{AE}$

$\overline{GB} \perp \overline{CA}$

$\overline{GD} \perp \overline{CE}$

Prova: $BCDG$ é um deltoide

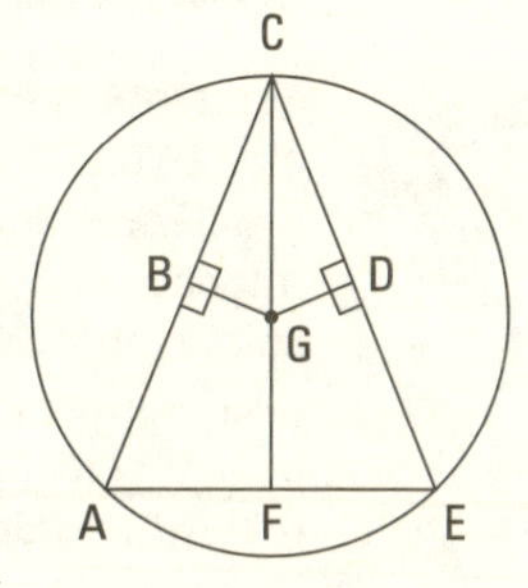

Antes de ler a prova, crie sua estratégia.

Declarações	Justificativas
1) Círculo G F é ponto médio de $\overline{AE}$	1) Dado.
2) $\overline{AF} \cong \overline{EF}$	2) Definição de ponto médio.
3) $\overline{GF}$ bisseca $\overline{AE}$	3) Definição de bisseção.
4) $\overline{GF} \perp \overline{AE}$	4) Se um raio bisseca uma corda (que não é um diâmetro), então ele e perpendicular à corda.
5) $\angle AFG$ e $\angle EFG$ são ângulos retos	5) Definição de perpendicular.
6) $\angle AFG \cong \angle EFG$	6) Todos os ângulos retos são congruentes.
7) $\overline{CF} \cong \overline{CF}$	7) Propriedade reflexiva.
8) $\Delta AFC \cong \Delta AFC$	8) LAL (2, 6, 7).
9) $\overline{AC} \cong \overline{EC}$	9) PCTCC.
10) $\overline{GB} \cong \overline{GD}$	10) Se duas cordas de um círculo são congruentes, então elas são equidistantes de seu centro.
11) $\overline{GB}$ bisseca $\overline{AC}$ $\overline{GD}$ bisseca $\overline{EC}$	11) Se um raio é perpendicular a uma corda, então ele bisseca a corda.
12) $\overline{CB} \cong \overline{CD}$	12) Divisores comuns (declarações 9 e 11).
13) $BCDG$ é um deltoide	13) Definição de deltoide (dois pares disjuntos consecutivos são congruentes, declarações 10 e 12).

Usando raios adicionais em um problema

Corretores gostam de dizer (em tom de piada) que, ao comprar uma casa, os três fatores mais importantes são *localização, localização e localização.* Em problemas de círculo, as coisas mais importantes são *raios, raios e raios.* É impossível superestimar a importância de notar todos os raios em um círculo e onde outros podem ser adicionados ao diagrama. Com frequência, é necessário adicionar raios e partes deles para formar triângulos retângulos ou isósceles que poderão ser usados para resolver o problema. Veja em maiores detalhes o que fazer:

» **Trace raios adicionais na imagem.** Trace raios por pontos em que algo mais intercepta ou toca o círculo, e não por pontos aleatórios da circunferência.

» **Fique atento a todos os raios — incluindo os acrescentados — e ao fato de que são congruentes.** Por alguma razão — ainda que *todos os raios são congruentes* seja um dos teoremas mais simples —, frequentemente as pessoas deixam de perceber todos os raios em um problema ou de perceber que são congruentes.

» **Trace o segmento (parte de um raio) que vai do centro de um círculo a uma corda e que é perpendicular a ela.** Esse segmento bisseca a corda (menciono esse teorema na seção anterior).

Agora confira o problema a seguir: encontre a área do quadrilátero inscrito *GHJK*, mostrado à esquerda. O círculo tem raio 2.

A dica que introduz esta seção lhe dá duas sugestões para esse problema. A primeira sugestão é traçar os quatro raios pelos quatro vértices do quadrilátero, como mostrado na imagem à direita.

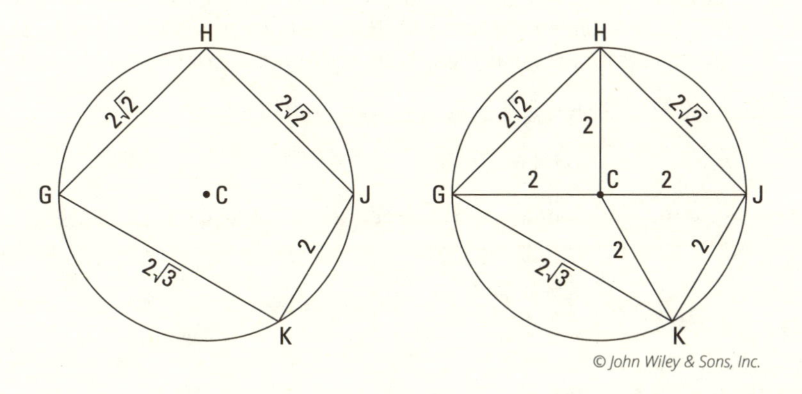

Agora você só precisa encontrar a área dos triângulos individuais. Observe que ΔJKC é equilátero, então você pode aplicar a fórmula do triângulo equilátero (do Capítulo 7) para encontrar sua área:

$$\text{Área} = \frac{l^2\sqrt{3}}{4} = \frac{2^2\sqrt{3}}{4} = \sqrt{3} \text{ unidades}^2$$

E se você estiver ligado, deve ter reconhecido os triângulos *GHC* e *HJC*. Seus lados estão na proporção $2 : 2 : 2\sqrt{2}$, que é redutível a $1 : 1 : \sqrt{2}$, portanto, são triângulos de 45°-45°-90° (veja o Capítulo 8). Você já tem a base e a altura desses triângulos, logo, obter suas áreas é moleza. Para cada triângulo:

$$\text{Área} = \frac{1}{2}bh = \frac{1}{2} \times 2 \times 2 = 2 \text{ unidades}^2$$

QUAL O TAMANHO DA LUA CHEIA?

Já que o assunto são os círculos, veja só isso: segure uma moeda com o braço esticado. Agora pergunte-se qual o tamanho dessa moeda se comparada ao tamanho de uma lua cheia — você sabe, como se estivesse do lado de fora durante uma lua cheia e segurasse a moeda com o braço esticado, "próxima" à lua. Qual delas você acha que seria maior e quanto (duas vezes maior, três vezes, ou quanto)? As respostas mais comuns são que as duas têm o mesmo tamanho ou que a lua é duas ou três vezes maior do que a moeda. Bem — aperte os cintos —, a verdadeira resposta é que a moeda é três vezes maior do que a lua! (Aproximadamente, dependendo do comprimento do seu braço.) Difícil de acreditar, mas é verdade. Faça o teste alguma noite dessas.

Outra sugestão que a dica oferece o ajuda com ΔKGC. Trace sua altura (parte de um raio) de C a $\overline{GK}$. Esse raio é perpendicular a $\overline{GK}$ e, portanto, bisseca $\overline{GK}$ em dois segmentos de comprimento $\sqrt{3}$. Você dividiu KGC em dois triângulos retângulos, cada um com hipotenusa 2 e um dos catetos $\sqrt{3}$, então o outro cateto (a altura) mede 1 (pelo Teorema de Pitágoras ou ao reconhecer que esses são triângulos de 30°-60°-90° cujos lados estão na proporção de $1 : \sqrt{3} : 2$ — veja o Capítulo 8). Então ΔKGC tem altura 1 e base $2\sqrt{3}$. Basta usar a fórmula regular da área do triângulo outra vez:

$$\text{Área} = \frac{1}{2}bh = \frac{1}{2} \times 2\sqrt{3} \times 1 = \sqrt{3} \text{ unidades}^2$$

Agora é só somá-las:

$$\begin{aligned}\text{Área}_{GHIJ} &= \text{área}_{\Delta JKC} + \text{área}_{\Delta GHC} + \text{área}_{\Delta HJC} + \text{área}_{\Delta KGC}\\ &= \sqrt{3} + 2 + 2 + \sqrt{3}\\ &= 4 + 2\sqrt{3} \approx 7{,}46 \text{ unidades}^2\end{aligned}$$

Pedaços de Pizza: Arcos e Ângulos Centrais

Nesta seção, apresento arcos e ângulos centrais e, em seguida, seis teoremas sobre como os arcos, ângulos centrais e cordas estão todos inter-relacionados.

Três definições para sua felicidade matemática

Ok, talvez *felicidade* seja um pouco exagerado. Que tal "melhor do que injeção na testa"? Essas definições podem não estar no topo do pódio de suas lembranças do ensino médio, porém, elas são importantes na geometria.

Os ângulos centrais de um círculo e os arcos que formam são parte de muitas provas de círculo, como você pode ver na seção a seguir. Eles também aparecem em muitos problemas de área, que você vê no Capítulo 15. Para uma noção, veja a Figura 14-2.

LEMBRE-SE

- **Arco:** É simplesmente um pedaço de círculo. Quaisquer dois pontos em uma circunferência dividem um círculo em dois arcos: um *arco menor* (o pedaço menor) e um *arco maior* (o pedaço maior) — a menos que sejam os pontos finais de um diâmetro; nesse caso, os arcos são semicírculos. A Figura 14-2 mostra o arco menor $\widehat{AB}$ (arco de 60°) e um arco maior $\widehat{ACB}$ (arco de 300°). Perceba que para nomear o arco menor, usam-se os pontos-finais; para nomear um arco maior, usam-se os pontos-finais e qualquer ponto ao longo do arco.
- **Ângulo central:** É um ângulo cujo vértice é o centro de um círculo. Os dois lados de um ângulo central são raios que tocam a circunferência nos finais opostos de um arco — ou, como dizem os matemáticos, o ângulo *intercepta* o arco.

  A medida de um arco é a mesma do ângulo central que o intercepta. A imagem mostra o ângulo central $\angle AQB$, que, como $\widehat{AB}$, mede 60°.

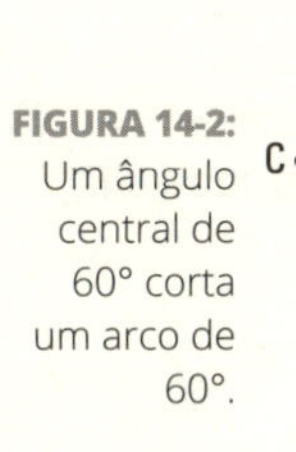

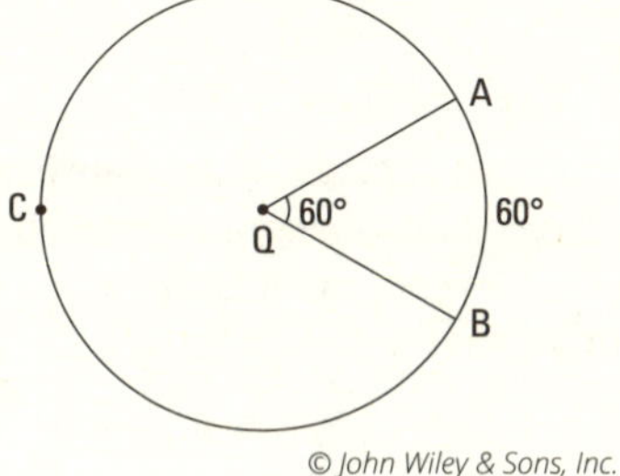

FIGURA 14-2: Um ângulo central de 60° corta um arco de 60°.

© *John Wiley & Sons, Inc.*

LEMBRE-SE

E aqui está mais uma definição que você precisa para a próxima seção.

Círculos congruentes: São círculos com raios congruentes.

Seis fascinantes teoremas de círculos

Os próximos seis teoremas são apenas variações de uma ideia básica acerca da inter-relação entre arcos, ângulos centrais e cordas (os seis estão ilustrados na Figura 14-3):

- **Arcos e ângulos centrais:**
  - Se dois ângulos centrais de um círculo (ou de círculos congruentes) são congruentes, então seus arcos interceptados são congruentes. (Forma resumida: se os ângulos centrais são congruentes, então os arcos são congruentes.) Na Figura 14-3, se $\angle WMX \cong \angle ZMY$, então $\overset{\frown}{WX} \cong \overset{\frown}{ZY}$.
  - Se dois arcos de um círculo (ou de círculos congruentes) são congruentes, então os ângulos centrais correspondentes são congruentes. (Forma resumida: se os arcos são congruentes, então os ângulos centrais são congruentes.) Se $\overset{\frown}{WX} \cong \overset{\frown}{ZY}$, então $\angle WMX \cong \angle ZMY$.
- **Cordas e ângulos centrais:**
  - Se dois ângulos centrais de um círculo (ou de círculos congruentes) são congruentes, então as cordas correspondentes são congruentes. (Forma resumida: se os ângulos centrais são congruentes, então as cordas são congruentes.) Na Figura 14-3, se $\angle WMX \cong \angle ZMY$, então $\overline{WX} \cong \overline{ZY}$.
  - Se duas cordas de um círculo (ou de círculos congruentes) são congruentes, então os ângulos centrais correspondentes são congruentes. (Forma resumida: se as cordas são congruentes, então os ângulos centrais são congruentes.) Se $\overline{WY} \cong \overline{ZY}$, então $\angle WMX \cong \angle ZMY$.
- **Cordas e arcos:**
  - Se dois arcos de um círculo (ou de círculos congruentes) são congruentes, então as cordas correspondentes são congruentes. (Forma resumida: se os arcos são congruentes, então as cordas são congruentes.) Na Figura 14-3, se $\overset{\frown}{WX} \cong \overset{\frown}{ZY}$, então $\overline{WX} \cong \overline{ZY}$.
  - Se duas cordas de um círculo (ou de círculos congruentes) são congruentes, então os arcos correspondentes são congruentes. (Forma resumida: se as cordas são congruentes, então os arcos são congruentes.) Se $\overline{WX} \cong \overline{ZY}$, então $\overset{\frown}{WX} \cong \overset{\frown}{ZY}$.

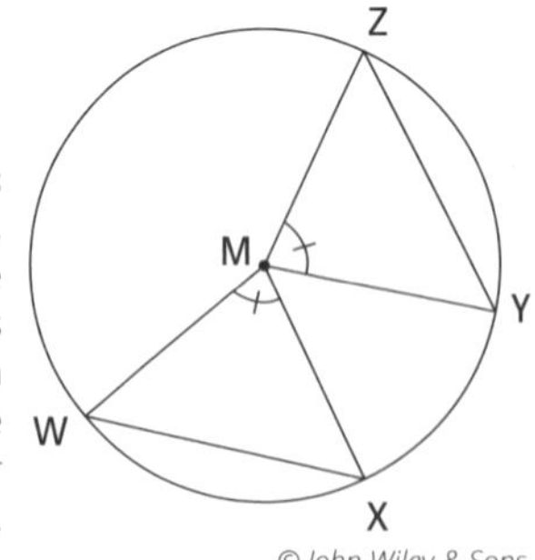

FIGURA 14-3: Arcos, cordas e ângulos centrais: um por todos e todos por um.

Esta é uma maneira mais resumida de pensar os seis teoremas:

- Se os ângulos são congruentes, as cordas e os arcos são congruentes.
- Se as cordas são congruentes, os ângulos e os arcos são congruentes.
- Se os arcos são congruentes, os ângulos e as cordas são congruentes.

Essas três ideias sintetizam-se em uma simples: se algum par (de ângulos centrais, cordas ou arcos) é congruente, então os outros dois pares também são congruentes.

Colocando a mão na massa

É hora de uma prova. Tente elaborar sua própria estratégia antes de ler a solução:

Dados: Círculo U

$\overset{\frown}{DB} \cong \overset{\frown}{WE}$

$\overline{UO} \perp \overline{DW}$

$\overline{UL} \perp \overline{EB}$

Prova: $\Delta UOW \cong \Delta ULB$

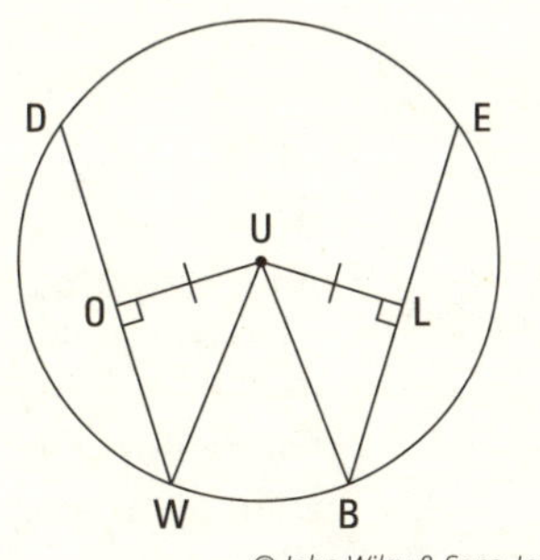

Dica: adição e subtração de arcos funcionam exatamente como adição e subtração de segmentos. Veja a prova formal:

Declarações	Justificativas
1) Círculo U $\overline{UO} \perp \overline{DW}$ $\overline{UL} \perp \overline{EB}$	1) Dados.
2) $\angle UOW$ é um ângulo reto $\angle ULB$ é um ângulo reto	2) Definição de perpendicular.
3) $\overset{\frown}{DB} \cong \overset{\frown}{WE}$	3) Dado.
4) $\overset{\frown}{DW} \cong \overset{\frown}{BE}$	4) Subtraindo $\overset{\frown}{WB}$ de $\overset{\frown}{DB}$ e $\overset{\frown}{WE}$.
5) $\overline{DW} \cong \overline{BE}$	5) Se os arcos são congruentes, então as cordas são congruentes.
6) $\overline{UO} \cong \overline{UL}$	6) Se duas cordas do círculo são congruentes, então elas são equidistantes de seu centro.

7) $\overline{UW} \cong \overline{UB}$	7) Todos os raios são congruentes.
8) $\Delta UOW \cong \Delta ULB$	8) HCAR (7, 6, 2).

Uma já foi. Agora falta esta:

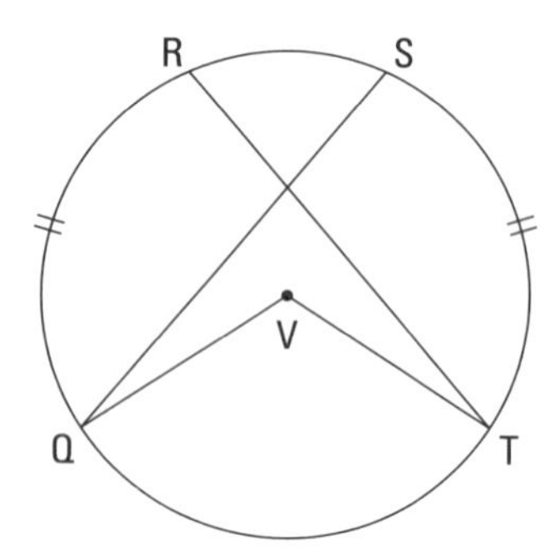

Dados: Círculo V
$\overset{\frown}{QR} \cong \overset{\frown}{ST}$

Prova: $\angle Q \cong \angle T$

Aqui está uma breve estratégia: primeiro trace raios para R e S, formando os triângulos QVS e TVR. (Na verdade, seis novos triângulos são formados, mas apenas dois deles têm letras em todos os vértices; esses são os triângulos que você usará nessa prova. É muito mais provável que esses triângulos sejam úteis do que triângulos sem marcações.) Pense em como pode provar que os triângulos QVS e TVR são congruentes. Com adição de arcos, você obtém $\overset{\frown}{QS} \cong \overset{\frown}{RT}$, e a partir disso, obtém $\angle QVS \cong \angle TVR$. Você pode então utilizar esses ângulos e quatro raios para obter a congruência entre os triângulos com LAL e então concluir com PCTCC.

Declarações	**Justificativas**
1) Círculo V	1) Dado.
2) Trace $\overline{VR}$ e $\overline{VS}$	2) Dois pontos determinam uma reta.
3) $\overline{VR} \cong \overline{VS}$	3) Todos os raios de um círculo são congruentes.
4) $\overline{VT} \cong \overline{VQ}$	4) Todos os raios de um círculo são congruentes.
5) $\overset{\frown}{QR} \cong \overset{\frown}{ST}$	5) Dado.
6) $\overset{\frown}{QS} \cong \overset{\frown}{RT}$	6) Adicionando $\overset{\frown}{RS}$ a $\overset{\frown}{QR}$ e $\overset{\frown}{ST}$.
7) $\angle QVS \cong \angle TVR$	7) Se os arcos são congruentes, então os ângulos centrais são congruentes.

8) $\Delta UVS \cong \Delta TVR$	8) LAL (linhas 3, 7, 4). (Você poderia também ter obtido cordas congruentes na linha 7 e então usado LLL na linha 8.)
9) $\angle Q \cong \angle T$	9) PCTCC.

© John Wiley & Sons, Inc.

Saindo pela Tangente

Espero que você esteja gostando do *Geometria Para Leigos* até agora. Eu me lembro de gostar de geometria no ensino médio. Ei, isso me traz uma lembrança: eu tinha um professor de geometria que tinha um carro antigo, uma verdadeira lata-velha. Certa vez, ele viajou com esse carro para Ozark e, no caminho, teve que parar para abastecer. Após encher o tanque, ele entrou na estação para comprar biscoitos, e quando estava voltando, havia um urso tentando... ei, onde eu estava? Ah, eu meio que saí pela *tangente* — entendeu? Eu morri de rir.

Enfim, nesta seção você vê retas que são tangentes aos círculos. Tangentes aparecem em alguns tipos interessantes de problemas: o problema da tangente comum e o problema da caminhada circular. Como você deve ter imaginado, esses problemas não têm nada a ver com viagens para Ozark.

Apresentando a tangente

Definição: uma reta é *tangente* a um círculo se o toca em um único ponto.

LEMBRE-SE

Perpendicularidade entre a tangente e o raio: Se uma reta é tangente a um círculo, então é perpendicular ao raio traçado ao ponto de tangência. Observe as rodas da bicicleta na Figura 14-4.

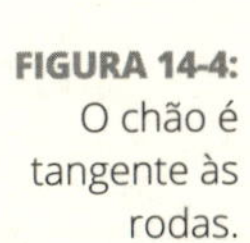

FIGURA 14-4: O chão é tangente às rodas.

© John Wiley & Sons, Inc.

Nessa imagem, as rodas são, obviamente, os círculos; os aros são os raios; e o chão é a *reta tangente*. O ponto em que cada uma das rodas toca o chão é um *ponto de tangência*. E o mais importante — que o teorema diz — é que o raio que termina no ponto de tangência é *perpendicular à* reta tangente.

DICA

Não esqueça de procurar, em problemas de círculo, as retas tangentes e os ângulos retos que ocorrem nos pontos de tangência. Você deve traçar um ou mais raios aos pontos de tangência para formar ângulos retos. Com frequência, ângulos retos integram partes de triângulos retângulos (ou, às vezes, retângulos).

Aqui está um problema de exemplo: encontre o raio do círculo *C* e o comprimento de *DE* na imagem a seguir.

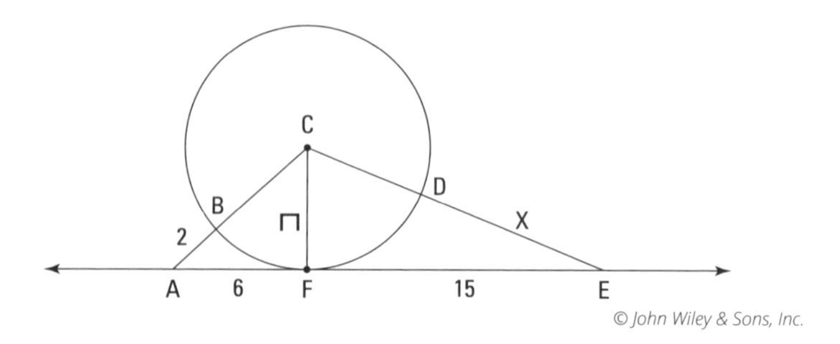

Ao ver um problema de círculo, você deve dizer a si mesmo: *raios, raios, raios!* Então trace o raio $\overline{CF}$, o qual, de acordo com o teorema, é perpendicular a $\overleftrightarrow{AE}$. Iguale-o a *x*, o que resulta em $\overline{CB}$ também medindo *x*. Agora você tem o triângulo retângulo ΔCFA, então use o Teorema de Pitágoras para encontrar *x*:

$$x^2 + 6^2 = (x + 2)^2$$

$$x^2 + 36 = x^2 + 4x + 4$$

$$32 = 4x$$

$$8 = x$$

Então o raio vale 8. Logo, você pode ver que ΔCFE é um triângulo 8-15-17 (veja o Capítulo 8), portanto, *CE* mede 17. (Obviamente, você também pode obter *CE* com o Teorema de Pitágoras.) *CD* mede 8 (e esse é o terceiro raio do problema. E então, *"raios, raios, raios"* soa familiar?). Portanto, *DE* mede 17 - 8, ou 9. É isso.

O problema da tangente comum

O *problema da tangente comum* tem esse nome devido a uma única tangente que toca os dois círculos. Seu objetivo é encontrar o comprimento dessa tangente. Esses problemas podem ser um pouco complicados, mas o método de solução em três etapas a seguir torna tudo mais fácil.

O exemplo seguinte envolve uma tangente *externa* comum (em que a tangente passa pelo mesmo lado dos círculos). Você deve encontrar também alguns problemas de tangente comum, que envolvem uma tangente *interna* comum (em que a tangente passa entre os círculos). Não se preocupe, a técnica para resolvê-los é a mesma.

Dados: O raio do círculo *A* mede 4
O raio do círculo *Z* mede 14
A distância entre os círculos mede 8

Prova: O comprimento da tangente comum, $\overline{BY}$

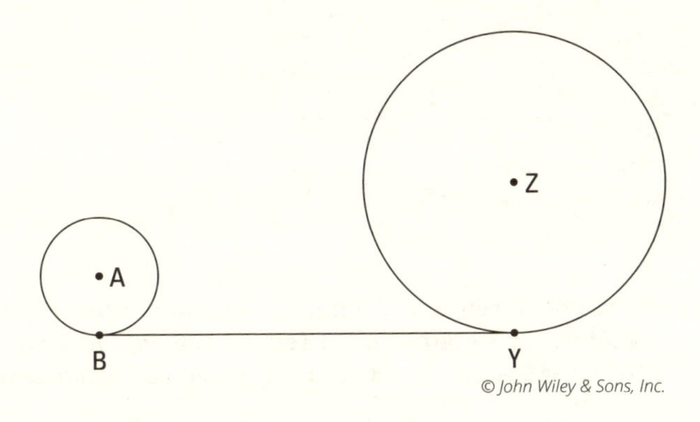

Eis a maneira de resolvê-lo:

1. **Trace o segmento que conecta os centros dos círculos e trace os dois raios aos pontos de tangência (caso ainda não tenham sido traçados).**

   Trace $\overline{AZ}$ e os raios $\overline{AB}$ e $\overline{ZY}$. A Figura 14-5 mostra essa etapa. Perceba que a distância dada entre os círculos, que mede 8, é a distância *externa* entre os círculos ao longo do segmento que conecta os centros.

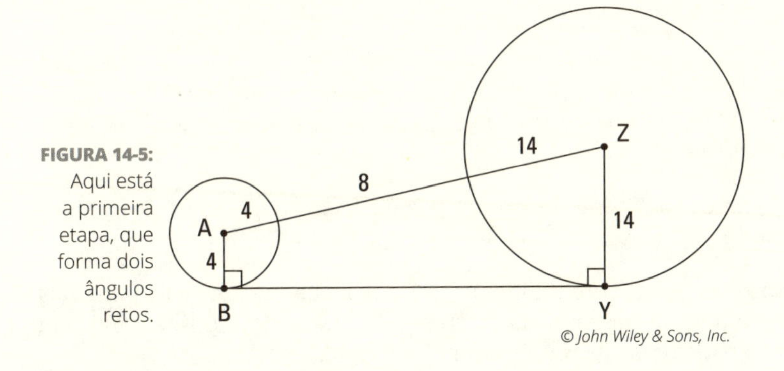

FIGURA 14-5: Aqui está a primeira etapa, que forma dois ângulos retos.

2. **Partindo do centro do círculo *menor*, trace um segmento paralelo à tangente comum até o raio do círculo maior (ou até a extensão do raio do círculo maior em um problema de tangente interna comum).**

   Você obtém um triângulo retângulo e um retângulo; um dos lados do retângulo é a tangente comum. A Figura 14-6 ilustra essa etapa.

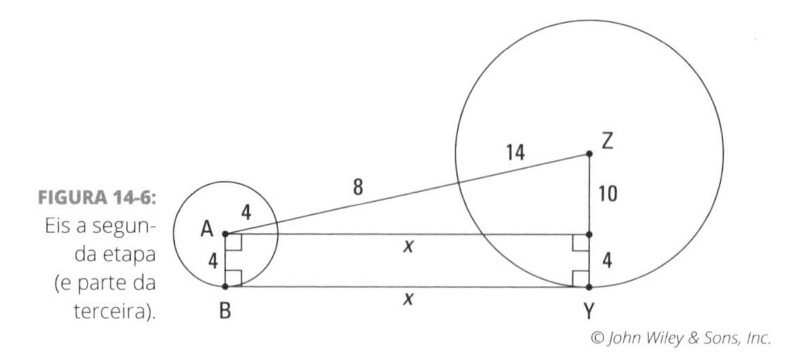

FIGURA 14-6: Eis a segunda etapa (e parte da terceira).

3. **Agora você tem um triângulo retângulo e um retângulo, e pode resolver o problema com o Teorema de Pitágoras e o simples fato de que lados opostos de um retângulo são congruentes.**

   A hipotenusa do triângulo é formada pelo raio do círculo *A*, o segmento entre os círculos e o raio do círculo *Z*. Seus comprimentos somam 4 + 8 + 14 = 26. Perceba que o comprimento do retângulo equivale ao raio do círculo *A*, que mede 4. Como lados opostos de um retângulo são congruentes, você pode declarar que um dos catetos do triângulo é o raio do círculo *Z* menos 4, ou 14 – 4 = 10. Agora você sabe dois lados do triângulo e, se obtiver o terceiro, encontrará o comprimento da tangente comum. Calcule o terceiro lado com o Teorema de Pitágoras:

   $$x^2 + 10^2 = 26^2$$
   $$x^2 + 100 = 676$$
   $$x^2 = 576$$
   $$x = 24$$

   (Obviamente, se você perceber que o triângulo retângulo pertence à família 5 : 12 : 13, pode multiplicar 12 por 2 e obter 24, em vez de usar o Teorema de Pitágoras.)

   Como os lados opostos de um triângulo são congruentes, *BY* também mede 24, e é isso.

Agora observe novamente a Figura 14-6 e perceba onde estão os ângulos retos e como estão posicionados o triângulo retângulo e o retângulo. Em seguida, certifique-se de prestar atenção à seguinte dica.

DICA

Repare na localização da hipotenusa. Em um problema de tangente comum, o segmento que conecta os centros dos círculos é *sempre* a hipotenusa de um triângulo retângulo. (Além disso, a tangente comum é *sempre* o lado de um retângulo, e *nunca* uma hipotenusa.)

CUIDADO

Em um problema de tangente comum, o segmento que conecta os centros dos círculos *nunca* é um dos lados que formam um ângulo reto. Não cometa esse erro comum.

Percorrendo o lado negro da força em um problema de caminhada circular

Em minha opinião, o tipo de problema a seguir funciona de uma maneira bem interessante. É chamado de problema da caminhada circular. Você verá porque ele é chamado assim em um instante. Mas antes, aqui está um teorema necessário para o problema.

LEMBRE-SE

Teorema do chapéu de festa: Se dois segmentos tangentes são traçados em direção a um círculo a partir do mesmo ponto externo, então são congruentes. Chamo esse de *teorema do chapéu de festa* porque é assim que o diagrama se parece, mas você não terá muita sorte se procurar esse nome em outros livros de geometria. Veja a Figura 14-7.

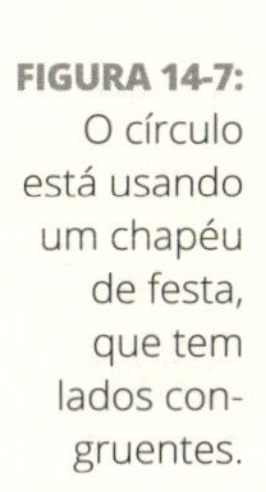

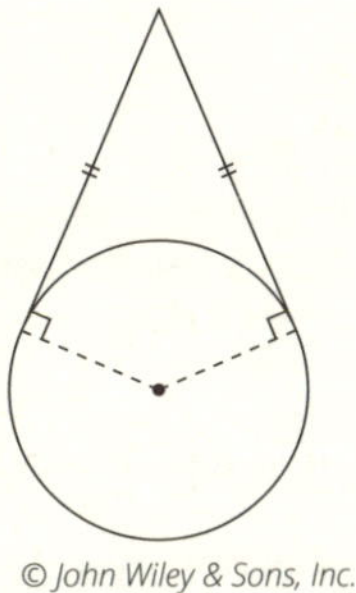

FIGURA 14-7: O círculo está usando um chapéu de festa, que tem lados congruentes.

Dados: Diagrama como mostrado
$\overline{WL}$, $\overline{LR}$, $\overline{RU}$ e $\overline{UW}$
tangenciam o círculo D

Encontre: UW

A primeira observação em um problema de caminhada circular é exatamente o que diz o teorema anterior: dois segmentos tangentes são congruentes se traçados a partir do mesmo ponto fora do círculo. Então marque os seguintes pares de segmentos congruentes: $\overline{WN}$ e $\overline{WA}$, $\overline{LA}$ e $\overline{LK}$, $\overline{RK}$ e $\overline{RO}$, $\overline{UO}$ e $\overline{UN}$. (Entende por que o chamam de *problema da caminhada circular*?)

Ok, faça o seguinte. Iguale *WN* a *x*. Em seguida, pelo teorema do chapéu de festa, *WA* também mede *x*. Logo, como *WL* mede 12 e *WA* mede *x*, *AL* mede 12 - *x*. *A*, *L* e *K* formam outro chapéu de festa, então *LK* também mede 12 - *x*. *LR* mede 18, então *KR* mede *LR* - *LK*, ou 18 -(12 - *x*); que simplifica para 6 + *x*. Continue caminhando em volta até retornar à origem $\overline{NU}$, como mostro na Figura 14-8.

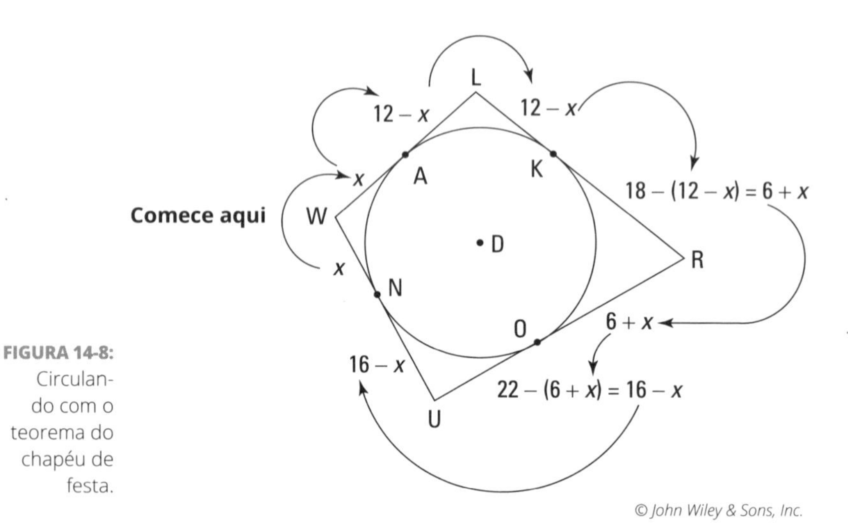

FIGURA 14-8: Circulando com o teorema do chapéu de festa.

Por fim, *UW* equivale a *WN* + *NU*, ou *x* + (16 - *x*), que equivale a 16. É isso.

Um dos fatos que acho interessante a respeito dos problemas de caminhada circular é que quando você tem um número par de lados na imagem (como nesse exemplo), você obtém a solução sem nunca resolver para *x*. No problema de exemplo, *x* pode assumir qualquer valor entre 0 e 12, inclusos. Alterar *x* muda o tamanho do círculo e o formato do quadrilátero, mas os comprimentos dos quatro lados (incluindo a solução) permanecem inalterados. Por outro lado, quando um problema de caminhada circular envolve um número ímpar de lados, há uma única solução para *x*, e o diagrama tem formato fixo. Bem legal, não?

NESTE CAPÍTULO

» **Analisando comprimento do arco e área do setor**

» **Teorizando sobre teoremas do ângulo do arco**

» **Praticando produtos de teoremas de círculos**

Capítulo **15**

Teoremas e Fórmulas dos Círculos

Os alunos sempre perguntam: "Quando vou usar isso?" Bem, suponho que este livro contenha muitas coisas que você não verá de novo tão cedo, mas o que sei com certeza é que usará objetos com forma circular milhares de vezes em sua vida. Toda vez que anda de carro, vê os quatro pneus, o volante, os botões circulares do rádio, a abertura circular do escapamento, e assim por diante. O mesmo vale para andar de bicicleta — rodas, engrenagens, a abertura do pequeno compartimento de enchimento de ar dos pneus que ninguém sabe o nome etc. E considere todas as invenções e produtos que se baseiam nessa forma onipresente: rodas-gigantes, giroscópios, botões do iPod, lentes, bueiros (e suas tampas), canos, rodas d'água, carrosséis e muitos, muitos outros.

Neste capítulo você descobre informações fascinantes sobre os círculos. Investiga muitas fórmulas e teoremas sobre eles e as relações entre círculos, ângulos, arcos e vários segmentos associados (cordas, tangentes e secantes). Na maior parte, essas fórmulas se referem à maneira como esses objetos geométricos se atravessam ou dividem: círculos cortando secantes, ângulos cortando arcos de círculos, cordas cortando cordas, e assim por diante.

Mastigando Fórmulas de Fatias de Pizza

Nesta seção você começa com duas fórmulas básicas: da área e da circunferência do círculo. Em seguida você as usa para calcular comprimento, perímetro e área de várias partes de um círculo: arcos, setores e segmentos. (Sim, segmento é o nome de uma determinada parte do círculo e é completamente diferente de um segmento de reta — vai entender!) Você pode usar essas fórmulas para descobrir qual tamanho de pizza pedir, embora eu ache mais útil você simplesmente avaliar sua fome. E lá vamos nós.

LEMBRE-SE

Circunferência e área do círculo: Junto do Teorema de Pitágoras e algumas outras fórmulas, as duas fórmulas do círculo a seguir estão entre as mais amplamente conhecidas na geometria. Nessas fórmulas, r é o raio do círculo, e d, seu diâmetro:

- Circunferência = $2\pi r$ (ou πd)
- $\text{Área}_{\text{Círculo}} = \pi r^2$

Continue lendo para obter informações sobre como encontrar o comprimento do arco e a área de setores e segmentos. Se entender a lógica básica por trás dessas fórmulas, você será capaz de resolver problemas de arco, setor e segmento, mesmo se as esquecer.

Determinando o comprimento do arco

Antes de chegar à fórmula do comprimento do arco, quero destacar uma fonte potencial de confusão sobre arcos e sua mensuração. No Capítulo 14, a medida de um arco é definida como a medida do grau do ângulo central que o intercepta. Dizer que a medida de um arco é de 60° significa simplesmente que seu ângulo central é de 60°. No entanto, agora, nesta seção, mostrarei como determinar o comprimento do arco. O comprimento do arco é o que o senso comum entende como comprimento — você sabe, como o comprimento de um pedaço de barbante (no caso do arco, é claro, seria um pedaço de barbante curvo). Em suma, a medida de um arco é o tamanho do grau de seu ângulo central; o comprimento é o comprimento regular ao longo do arco.

Um círculo completo tem 360°, portanto, se dividir a medida do grau do arco por 360°, encontrará a fração da circunferência do círculo representada pelo arco.

Assim, se multiplicar o comprimento do círculo (sua circunferência) por essa fração, terá o comprimento do arco. Finalmente, aqui está a fórmula que você esperava.

LEMBRE-SE

Comprimento do arco: O comprimento do arco (parte da circunferência, como $\widehat{AB}$ na Figura 15-1) é igual à circunferência do círculo ($2\pi r$) vezes a fração do círculo representada pela medida do arco (repare que a medida do grau do arco é escrita como $m\widehat{AB}$):

$$\text{Comprimento}_{\widehat{AB}} = \left(\frac{m\widehat{AB}}{360}\right)(2\pi r)$$

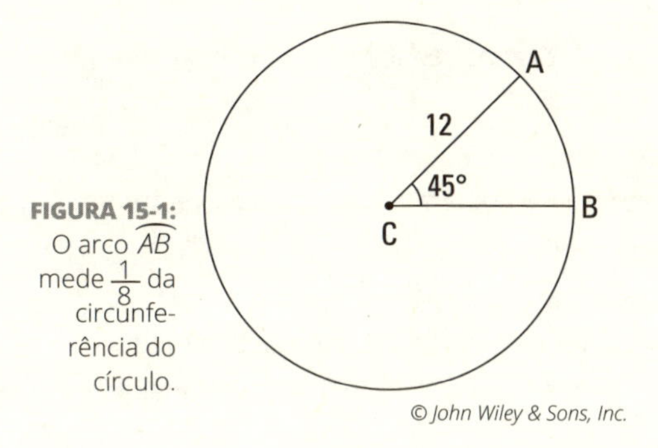

FIGURA 15-1: O arco $\widehat{AB}$ mede $\frac{1}{8}$ da circunferência do círculo.

Veja os cálculos para $\widehat{AB}$. Sua medida de grau é de 45°, e o raio do círculo é 12, então aqui estão as contas para o comprimento:

$$\begin{aligned}
\text{Comprimento}_{\widehat{AB}} &= \left(\frac{m\widehat{AB}}{360}\right)(2\pi r) \\
&= \frac{45}{360} \text{ x } 2 \text{ x } \pi \text{ x } 12 \\
&= \frac{1}{8} \text{ x } 24\pi \\
&= 3\pi \approx 9{,}42 \text{ unidades}
\end{aligned}$$

Como você pode ver, 45° é $\frac{1}{8}$ de 360°, então o comprimento do arco $\widehat{AB}$ é $\frac{1}{8}$ da circunferência do círculo. Muito simples, não é?

Encontrando setor e área do segmento

Sim, é isso mesmo. Você pode encontrar a área de um segmento. Obviamente, não a área de um segmento de reta (que não tem área), mas a área de um segmento circular — algo completamente diferente. Um *segmento circular* é um pedaço de círculo delimitado por uma corda e um arco. A outra região do círculo que você vê aqui é chamada *setor* — um pedaço de círculo delimitado por dois raios e um arco. Nesta seção, mostro como encontrar a área de cada uma dessas regiões.

UM CÍRCULO É UM TIPO DE ∞-ÍGONO

Um octógono regular, como uma placa de "pare", tem oito lados e ângulos congruentes. Agora imagine como 12-ígonos, 20-ígonos e 50-ígonos parecem. Quanto mais lados um polígono tiver, mais ele se parece com um círculo. Bem, se você continuar até o infinito, meio que chegará em um ∞-ígono, que é exatamente um círculo. (Digo *meio* porque o infinito é um terreno um pouco instável.) O fato de pensar em um círculo como um ∞-ígono faz com que a extraordinária ideia a seguir funcione:

Você pode utilizar a fórmula da área do polígono regular para calcular a área de um círculo!

Aqui está a fórmula do polígono regular do Capítulo 12: $\text{Área}_{\text{Polígono Regular}} = \frac{1}{2}pa$ (em que p é o perímetro do polígono e a é o apótema, a distância do centro do polígono ao ponto médio de um dos lados).

Para explicar como funciona essa fórmula, uso um octógono de exemplo. O seguinte é um octógono regular com seu apótema traçado e, à direita do octógono, como seria se ele fosse cortado ao longo dos raios e desenrolado.

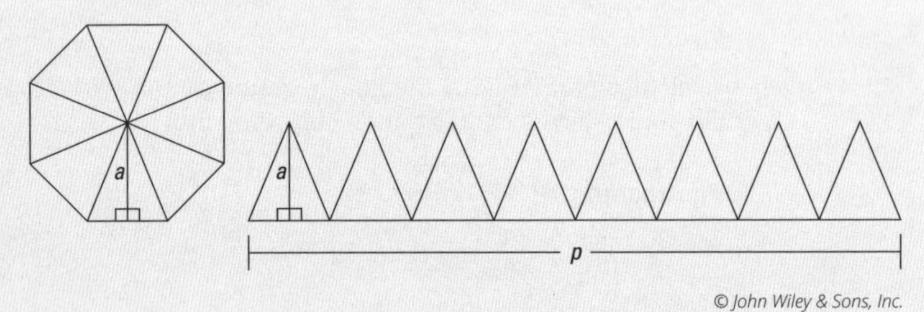

© John Wiley & Sons, Inc.

O perímetro do octógono se tornou as oito bases dos oito pequenos triângulos. Observe que o apótema mede o mesmo que a altura dos triângulos.

A fórmula da área do polígono é baseada na fórmula da área do triângulo, $\text{Área}_{\Delta} = \frac{1}{2}bh$. A fórmula completa do polígono usa o perímetro (a soma de todas as bases dos triângulos), em vez de uma única base. Ao fazer isso, ela soma todas as áreas dos pequenos triângulos de uma só vez para informar a área do polígono.

Agora veja um círculo cortado em 16 setores estreitos (ou fatias de pizza) antes e depois de serem desenrolados.

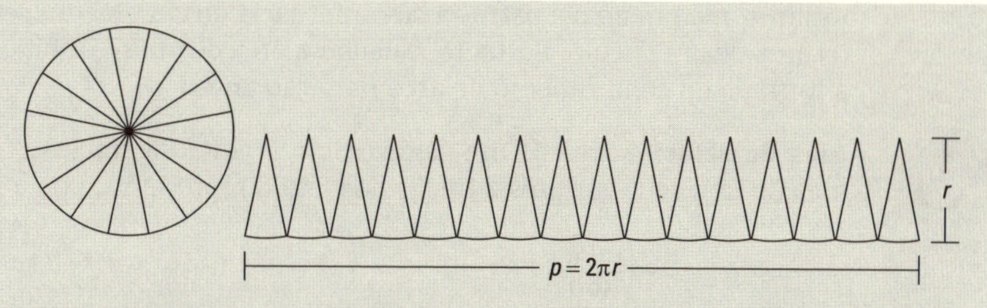

© John Wiley & Sons, Inc.

Como você pode ver, o "perímetro" de um círculo é a circunferência (2πr), e o "apótema" é o raio. Diferentemente da base reta do octógono desenrolado, a base do círculo desenrolado é ondulada, pois é formada pelos pequenos arcos do círculo. Porém, se você cortasse o círculo em mais e mais setores, essa base ficaria mais e mais reta, até que — com um "número infinito" de setores "infinitamente estreitos" — se tornaria perfeitamente retilínea, e os setores se tornariam infinitos triângulos estreitos. Então, a fórmula do polígono funcionaria pela mesma razão que funciona para os polígonos:

$$\begin{aligned} \text{Área}_{\text{Círculo}} &= \frac{1}{2}pa \\ &= \frac{1}{2}(2\pi r)r \\ &= \pi r^2 \end{aligned}$$

Voilà! O velho, familiar πr^2.

LEMBRE-SE

Então aqui estão as definições das duas regiões (a Figura 15-2 mostra ambas):

- **Setor:** Uma região delimitada por dois raios e um arco (definição em português simples: o formato de um pedaço de pizza)
- **Segmento circular:** Uma região delimitada por uma corda e um arco

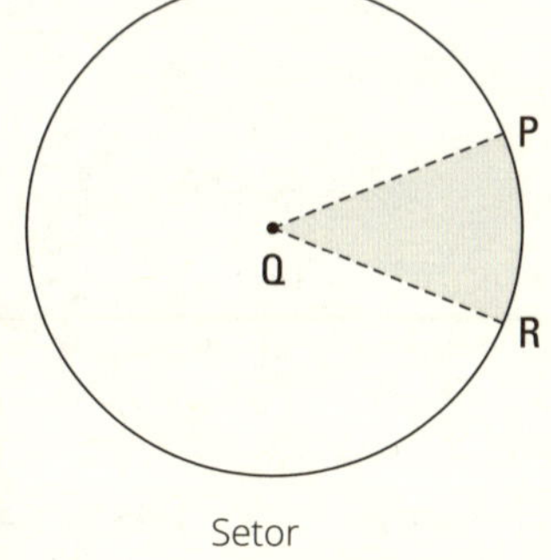

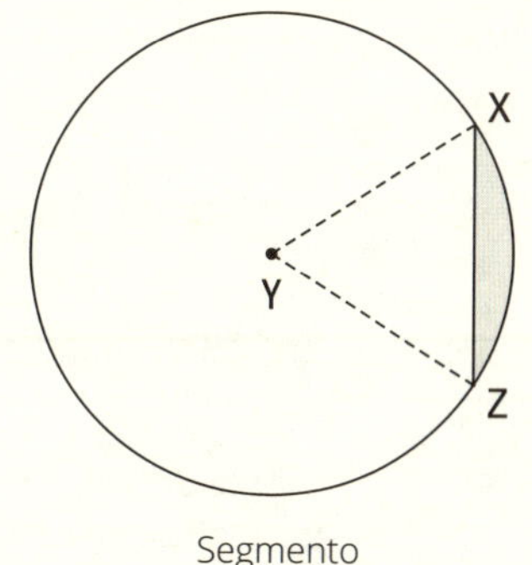

FIGURA 15-2: Um pedaço de pizza (setor) e um segmento do círculo.

© John Wiley & Sons, Inc.

Assim como um arco é parte da circunferência do círculo, um setor é parte da área de um círculo. Portanto, calcular a área de um setor funciona como a fórmula do comprimento do arco na seção anterior.

LEMBRE-SE

Área do setor: A área de um setor (como *PQR* na Figura 15-2) equivale à área do círculo (πr^2) vezes a fração do círculo representada pelo setor:

$$\text{Área}_{\text{Setor } PQR} = \left(\frac{m\widehat{PR}}{360}\right)(\pi r^2)$$

Use essa fórmula para encontrar a área do setor *ACB* da Figura 15-1:

$$\text{Área}_{\text{Setor } ACB} = \left(\frac{m\widehat{AB}}{360}\right)(\pi r^2)$$

$$= \frac{1}{8} \text{ x } \pi \text{ x } 122$$

$$= 18\pi \approx 56{,}55 \text{ unidades2}$$

Como 45° é $\frac{1}{8}$ de 360°, a área do setor *ACB* é $\frac{1}{8}$ da área do círculo (assim como o comprimento de $\widehat{AB}$ é $\frac{1}{8}$ da circunferência do círculo).

LEMBRE-SE

Área do segmento: Para calcular a área de um segmento como o da Figura 15-2, basta subtrair a área do triângulo pela área do setor (a propósito, não há maneira técnica de nomear segmentos, mas vamos chamar esse de *segmento circular XZ*):

$$\text{Área}_{\text{ Segmento Circular } XZ} = \text{área}_{\text{ Setor } XYZ} - \text{área}_{\ \Delta XYZ}$$

Você sabe como calcular a área de um setor. Para obter a área do triângulo, trace uma das alturas, que vai do centro do círculo à corda que forma a base do triângulo. Essa altura torna-se então um dos catetos do triângulo retângulo cuja hipotenusa é o raio do círculo. Conclua com ideias a respeito do triângulo retângulo, como o Teorema de Pitágoras. Mostro a você na próxima seção, em detalhes, como fazer tudo isso.

Colocando tudo junto em um problema

O problema a seguir ilustra como encontrar o comprimento do arco, a área do setor e a área do segmento:

Dado: Círculo *D* com raio 6

Prova:

1. Comprimento do arco $\widehat{IK}$
2. Área do setor *IDK*
3. Área do segmento circular *IK*

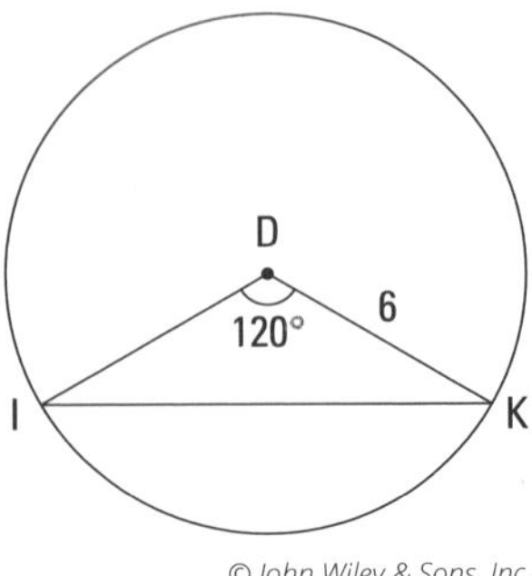

© John Wiley & Sons, Inc.

Aqui está a solução desse problema em três partes:

1. **Encontre o comprimento do arco $\widehat{IK}$.**

   Você não precisa de fórmula para encontrar o comprimento do arco se compreender os conceitos: o arco mede 120°, que vale um terço de 360°, então o comprimento de $\widehat{IK}$ é um terço da circunferência do círculo *D*. Isso é tudo. É assim que isso fica quando você substitui tudo na fórmula:

   $$\text{Comprimento}_{\widehat{IK}} = \left(\frac{m\widehat{IK}}{360}\right)(2\pi r)$$
   $$= \frac{120}{360} \times 12\pi$$
   $$= \frac{1}{3} \times 12\pi$$
   $$= 4\pi \approx 12{,}6 \text{ unidades}$$

2. **Encontre a área do setor *IDK*.**

   Um setor é uma parte da área do círculo. Como 120° ocupa um terço de um círculo, o setor *IDK* ocupa um terço da área do círculo. Eis a solução formal:

   $$\text{Área}_{\text{Setor IDK}} = \left(\frac{m\widehat{IK}}{360}\right)(\pi r^2)$$
   $$= \frac{120}{360} \times 36\pi$$
   $$= \frac{1}{3} \times 36\pi$$
   $$= 12\pi \approx 37{,}7 \text{ unidades2}$$

3. **Encontre a área do segmento circular *IK*.**

   Para encontrar a área do segmento, você precisa da área de ΔIDK para que possa subtraí-la da área do setor *IDK*. Trace uma altura direto de *D* para $\overline{IK}$. Isso cria dois triângulos de 30°-60°-90°. Os lados de um triângulo de 30°-60°-90° estão na proporção de $x : x\sqrt{3} : 2x$ (veja o Capítulo 8), em que x é o cateto pequeno, $x\sqrt{3}$ é o cateto grande e $2x$ é a hipotenusa. Neste problema, a hipotenusa é 6, então a altura (o cateto pequeno) é metade disso, ou 3, e a base (o cateto grande) é $3\sqrt{3}$. $\overline{IK}$ é duas vezes maior do que a base do triângulo de 30°-60°-90°, então é duas vezes $3\sqrt{3}$, ou $6\sqrt{3}$. Você está pronto para concluir com a fórmula da área do segmento:

   $$\text{Área}_{\text{Segmento } IDK} = \text{área}_{\text{Setor } IDK} - \text{área}_{\Delta IDK}$$
   $$= 12\pi - \frac{1}{2}bh \quad \text{(Você obteve } 12\pi \text{ na parte 2)}$$
   $$= 12\pi - \frac{1}{2} \times 6\sqrt{3} \times 3$$

$= 12\pi - 9\sqrt{3}$

$\approx$ 22,1 unidades2

Compreendendo Teoremas e Fórmulas sobre Ângulos e Arcos

Nesta seção você investiga ângulos que interceptam um círculo. Os vértices desses ângulos podem estar *dentro* do círculo, *em cima* do círculo ou *fora* do círculo. As fórmulas nesta seção explicam como cada um desses ângulos está relacionado aos arcos que interceptam. Assim como grande parte do material deste livro, Arquimedes e outros matemáticos de mais de dois milênios atrás conheciam essas relações entre ângulos e arcos.

Ângulos em um círculo

Dos três lugares em que o vértice de um ângulo pode estar em um círculo, ângulos cujos vértices estão *em cima* do círculo são os que aparecem com mais frequência e, portanto, os mais importantes. Esses ângulos vêm em dois sabores:

LEMBRE-SE

- **Ângulo inscrito:** Um ângulo inscrito, como $\angle BCD$ na Figura 15-3a, é um ângulo cujo vértice está em cima de um círculo e cujos lados são duas cordas do círculo.
- **Ângulo de segmento:** Um ângulo de segmento, como $\angle JKL$ na Figura 15-3b, é um ângulo cujo vértice está em cima do círculo e o qual os lados são uma tangente e uma corda (para mais sobre tangentes e cordas, veja o Capítulo 14).

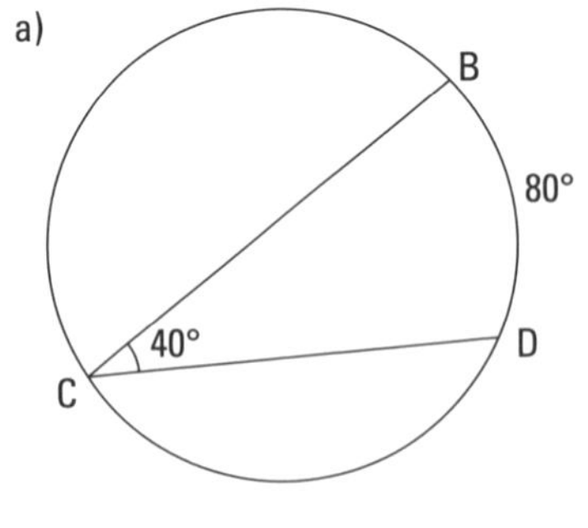

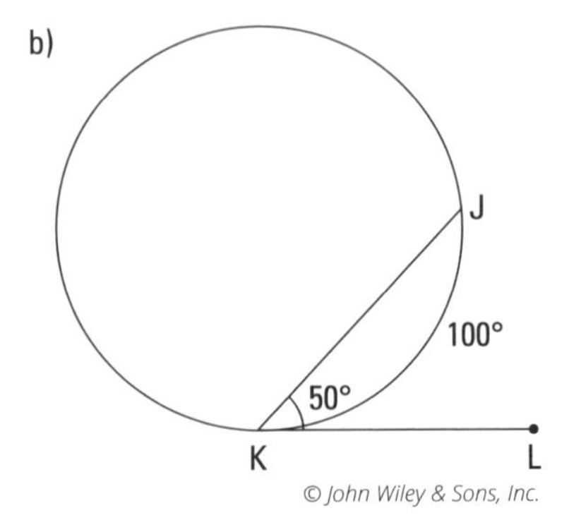

FIGURA 15-3: Ângulos com os vértices em cima do círculo.

LEMBRE-SE

Medida de um ângulo em cima de um círculo: A medida de um ângulo inscrito ou um ângulo de segmento é *metade* da medida do arco que ele intercepta.

Por exemplo, na Figura 15-3, $\angle BCD = \frac{1}{2}(m\widehat{BD})$ e $\angle JKL = \frac{1}{2}(m\widehat{JK})$.

DICA

Certifique-se de se lembrar da simples ideia de que um ângulo sobre um círculo tem metade da medida do arco que ele intercepta (ou, se você olhar por outro lado, a medida do arco é o dobro do ângulo). Se você esquecer qual é a metade de qual, tente isto: faça um rápido esboço de um círculo com um arco de 90° (um quarto do círculo) e um ângulo inscrito que intercepte o arco de 90°. Você verá logo que o ângulo é menor que 90°, o que mostra que o ângulo é menor do que o arco, e não o contrário.

LEMBRE-SE

Ângulos congruentes em um círculo: Os teoremas a seguir abordam situações em que há dois ângulos congruentes em um círculo:

» Se dois ângulos inscritos ou de segmento interceptam o mesmo arco, então são congruentes (veja a Figura 15-4a).

» Se dois ângulos inscritos ou de segmento interceptam arcos congruentes, então são congruentes (veja a Figura 15-4b).

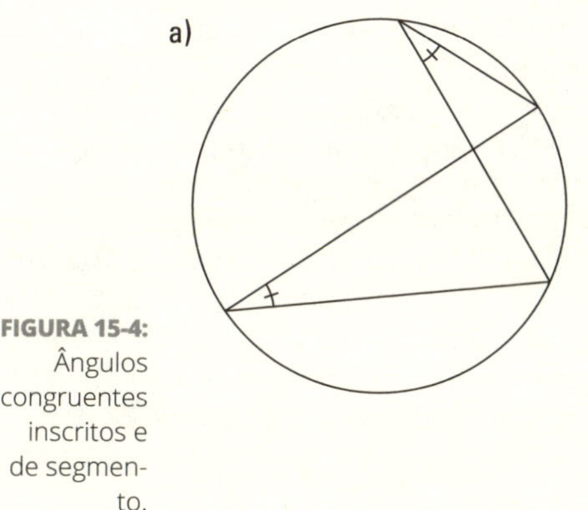

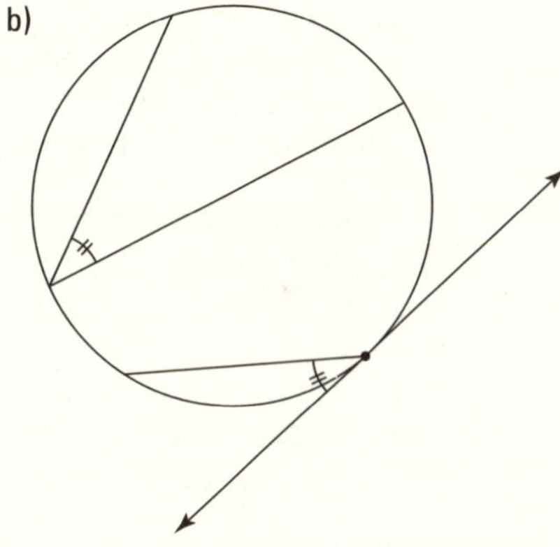

FIGURA 15-4: Ângulos congruentes inscritos e de segmento.

Hora de ver essas ideias em ação — dê uma olhada no problema a seguir:

	Diagrama como mostrado
Dados:	$\angle QPS = 75°$
Encontre:	Os ângulos 1, 2, 3 e 4 e a medida dos arcos $\overparen{SP}$, $\overparen{PQ}$ e $\overparen{QR}$

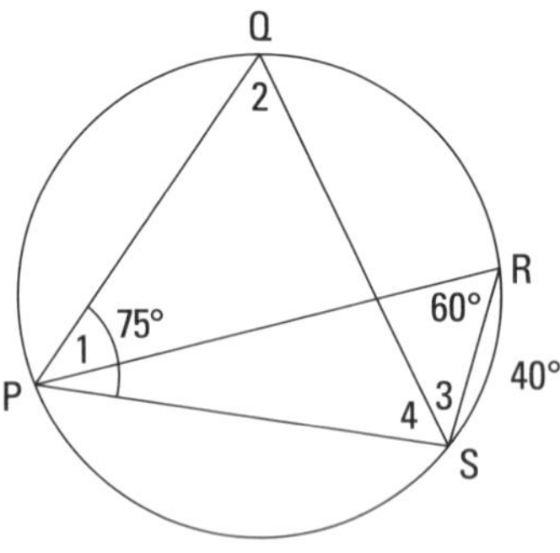

© John Wiley & Sons, Inc.

Veja como você faz isso. Apenas continue usando a fórmula do ângulo inscrito repetidas vezes. Lembre-se: o ângulo é metade do arco, e o arco é o dobro do ângulo.

$\overparen{SP}$ é o dobro do ângulo de 60°, então é 120°. O ângulo 2 equivale à metade, então é 60° (ou, pelo primeiro teorema do ângulo congruente nesta seção, $\angle 2$ deve ser igual ao $\angle PRS$, porque ambos interceptam o mesmo arco).

$\overparen{RS}$ é 40°, logo $\angle RPS$ é metade, ou 20°. Subtrair de $\angle QPS$ (que o dado diz que é 75°) lhe dá a medida de 55° para $\angle 1$. $\overparen{QR}$ é o dobro (110°); e, como $\angle 3$ intercepta $\overparen{QR}$, equivale à metade, ou 55°. (Mais uma vez, você poderia ter percebido que $\angle 3$ tem que ser igual a $\angle 1$ porque ambos interceptam $\overparen{QR}$.)

Agora descubra a medida de $\overparen{PQ}$. Quatro arcos — $\overparen{QR}$, $\overparen{RS}$, $\overparen{SP}$ e $\overparen{PQ}$ — formam o círculo inteiro, que equivale a 360°. Você tem as medidas dos três primeiros: 110°, 40° e 120°, respectivamente. Isso soma 270°. Assim, $\overparen{PQ}$ tem que ser igual a 360° - 270°, ou 90°. Finalmente, $\angle 4$ é metade, ou 45°. (Você também pode resolver por $\angle 4$ usando o fato de que os ângulos no ΔPRS devem totalizar 180°. Basta somar as medidas de $\angle R$, $\angle RPS$ e $\angle 3$ e subtrair o total de 180°.)

Nota: essa ideia sobre triângulos também oferece uma boa maneira de verificar seus resultados (supondo que você calculou a medida do $\angle 4$ da primeira maneira). O ângulo R é 60°; $\angle RPS$, 20°; $\angle 3$, 55°; e $\angle 4$, 45°. Isso soma 180°, e assim verificado, isso me leva à dica seguinte.

DICA

Sempre que possível, verifique suas respostas com um método diferente do método de solução original. Essa é uma verificação muito mais eficaz de seus resultados do que simplesmente olhar seu trabalho uma segunda vez procurando erros.

Ângulos dentro do círculo

Nesta seção, discuto ângulos cujos vértices estão dentro do círculo, mas não o tocam.

LEMBRE-SE

Medida de um ângulo dentro de um círculo: A medida de um ângulo cujo vértice está dentro de um círculo (um ângulo excêntrico interno) é metade da soma das medidas dos arcos interceptados pelo ângulo e seu ângulo vertical. Por exemplo, confira a Figura 15-5, que mostra o ângulo excêntrico interno *SVT*. Você encontra a medida do ângulo assim:

$$\angle SVT = \frac{1}{2}\left(m\overset{\frown}{ST} + m\overset{\frown}{QR}\right)$$

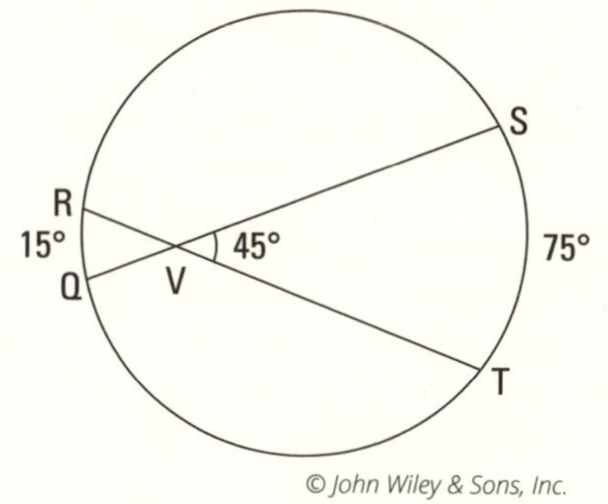

FIGURA 15-5: Ângulo excêntrico interno.

Eis um problema que mostra como a fórmula funciona:

Dado: $\overset{\frown}{MJ} : \overset{\frown}{JK} : \overset{\frown}{KL} : \overset{\frown}{LM} = 1 : 3 : 4 : 2$

Prova: $\angle 1$

Para usar a fórmula para encontrar $\angle 1$, você precisa das medidas dos arcos *MJ* e *KL*. Você sabe que a proporção dos arcos *MJ*, *JK*, *KL* e *LM* é 1 : 3 : 4 : 2, portanto, pode definir suas medidas como $1x$, $3x$, $4x$ e $2x$. Os quatro arcos formam um círculo inteiro, então devem somar 360°. Logo,

$$1x + 3x + 4x + 2x = 360^o$$

$$10x = 360^o$$

$$x = 36^o$$

Troque x por 36 para encontrar as medidas de $\overset{\frown}{MJ}$ e $\overset{\frown}{KL}$:

$$m\overset{\frown}{MJ} = 1x = 36°$$

$$m\overset{\frown}{KL} = 4x = 4 \text{ x } 36^o = 144°$$

Agora use a fórmula:

$$\begin{aligned} \angle 1 &= \frac{1}{2}(m\overset{\frown}{KL} + m\overset{\frown}{MJ}) \\ &= \frac{1}{2}(144 + 36) \\ &= \frac{1}{2}(180) \\ &= 90° \end{aligned}$$

Está feito. Tome um café.

Ângulos fora do círculo

As seções anteriores examinam ângulos cujos vértices estão no círculo e dentro dele. Há apenas um outro lugar em que o vértice de um ângulo pode estar: fora do círculo, é claro. Há três variedades de ângulos fora do círculo, e todas são feitas de tangentes e secantes.

Você já sabe o que é uma tangente (consulte o Capítulo 14), e aqui está a definição de *secante*: tecnicamente, secante é uma reta que intercepta um círculo em dois pontos. Mas as secantes que você usa nesta seção e na próxima deste capítulo, chamada "Dando uma Volta com Mais Teoremas", são segmentos que cortam um círculo, com um ponto final fora e o outro sobre ele.

Então, aqui estão os três tipos de ângulos *fora* do círculo:

- **Ângulo formado por duas secantes:** É um ângulo, como $\angle BDF$ na Figura 15-6a, cujo vértice está fora do círculo e cujos lados são duas secantes do círculo.
- **Ângulo formado por uma secante e uma tangente:** É um ângulo, como $\angle GJK$ na Figura 15-6b, cujo vértice está fora do círculo e cujos lados são secante e tangente do círculo.
- **Ângulo formado por duas tangentes:** É um ângulo, como $\angle LMN$ na Figura 15-6c, cujo vértice está fora do círculo e cujos lados são duas tangentes do círculo.

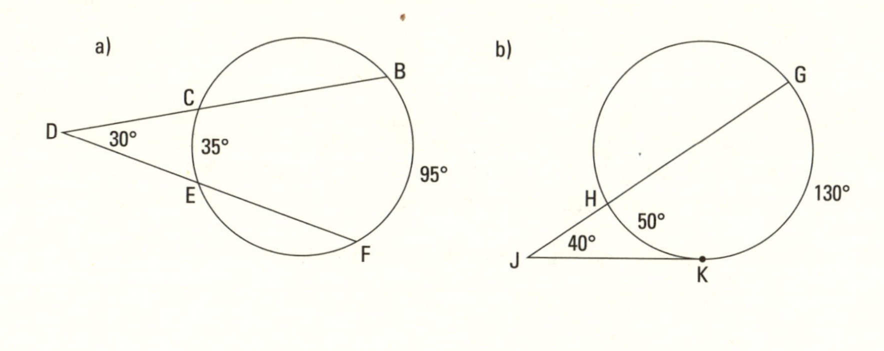

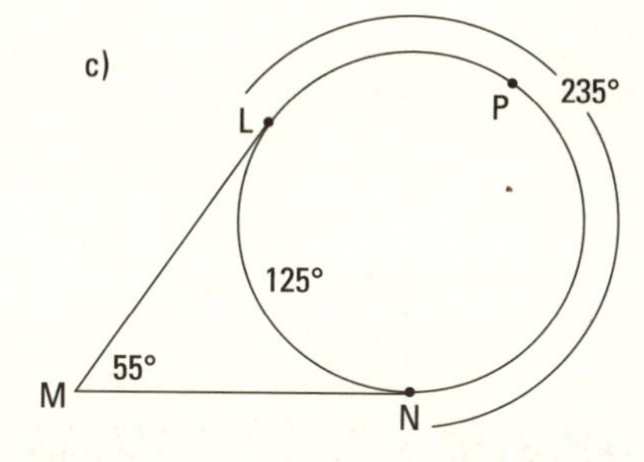

FIGURA 15-6: Três tipos de ângulos fora do círculo.

Medida de um ângulo fora do círculo: A medida de um ângulo formado por duas secantes, por uma secante e uma tangente ou por duas tangentes é metade da diferença das medidas dos arcos interceptados. Por exemplo, a Figura 15-6:

$$\angle BDF = \frac{1}{2}\left(m\widehat{BF} - m\widehat{CE}\right)$$

$$\angle GJK = \frac{1}{2}\left(m\widehat{GK} - m\widehat{HK}\right)$$

$$\angle LMN = \frac{1}{2}\left(m\widehat{LPN} - m\widehat{LN}\right)$$

Note que você subtrai o arco menor do maior. (Se obtiver um resultado negativo, sabe que subtraiu na ordem errada.)

Veja um problema que ilustra a fórmula do ângulo fora do círculo:

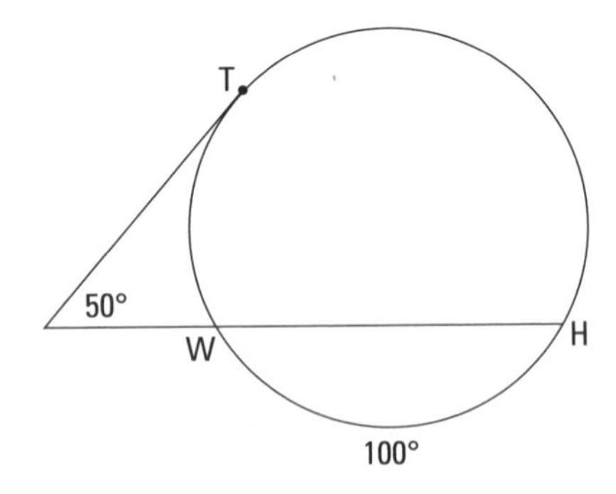

Dado: Diagrama mostrado

Prova: $m\widehat{WT}$ e $m\widehat{TH}$

© John Wiley & Sons, Inc.

Você sabe que os arcos $\widehat{HW}$, $\widehat{WT}$ e $\widehat{TH}$ devem totalizar 360°, então, como $\widehat{HW}$ é 100°, $\widehat{WT}$ e $\widehat{TH}$ totalizam 260°. Portanto, você iguala $m\widehat{WT}$ a x e $m\widehat{TH}$ a $260 - x$. Acrescente essas expressões à fórmula, e seu trabalho está pronto:

$$\text{Medida de um } \angle \text{ fora do círculo} = \frac{1}{2}(\text{arco} - \text{arco})$$

$$50^o = \frac{1}{2}(m\widehat{TH} - m\widehat{WT})$$
$$50^o = \frac{1}{2}((260 - x) - x)$$
$$50^o = \frac{1}{2}(260 - 2x)$$
$$50^o = 130^o - x$$

$$-80^o = -x$$

$$x = 80^o$$

Assim, $m\widehat{WT}$ é 80°, e $m\widehat{TH}$ é 180°.

Simplificando as fórmulas do ângulo do arco

Tenho duas ótimas dicas para ajudar você a lembrar quando usar cada uma das três fórmulas do arco do ângulo.

DICA

Nas três seções anteriores, você vê seis tipos de ângulos compostos de cordas, secantes e tangentes, mas apenas três fórmulas do arco do ângulo. Como vê nos títulos das três seções, para determinar quais das três fórmulas do arco do ângulo precisa usar, tudo em que precisa prestar atenção é onde o vértice do ângulo está: dentro, sobre ou fora do círculo. Você não precisa se preocupar se os dois lados do ângulo são cordas, tangentes, secantes ou uma combinação delas.

A segunda dica pode ajudá-lo a se lembrar de qual fórmula combina com qual categoria de ângulo. Primeiro, confira a Figura 15-7.

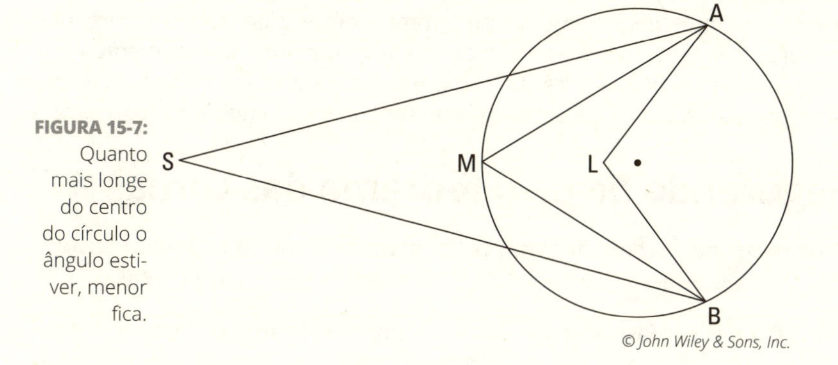

FIGURA 15-7: Quanto mais longe do centro do círculo o ângulo estiver, menor fica.

Você pode ver que o ângulo pequeno, $\angle S$ (cerca de 35°), está *fora* do círculo; o ângulo médio, $\angle M$ (cerca de 70°), está *no* círculo; e o ângulo grande, $\angle L$ (aproximadamente 110°), está *dentro* do círculo. Aqui está uma maneira de entender por que os tamanhos dos ângulos ficam nessa ordem. Pense que os lados de $\angle L$ são elásticos. Imagine pegar $\angle L$ no seu vértice e puxá-lo para a esquerda (mantendo suas extremidades ligadas de A a B). Quanto mais você puxar $\angle L$ para a esquerda, menor será o ângulo.

DICA

A subtração reduz as coisas, e a adição as aumenta, certo? Assim, eis como se lembrar de qual fórmula do ângulo do arco usar (veja a Figura 15-7):

» Para obter o ângulo *pequeno*, você *subtrai:*

$$\angle S = \frac{1}{2}(\text{arco} - \text{arco})$$

» Para obter o ângulo *médio*, você *não faz nada:*

$$\angle M = \frac{1}{2}(\text{arco})$$

» Para obter o ângulo *grande*, você *soma:*

$$\angle L = \frac{1}{2}(\text{arco} + \text{arco})$$

(***Nota:*** sempre que usar qualquer uma das fórmulas do arco do ângulo, certifique-se de utilizar sempre os arcos que estão no seu *interior*.)

Dando uma Volta com Mais Teoremas

Como nas seções anteriores, esta analisa o que acontece quando ângulos e círculos se interceptam. Agora, no entanto, em vez de tratar do tamanho de ângulos e arcos, você descobrirá os comprimentos dos segmentos que compõem os ângulos. Os três teoremas que se seguem lhe permitem resolver todos os tipos de problemas interessantes envolvendo círculos.

Segurando firme o teorema das cordas

O teorema das cordas foi assim brilhantemente nomeado porque envolve uma corda e — será que você consegue adivinhar? — outra corda!

Teorema das cordas: Se duas cordas de um círculo se interceptam, o produto dos comprimentos das duas partes de uma corda é igual ao produto dos comprimentos das duas partes da outra. (Se isso não é um jogo mental...)

Por exemplo, na Figura 15-8:

$$5 \times 4 = 10 \times 2$$

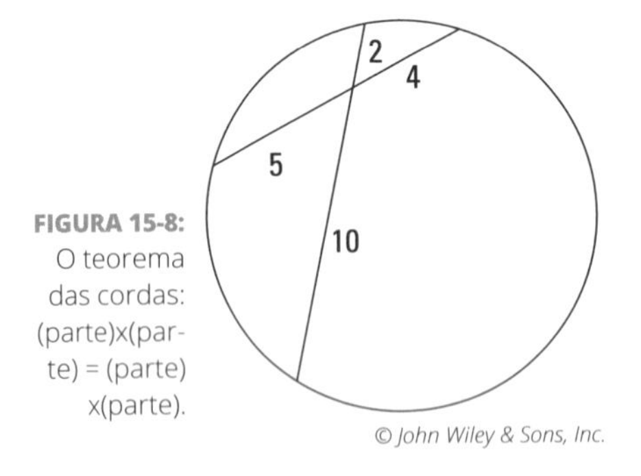

FIGURA 15-8: O teorema das cordas: (parte)x(parte) = (parte) x(parte).

Experimente a metodologia do teorema neste problema:

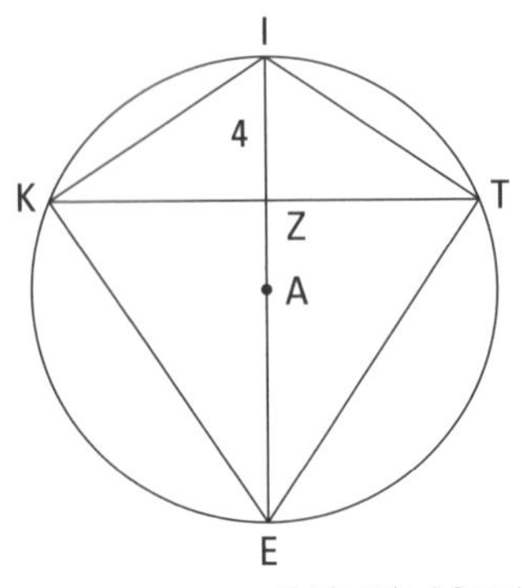

Dado: O raio do círculo A é 6,5

KITE é um deltoide

$IZ = 4$

Prova: A área de *KITE*

Para obter a área do deltoide, você precisa saber o comprimento de suas diagonais. Elas são duas cordas que se interceptam, então você deve se questionar se pode aplicar o teorema das cordas.

Para descobrir a diagonal $\overline{IE}$, observe que $\overline{IE}$ também é o diâmetro do círculo. O raio do círculo *A* é 6,5; seu diâmetro tem duas vezes seu comprimento, ou 13, então esse é o comprimento da diagonal $\overline{IE}$. Assim, você descobre que *ZE* deve ser 13 – 4, ou 9. Agora que sabe os dois comprimentos, *IZ* = 4 e *ZE* = 9, use o teorema para descobrir os segmentos:

$$(KZ)(ZT) = (IZ)(ZE)$$

Como *KITE* é um deltoide, a diagonal $\overline{IE}$ bisseca a diagonal $\overline{KT}$ (veja o Capítulo 10 para entender as propriedades do deltoide). Assim, $\overline{KZ} \cong \overline{ZT}$, então você pode igualá-los a *x*. Acrescente tudo à equação:

$$x \times x = 4 \times 9$$

$$x^2 = 36$$

$$x = 6 \text{ ou } -6$$

Obviamente, você pode desprezar -6 para o comprimento, então *x* é 6. *KZ* e *ZT* são ambos 6, e a diagonal $\overline{KT}$ é, dessa forma, 12. Você já descobriu que o comprimento da outra diagonal é 13, então finaliza com a fórmula da área do deltoide:

$$\text{ÁreaDeltoide} = \frac{1}{2}d1d2$$

$$= \frac{1}{2} \times 12 \times 13$$

$$= 78 \text{ unidades2}$$

A propósito, você também pode solucionar esse problema com o teorema da altura da hipotenusa, que apresento no Capítulo 13. Os ângulos *IKE* e *ITE* interceptam os semicírculos (180°), então ambos equivalem à metade de 180°, ou a ângulos retos. O teorema da altitude da hipotenusa lhe diz que $(KZ)^2 = (IZ)(ZE)$ e $(TZ)^2 = (IZ)(ZE)$ para os dois triângulos retângulos à esquerda e à direita do deltoide. Depois disso, a matemática funciona exatamente como acontece no teorema das cordas.

CAINDO NO HORIZONTE DA TERRA

Aqui está uma boa aplicação do teorema da tangente-secante. Confira esta imagem de um adulto de estatura mediana (digamos cerca de 1,70m) em pé na costa do oceano.

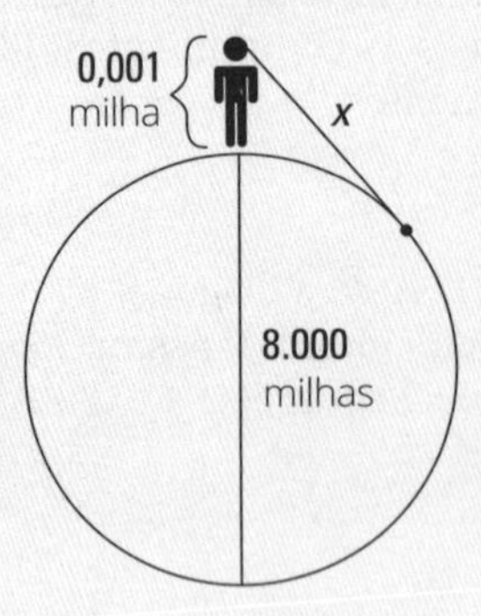

© *John Wiley & Sons, Inc.*

Os olhos de uma pessoa de estatura mediana estão a cerca de 5,3 pés (um pé equivale a 30,48 centímetros) acima do solo, o que é cerca de $\frac{1}{1.000}$ de milha (uma milha equivale a aproximadamente 1.600 metros). O diâmetro da Terra é de aproximadamente 8.000 milhas. E *x* na imagem representa a distância até o horizonte. Você pode aplicar tudo ao teorema da tangente-secante para descobrir o valor de *x*:

$$x^2 = 0{,}001(8.000 + 0{,}001)$$

$$x^2 \approx 0{,}001(8.000)$$

$$x^2 \approx 8$$

$$x \approx \sqrt{8} \approx 2{,}8 \text{ milhas} \approx 4{,}48\text{km}$$

Essa pequena distância surpreende a maioria das pessoas. Se você estiver na praia, algo flutuando na água que começa a sumir no horizonte está a meras 2,8 milhas da costa! (Para uma maneira de estimar a distância do horizonte, veja o Capítulo 22.)

Tangenciando o teorema da tangente-secante

Nesta seção, explico o teorema da tangente-secante — outro exemplo completamente inspirador de nomenclatura criativa.

Teorema da tangente-secante: Se uma tangente e uma secante são traçadas de um ponto externo para o círculo, então o quadrado do comprimento da tangente é igual ao produto do comprimento da parte externa da secante e o comprimento de toda a secante. (Outro jogo mental.)

Por exemplo, na Figura 15-9,

$$8^2 = 4(4 + 12)$$

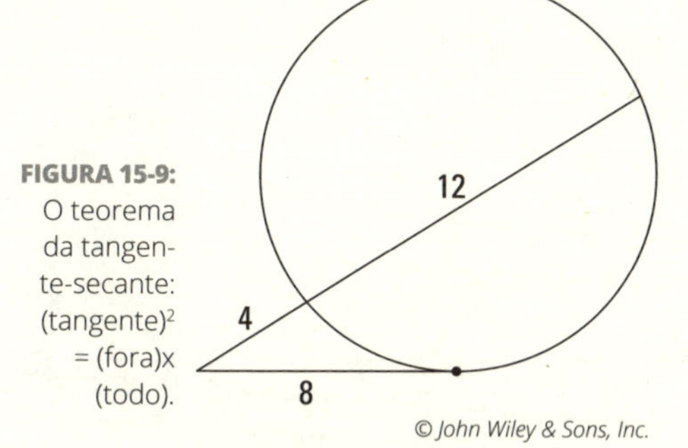

FIGURA 15-9: O teorema da tangente-secante: $(\text{tangente})^2 = (\text{fora}) \times (\text{todo})$.

Encontrando o teorema das secantes

Por último, mas não menos importante, dou-lhe o teorema das secantes. Você está sentado? Esse teorema envolve duas secantes! (Se você está tentando criar um nome criativo para seu filho, como Dweezil ou Moon Unit, fale com Frank Zappa, não com o cara que nomeou esses teoremas.)

Teorema das secantes: Se duas secantes são traçadas de um ponto externo para o círculo, então o produto do comprimento da parte externa da secante e o comprimento todo da secante é igual ao produto do comprimento da parte externa da outra secante e o comprimento todo daquela secante. (Um baita jogo mental!)

Por exemplo, na Figura 15-10:

$$4(4 + 2) = 3(3 + 5)$$

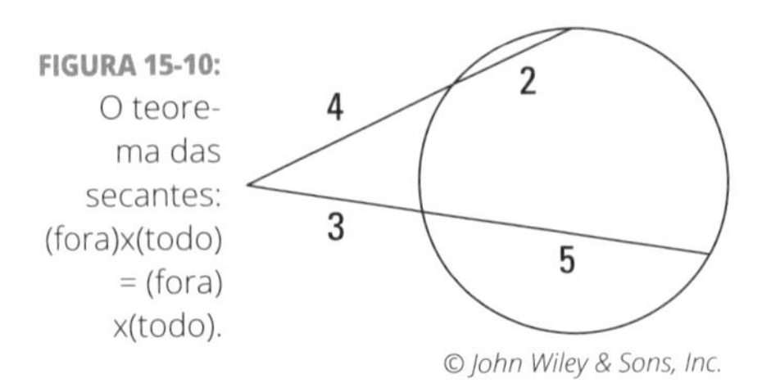

FIGURA 15-10: O teorema das secantes: (fora)x(todo) = (fora) x(todo).

O problema a seguir aplica os dois últimos teoremas:

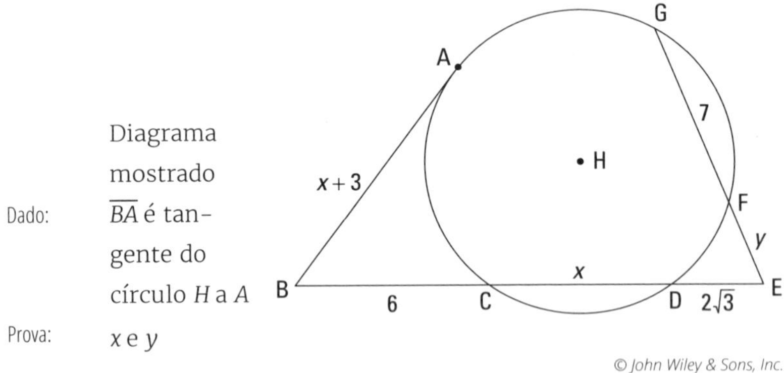

Dado: Diagrama mostrado $\overline{BA}$ é tangente do círculo H a A

Prova: x e y

A imagem inclui uma tangente e algumas secantes, então observe o teorema tangente-secante e o das secantes. Primeiro use o teorema tangente-secante com a tangente $\overline{AB}$ e a secante $\overline{BD}$ para descobrir x:

$$\begin{aligned}(x + 3)^2 &= 6(6 + x)\\ x^2 + 6x + 9 &= 36 + 6x\\ x^2 &= 27\\ x &= \pm\sqrt{27}\\ x &= \pm 3\sqrt{3}\end{aligned}$$

Você pode desprezar o resultado negativo; logo, x é $3\sqrt{3}$.

Agora use o teorema das secantes com $\overline{EC}$ e $\overline{EG}$ para descobrir o valor de y:

$$(2\sqrt{3})(2\sqrt{3} + 3\sqrt{3}) = y(y + 7)$$
$$2\sqrt{3} \times 5\sqrt{3} = y^2 + 7y$$
$$30 = y^2 + 7y$$
$$y^2 + 7y - 30 = 0$$
$$(y + 10)(y - 3) = 0$$

$$y + 10 = 0 \quad \text{or} \quad y - 3 = 0$$
$$y = -10 \qquad\qquad y = 3$$

Um segmento não pode ter comprimento negativo, então $y = 3$. Está pronto.

Unificando os teoremas na mesma ideia

DICA

Todos os três teoremas, de corda, tangente e secante, envolvem uma equação com um produto de dois comprimentos (ou um comprimento quadrado), que é igual a outro produto dos comprimentos. E cada comprimento é uma distância do vértice de um ângulo até a borda do círculo. Assim, todos os três teoremas seguem o mesmo esquema:

(vértice para círculo) x (vértice para círculo) = (vértice para círculo) x (vértice para círculo)

Esse esquema unificador pode ajudá-lo a se lembrar dos três teoremas que discuti nas seções anteriores. E isso o ajudará a evitar o erro comum de multiplicar a parte externa de uma secante pela interna (em vez de multiplicar corretamente a parte externa por toda a secante) quando estiver usando o teorema da secante-tangente ou das secantes.

6

Mergulhando na Geometria 3D

NESTA PARTE...

Aprenda a trabalhar com provas 3D.

Estude volume e área da superfície de pirâmides, cilindros, cones, esferas, prismas e outros sólidos variados.

NESTE CAPÍTULO

» **Provas de um plano: retas perpendiculares aos planos**

» **Provas de múltiplos planos: retas e planos paralelos, e muito, muito mais**

» **Planos que cortam outros planos**

Capítulo 16

Espaço 3D: Provas de Outro Plano Existencial

Toda a geometria até aqui envolve formas bidimensionais. Neste capítulo você dá uma olhada em diagramas e provas tridimensionais, e tem a chance de conferir retas e planos no espaço 3D e desvendar como interagem. No entanto, diferentemente das caixas, esferas e cilindros tridimensionais que você vê no cotidiano (e no Capítulo 17), as formas em 3D deste capítulo simplesmente resumem-se às formas em 2D dos capítulos anteriores "com vida" no espaço 3D.

Retas Perpendiculares aos Planos

Um *plano* é simplesmente algo plano, como um pedaço de papel, exceto que é imensuravelmente fino e segue infinitamente em todas as direções (o Capítulo 2 fala mais sobre planos). Nesta seção você descobre o que significa uma reta perpendicular a um plano e como usar essa perpendicularidade em provas de duas colunas.

LEMBRE-SE

Definição da perpendicularidade reta-plano: Dizer que uma reta é perpendicular a um plano significa que ela é perpendicular a cada reta do plano que passa pelo seu pé. (Um *pé* é o ponto em que uma reta cruza um plano.)

Teorema da perpendicularidade reta-plano: Se uma reta é perpendicular a duas retas diferentes que se encontram em um plano e passam por seu pé, é perpendicular ao plano.

Em provas de duas colunas, você usa a definição e o teorema precedentes por razões distintas:

- **Use a definição** quando você já souber que uma reta é perpendicular a um plano e desejar mostrar que essa reta é perpendicular a outra, que está no plano (em suma, *se ⊥ ao plano, então ⊥ à reta*).
- **Use o teorema** quando você já souber que uma reta é perpendicular a duas retas em um plano e quiser mostrar que ela também é perpendicular ao próprio plano (em suma, *se ⊥ às duas retas, então ⊥ ao plano*). Observe que esse é aproximadamente o inverso do processo anterior.

Certifique-se de entender que uma reta seja perpendicular a duas outras em um plano antes de concluir que é perpendicular a ele. (As duas retas no plano sempre se cruzam no pé da reta perpendicular a ele.) A perpendicularidade de uma reta ao plano não é suficiente. Eis o porquê: imagine que você tenha uma grande letra maiúscula L feita de, digamos, plástico, e a segure em uma mesa para que ela aponte para cima. Quando está apontando para cima, a peça vertical do L é perpendicular ao tampo da mesa. Agora comece a inclinar o L um pouco (mantendo a base na mesa), para inclinar seu topo. A parte superior do L ainda é obviamente perpendicular à inferior (que é uma reta no plano da mesa), mas sua parte superior não é mais perpendicular à mesa. Da mesma forma, uma reta desviada do plano pode projetar um ângulo reto com uma reta do plano e ainda assim não ser perpendicular a ele.

Pronto para alguns problemas? Aqui está o primeiro:

Dado: $BD \perp m$

$\angle EBC \cong \angle EDC$

Prova: $AB \cong AD$

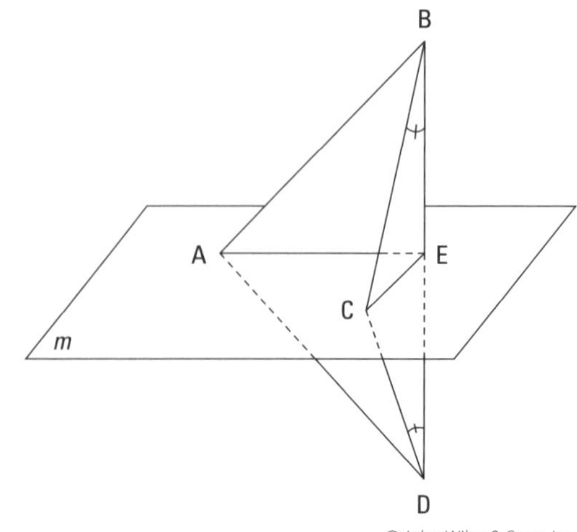

Declarações	Justificativas
1) $\overline{BD} \perp m$	1) Dado.
2) $\overline{BD} \perp \overline{EC}$	2) Se uma reta é perpendicular a um plano, então é perpendicular a todas as retas no plano que passam por seu pé (definição de perpendicularidade de uma reta a um plano).
3) $\angle BEC$ é um ângulo reto $\angle DEC$ é um ângulo reto	3) Definição de perpendicular.
4) $\angle BEC \cong \angle DEC$	4) Todos os ângulos retos são congruentes.
5) $\angle EBC \cong \angle EDC$	5) Dado.
6) $\overline{BC} \cong \overline{DC}$	6) Se ângulos, então lados.
7) $\Delta BEC \cong \Delta DEC$	7) AAL (4, 5, 6).
8) $\overline{BE} \cong \overline{DE}$	8) PCTCC.
9) $\overline{AE} \cong \overline{AE}$	9) Propriedade Reflexiva.
10) $\overline{BD} \perp \overline{AE}$	10) Se uma reta é perpendicular a um plano, então é perpendicular a todas as retas no plano que passam por seu pé.
11) $\angle BEA$ é um ângulo reto $\angle DEA$ é um ângulo reto	11) Definição de perpendicular.
12) $\angle BEA \cong \angle DEA$	12) Todos os ângulos retos são congruentes.
13) $\Delta ABE \cong \Delta ADE$	13) LAL (8, 12, 9).
14) $\overline{AB} \cong \overline{AD}$	14) PCTCC.

Nota: existem outras duas maneiras igualmente boas de provar que $\Delta BEC \cong \Delta DEC$, que você vê na declaração 7. Ambas usam a propriedade reflexiva para $\overline{EC}$, e uma delas termina, como aqui, com AAL; a outra termina com HCR. Todos os três métodos têm o mesmo número de etapas. Escolhi o método mostrado para reforçar a importância do teorema do *se-ângulos--então-lados* (justificativa 6).

O próximo exemplo de prova usa tanto a definição como o teorema sobre a perpendicularidade reta-plano (para ajudar a decidir qual usar, veja minha explicação na lista com marcadores nesta seção).

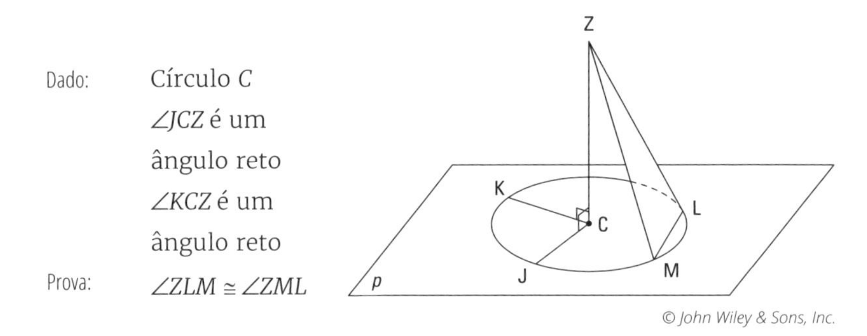

Eis a prova formal:

Declarações	**Justificativas**
1) Círculo C $\angle JCZ$ é um ângulo reto $\angle KCZ$ é um ângulo reto	1) Dado.
2) $\overline{ZC} \perp \overline{JC}$ $\overline{ZC} \perp \overline{KC}$	2) Definição de perpendicular.
3) $\overline{ZC} \perp p$	3) Se uma reta é perpendicular a duas linhas em um plano que passam por seu pé, então é perpendicular ao plano.
4) *Trace* $\overline{CL}$ *Trace* $\overline{CM}$	4) Dois pontos determinam um segmento.
5) $\overline{CL} \cong \overline{CM}$	5) Todos os raios de um círculo são congruentes.
6) $\overline{ZC} \perp \overline{CL}$ $\overline{ZC} \perp \overline{CM}$	6) Se uma reta é perpendicular a um plano, então é perpendicular a todas as retas que passam por seu pé.
7) $\angle ZCL$ é um ângulo reto $\angle ZCM$ é um ângulo reto	7) Definição de perpendicular.
8) $\angle ZCL \cong \angle ZCM$	8) Todos os ângulos retos são congruentes.
9) $\overline{ZC} \cong \overline{ZC}$	9) Propriedade reflexiva.
10) $\Delta ZCL \cong \Delta ZCM$	10) LAL (5, 8, 9).
11) $\overline{ZL} \cong \overline{ZM}$	11) PCTCC.
12) $\angle ZLM \cong \angle ZML$	12) Se lados, então ângulos.

Retas e Planos Paralelos, Perpendiculares e Transversais

Afivele seu cinto de segurança! Na seção anterior, as provas envolvem apenas um único plano, mas nesta você leva a bordo provas e formas que realmente decolam, porque envolvem múltiplos planos em diferentes alturas. Pronto para seu voo?

As quatro maneiras de determinar um plano

Antes de detalhar provas de múltiplos planos, você primeiro precisa conhecer as várias maneiras de determinar o plano. *Determinar o plano* é a maneira extravagante e matemática de dizer "mostrando a você onde está o plano".

Aqui estão as quatro maneiras de determinar um plano:

- **Três pontos não colineares determinam um plano.** Essa afirmação significa que se você tiver três pontos que não estão em uma reta, apenas um plano específico pode passar por esses pontos. O plano é determinado pelos três pontos porque eles mostram exatamente onde o plano está.

  Para ver como isso funciona, segure o polegar, indicador e dedo médio para que as três pontas dos dedos formem um triângulo. Em seguida, pegue algo plano, como um livro de capa dura, e posicione-o de modo que toque as três pontas dos dedos. Só há uma maneira de você inclinar o livro para que ele toque nos três dedos. Seus três dedos não colineares determinam o plano do livro.

- **Uma reta e um ponto fora dela determinam um plano.** Segure um lápis na mão esquerda de modo que aponte para longe de você e coloque o dedo indicador direito (apontando para cima) do lado do lápis. Há apenas uma posição em que algo plano pode ser colocado para ficar ao longo do lápis e tocar a ponta do seu dedo.

- **Duas retas concorrentes determinam um plano.** Se você segurar dois lápis de forma que se cruzem, há apenas uma posição em que um plano pode estar de forma que fique em ambos os lápis.

- **Duas retas paralelas determinam um plano.** Segure dois lápis para que eles fiquem paralelos. Há apenas uma posição na qual um plano pode descansar sobre os dois lápis.

Agora observe os princípios e problemas de múltiplos planos.

Interações entre retas e planos

LEMBRE-SE

Dê uma olhada nas seguintes propriedades relativas a perpendicularidade e paralelismo de retas e planos. Você usa essas mesmas propriedades em provas 3D que envolvem os conceitos 2D dos capítulos anteriores, como provar qual é um quadrilátero específico (consulte o Capítulo 11) ou que dois triângulos são semelhantes (consulte o Capítulo 13).

- **Três planos paralelos:** Se dois planos são paralelos a um outro, então são paralelos entre si.
- **Duas retas paralelas e um plano:**
  - Se duas retas são perpendiculares ao mesmo plano, então são paralelas entre si.

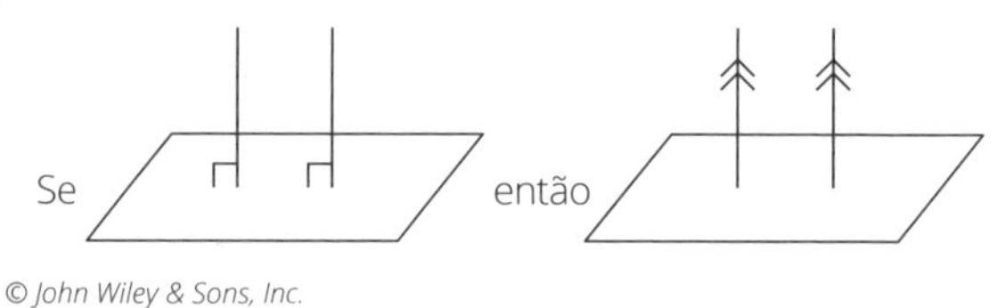

© John Wiley & Sons, Inc.

  - Se um plano é perpendicular a uma das retas paralelas, então é perpendicular à outra.

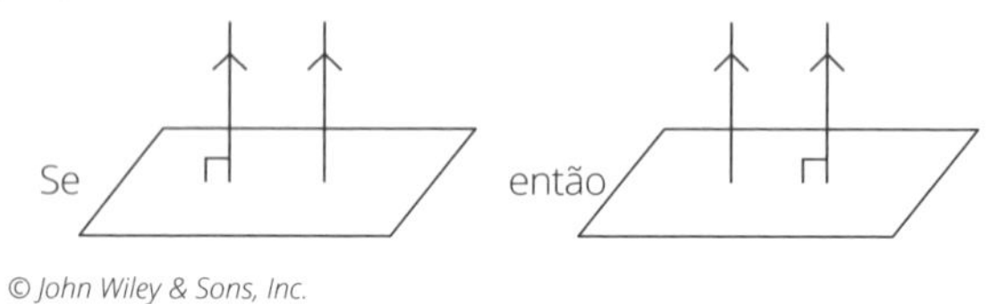

© John Wiley & Sons, Inc.

- **Dois planos paralelos e uma reta:**
  - Se dois planos são perpendiculares à mesma reta, então são paralelos entre si.

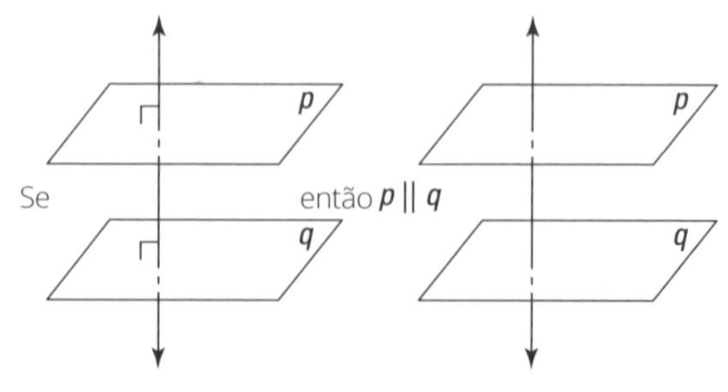

© John Wiley & Sons, Inc.

- Se uma reta é perpendicular a um dos planos paralelos, então é perpendicular ao outro.

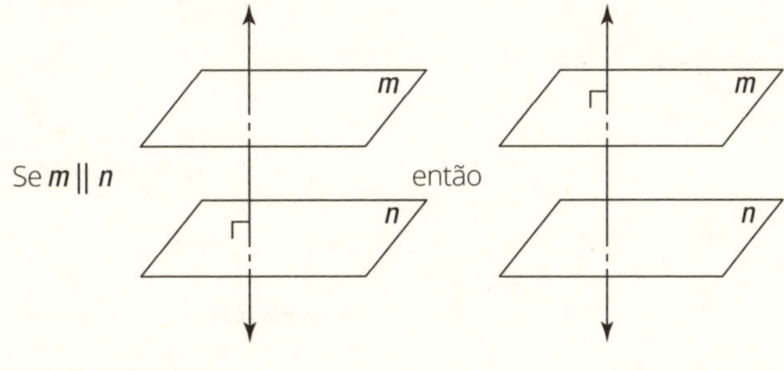

© John Wiley & Sons, Inc.

E aqui está um teorema de que precisa para o problema do exemplo a seguir.

Um plano que intercepta dois planos paralelos: Se um plano cruzar dois planos paralelos, as linhas de interseção serão paralelas. ***Nota:*** antes de usar esse teorema em uma prova, você geralmente tem que usar uma das quatro maneiras de determinar um plano (veja a seção anterior) para mostrar que o plano que corta os planos paralelos é, na verdade, um plano. Os passos 6 e 7 da prova a seguir mostram como isso funciona.

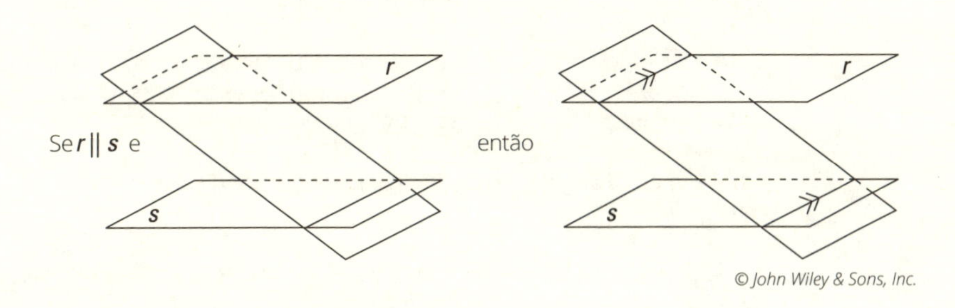

© John Wiley & Sons, Inc.

E aqui está a prova cabal:

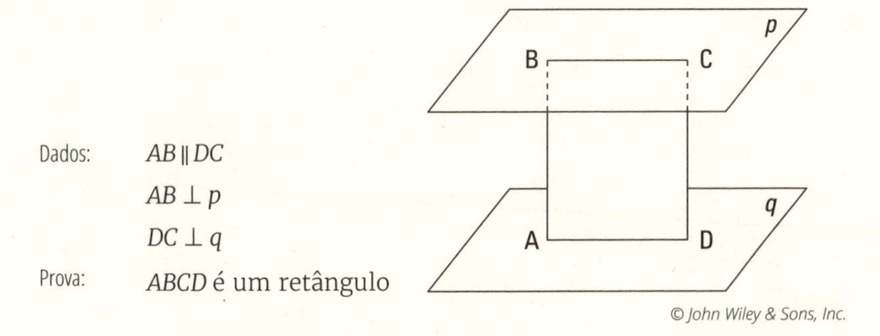

© John Wiley & Sons, Inc.

Declarações	Justificativas
1) $\overline{AB} \parallel \overline{DC}$	1) Dado.
2) $\overline{AB} \perp p$	2) Dado.
3) $\overline{DC} \perp p$	3) Se um plano é perpendicular a uma de suas retas paralelas, então é perpendicular à outra.
4) $\overline{DC} \perp q$	4) Dado.
5) $p \parallel q$	5) Dois planos perpendiculares à mesma reta são paralelos entre si.
6) $\overleftrightarrow{AB}$ e $\overleftrightarrow{DC}$ determinam o plano *ABCD*	6) Duas retas paralelas determinam um plano.
7) $\overline{BC} \parallel \overline{AD}$	7) Se um plano intersecta dois planos paralelos, então as retas da interseção são paralelas. (Nota: certifique-se de que sempre que usar esse teorema você já tenha determinado o plano de corte, como fiz na linha 6. Esse passo é necessário, salvo quando você recebe a informação de que se trata de um plano.)
8) *ABCD* é um paralelogramo	8) Um quadrilátero com dois pares de lados paralelos é um paralelogramo.
9) $\overline{AB} \perp \overline{BC}$	9) Se uma reta é perpendicular a um plano, então é perpendicular a todas as retas no plano que passam por seu pé.
10) $\angle ABC$ é um ângulo reto	10) Definição de perpendicular.
11) *ABCD* é um retângulo	11) Um paralelogramo com um ângulo reto é um retângulo.

NESTE CAPÍTULO

» **Sólidos com topo plano: prisma e cilindro**

» **Sólidos com topo pontiagudo: pirâmide e cone**

» **Sólidos sem topo: esferas**

Capítulo 17

Dando Conta da Geometria Espacial

Diferentemente do Capítulo 16, que trata de formas 2D (e até mesmo 1D) interagindo em três dimensões, este capítulo traz imagens em 3D, com as quais você satisfaz seu lado São Tomé: *sólidos*. Você estuda cones, esferas, prismas e outros sólidos de formas variadas, concentrando-se em suas duas características fundamentais, ou seja, *volume* e *área da superfície*. Para dar um exemplo cotidiano, o volume de um aquário (que é, tecnicamente, um prisma) é a quantidade de água que contém, e sua área de superfície é a área total de seus lados de vidro, mais sua base e topo.

Sólidos com Topo Plano: O Mesmo Patamar

Sólidos com topo plano (é assim que os chamo, aliás) têm duas bases paralelas congruentes (a parte superior e a inferior). O *prisma* — caixas de cereais são um bom exemplo — tem bases em formato de polígono, e o *cilindro* — como latas de ervilha — tem bases redondas. E apesar de prismas e cilindros terem formas diferentes como base, suas fórmulas de volume e área de superfície são muito semelhantes (e conceitualmente idênticas), porque compartilham a estrutura de topo plano.

A MENOR DISTÂNCIA ENTRE DOIS PONTOS É... UMA LINHA TORTA?

Confira a caixa a seguir. Ela tem 2cm de altura, 5cm de largura e 4cm de profundidade. Se uma formiga quisesse ir de A a Z ao longo da parte externa da caixa, qual seria o caminho mais curto possível e quanto tempo levaria?

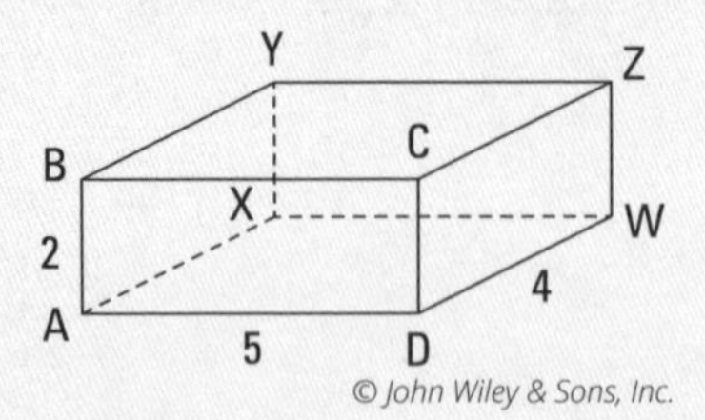

Este é um ótimo problema para se pensar fora da caixa. (Entendeu? A formiga deve andar do lado de fora da caixa. Ha-ha-ha!) A principal sacada para resolver esse problema é saber que a menor distância entre dois pontos é uma linha reta. Para usar esse princípio, no entanto, você precisa achatar a caixa para que o caminho de A a Z se torne uma linha reta.

A formiga pode pegar três caminhos diferentes de "linha reta". (***Nota***: as formigas são muito pequenas e podem rastejar sob as caixas.) A imagem a seguir mostra a caixa com essas três rotas e as três maneiras diferentes de achatá-la ou dobrá-la para criar caminhos retos.

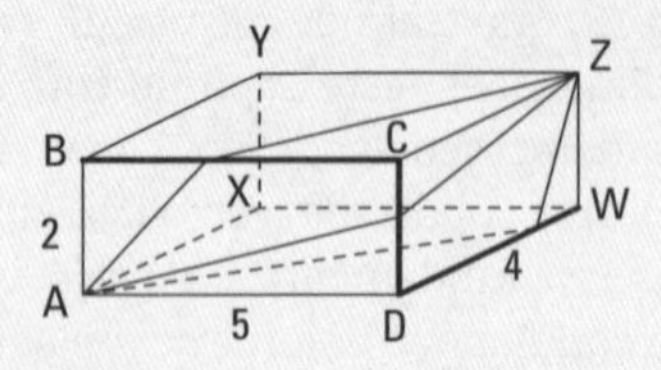

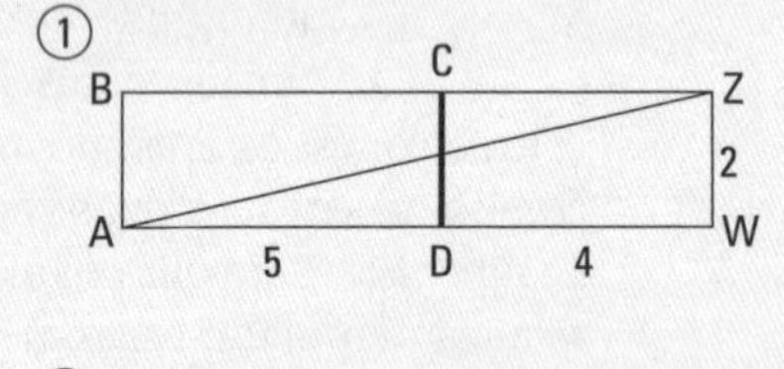

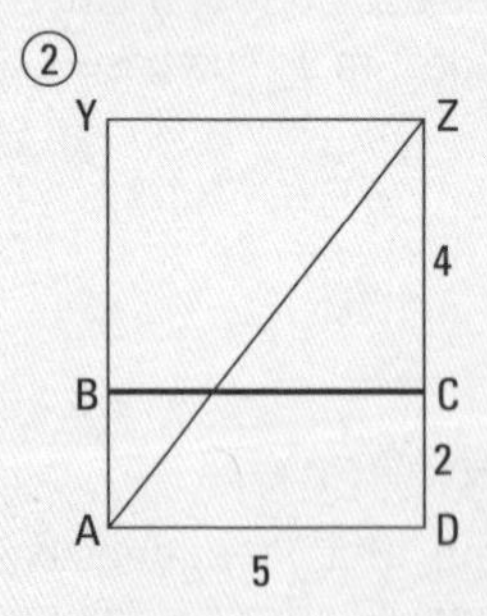

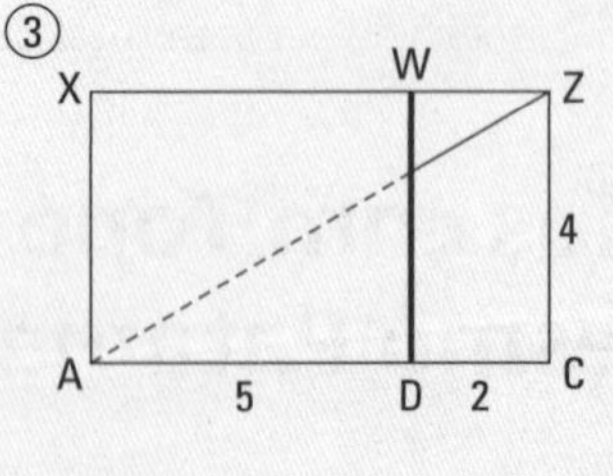

Observe que as três arestas em negrito da caixa correspondem aos três segmentos em negrito dos três retângulos "dobrados".

Você usa o Teorema de Pitágoras para calcular os comprimentos das três rotas. Para a rota 1, você usa $\sqrt{9^2 + 2^2} = \sqrt{85}$; para a rota 2, $\sqrt{5^2 + 6^2} = \sqrt{61}$; e para a rota 3, $\sqrt{7^2 + 4^2} = \sqrt{65}$. Portanto, a rota mais curta possível é $\sqrt{61}$, ou, aproximadamente, 7,8 centímetros. Muito legal, não é?

Se a formiga for realmente inteligente, saberá escolher a rota mais curta para qualquer caixa. Tudo o que ela precisa fazer é cruzar a borda mais longa da caixa. Neste problema, a de 5cm.

A propósito, se pegasse uma corda em suas mãos, segurasse uma extremidade em A e a outra em Z, e então a puxasse com força, terminaria precisamente ao longo de uma das três rotas mostradas na caixa. Cada uma das três rotas indica onde estaria cada corda esticada, dependendo de por qual borda a corda passasse.

Aqui estão as definições técnicas entre *prisma* e *cilindro* (veja a Figura 17-1):

» **Prisma:** É uma forma sólida com duas bases poligonais paralelas e congruentes. Seus cantos são chamados de vértices, os segmentos que conectam os vértices são chamados de arestas, e os lados planos são chamados de *faces*.

  Um *prisma reto* é um prisma cujas faces são perpendiculares às bases do prisma. Todos os prismas deste livro e a maioria dos que você encontra em outros livros de geometria são retos. E quando eu digo *prisma*, me refiro a um prisma reto.

» **Cilindro:** É uma forma sólida com duas bases paralelas e congruentes que têm lados arredondados (em outras palavras, as bases não são polígonos retos), e essas bases estão conectadas por uma superfície arredondada.

  As bases de um cilindro circular reto estão diretamente acima e abaixo uma da outra. (E as bases circulares estão em ângulo reto com os lados curvos.) Todos os cilindros deste livro e quase todos os cilindros encontrados em outros livros de geometria são circulares retos. Quando eu digo cilindro, me refiro a um cilindro circular reto.

3 retângulos laterais

Bases

Um "retângulo" lateral

Prisma

Cilindro

FIGURA 17-1: Um prisma e um cilindro com suas bases e laterais retangulares.

Agora que conhece esses sólidos, aqui estão suas fórmulas de volume e área da superfície:

LEMBRE-SE

Volume de formas com topo plano: O volume de um prisma ou cilindro é dado pela fórmula a seguir:

$$Vol_{\text{Topo plano}} = \text{área da base x altura}$$

Uma caixa típica é um caso especial de prisma, portanto, você pode usar a fórmula de volume dos sólidos com topo plano para caixas, mas você provavelmente já sabe a maneira mais fácil de calcular o volume de uma caixa: Vol_{Caixa} = comprimento x largura x altura. (Como o comprimento vezes a largura lhe dá a área da base, esses dois métodos são equivalentes.) Para obter o volume de um cubo, o tipo mais simples de caixa, simplesmente pegue o comprimento de uma de suas bordas e o eleve à terceira potência ($Vol_{\text{Cubo}} = s^3$, em que s é o comprimento de uma aresta do cubo).

LEMBRE-SE

Área da superfície de formas com topo plano: Para encontrar a área da superfície de um prisma ou cilindro, use esta fórmula:

$$AS_{\text{Topo plano}} = 2 \text{ x área}_{\text{Base}} + \text{área lateral}_{\text{Retângulo(s)}}$$

Como prismas e cilindros têm duas bases congruentes, você simplesmente encontra a área de uma base e duplica esse valor, e então adiciona a área lateral da forma. A área lateral de um prisma ou cilindro é a área dos lados da forma — ou seja, a área de tudo menos as bases da figura (veja a Figura 17-1). Veja uma comparação entre as duas formas:

» **A lateral de um prisma é composta de retângulos.** Suas bases podem ser qualquer forma, mas a lateral é sempre composta de retângulos. Então, para obter a área lateral, tudo que você precisa fazer é encontrar a área de cada retângulo (usando a fórmula da área de retângulo) e depois somar essas áreas.

Uma caixa, como qualquer outro prisma, tem área lateral composta de retângulos (quatro deles) — e suas duas bases também são retângulos. Assim, para obter a área da superfície de uma caixa, basta somar as áreas das seis faces retangulares — você não precisa se preocupar em usar a fórmula padrão de superfície para sólidos com topo plano.

Para obter a área da superfície de um cubo, uma caixa com seis faces quadradas congruentes, você apenas calcula a área de uma face e depois a multiplica por seis.

» **A lateral de um cilindro é basicamente um retângulo enrolado em forma de tubo.** Pense na lateral de um cilindro como uma toalha de papel retangular que gira exatamente uma vez ao redor de um rolo de papel toalha. A base desse retângulo (você sabe, a parte da toalha que envolve a parte inferior do rolo) é a mesma que a circunferência da base do cilindro (para mais informações sobre circunferência, veja o Capítulo 15). E a altura da toalha de papel é a mesma que a do cilindro.

Hora de ver essas fórmulas em ação.

Dados: Prisma, como mostrado

ABCD é quadrado com diagonal de 8

$\angle EAD$ e $\angle EDA$ são ângulos de 45°

Calcule: 1. O volume do prisma

2. A área da superfície do prisma

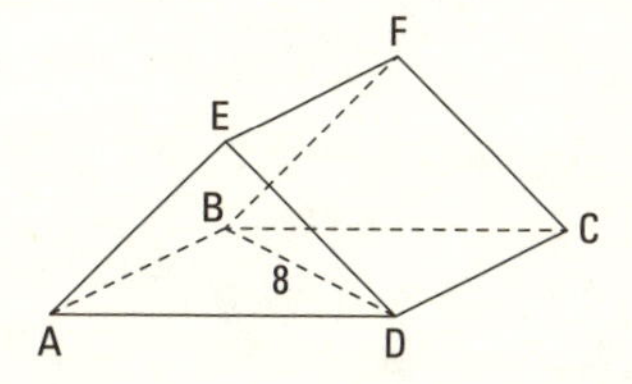

© John Wiley & Sons, Inc.

1. Encontre o volume do prisma.

Para usar a fórmula de volume, você precisa da altura do prisma ($\overline{CD}$) e da área de sua base (ΔAED). (Você provavelmente percebeu que esse prisma está de lado. É por isso que sua altura não é vertical e sua base não está no fundo.)

Ache a altura primeiro. *ABCD* é um quadrado, então ΔBCD (metade do quadrado) é um triângulo de 45°-45°-90°, com uma hipotenusa de 8. Para obter a perna de um triângulo de 45°-45°-90°, você divide a hipotenusa por $\sqrt{2}$ (ou use o Teorema de Pitágoras, observando que $a = b$ neste caso. Veja o Capítulo 8 para ambos os métodos). Então isso lhe dá $\frac{8}{\sqrt{2}} = 4\sqrt{2}$ para o comprimento de CD, que, novamente, é a altura do prisma.

E aqui está como você descobre a área de ΔAED. Primeiro, observe que o AD, como o CD, é $4\sqrt{2}$ (porque o ABCD é um quadrado). Em seguida, como $\angle$EAD e $\angle$EDA têm ângulos de 45°, o $\angle$AED deve ser 90°; assim, o Δ AED é outro triângulo de 45°-45°-90°.

Sua hipotenusa, $\overline{AD}$, tem comprimento de $4\sqrt{2}$, então suas pernas ($\overline{AE}$ e DE) são $\frac{4\sqrt{2}}{\sqrt{2}}$, ou 4 unidades de comprimento. A área de um triângulo retângulo é dada pela metade do produto de suas pernas (porque você pode usar uma perna para a base do triângulo e a outra para a altura), então Área$_\Delta$AED = $\frac{1}{2}$ x 4 x 4 = 8. Está tudo pronto para terminar com a fórmula do volume:

$$\begin{aligned} Vol_{Prisma} &= área_{Base} \times altura \\ &= 8 \times 4\sqrt{2} \\ &= 32\sqrt{2} \\ &\approx 45{,}3 \text{ unidades}^3 \end{aligned}$$

2. Encontre a área da superfície do prisma.

Após completar a primeira parte, você já tem tudo de que precisa para calcular a área da superfície. Associe os números:

$$AS_{Topo\ plano} = 2 \times área_{Base} + área\ lateral_{Retângulos}$$

$$\begin{aligned} AS &= 2 \times 8 + área_{ABCD} + área_{AEFB} + área_{DEFC} \\ &= 16 + (4\sqrt{2})(4\sqrt{2}) + (4\sqrt{2})(4) + (4\sqrt{2})(4) \\ &= 16 + 32 + 16\sqrt{2} + 16\sqrt{2} \\ &= 48 + 32\sqrt{2} \\ &\approx 93{,}3 \text{ unidades2} \end{aligned}$$

Agora, um problema envolvendo cilindros: considerando o cilindro mostrado, com raio desconhecido, altura de 7 e área da superfície de 120π unidades^2, encontre seu volume.

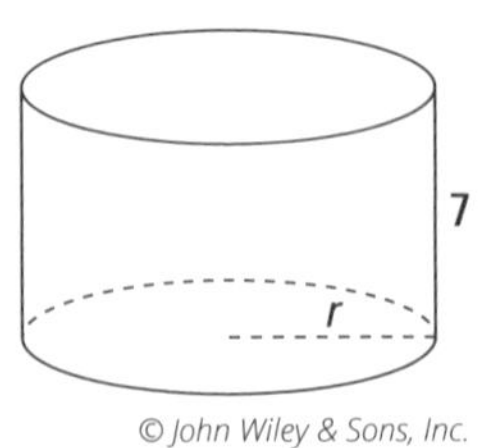

© John Wiley & Sons, Inc.

Para usar a fórmula de volume, você precisa da altura do cilindro (que já sabe) e da área de sua base. Para descobri-la, você precisa do raio. E para encontrar o raio, r, use a fórmula da área da superfície:

$$AS_{Cilindro} = 2 \times área_{Base} + área\ lateral_{\text{“Retângulo”}}$$

$$120\pi = 2\pi r^2 + (\text{base do “retângulo”}) \times (\text{altura do “retângulo”})$$

Lembre-se de que esse “retângulo” está enrolado ao redor do cilindro e que a base “retangular” é a circunferência da base circular do cilindro. Você preenche a equação da seguinte maneira:

$$120\pi = 2\pi r^2 + (2\pi r)(7)$$

$$120\pi = 2\pi r^2 + 14\pi r$$

$$120\pi = 2\pi(r^2 + 7r) \quad \text{(Divida ambos os lados por } 2\pi.)$$

$$60 = r^2 + 7r$$

Iguale a equação a zero e a fatore:

$$r^2 + 7r - 60 = 0$$
$$(r + 12)(r - 5) = 0$$
$$r = -12 \text{ ou } 5$$

O raio não pode ser negativo, então é 5. Agora finalize com a fórmula do volume:

$$\begin{aligned} Vol_{Cilindro} &= área_{Base} \times altura \\ &= \pi r^2 \times h \\ &= \pi \times 5^2 \times 7 \\ &= 175\pi \\ &\approx 549{,}8 \text{ unidades}^3 \end{aligned}$$

E está feito.

Escalando: As Formas Pontiagudas

O que chamo de *formas pontiagudas* são sólidos com base plana e — aperte os cintos — topo pontudo. Os sólidos pontiagudos são a *pirâmide* e o *cone*. Embora a pirâmide tenha uma base em forma de polígono, e no cone ela seja arredondada, suas fórmulas de volume e área da superfície são muito semelhantes e conceitualmente idênticas. Mais detalhes sobre pirâmides e cones a seguir.

» **Pirâmide:** É uma forma sólida com base poligonal e bordas que se estendem a partir da base para se encontrar em um único ponto. Como em um prisma, os cantos de uma pirâmide são chamados de vértices, os segmentos que conectam os vértices são chamados de arestas, e os lados planos são chamados de faces.

Uma *pirâmide regular* é uma pirâmide com base de polígono regular, cuja ponta está diretamente acima do centro de sua base. As faces laterais de uma pirâmide regular são congruentes. Todas as pirâmides deste livro e a maioria em outros livros de geometria são regulares. Quando uso o termo *pirâmide*, quero dizer pirâmide regular.

» **Cone:** É uma forma sólida com base e superfície lateral arredondadas, cuja lateral liga a base a um único ponto.

Um *cone circular reto* é um cone com base circular, cuja ponta fica diretamente acima do centro da base. Todos os cones deste livro e a maioria em outros livros de geometria são circulares retos. Quando me refiro a um cone, quero dizer cone circular reto.

Agora que você tem uma ideia melhor do que são esses números, confira as fórmulas de volume e área da superfície:

LEMBRE-SE

Volume de formas pontiagudas: Eis como encontrar o volume de pirâmides e cones.

$$\text{Vol}_{\text{Pontiagudo}} = \frac{1}{3}\,\text{área}_{\text{Base}} \times \text{altura}$$

LEMBRE-SE

Área da superfície de formas pontiagudas: A fórmula a seguir lhe dá a área da superfície de pirâmides e cones.

$$\text{AS}_{\text{Pontiagudo}} = \text{área}_{\text{Base}} + \text{área lateral}_{\text{Triângulo(s)}}$$

A *área lateral* de formas pontiagudas é a área da superfície que conecta a base à ponta (área total menos base). Eis o que isso representa para pirâmides e cones:

» **A lateral de uma pirâmide é composta de triângulos.** Cada face lateral de uma pirâmide é um triângulo com uma área dada pela fórmula de área ordinária, Área = $\frac{1}{2}$(base)(altura). Mas você não pode usar a altura da pirâmide para a de duas faces triangulares, porque a altura da pirâmide desce diretamente de sua ponta — e não ao longo das faces triangulares. Então você usa a altura inclinada da pirâmide, que é a padrão das faces triangulares. (A letra ℓ cursiva indica a altura inclinada). A Figura 17-2 mostra como a altura e a altura inclinada diferem.

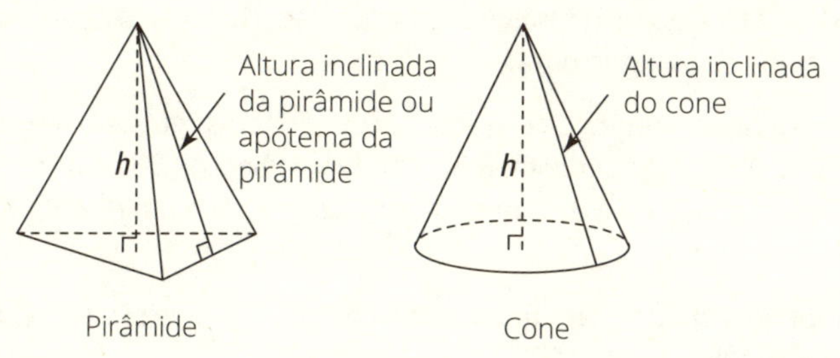

FIGURA 17-2: Uma pirâmide e um cone com suas alturas e alturas inclinadas.

© John Wiley & Sons, Inc.

» **A lateral de um cone é basicamente um "triângulo" enrolado em forma de cone.** A lateral de um cone é um "triângulo" que foi enrolado em forma de cone como uma casquinha de sorvete (ela é um tipo de triângulo, porque, quando achatada, na verdade é um setor de um círculo com um lado inferior curvado — veja o Capítulo 15 para detalhes sobre setores). Sua área é $\frac{1}{2}$(base) (altura inclinada), assim como a área de um dos triângulos laterais em uma pirâmide. A base desse "triângulo" é igual à circunferência do cone (isso funciona exatamente como a base do "retângulo" lateral do cilindro).

Pronto para um problema envolvendo pirâmides?

Dados: Uma diagonal regular de pirâmide $\overline{PT}$ tem comprimento 12

$\overline{RZ}$ tem comprimento 10

Calcule: 1. O volume da pirâmide

2. A área da superfície da pirâmide

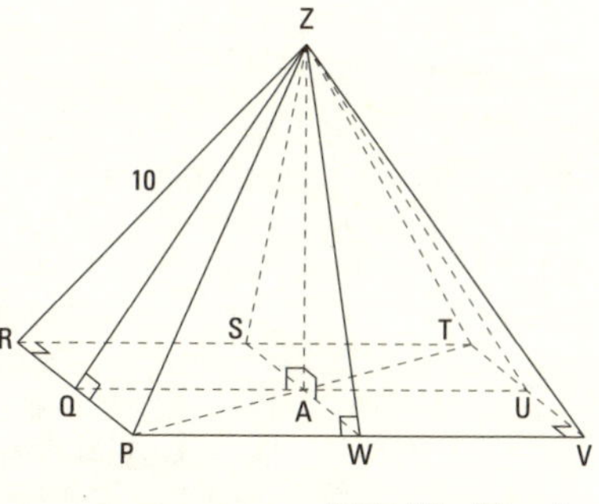

© John Wiley & Sons, Inc.

DICA

O segredo dos problemas envolvendo pirâmides (e, em menor grau, prismas, cilindros e cones) são os *triângulos retângulos*. Encontre e resolva-os com o Teorema de Pitágoras ou usando seu conhecimento de triângulos retângulos especiais (veja o Capítulo 8).

Triângulos retângulos congruentes estão em toda parte nas pirâmides. Você acredita que em uma pirâmide como essa do problema existem 28 triângulos retângulos diferentes que poderiam ser usados para resolver partes distintas do problema? (Muitos desses triângulos não são mostrados na imagem.) Aqui estão eles:

- Há oito triângulos retângulos congruentes, como ΔPZW, nas faces (seus ângulos retos estão em *W, Q, S* ou *U*).
- Há triângulos retângulos verticais, com ângulos retos em *A* e um vértice em *Z*. Quatro desses triângulos com vértice em *Q, S, U* e *W* (como ΔQZA) são congruentes, e os outros quatro, com vértice em *P, R, T* e *V* (como ΔPZA), também.
- Você tem quatro meio quadrados, como ΔPTV. Eles são triângulos congruentes 45°-45°-90°.
- Dentro da base há oito pequenos triângulos congruentes 45°-45°-90°, como ΔPAW.

(Caso esteja curioso, há outros 48 triângulos retângulos — dependendo de como você os conta —, que são improváveis de serem usados, o que eleva o total para 76 triângulos retângulos!)

Ok, voltemos ao problema da pirâmide.

1. **Encontre o volume da pirâmide.**

Para calcular o volume de uma pirâmide, você precisa de sua altura ($\overline{AZ}$) e área da base do quadrado, *PRTV*. Você descobre a altura solucionando o triângulo retângulo ΔPZA. As bordas laterais de uma pirâmide regular são congruentes. Assim, a hipotenusa de ΔPZA, $\overline{PZ}$, é congruente a $\overline{RZ}$, então seu comprimento também é 10. $\overline{PA}$ é a metade da diagonal da base, logo, 6. O triângulo *PZA* é um 3-4-5 duplicado, chamado de 6-8-10, então a altura, $\overline{AZ}$, é 8 (ou você pode usar o Teorema de Pitágoras para encontrar $\overline{AZ}$ — veja o Capítulo 8 para saber mais sobre o teorema e os triplos pitagóricos).

Para descobrir a área do quadrado *PRTV*, você pode, claro, descobrir primeiro o comprimento de seus lados. Mas não se esqueça de que um quadrado é um deltoide, então você também pode usar sua fórmula de área — é a maneira mais rápida de encontrar a área de um quadrado se você souber o comprimento da diagonal (veja o Capítulo 10 para saber mais sobre quadriláteros). Como as diagonais dos quadrados são iguais, ambas equivalem a 12, então você já tem aquilo de que precisa para usar a fórmula da área do deltoide:

$$\begin{aligned} \text{Área}_{PRTV} &= \frac{1}{2} d_1 d_2 \\ &= \frac{1}{2}(12)(12) \\ &= 72 \text{ unidades2} \end{aligned}$$

Agora use a fórmula de volume das formas pontiagudas:

$$\begin{aligned} \text{VolPirâmide} &= \frac{1}{3} \text{ áreaBase x altura} \\ &= \frac{1}{3}(72)(8) \\ &= 192 \text{ unidades3} \end{aligned}$$

Nota: isso é *bem* menos que o volume da Grande Pirâmide de Giza (veja o Capítulo 22).

2. **Encontre a área da superfície da pirâmide.**

Para usar a fórmula da área da superfície da pirâmide, você precisa da área da base (que obteve na primeira parte do problema) e da área das faces do triângulo. Para obtê-las, você precisa da altura inclinada, $\overline{ZW}$ (apótema da pirâmide).

Primeiro resolva ΔPAW. É um triângulo 45°-45°-90° com hipotenusa ($\overline{PA}$) com seis unidades. Para descobrir as pernas, você divide a hipotenusa por $\sqrt{2}$ (ou usa o Teorema de Pitágoras — veja o Capítulo 8). $\frac{6}{\sqrt{2}} = 3\sqrt{2}$, logo PW e AW têm comprimento $3\sqrt{2}$. Agora você pode descobrir ZW usando o Teorema de Pitágoras com qualquer um dos dois triângulos retângulos, ΔPZW ou ΔAZW. A escolha é sua. E quanto a ΔAZW?

$$\begin{aligned} (ZW)^2 &= (AZ)^2 + (AW)^2 \\ &= 8^2 + (3\sqrt{2})^2 \\ &= 64 + 18 \\ &= 82 \end{aligned}$$

$$ZW = \sqrt{82}$$

Agora você finaliza com a fórmula da área da superfície. (Uma última informação de que precisa é que $\overline{PV}$ é $6\sqrt{2}$, porque, claro, é duas vezes $\overline{PW}$.)

$$\begin{aligned} AS_{\text{Pirâmide}} &= \text{área}_{\text{Base}} + \text{área lateral}_{\text{Quatro triângulos}} \\ &= 72 + 4(\tfrac{1}{2} \text{ base x altura inclinada}) \\ &= 72 + 4(\tfrac{1}{2} \times 6\sqrt{2} \times \sqrt{82}) \\ &= 72 + 12\sqrt{164} \\ &= 72 + 24\sqrt{41} \\ &\approx 225{,}7 \text{ unidades2} \end{aligned}$$

E isso é tudo, pessoal!

Agora, um problema envolvendo cones:

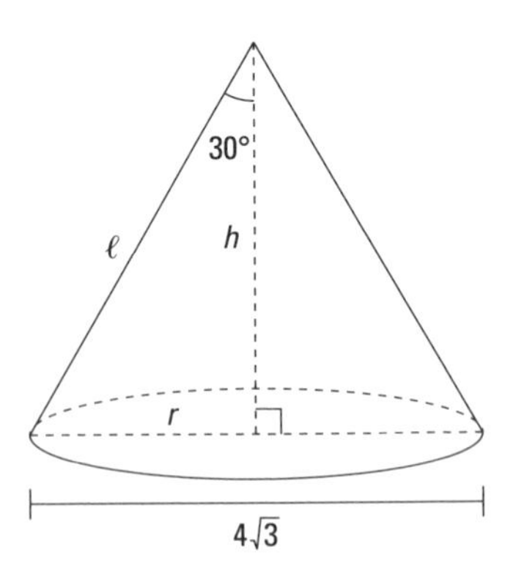

© John Wiley & Sons, Inc.

Dados: Cone com diâmetro de base de $4\sqrt{3}$

O ângulo entre a altura do cone e a altura inclinada é 30°

Calcule: 1. O volume do cone

2. Sua área da superfície

1. Encontre o volume do cone.

Para calcular o volume do cone você precisa de sua altura e do raio da base. O raio é, naturalmente, a metade do diâmetro, logo, $2\sqrt{3}$. Então, como a altura é perpendicular à base, o triângulo formado pelo raio, altura e altura inclinada é um 30°-60°-90°. Você percebe que o *h* é a perna maior e o *r*, a perna menor, assim, para encontrar *h*, você multiplica *r* por $\sqrt{3}$ (veja o Capítulo 8):

$h = \sqrt{3} \times 2\sqrt{3} = 6$

Você está pronto para usar a fórmula do volume do cone:

$$\begin{aligned}\text{VolCone} &= \frac{1}{3}\text{áreabase} \times \text{altura}\\ &= \frac{1}{3}\pi r2 \times h\\ &= \frac{1}{3}\pi(2\sqrt{3})2 \times 6\\ &= 24\pi\\ &\approx 75{,}4 \text{ unidades}^3\end{aligned}$$

2. Encontre a área da superfície do cone.

Para a área da superfície, a única outra coisa de que precisa é a altura inclinada, **ℓ**. A altura inclinada é a hipotenusa do triângulo 30°-60°-90°, então é o dobro do raio, o que significa $4\sqrt{3}$. Agora adicione tudo à fórmula da área da superfície do cone:

$$SA_{Cone} = área_{Base} + área\ lateral_{Triângulo}$$

$$= \pi r2 + \frac{1}{2}(base)(altura\ inclinada)$$

$$= \pi r2 + \frac{1}{2}(2\pi r)(\ell)$$

$$= \pi(2\sqrt{3})2 + \frac{1}{2}(2\pi \times 2\sqrt{3})(4\sqrt{3})$$

$$= 12\pi + 24\pi$$

$$= 36\pi$$

$$\approx 113{,}1\ unidades^2$$

Andando em Círculos com as Esferas

A esfera claramente não se enquadra nas categorias de topo plano ou pontiagudo porque, na verdade, não tem topo. Dessa forma, ela tem fórmulas únicas de volume e área da superfície. Primeiro, aqui está a definição de esfera.

Uma *esfera* é o conjunto de todos os pontos equidistantes de um determinado ponto no espaço 3D, o centro da esfera. (Definição em bom português: uma esfera é, como você sabe, uma bola — dãh.) O *raio* de uma esfera parte de seu centro e vai até a superfície.

LEMBRE-SE

Volume e área da superfície da esfera: Use as fórmulas seguintes para descobrir volume e área da superfície da esfera.

» $Vol_{Esfera} = \frac{4}{3}\pi r^3$

» $SA_{Esfera} = 4\pi r^2$

Pense em uma bola no seguinte problema envolvendo uma esfera: quais são o volume e a área da superfície de uma bola de basquete em uma caixa (um cubo, claro) se a área da superfície de cada quadrado da caixa mede 3.135cm2?

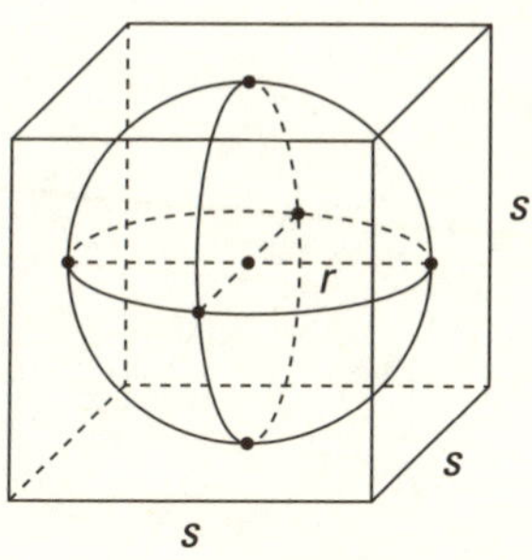

© John Wiley & Sons, Inc.

O PROBLEMA DA ÁGUA NO VINHO

Aqui está um grande quebra-cabeças sobre volume. Digamos que você tenha um litro de água e um de vinho. Você despeja uma concha de vinho no recipiente com um litro de água e mexe. Em seguida, pega uma concha da mistura e despeja de volta no recipiente com vinho. Eis a pergunta: depois de fazer as duas transferências, há mais vinho na água ou água no vinho? Invente sua resposta antes de continuar.

Veja como é o raciocínio da maioria das pessoas: uma concha com 100% de vinho foi colocada na água, mas depois uma de água misturada com vinho, de volta no vinho. Dessa forma, com a segunda concha, um pouco de vinho voltou para seu galão. E, assim, parece que haveria menos água no galão de vinho do que o contrário.

Bem, a resposta surpreendente é que a quantidade de água no vinho é exatamente igual à de vinho na água. Quando pensar nisso, verá que faz sentido. Ambos os recipientes continham um litro, certo? Em seguida, uma concha de líquido foi colocada no recipiente de água e, em seguida, retirada desse recipiente e colocada de volta no recipiente com vinho. O resultado final, é claro, é que ambos os recipientes, como começaram, estão com um litro de líquido neles.

Agora considere a quantidade de vinho na água no final do processo. Ela, claro, é a quantidade de vinho que falta no litro. E como você sabe que o recipiente com vinho acaba com um litro de líquido, a quantidade de água no vinho que vai encher o recipiente até um litro deve ser a mesma que a de vinho que falta. Os valores devem ser os mesmos se você acabar com um litro em ambos os recipientes. Difícil de entender, mas é verdade.

Um cubo (ou qualquer outra caixa típica) é um caso especial de prisma, mas você não precisa de uma fórmula mística do prisma, porque a área da superfície do cubo é formada simplesmente por seis quadrados congruentes. Chame o comprimento da borda do cubo de s. Assim, a área de cada lado é s^2. O cubo tem seis faces, então sua área da superfície é $6s^2$. Veja a área da superfície dada de um quadrado de 3.135cm2 e descubra s:

$$6s^2 = 3.135$$

$$s^2 = 522,5$$

$$s = 22,86\text{cm}$$

Dessa forma, as bordas do cubo têm 22,86cm, e como a bola de basquete têm a mesma largura que a caixa que a guarda, o diâmetro da bola também é de 22,86cm, e o raio é a metade do diâmetro, ou 11,43cm. Agora você pode concluir acrescentando o 11,43 nas duas fórmulas da esfera:

$$\begin{aligned} \text{VolEsfera} &= \frac{4}{3}\pi r^3 \\ &= \frac{4}{3}\pi \times 11,433 \\ &= 1.991,03\pi \\ &\approx 6.255\text{cm}^3 \end{aligned}$$

(Aliás, isso é mais da metade do volume de caixa, que é de 5.973,08cm3)

Agora, a solução para a área da superfície:

$$\begin{aligned} SA_{\text{Esfera}} &= 4\pi r^2 \\ &= 4\pi \times 11,432 \\ &= 522,6\pi \\ &\approx 1.641,7\text{cm2} \end{aligned}$$

Essa esfera, caso esteja curioso, tem o atual tamanho da bola oficial de basquete da NBA. Para finalizar este capítulo, eis um pequeno desafio para você (dê seu melhor chute antes de ler a resposta). Agora que sabe que o diâmetro de uma bola de basquete é de 22,86cm, quanto acha que uma cesta de basquete mede? A resposta surpreendente é que a cesta tem o dobro do tamanho da bola — 45,72cm!

7

Posição, Pontos e Panoramas: Tópicos Alternativos

NESTA PARTE...

Explore a geometria de coordenadas.

Descubra reflexões, translações e rotações.

Lide com problemas de locus.

NESTE CAPÍTULO

» **Encontrando a inclinação da reta e o ponto médio do segmento**

» **Calculando a distância entre dois pontos**

» **Resolvendo provas de geometria usando álgebra**

» **Trabalhando com equações de retas e círculos**

Capítulo **18**

Geometria de Coordenadas

Neste capítulo você investiga os mesmos tipos de coisas que viu nos capítulos anteriores: retas perpendiculares, triângulos retângulos, círculos, perímetro, área, diagonais de quadriláteros etc. A novidade deste capítulo, que trata da geometria de coordenadas, é que esses objetos geométricos familiares são colocados no sistema de coordenadas x-y e analisados com álgebra. Usam-se as *coordenadas* dos pontos de uma imagem — pontos como (x, y) ou $(10, 2)$ — para provar ou calcular algo a respeito da imagem. Você chega aos mesmos tipos de conclusões nos capítulos anteriores; são apenas os métodos que se diferenciam.

O sistema de coordenadas x-y ou *plano cartesiano*, é nomeado após René Des*cartes* (1596–1650). Descartes é considerado o pai da geometria de coordenadas, embora o sistema que ele utilizou tivesse apenas o eixo x e nenhum eixo y. Apesar disso, não há dúvida de que foi ele quem deu o pontapé inicial. Então, se você gosta de geometria de coordenadas, sabe a quem agradecer (e caso não goste, sabe a quem culpar).

Coordenando-se no Plano das Coordenadas

Eu imagino que você já saiba como funciona o sistema de coordenadas x-y, mas caso precise de uma breve revisão, não se preocupe. A Figura 18-1 mostra o caminho das pedras do plano das coordenadas.

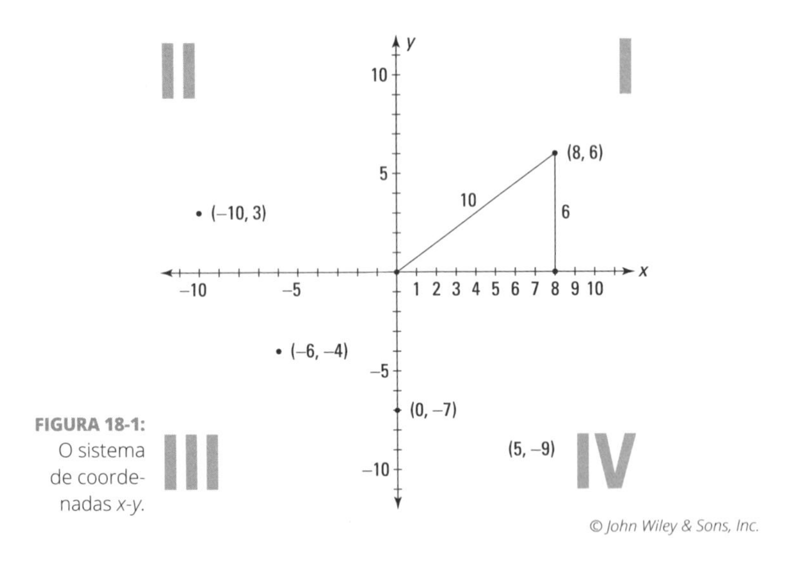

FIGURA 18-1: O sistema de coordenadas *x*-*y*.

Aqui está a descrição do plano de coordenadas que você vê na Figura 18-1:

- O eixo *horizontal*, ou eixo *x*, vai da esquerda para a direita e funciona exatamente como uma reta numerada normalmente. O eixo *vertical*, ou eixo *y*, sobe e desce. Os dois eixos se interceptam na *origem* (0, 0).
- Os pontos estão localizados no plano em pares de coordenadas chamados *pares ordenados* — como (8, 6) ou (–10, 3). O primeiro número, a *coordenada x,* informa o quanto você deve ir para a esquerda ou direita; o segundo número, a *coordenada y,* informa o quanto você deve subir ou descer. Para (–10, 3), por exemplo, você anda 10 *à esquerda* e 3 *para cima*.
- No sentido anti-horário, começando da parte superior à direita do plano, estão os quadrantes I, II, III e IV:
  - Os pontos no quadrante I têm duas coordenadas positivas, (+, +).
  - O quadrante II leva à esquerda (negativo) e acima (positivo), então é (–, +).
  - No quadrante III, é (–, –).
  - No quadrante IV, é (+, –).

Como todas as coordenadas no quadrante I são positivas, geralmente é o mais fácil de se trabalhar.

» O Teorema de Pitágoras (veja o Capítulo 8) aparece com frequência no sistema de coordenadas, pois quando você marca um ponto à direita e acima, por exemplo (ou à esquerda e abaixo etc.), está traçando os catetos de um triângulo retângulo, então o segmento que conecta a origem ao ponto se torna a hipotenusa do triângulo retângulo. Na Figura 18-1, você pode ver o triângulo retângulo de 6–8–10 no quadrante I.

Fórmulas de Inclinação, Distância e Ponto Médio

Assim como os cantores Plácido Domingo, José Carreras e Luciano Pavarotti, as fórmulas de inclinação, distância e ponto médio são uma espécie de Três Tenores da geometria de coordenadas. Se houver dois pontos no plano, as três perguntas mais simples que você pode fazer sobre eles são as seguintes:

» Qual é a distância entre eles?

» Qual é a localização do ponto no meio do caminho (o ponto médio)?

» O quanto está inclinado o segmento que conecta os pontos (a inclinação)?

Essas três perguntas surgem em um monte de problemas. Em um instante você verá como usar as três fórmulas para responder a elas.

Contudo, por enquanto, só quero adverti-lo para não misturar as fórmulas — o que é fácil, pois as três fórmulas envolvem pontos com coordenadas (x_1, y_1) e (x_2, y_2). Meu conselho é se concentrar em como as fórmulas funcionam em vez de apenas memorizá-las de maneira mecânica. Isso o ajudará a se lembrar delas corretamente.

A solução da inclinação

A *inclinação* de uma reta basicamente diz o quanto ela é íngreme. Você deve ter usado a fórmula da inclinação em alguma aula de álgebra, mas caso tenha esquecido, aqui vai um lembrete e uma solução direta sobre alguns tipos comuns de retas.

LEMBRE-SE

Fórmula da Inclinação: A inclinação de uma reta contendo dois pontos, (x_1, y_1) e (x_2, y_2), é dada pela fórmula (a inclinação é geralmente representada por m):

$$\text{Inclinação} = m = \frac{y_2 - y_1}{x_2 - x_1} = \frac{\text{eixo vertical}}{\text{eixo horizontal}}$$

Nota: não importa quais pontos você designe como (x_1, y_1) e (x_2, y_2); a matemática funciona da mesma maneira. Apenas se certifique de colocar os números nos lugares certos da fórmula.

O *eixo vertical* é a "altura" e o *eixo horizontal* é a "largura" mostrados na Figura 18-2. Para lembrar disso, perceba que o *eixo vertical sobe* e que o *eixo horizontal se expande.*

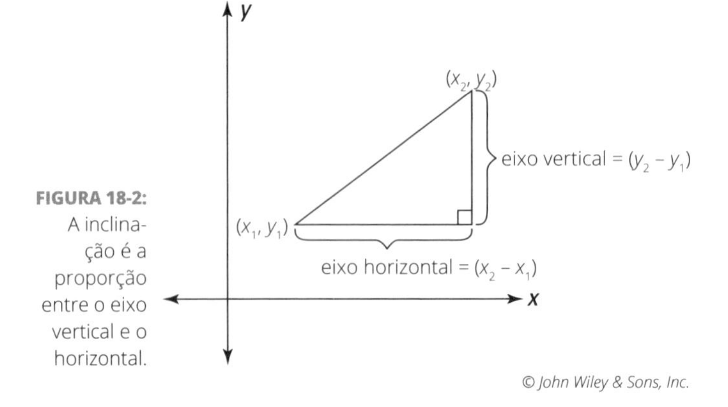

FIGURA 18-2: A inclinação é a proporção entre o eixo vertical e o horizontal.

Observe a lista a seguir e a Figura 18-3, que mostram que a inclinação da reta aumenta à medida que fica mais e mais íngreme:

- Uma reta horizontal não tem inclinação, portanto, sua inclinação é zero. Uma boa maneira de se lembrar disso é imaginar um carro andando em uma estrada plana — a estrada tem zero ingremidade ou inclinação.
- Uma reta ligeiramente inclinada tem inclinação em torno de $\frac{1}{5}$.
- Uma reta em um ângulo de 45° tem inclinação 1.
- Uma reta mais íngreme pode ter inclinação até 5.
- Uma reta vertical (a reta mais íngreme) é como se tivesse inclinação infinita, porém, na matemática, diz-se que sua inclinação é *indefinida.* (Pois em uma reta vertical, o eixo horizontal em $\frac{\text{eixo vertical}}{\text{eixo horizontal}}$ seria zero, e não é possível dividir por zero). Imagine dirigir em uma estrada vertical: você não pode — é impossível. E é impossível calcular a inclinação de uma reta vertical.

Inclinação Indefinida
(= "infinita")

Inclinação = 5

Inclinação = 2

Inclinação = 1

Inclinação = $\frac{1}{2}$

Inclinação = $\frac{1}{5}$

Inclinação = 0

© John Wiley & Sons, Inc.

FIGURA 18-3: A inclinação informa o quão íngreme é uma reta.

As retas da Figura 18-3 têm inclinação *positiva* (exceto pelas retas horizontal e vertical). Agora eu o apresento a retas com inclinação negativa e a algumas maneiras de distinguir os dois tipos de inclinação:

- **Retas que sobem para a direita têm inclinação positiva.** Da esquerda para a direita, retas com inclinações positivas sobem.
- **Retas que descem para a direita têm inclinação negativa.** Da esquerda para a direita, retas com inclinação negativa descem.

DICA

Retas com inclinação negativa seguem a direção da parte central da letra maiúscula N. Veja a Figura 18-4.

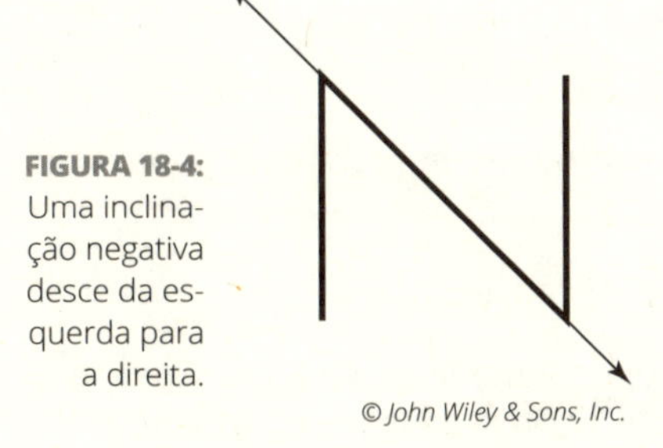

© John Wiley & Sons, Inc.

FIGURA 18-4: Uma inclinação negativa desce da esquerda para a direita.

Assim como retas com inclinações positivas, à medida que as retas com inclinação negativa ficam mais e mais íngremes, suas inclinações continuam "aumentando". Mas aqui, *aumentando* significa tornando-se um número negativo cada vez maior (o que tecnicamente significa *diminuindo*).

LEMBRE-SE

Aqui estão alguns pares de retas com inclinações especiais:

- **Inclinações de retas paralelas:** As inclinações de retas paralelas são iguais.

  Para retas verticais, no entanto, há um detalhe técnico: se ambas são verticais, não se pode dizer que suas inclinações são iguais. Suas inclinações são indefinidas, logo, têm a mesma inclinação, mas como *indefinido* não equivale a nada, você não pode dizer que *indefinido* = *indefinido.*

- **Inclinações de retas perpendiculares:** São reciprocamente opostas uma à outra, como $\frac{7}{3}$ e $-\frac{3}{7}$ ou −6 e $\frac{1}{6}$.

  Essa regra funciona, a menos que uma das retas perpendiculares seja horizontal (inclinação = 0) e a outra seja vertical (inclinação indefinida).

A fórmula da distância

Se dois pontos no sistema de coordenadas *x-y* estão diretamente do lado um do outro ou diretamente acima e abaixo um do outro, encontrar a distância entre eles é moleza. Funciona exatamente como encontrar a distância entre dois pontos em uma régua: basta subtrair o número menor do maior. Aqui estão as fórmulas:

- Distância horizontal = direita $_{coordenada\ x}$ – esquerda $_{coordenada\ x}$
- Distância vertical = cima $_{coordenada\ y}$ – baixo $_{coordenada\ y}$

LEMBRE-SE

Fórmula da distância: Calcular distâncias diagonais é um pouco mais complicado do que calcular distâncias horizontais e verticais. Para isso, os matemáticos desenvolveram a fórmula da distância entre dois pontos (x_1, y_1) e (x_2, y_2):

$$\text{Distância} = \sqrt{(x_2 - x_1)^2 + (y_2 - y_1)^2}$$

Nota: assim como na fórmula de inclinação, não importa qual ponto você nomeie (x_1, y_1) e qual nomeie (x_2, y_2).

A Figura 18-5 exemplifica a fórmula da distância.

DICA

A fórmula da distância é simplesmente o Teorema de Pitágoras ($a^2 + b^2 = c^2$) resolvido para a hipotenusa: $c = \sqrt{a^2 + b^2}$. Veja a Figura 18-5 de novo. Os catetos do triângulo retângulo (*a* e *b* na raiz quadrada) têm comprimentos equivalentes a $(x_2 - x_1)$ e $(y_2 - y_1)$. Lembre-se dessa conexão, e caso esqueça a fórmula da distância, poderá resolver um problema de distância com o Teorema de Pitágoras.

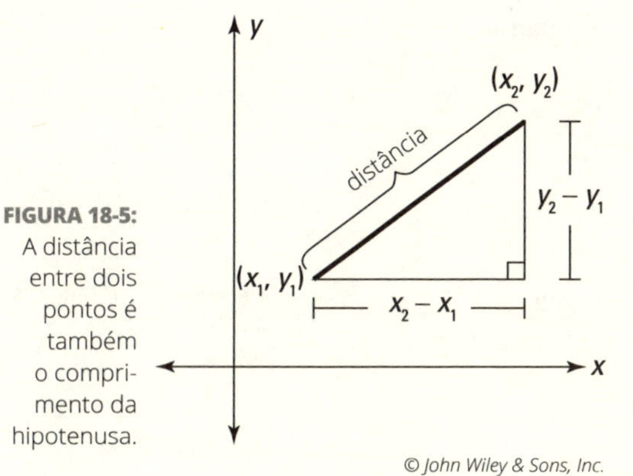

FIGURA 18-5: A distância entre dois pontos é também o comprimento da hipotenusa.

Não confunda a fórmula da inclinação com a fórmula da distância. Você deve ter percebido que ambas as fórmulas envolvem as expressões $(x_2 - x_1)$ e $(y_2 - y_1)$. Isso porque os comprimentos dos catetos do triângulo retângulo na fórmula de distância são os mesmos que o *eixo vertical* e o *eixo horizontal* da fórmula da inclinação. Para manter as fórmulas em ordem, basta se concentrar no fato de que a inclinação é uma *proporção* e a distância é uma *hipotenusa.*

Encontrando no meio do caminho com a fórmula do ponto médio

A fórmula do ponto médio fornece as coordenadas do ponto médio de um segmento de reta. Funciona de maneira muito simples: considera a *média* das coordenadas *x* e a média das coordenadas *y* dos pontos finais. Essas médias fornecem a localização de um ponto que está exatamente no meio do segmento.

Fórmula do ponto médio: Para encontrar o ponto médio de um segmento com pontos finais em (x_1, y_1) e (x_2, y_2), use a fórmula a seguir:

$$\text{Ponto médio} = \left(\frac{x_1 + x_2}{2}, \frac{y_1 + y_2}{2}\right)$$

Nota: não faz diferença qual ponto é (x_1, y_1) e qual é (x_2, y_2).

Prato feito: Usando ambas as fórmulas em um problema

Aqui está um problema que mostra como usar as fórmulas de inclinação, distância e ponto médio.

Dados: Quadrilátero *PQRS* como mostrado

Resolva: 1. Mostre que *PQRS* é um retângulo

2. Encontre o perímetro de *PQRS*

3. Mostre que as diagonais de *PQRS* se bissecam e encontre o ponto de interseção entre elas

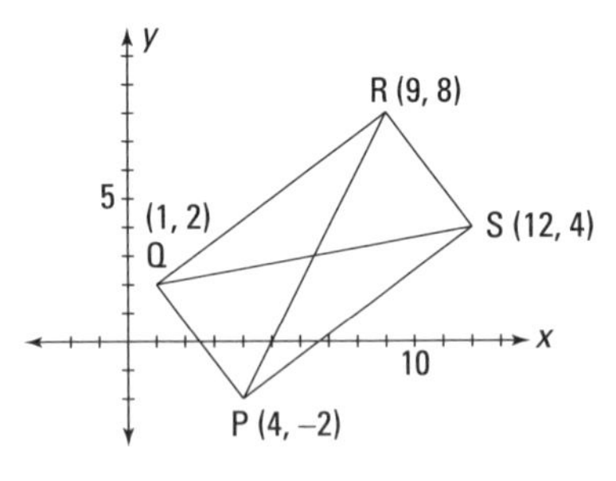

© John Wiley & Sons, Inc.

1. Mostre que *PQRS* é um retângulo.

A maneira mais fácil de mostrar que PQRS é um retângulo é calcular as inclinações de seus quatro lados e em seguida utilizar as ideias a respeito das inclinações de retas paralelas e perpendiculares (veja o Capítulo 11 para obter formas de provar que um quadrilátero é um retângulo).

$$\text{Inclinação} = \frac{y_2 - y_1}{x_2 - x_1}$$

$$\text{Inclinação}_{\overline{QR}} = \frac{8-2}{9-1} = \frac{6}{8} = \frac{3}{4} \qquad \text{Inclinação}_{\overline{QP}} = \frac{2-(-2)}{1-4} = \frac{4}{-3} = -\frac{4}{3}$$

$$\text{Inclinação}_{\overline{PS}} = \frac{4-(-2)}{12-4} = \frac{6}{8} = \frac{3}{4} \qquad \text{Inclinação}_{\overline{RS}} = \frac{8-4}{9-12} = \frac{4}{-3} = -\frac{4}{3}$$

Ao verificar essas quatro inclinações, você pode concluir, de duas maneiras diferentes, que o quadrilátero PQRS é um retângulo — nenhuma delas exige qualquer trabalho adicional.

Em primeiro lugar, como as inclinações de $\overline{QR}$ e $\overline{PS}$ são equivalentes, esses segmentos são paralelos. O mesmo vale para $\overline{QP}$ e $\overline{RS}$. *O* quadrilátero *PQRS* é, portanto, um paralelogramo. Em seguida, verifique os vértices para descobrir se algum deles é um ângulo reto. Suponhamos que você verifique o vértice Q. Como as inclinações de QP $\left(-\frac{4}{3}\right)$ e QR $\left(\frac{3}{4}\right)$ são opostos recíprocos, esses segmentos são perpendiculares e, portanto, $\angle Q$ é um ângulo reto. Está feito, pois um paralelogramo com um ângulo reto é um retângulo (veja o Capítulo 11).

Em segundo lugar, perceba que os quatro segmentos têm inclinação de $\frac{3}{4}$ ou $-\frac{4}{3}$. Logo, você pode constatar rapidamente que, em cada um dos quatro vértices, um par de segmentos perpendiculares se conecta. Todos os quatro vértices são, portanto, ângulos retos, e um quadrilátero com quatro ângulos retos é um retângulo (veja o Capítulo 10). É isso.

2. Encontre o perímetro de *PQRS*.

Use a fórmula da distância. Agora você sabe que o quadrilátero PQRS é um retângulo e que seus lados opostos são, portanto, congruentes. Então você precisa calcular a medida de apenas dois lados (o comprimento e a largura):

$$\text{Distância} = \sqrt{(x_2 - x_1)^2 + (y_2 - y_1)^2}$$

$$\begin{aligned}\text{Distância}_{P \text{ para } Q} &= \sqrt{(1-4)^2 + (2-(-2))^2}\\ &= \sqrt{(-3)^2 + 4^2}\\ &= \sqrt{25}\\ &= 5\end{aligned}$$

$$\begin{aligned}\text{Distância}_{Q \text{ para } R} &= \sqrt{(9-1)^2 + (8-2)^2}\\ &= \sqrt{8^2 + 6^2}\\ &= \sqrt{100}\\ &= 10\end{aligned}$$

Agora, com o comprimento e a largura, calcule o perímetro:

$$\begin{aligned}\text{Perímetro}_{PQRS} &= 2(\text{comprimento}) + 2(\text{largura})\\ &= 2(10) + 2(5)\\ &= 30\end{aligned}$$

3. Mostre que as diagonais de *PQRS* bissecam uma a outra, e encontre o ponto em que se interceptam.

Se você conhece as propriedades do retângulo (veja o Capítulo 10), sabe que as diagonais de PQRS devem se bissecar. Porém, outra maneira de mostrar isso é com geometria de coordenadas. O termo bissecar neste problema sugere o ponto médio. Então use a fórmula do ponto médio para cada diagonal:

$$\text{Ponto médio} = \left(\frac{x_1 + x_2}{2}, \frac{y_1 + y_2}{2}\right)$$

$$\begin{aligned}\text{Ponto médio} &= \left(\frac{1+12}{2}, \frac{2+4}{2}\right)\\ &= (6{,}5;\ 3)\end{aligned}$$

$$\begin{aligned}\text{Ponto médio} &= \left(\frac{4+9}{2}, \frac{-2+8}{2}\right)\\ &= (6{,}5;\ 3)\end{aligned}$$

O fato de que os pontos médios são os mesmos mostra que cada diagonal intercepta o ponto médio da outra, e, portanto, cada diagonal bisseca a outra. Obviamente, as diagonais se cruzam em (6,5; 3). Moleza.

Atestando Propriedades de Maneira Analítica

Nesta seção, mostro como resolver uma prova de maneira *analítica*, o que significa usar álgebra. Você pode usar provas analíticas para comprovar algumas das propriedades vistas anteriormente neste livro, como a propriedade de que as diagonais de um paralelogramo bissecam uma a outra ou que as diagonais de um trapézio isósceles são congruentes. Nos capítulos anteriores você comprova esse tipo de afirmação através de métodos de prova de duas colunas comuns usando elementos como triângulos congruentes e PCTCC. Aqui você utiliza uma abordagem diferente e usa a localização das imagens no sistema de coordenadas como base para suas provas.

Provas analíticas consistem em dois passos básicos:

1. **Trace a imagem no sistema de coordenadas e nomeie os vértices.**
2. **Utilize a álgebra para provar algo a respeito da imagem.**

A prova analítica a seguir o guia por esse processo. Aqui está a prova: primeiro prove analiticamente que o ponto médio da hipotenusa de um triângulo retângulo é equidistante aos três vértices do triângulo e, em seguida, mostre analiticamente que a mediana desse ponto médio divide o triângulo em dois triângulos de mesma área.

Etapa 1: Traçando uma imagem geral

O primeiro passo em uma prova analítica é desenhar uma imagem no sistema de coordenadas *x*-*y* e anotar as coordenadas dos vértices. Coloque a imagem em uma posição conveniente para que a matemática funcione de maneira fácil. Por exemplo, às vezes, colocar um dos vértices na origem (0; 0) facilita os cálculos, pois adicionar e subtrair com zeros é simples. O primeiro quadrante também é uma boa opção, pois nele todas as coordenadas são positivas.

A imagem traçada deve representar uma categoria geral de formas, então faça as letras das coordenadas de maneira a admitir quaisquer valores. Você não pode delimitar a imagem com números (exceto pelo zero quando colocar um vértice na origem ou nos eixos *x* ou *y*), pois isso atribui à imagem tamanho e formato precisos — então qualquer coisa que você provar se aplicará apenas a essa forma particular, em vez de a uma categoria inteira de formas.

É assim que você deve criar a imagem para uma prova de triângulo:

» **Escolha uma posição e orientação convenientes no sistema de coordenadas *x-y* para a imagem.** Como os eixos x e y formam um ângulo reto na origem (0, 0), essa é a escolha natural para a posição do ângulo reto do triângulo retângulo, com os catetos sobre os dois eixos. Então você deve decidir em qual quadrante deve entrar o triângulo. A menos que tenha um motivo para escolher outro quadrante, o primeiro é a melhor alternativa.

» **Escolha coordenadas apropriadas para os vértices sobre os eixos *x* e *y*.** Normalmente você escolheria algo como $(a, 0)$ e $(0, b)$, mas aqui, como divide essas coordenadas por 2 ao aplicar a fórmula do ponto médio, a matemática será mais fácil se você usar $(2a, 0)$ e $(0, 2b)$. Caso contrário, terá que lidar com frações. Credo! A Figura 18-6 mostra o diagrama final.

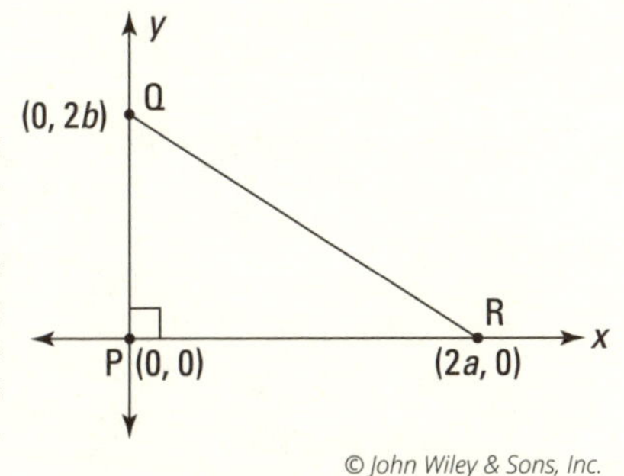

FIGURA 18-6: Um triângulo retângulo que representa *todos* os triângulos retângulos.

© John Wiley & Sons, Inc.

LEMBRE-SE

Em uma prova analítica, ao decidir como posicionar e marcar a imagem, você deve fazê-los de maneira que, como dizem os matemáticos, não haja *perda de generalidade*. Nessa prova, por exemplo, se você atribuir as coordenadas $(2a, 0)$ ao vértice que está sobre o eixo x — como indico anteriormente —, não deve atribuir as coordenadas $(0, 2a)$ ao vértice sobre o eixo y, pois isso significaria que os dois catetos do triângulo retângulo têm o mesmo tamanho — e significaria que esse seria um triângulo de 45°-45°-90°. Se você marcar os vértices assim, todas as conclusões dessa prova são válidas apenas para triângulos retângulos de 45°-45°-90°, e não para todos os triângulos retângulos.

O triângulo retângulo na Figura 18-6 *foi* desenhado sem perda de generalidade: com vértices em $(0, 0)$, $(2a, 0)$ e $(0, 2b)$, representa todo triângulo retângulo possível. É assim que funciona: imagine um triângulo retângulo de qualquer formato ou tamanho, localizado em qualquer lugar do sistema de coordenadas. Sem modificar seu tamanho ou formato, você poderia deslizá-lo de maneira que o ângulo reto ficasse na origem, e girá-lo de maneira que os catetos ficassem sobre os eixos x e y. Você poderia então admitir valores para a e b de maneira que $2a$ e $2b$ se igualassem aos comprimentos dos catetos do triângulo hipotético.

Como essa prova abrange todos os triângulos retângulos, assim que for concluída, você terá comprovado um resultado verídico para todo triângulo retângulo possível no universo. Toda a infinidade deles! Animal, não é?

Etapa 2: Resolvendo o problema algebricamente

Ok, após terminar o desenho (veja a Figura 18-6 na seção anterior), você está pronto para a parte algébrica da prova. A primeira parte do problema pede que prove que o ponto médio da hipotenusa é equidistante aos vértices do triângulo. Para fazer isso, comece por determinar o ponto médio da hipotenusa:

$$\text{Ponto médio} = \left(\frac{x_1 + x_2}{2}, \frac{y_1 + y_2}{2}\right)$$

$$\text{Ponto médio}_{QR} = \left(\frac{0 + 2a}{2}, \frac{2b + 0}{2}\right) = (a, b)$$

A Figura 18-7 mostra o ponto médio, *M*, e a mediana, *PM*.

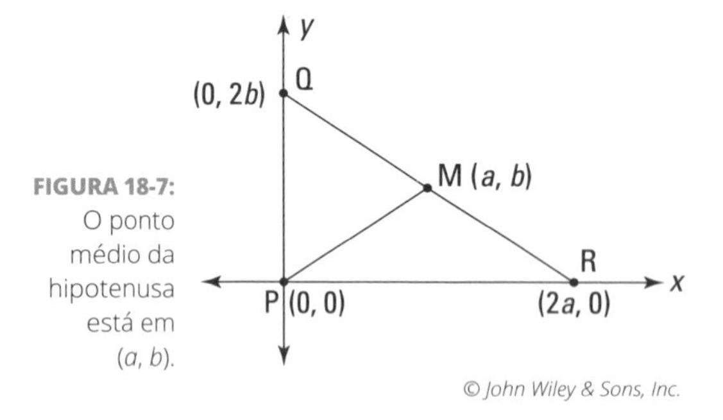

FIGURA 18-7: O ponto médio da hipotenusa está em (a, b).

Para provar a equidistância de *M* para *P*, *Q* e *R*, use a fórmula da distância:

$$\text{Distância} = \sqrt{(x_2 - x_1)^2 + (y_2 - y_1)^2}$$

$$\text{Distância}_{\text{M para P}} = \sqrt{(a - 0)^2 + (b - 0)^2} = \sqrt{a^2 + b^2}$$

$$\text{Distância}_{\text{M para Q}} = \sqrt{(a - 0)^2 + (b - 2b)^2} = \sqrt{a^2 + (-b)^2} = \sqrt{a^2 + b^2}$$

Essas distâncias são equivalentes, e isso completa a parte de equidistância da prova. (Como *M* é ponto médio de *QR*, *MQ* deve ser congruente a *MR e, portanto,* não há necessidade de mostrar que a distância de *M* para *R* também é $\sqrt{a^2 + b^2}$, embora você possa fazê-lo como um exercício.)

Na segunda parte da prova você deve mostrar que o segmento que vai do ângulo reto ao ponto médio da hipotenusa divide o triângulo em dois triângulos de mesma área — em outras palavras, você deve mostrar que a $\text{Área}_{\Delta PQM} = \text{Área}_{\Delta PMR}$. Para calculá-las, você precisa dos comprimentos da base e da altura de ambos os triângulos. A Figura 18-8 mostra as alturas dos triângulos.

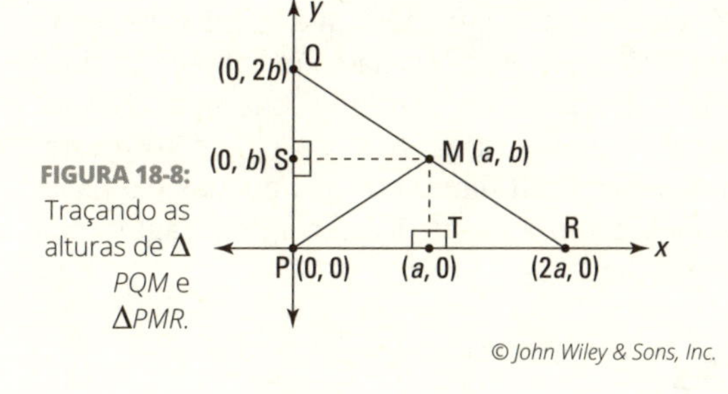

FIGURA 18-8: Traçando as alturas de ΔPQM e ΔPMR.

© John Wiley & Sons, Inc.

Observe que como a base *PR* de ΔPMR é horizontal, a altura em relação a essa base (*TM*) é vertical e, portanto, você sabe que *T* está diretamente abaixo (a, b) em $(a, 0)$. Com ΔPQM (usando a base vertical *PQ*), trace a altura horizontal *SM* e localize o ponto *S* diretamente à esquerda de (a, b) em $(0, b)$.

Agora você está pronto para usar as duas bases e alturas para mostrar que os triângulos têm áreas iguais. Para obter os comprimentos das bases e alturas, você pode usar a fórmula da distância, mas não é necessário, pois pode utilizar o atalho para distâncias horizontais e verticais de "A fórmula da distância":

$$\text{Distância horizontal} = \text{direita}_{\text{coordenada x}} - \text{esquerda}_{\text{coordenada y}}$$

$$\text{Distância vertical} = \text{cima}_{\text{coordenada y}} - \text{baixo}_{\text{coordenada y}}$$

Para ΔPQM:

$$\text{Distância vertical}_{\text{Base } PQ} = 2b - 0 = 2b$$
$$\text{Distância horizontal}_{\text{Altitude } SM} = a - 0 = a$$

Para ΔPMR:

$$\text{Distância vertical}_{\text{Base } PR} = 2a - 0 = 2a$$
$$\text{Distância horizontal}_{\text{Altitude } TM} = b - 0 = b$$

Hora de concluir isso usando a fórmula da área do triângulo:

$$\begin{aligned}\text{Área}_{\Delta PQM} &= \frac{1}{2}bh \\ &= \frac{1}{2}(PQ)(SM) \\ &= \frac{1}{2}(2b)(a) \\ &= ab\end{aligned}$$

$$\begin{aligned}\text{Área}_{\Delta PMR} &= \frac{1}{2}(PR)(TM) \\ &= \frac{1}{2}(2a)(b) \\ &= ab\end{aligned}$$

As áreas são iguais. Concluído.

Decifrando Equações de Retas e Círculos

Se você concluiu as aulas de álgebra, provavelmente já traçou retas no sistema de coordenadas. Desenhar círculos pode ser algo novo para você, mas logo verá que não há nada com o que se preocupar. Retas e círculos são, é claro, muito diferentes. Um é reto, o outro, curvado. Um é infinito, o outro, finito. Mas o que eles têm em comum é que ambos não têm começo ou fim, e você poderia viajar ao longo de qualquer um até o fim dos tempos. Hmm, isso me lembra de uma citação de uma antiga série de TV... "Você está prestes a entrar em outra dimensão, uma dimensão não apenas da visão e do som, mas da mente. Uma viagem à fantástica terra de imaginação. Próximo passo, Além da Imaginação!"

Equações de retas

Papo reto e direto! Retas são infinitas, perfeitamente retilíneas e, embora seja difícil imaginar, são infinitamente mais finas do que um fio de cabelo.

LEMBRE-SE

Aqui estão as formas básicas para as equações de retas:

- **Forma inclinação-interseção:** Use essa forma quando souber (ou puder encontrar com facilidade) a inclinação da reta e onde o y é interceptado (o ponto em que a reta intercepta o eixo y). Veja a seção anterior intitulada "A solução da inclinação" para mais detalhes a respeito da inclinação.

  $y = mx + b$

  em que m é a inclinação e b é onde o eixo y é interceptado.

- **Forma ponto-inclinação:** Essa é a forma mais fácil de usar quando você não sabe onde o y é interceptado, mas sabe as coordenadas de um ponto da reta. Você precisa saber também a inclinação da reta.

  $y - y_1 = m(x - x_1)$

  em que m é a inclinação e (x_1, y_1) é um ponto da reta.

- **Reta horizontal:** Essa forma é usada para retas com inclinação zero.

  $y = b$

  em que b é o ponto em que o y é interceptado.

  O ponto b (ou o número que representa b) informa o quão acima ou abaixo a reta está ao longo do eixo y. Perceba que todo ponto ao longo de uma reta horizontal tem a mesma coordenada y, nomeada b. Caso esteja curioso, essa forma da equação é um caso particular de $y = mx + b$, em que $m = 0$.

» **Reta vertical:** Aqui está a equação para uma reta com inclinação indefinida.

$x = a$

em que a é o ponto em que x é interceptado.

O ponto a (ou o número que representa a) informa o quão à direita ou à esquerda a reta está ao longo do eixo x. Cada ponto ao longo de uma reta vertical tem a mesma coordenada, nomeada a.

CUIDADO

Não confunda as equações das retas horizontais e verticais. Esse é um erro muito comum. Como uma reta horizontal é paralela ao eixo x, isso poderia induzi-lo a pensar que a equação da reta horizontal é $x = a$. E você poderia pensar que a equação da reta vertical é $y = b$ porque é paralela ao eixo y. Porém, como viu nas equações anteriores, é o contrário.

A equação do círculo padrão

Na Parte 5 você vê todos os tipos de propriedades do círculo, fórmulas e teoremas que não estão em nada relacionados com a posição ou localização de um círculo. Nesta seção, cortesia de Descartes, você investiga círculos que têm uma localização, e analisa círculos posicionados no sistema de coordenadas x-y utilizando métodos analíticos — isto é, com equações e álgebra. Por exemplo, há uma conexão analítica interessante entre a equação do círculo e a fórmula da distância, pois cada ponto de um círculo tem a mesma distância em relação ao centro (veja o problema de exemplo para mais detalhes).

Aqui estão as equações do círculo:

» **Círculo centralizado na origem, (0, 0):**

$x^2 + y^2 = r^2$

em que r é o raio do círculo.

» **Círculo centralizado em qualquer ponto (h, k):**

$(x - h)^2 + (y - k)^2 = r^2$,

em que (h, k) é o centro do círculo e r é o raio.

(Como você deve se lembrar das aulas de álgebra, parece o contrário, mas subtrair qualquer número positivo h de x, na verdade, move o círculo para a *direita*, e subtrair qualquer número positivo k de y move o círculo *para cima;* adicionar um número a x move o círculo para a *esquerda*, e adicionar um número positivo a y move o círculo *para baixo.*)

Preparado para um problema de círculo? E lá vamos nós:

Dados: Círculo C com centro em (4, 6) e tangente a uma reta em (1, 2)

Encontre:

1. A equação do círculo
2. Os pontos em que o círculo intercepta x e y
3. A equação da tangente

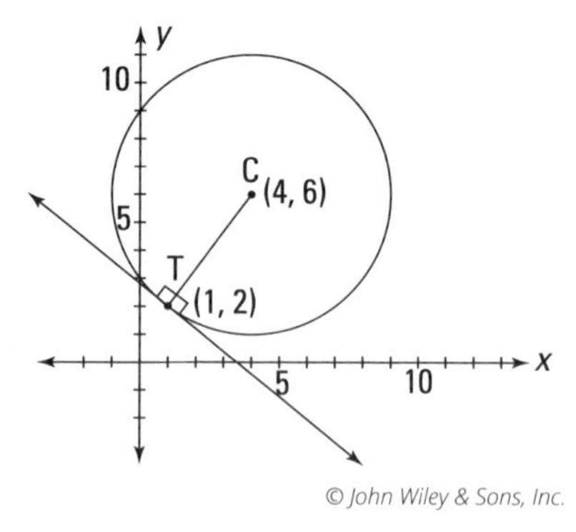

© John Wiley & Sons, Inc.

1. Encontre a equação do círculo.

Tudo de que você precisa é do centro (você já sabe) e do raio. O raio do círculo é nada mais do que a distância do centro a qualquer ponto do círculo. Desde que foi dado o ponto de tangência, esse é o ponto a ser usado. Isto é:

$$\begin{aligned} \text{Distância}C_{P\text{ para }QT} &= \sqrt{(4-1)^2+(6-2)^2} \\ &= \sqrt{3^2+4^2} \\ &= 5 \end{aligned}$$

Agora você conclui substituindo as coordenadas do centro e o raio na equação geral do círculo:

$$(x-h)^2+(y-k)^2=r^2$$

$$(x-4)^2+(y-6)^2=5^2$$

2. Encontre os pontos em que o círculo intercepta *x* e *y*.

Para achar o ponto que x intercepta, em qualquer equação, você coloca 0 no lugar de y e descobre x:

$$(x-4)^2+(y-6)^2=5^2$$

$$(x-4)^2+(0-6)^2=5^2$$

$$(x-4)^2+36=25$$

$$(x-4)^2=-11$$

Você não pode obter um número negativo como resultado, então essa equação não tem solução. Portanto, o círculo não é interceptado por x. (Sei que você pode simplesmente olhar para a imagem e ver que o círculo não intercepta o eixo x, mas eu queria lhe mostrar como a matemática confirma isso.)

Para descobrir o ponto que y intercepta, coloque 0 no lugar de x para descobrir y:

$$(0-4)^2 + (y-6)^2 = 5^2$$

$$16 + (y-6)^2 = 25$$

$$(y-6)^2 = 9$$

$$y - 6 = \pm\sqrt{9}$$

$$y = \pm 3 + 6$$

$$y = 3 \text{ ou } 9$$

Portanto, os pontos em que o círculo intercepta o eixo y são (0, 3) e (0, 9).

3. Encontre a equação da tangente.

Para a equação da tangente, é preciso um ponto (que já tem) e a inclinação da reta. No Capítulo 14 você descobre que uma tangente é perpendicular ao raio traçado ao ponto de tangência. Então basta calcular a inclinação do raio e, em seguida, o oposto recíproco da inclinação da tangente (para mais informações sobre inclinação, consulte a seção anterior "A solução da inclinação"):

$$\text{Inclinação} = \frac{y_2 - y_1}{x_2 - x_1}$$

$$\text{InclinaçãoRaio}_{\overline{CT}} = \frac{6-2}{4-1} = \frac{4}{3}$$

Logo,

$$\text{Inclinação}_{\text{Tangente}} = -\frac{3}{4}$$

Agora você conecta essa inclinação e as coordenadas ao ponto de tangência na forma ponto-inclinação para a equação de uma reta:

$$y - y_1 = m(x - x_1)$$

$$y - 2 = -\frac{3}{4}(x - 1)$$

Agora, resuma um pouco:

$$4(y-2) = -3(x-1)$$

$$4y - 8 = -3x + 3$$

$$3x + 4y = 11$$

Claro, se optar pela forma inclinação-interseção, você obtém $y = -\frac{3}{4}x + \frac{11}{4}$. Câmbio, desligo.

NESTE CAPÍTULO

» Reflexões: os componentes de todas as outras transformações

» Translações: deslizes compostos por duas reflexões

» Rotações: alterações compostas por duas reflexões

» Reflexões deslizantes: uma translação e uma reflexão (três reflexões)

Capítulo 19

Mudando o Cenário com Transformações Geométricas

Uma *transformação*, no sistema de coordenadas *x-y*, leva uma imagem "antes" — digamos, um triângulo, paralelogramo, polígono, qualquer uma — e a transforma em uma imagem "depois" relacionada. A imagem original é chamada *pré-imagem*, e a imagem nova é chamada *imagem*. A transformação pode expandir ou encolher a imagem original, torná-la uma versão engraçada de si mesma (como os espelhos curvos dos parques de diversões fazem), girar a imagem no próprio eixo, deslizá-la para uma nova posição, virá-la de cabeça para baixo — ou pode até mesmo modificar a imagem com algumas dessas combinações.

Neste capítulo você trabalha com um subconjunto especial de transformações, chamado *isometrias*. Essas são as transformações em que as imagens "antes" e "depois" são *congruentes*, o que, como você sabe, significa que as imagens têm exatamente o mesmo tamanho e forma. Explico os quatro tipos de isometrias: reflexões, translações, rotações e reflexões deslizantes. A discussão começa com reflexões, os blocos de construção dos outros três tipos de isometrias.

Nota: este capítulo solicita inclinações, pontos médios, distâncias, mediatrizes e equações da reta no plano de coordenadas. Se você precisa de algum conhecimento sobre esses assuntos, consulte o Capítulo 18.

Algumas Reflexões sobre Reflexões

Uma reflexão geométrica, como parece, funciona como um reflexo. A Figura 19-1 mostra uma pessoa na frente de um espelho olhando para o reflexo de um triângulo que está no chão, à frente do espelho. ***Nota:*** a imagem de ΔABC no espelho é nomeada com as mesmas letras, mas com um símbolo *linha* adicionado a cada uma ($\Delta A'B'C'$). A maioria dos diagramas de transformação é descrito dessa maneira.

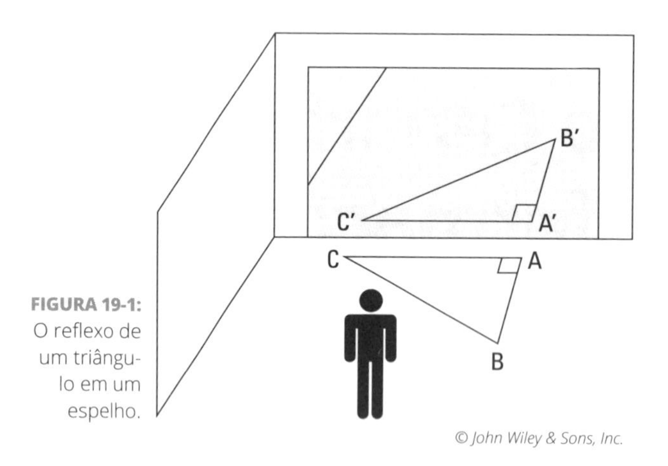

FIGURA 19-1: O reflexo de um triângulo em um espelho.

Como você pode ver, a imagem do triângulo no espelho está virada, se comparada com a original. Espelhos (e, matematicamente falando, reflexões) sempre geram esse tipo de inversão. Virar uma forma muda sua *orientação*, um tópico que discuto na próxima seção.

A Figura 19-2 mostra que uma reflexão também pode ser entendida como uma dobra. À esquerda há um cartão dobrado, com uma forma de meio coração desenhada; ao centro, o meio coração dobrado foi cortado; e à direita, o coração desdobrado. Os lados esquerdo e direito do coração, obviamente, têm a mesma forma. Cada lado é o *reflexo* do outro. O vinco ou reta ao longo do centro do coração é chamado reta refletora, que veremos mais adiante neste capítulo. (Aposto que você não havia percebido que ao fazer um cartão de dia dos namorados no ensino fundamental lidava com isometrias matemáticas!)

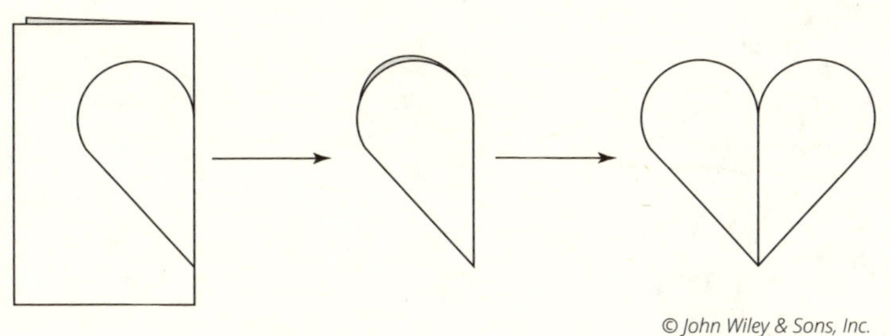

FIGURA 19-2: Reflexos do coração — quer namorar comigo?

© John Wiley & Sons, Inc.

LEMBRE-SE

Reflexões são os fundamentos das outras três isometrias: Você pode gerar as outras isometrias a partir de uma série de reflexões:

- Translações são o equivalente a duas reflexões.
- Rotações são o equivalente a duas reflexões.
- Reflexões deslizantes são o equivalente a três reflexões.

Discuto translações, rotações e reflexões deslizantes mais adiante neste capítulo. Porém, antes de prosseguir, resumo orientação e, em seguida, mostro como resolver problemas de reflexão.

Orientando-se com orientação

Na Figura 19-3, ΔPQR foi refletido na reta l para gerar $\Delta P'Q'R'$. Os triângulos ΔPQR e $\Delta P'Q'R'$ são congruentes, mas suas *orientações* são diferentes:

- Uma maneira de verificar que eles têm orientações diferentes é perceber que não é possível empilhar ΔPQR sobre $\Delta P'Q'R'$ — não importa como você os gire ou deslize — sem virar um deles.
- Uma segunda característica de imagens com orientações diferentes é a mudança do sentido horário para o anti-horário. Perceba que, em ΔPQR, a rota P para Q para R *vai no sentido anti-horário*, e no triângulo refletido, $\Delta P'Q'R'$, a rota P' para Q' para R' *vai no sentido horário.*

Perceba que — assim como o coração na Figura 19-2 — a reflexão mostrada na Figura 19-3 pode ser entendida como uma dobra. Se você dobrar esta página ao longo da reta l, ΔPQR se encaixaria perfeitamente sobre $\Delta P'Q'R'$, com P sobre P', Q sobre Q' e R sobre R'.

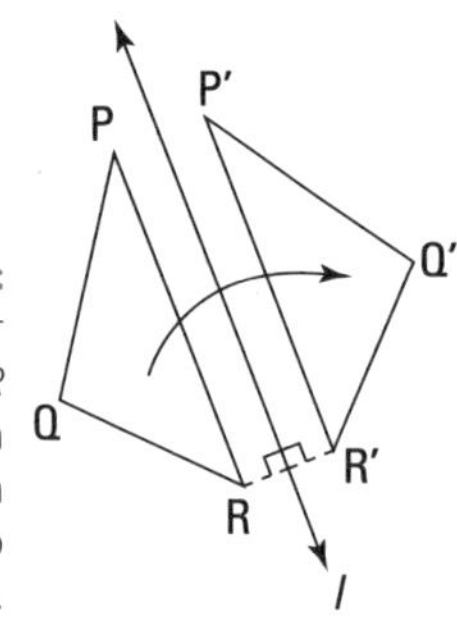

FIGURA 19-3: Refletir ΔPQR através da reta l muda a orientação da imagem.

© John Wiley & Sons, Inc.

LEMBRE-SE

Reflexões e orientação: Refletir uma imagem muda sua orientação. Quando você reflete uma imagem mais de uma vez, as seguintes regras se aplicam:

- Refletir uma imagem e depois refleti-la novamente pela mesma reta ou por uma reta diferente fará com que ela volte à orientação original. Em resumo, se você refletir uma imagem um número par de vezes, o resultado final será uma imagem com a mesma orientação da imagem original.
- Refletir uma imagem um número *ímpar* de vezes gera uma imagem com a *orientação oposta.*

Encontrando uma reta refletora

Em uma reflexão, a *reta refletora*, como você deve ter imaginado, é a reta sobre a qual a pré-imagem é refletida. A Figura 19-3 ilustra uma propriedade importante das retas refletoras: se você formar $\overline{RR'}$ conectando o ponto R *da pré-imagem* com o ponto R' *da imagem* (ou P com P' ou Q com Q'), a reta refletora, l, é mediatriz de $\overline{RR'}$.

LEMBRE-SE

Retas refletoras são mediatrizes: Quando uma imagem é refletida, a *reta refletora* é a mediatriz dos segmentos que conectam os pontos da pré-imagem aos seus correspondentes pontos da imagem.

Aqui está um problema que utiliza essa ideia: na imagem a seguir, $\Delta J'K'L'$ é o reflexo de ΔJKL através de uma reta refletora. Encontre a equação da reta refletora usando os pontos J e J'. Então confirme que essa reta refletora conecta K a K' e L a L'.

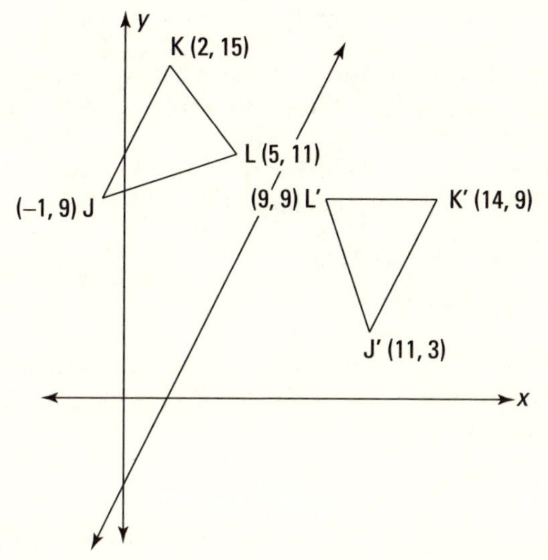

© John Wiley & Sons, Inc.

A reta refletora é mediatriz dos segmentos que conectam os pontos da pré--imagem aos pontos da imagem. Como a mediatriz de um segmento passa pelo seu ponto médio, a primeira coisa que precisa fazer para encontrar a equação da reta refletora é encontrar o ponto médio de $\overline{JJ'}$:

$$\text{Ponto médio} = \left(\frac{x_1 + x_2}{2}, \frac{y_1 + y_2}{2}\right)$$

$$\text{Ponto médio}_{\overline{JJ'}} = \left(\frac{-1 + 11}{2}, \frac{9 + 3}{2}\right)$$

$$= (5, 6)$$

Em seguida, você precisa da inclinação de $\overline{JJ'}$:

$$\text{Inclinação} = \frac{y_2 - y_1}{x_2 - x_1}$$

$$\text{Inclinação}_{\overline{JJ'}} = \frac{3 - 9}{11 - (-1)} \frac{-6}{12} = -\frac{1}{2}$$

A inclinação da mediatriz de $\overline{JJ'}$ é o oposto recíproco da inclinação de $\overline{JJ'}$ (como explico no Capítulo 18). $\overline{JJ'}$ tem inclinação de $-\frac{1}{2}$, logo, a inclinação da mediatriz e, portanto, da reta refletora, é 2. Agora você pode concluir a primeira parte do problema substituindo a inclinação por 2 e o ponto (5, 6) na forma ponto-inclinação para a equação da reta:

$$y - y_1 = m(x - x_1)$$

$$y - 6 = 2(x - 5)$$

$$y = 2x - 10 + 6$$

$$y = 2x - 4$$

Essa é a equação da reta refletora, na forma inclinação-interseção.

Para confirmar que a reta refletora conecta K a K' e L a L', você precisa mostrar que é a mediatriz de $\overline{KK'}$ e $\overline{LL'}$. Para fazer isso, deve mostrar que os pontos médios de $\overline{KK'}$ e $\overline{LL'}$ estão sobre a reta e que as inclinações de $\overline{KK'}$ e $\overline{LL'}$ são $-\frac{1}{2}$ (o oposto recíproco da inclinação da reta refletora, $y = 2x - 4$). Primeiramente, aqui está o ponto médio de $\overline{KK'}$:

$$\begin{aligned}\text{Ponto médio}_{\overline{KK'}} &= \left(\frac{2+14}{2}, \frac{15+9}{2}\right)\\ &= (8, 12)\end{aligned}$$

Substitua essas coordenadas na equação $y = 2x - 4$ para verificar se funcionam. Como $12 = 2(8) - 4$, o ponto médio de $\overline{KK'}$ está sobre a reta refletora. Agora obtenha a inclinação de $\overline{KK'}$:

$$\text{Inclinação}_{\overline{KK'}} = \frac{9-15}{14-2} = \frac{-6}{12} = -\frac{1}{2}$$

Essa é a inclinação desejada, então tudo certo para K e K'. Agora calcule o ponto médio de $\overline{LL'}$:

$$\begin{aligned}\text{Ponto médio}_{\overline{LL'}} &= \left(\frac{5+9}{2}, \frac{11+9}{2}\right)\\ &= (7, 10)\end{aligned}$$

Verifique se essas coordenadas funcionam quando você as substitui na equação da reta refletora, $y = 2x - 4$. Como $10 = 2(7) - 4$, o ponto médio de $\overline{LL'}$ está sobre a reta. Por fim, encontre a inclinação de $\overline{LL'}$:

$$\text{Inclinação}_{\overline{LL'}} = \frac{9-11}{9-5} = \frac{-2}{4} = -\frac{1}{2}$$

Confere. Está concluído.

Como Não Se Perder em Translações

Uma *translação* — provavelmente o tipo mais simples de transformação — é uma transformação em que uma imagem apenas desliza para uma nova posição sem inclinar ou girar. Não deve ser difícil perceber que uma translação não muda a orientação da imagem. Veja a Figura 19-4.

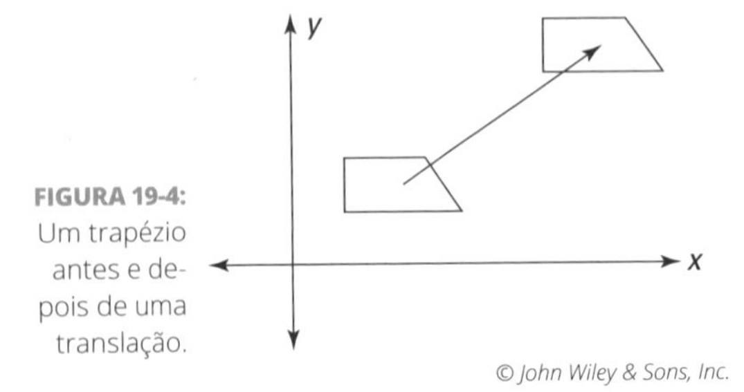

FIGURA 19-4: Um trapézio antes e depois de uma translação.

Uma translação equivale a duas reflexões

Pode parecer surpreendente, mas em vez de deslizar uma imagem para uma nova posição, você pode alcançar o mesmo resultado refletindo a imagem sobre uma reta e depois sobre outra reta.

Você pode ver isso na prática fazendo o seguinte: pegue um pedaço de papel em branco e arranque uma pontinha do canto inferior direito. Coloque a folha de papel à sua frente em uma mesa. Agora vire o papel para a direita, por cima do lado direito — de maneira que não saia do lugar. Então você verá o verso do papel, e a ponta rasgada está no canto inferior esquerdo. Por fim, vire o papel para a direita novamente. Agora, depois de duas voltas, ou duas reflexões, você vê o papel exatamente como estava no início, só que agora foi deslizado ou transladado para a direita.

Reta e distância da translação: A reta da translação é qualquer reta que conecte um ponto da pré-imagem ao seu ponto correspondente na imagem. A reta de translação mostra a direção da translação. A distância da translação é a distância de qualquer ponto da pré-imagem ao seu ponto correspondente na imagem.

Uma translação equivale a duas reflexões: Uma translação de dada distância ao longo de uma reta de translação equivale a duas reflexões sobre retas paralelas que:

- São perpendiculares à reta de translação.
- São separadas por uma distância igual à metade da distância da translação.

Nota: as duas retas refletoras paralelas, l_1 e l_2, podem estar em qualquer lugar ao longo da reta de translação, desde que 1) estejam separadas por metade da distância da translação e 2) a direção de l_1 a l_2 seja a mesma que a direção da pré-imagem à imagem.

Isso é um teorema ou o quê? Em vez de confundir o teorema, dê uma olhada na Figura 19-5 para ver como as retas refletoras funcionam em uma translação.

Aqui estão algumas observações acerca da Figura 19-5. Você pode ver que a distância da translação (a distância de Z a Z') é 20; que a distância entre as retas refletoras, l_1 e l_2, é metade disso, ou 10; e que as retas refletoras l_1 e l_2 são perpendiculares à reta de translação, $\overleftrightarrow{ZZ'}$.

Escolhi colocar as duas retas refletoras entre a pré-imagem e a imagem pois assim é mais fácil visualizar seu funcionamento. Entretanto, elas não precisam ser posicionadas dessa maneira. Para lhe dar uma ideia de outro possível posicionamento para as retas, imagine l_1 e l_2 como uma única unidade, movendo-se para a direita na direção da reta de translação $\overleftrightarrow{ZZ'}$ até que ambas estivessem fora de $\Delta X'Y'Z'$. Com esse novo posicionamento, gire a pré-imagem, ΔXYZ, primeiro sobre l_1 (virando-a para cima e para a direita, através de l_2), e, em seguida, reflita-a sobre l_2, de volta para baixo e para a esquerda. O resultado final é $\Delta X'Y'Z'$ exatamente no mesmo lugar que você vê na Figura 19-5.

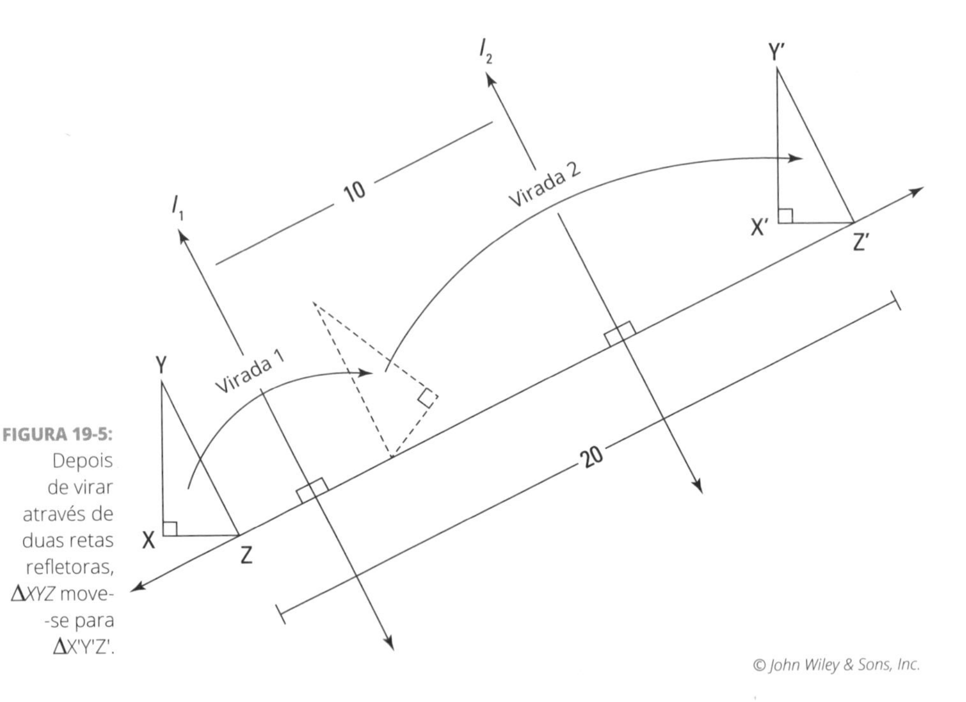

FIGURA 19-5: Depois de virar através de duas retas refletoras, ΔXYZ move-se para $\Delta X'Y'Z'$.

Encontrando os itens de uma translação

A melhor maneira de entender o teorema da translação é analisando um problema de exemplo. O próximo problema mostra como encontrar uma reta de translação, a distância da translação e um par de retas refletoras.

Na imagem a seguir, o triângulo ΔPQR da pré-imagem foi deslizado para baixo e para a direita, formando o triângulo imagem $\Delta P'Q'R'$.

Dados: As coordenadas de P, P', Q e R' como mostrado

Encontre: 1. As coordenadas de Q' e R

2. A distância da translação

3. A equação de uma reta de translação

4. As equações de dois diferentes pares de retas refletoras

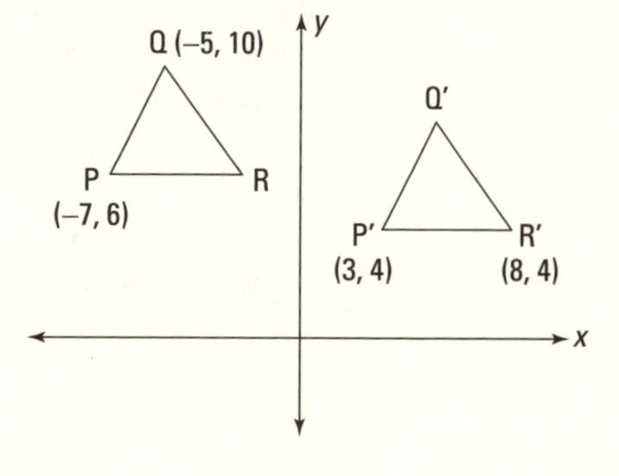

© John Wiley & Sons, Inc.

1. Encontre as coordenadas de *Q'* e *R*.

De $P(-7, 6)$ a $P'(3, 4)$, você vai 10 para a direita e 2 para baixo. Em uma translação, cada ponto da pré-imagem conecta-se da mesma maneira ao seu ponto da imagem, então, para encontrar Q', basta começar por Q, que está em (–5, 10) e ir 10 para a direita e 2 para baixo. Isso leva a (5, 8), as coordenadas de Q'.

Para obter as coordenadas de R, comece em R' e faça o inverso (10 para a esquerda e 2 para cima). Isso resulta em (–2, 6) para as coordenadas de R.

2. Encontre a distância da translação.

A distância da translação é a distância entre qualquer ponto da pré-imagem e seu correspondente da imagem, como P e P'. Use a fórmula da distância:

$$\text{Distância} = \sqrt{(x_2 - x_1)^2 + (y_2 - y_1)^2}$$

$$\begin{aligned}\text{Distância}_{P\ \text{para}\ P'} &= \sqrt{(3 -(-7)^2 + (4 - 6)^2}\\ &= \sqrt{10^2 + (-2)^2}\\ &= \sqrt{104} = 2\sqrt{26} \approx 10{,}2 \text{ unidades}\end{aligned}$$

Essa resposta informa que cada ponto da pré-imagem está a uma distância de 10,2 unidades de seu ponto correspondente da imagem.

3. Encontre a equação de uma das retas de translação.

Para uma das retas de translação, você pode usar qualquer reta que conecte um dos pontos de ΔPQR ao seu correspondente em $\Delta P'Q'R'$. A reta que conecta P e P' funciona tão bem quanto qualquer outra reta de translação, então obtenha a equação de $\overleftrightarrow{PP'}$.

Para aplicar a forma ponto-inclinação à equação de $\overleftrightarrow{PP'}$, você precisa de um ponto (você tem dois, P e P', então escolha) e da inclinação da reta. A fórmula da inclinação proporciona — o que mais? — a inclinação:

$$\text{Inclinação}_{\overline{PP'}} = \frac{4-6}{3-(-7)} = \frac{-2}{10} = -\frac{1}{5}$$

Agora substitua a inclinação e as coordenadas de P' na forma ponto-inclinação (P funcionaria tão bem quanto, mas eu prefiro evitar números negativos):

$$y - y_1 = m(x - x_1)$$

$$y - 4 = -\frac{1}{5}(x - 3)$$

Caso queira, você pode colocar isso na forma inclinação-interseção usando álgebra simples:

$$y = -\frac{1}{5}x + \frac{23}{5}$$

Essa é a equação da reta de translação. O triângulo PQR pode deslizar para baixo ao longo dessa reta até $\Delta P'Q'R'$.

4. Encontre as equações de dois pares diferentes de retas refletoras.

O teorema da translação diz que duas retas refletoras que fazem uma translação devem ser perpendiculares à reta de translação e separadas pela metade da distância da translação. Há um número infinito de tais pares de retas. Aqui está uma maneira fácil de criar um desses pares.

Retas perpendiculares têm inclinações recíprocas entre si. Na parte 3 deste problema você descobre que a inclinação de $\overleftrightarrow{PP'}$ é $-\frac{1}{5}$, portanto, como as retas refletoras são perpendiculares a $\overleftrightarrow{PP'}$, suas inclinações são o oposto recíproco de $-\frac{1}{5}$, que é 5.

Para a primeira reta refletora, você pode usar a reta de inclinação 5 que vai de P à $(-7, 6)$. Use a forma ponto-inclinação e simplifique:

$$y - 6 = 5(x - (-7))$$

$$y = 5x + 41$$

Portanto, como a distância da translação é igual ao comprimento de $\overline{PP'}$, a distância de P ao ponto médio de $\overline{PP'}$ é metade da distância da translação — a distância ideal entre retas refletoras. Então passe a segunda reta refletora pelo ponto médio de $\overline{PP'}$. Primeiro encontre o ponto médio:

$$\text{Ponto médio}_{\overline{PP'}} = \left(\frac{-7+3}{2}, \frac{6+4}{2}\right) = (-2, 5)$$

A segunda reta refletora, que é paralela à primeira, também tem inclinação 5. Substitua os números na forma ponto-inclinação e simplifique:

$y - 5 = 5(x - (-2))$

$y - 5 = 5x + 10$

$y = 5x + 15$

Então você tem as duas retas refletoras. Se você refletir ΔPQR sobre a reta $y = 5x + 41$ e, em seguida, refleti-lo sobre $y = 5x + 15$ (obrigatoriamente nessa ordem), ΔPQR pousará — ponto por ponto — em cima de $\Delta P'Q'R'$.

DICA

Após obter o par de retas refletoras, você pode gerar, sem esforço, quantos desses pares desejar. Todas as retas refletoras terão a mesma inclinação, e em cada par de retas, os pontos em que intercepta y estarão à mesma distância.

Neste problema, todas as retas refletoras têm inclinação 5, e cada par deve ter interceptos que — como $y = 5x + 41$ e $y = 5x + 15$ — estão separados por 26 unidades. Por exemplo, os seguintes pares de retas refletoras também produzem a translação desejada.

$y = 5x + 27$ e $y = 5x + 1$, ou

$y = 5x + 1.000.026$ e $y = 5x + 1.000.000$

Virando o Jogo com Rotações

Uma *rotação* é isso mesmo que você imagina — uma transformação na qual a forma da pré-imagem roda ou gira para gerar a imagem. Em cada rotação há um único ponto fixo — chamado de *centro de rotação* — em torno do qual tudo gira. Esse ponto pode estar dentro da forma, que é o caso em que a forma fica onde está e apenas gira. Ou o ponto pode estar fora da forma, e, nesse caso, a forma se move ao longo de um arco circular (como uma órbita) em torno do centro de rotação. O quanto a forma gira é chamado de *ângulo de rotação*.

Nesta seção você verá que uma rotação, como uma translação, é o equivalente a duas reflexões. Então você descobrirá como encontrar o centro de rotação.

Uma rotação equivale a duas reflexões

Você pode obter uma rotação com duas reflexões. A maneira como isso funciona é um pouco mais difícil de explicar (e as condições no teorema seguinte podem não ajudar muito), então veja a Figura 19-6 para entender essa ideia.

LEMBRE-SE

Uma rotação equivale a duas reflexões: Uma rotação é equivalente a duas reflexões sobre retas que:

- » Passam pelo centro de rotação.
- » Formam um ângulo com metade da medida do ângulo de rotação.

Na Figura 19-6, perceba que a pré-imagem ΔRST foi girada no sentido anti-horário, 70° em relação a imagem $\Delta R'S'T'$. Essa rotação pode ser obtida ao refletir ΔRST sobre a reta $l1$ e, em seguida, sobre a reta l_2. O ângulo formado por l_1 e l_2, 35°, é metade do ângulo de rotação.

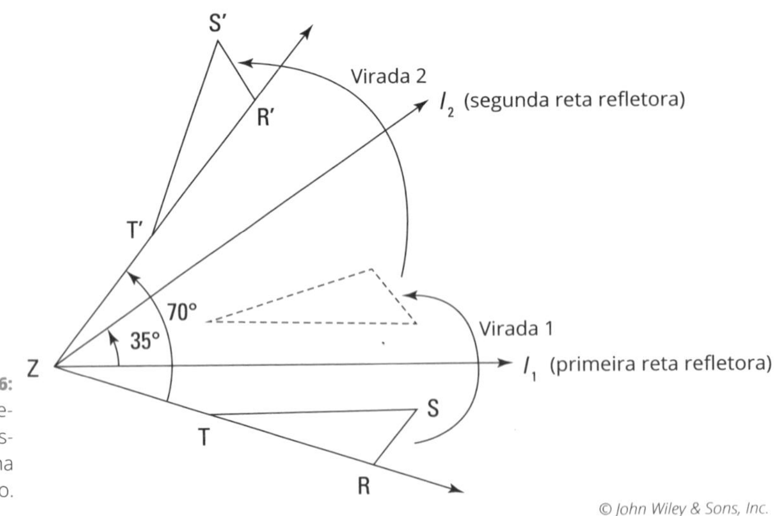

FIGURA 19-6: Duas reflexões constituem uma rotação.

Descobrindo o centro de rotação e as equações das duas retas refletoras

Assim como na seção anterior, a respeito de translações, a maneira mais fácil de entender o teorema da rotação é resolvendo um problema: na imagem a seguir, o triângulo da pré-imagem, ΔABC , foi girado para criar o triângulo da imagem, $\Delta A'B'C'$.

Encontre: 1. O centro de rotação

2. Retas refletoras que gerariam o mesmo resultado que a rotação

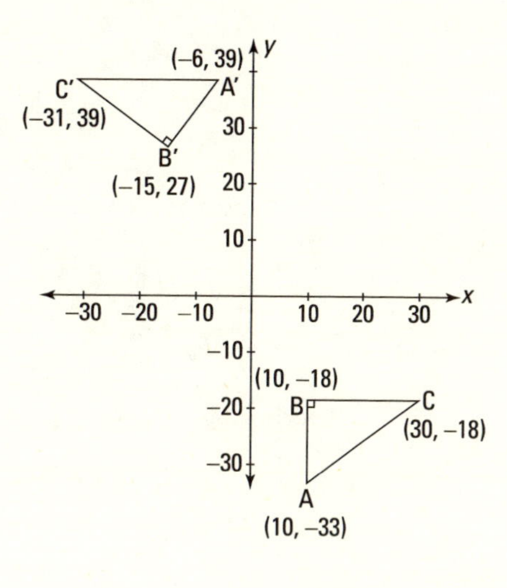

1. Encontre o centro de rotação.

Eu tenho um método prático para localizar o centro de rotação. Eis como funciona: pegue os três segmentos que conectam os pontos da pré-imagem aos seus respectivos pontos da imagem (neste caso, $\overline{AA'}$, $\overline{BB'}$ e $\overline{CC'}$). Em todas as rotações, o centro de rotação está na interseção das mediatrizes de tais segmentos (eu teria que desenvolver um longo raciocínio para explicar por que, então apenas acredite em mim). Como as três mediatrizes se encontram no mesmo ponto, você precisa de apenas dois deles para encontrar o ponto de interseção. Quaisquer dois funcionarão, portanto, encontre as mediatrizes de $\overline{AA'}$ e $\overline{BB'}$, e então você poderá igualar suas equações para encontrar o ponto de interseção entre eles.

Primeiro obtenha o ponto médio de $\overline{AA'}$:

$$\text{Ponto médio}_{\overline{AA'}} = \left(\frac{10 + (-6)}{2}, \frac{-33 + 39}{2}\right) = (2, 3)$$

Então encontre a inclinação de $\overline{AA'}$:

$$\text{Inclinação}_{\overline{AA'}} = \frac{39 - (-33)}{-6 - 10} = \frac{72}{-16} = -\frac{9}{2}$$

A inclinação da mediatriz de $\overline{AA'}$ é o oposto recíproco de $-\frac{9}{2}$, isto é, $\frac{2}{9}$. A forma ponto-inclinação para a mediatriz é, portanto:

$$y - 3 = \frac{2}{9}(x - 2)$$

$$y = \frac{2}{9}x + \frac{23}{9}$$

Repita o processo para obter a mediatriz de $\overline{BB'}$:

$$\text{Ponto médio}_{\overline{BB'}} = \left(\frac{10 + (-15)}{2}, \frac{-18 + 27}{2}\right) = \left(-\frac{5}{2}, \frac{9}{2}\right)$$

$$\text{Inclinação}_{\overline{BB'}} = \frac{27 - (-18)}{-15 - 10} = \frac{45}{-25} = -\frac{9}{5}$$

A inclinação da mediatriz de *BB'* é o oposto recíproco de $-\frac{9}{5}$, que é $\frac{5}{9}$. A equação da mediatriz é, portanto:

$$y - \frac{9}{2} = \frac{5}{9}\left(x - \left(-\frac{5}{2}\right)\right)$$

$$y = \frac{5}{9}x + \frac{53}{9}$$

Agora, para descobrir onde as mediatrizes se interceptam, iguale o lado direito de suas equações e resolva para *x*:

$$\frac{2}{9}x + \frac{23}{9} = \frac{5}{9}x + \frac{53}{9}$$

$$-\frac{3}{9}x = \frac{30}{9}$$

Multiplique ambos os lados por 9 para se livrar das frações, e então divida:

$$-3x = 30$$

$$x = -10$$

Substitua −10 de volta em uma das equações para obter *y*:

$$y = \frac{2}{9}x + \frac{23}{9}$$

$$= \frac{2}{9}(-10) + \frac{23}{9}$$

$$= \frac{1}{3}$$

Você terminou. O centro de rotação é $\left(-10, \frac{1}{3}\right)$. Nomeie esse ponto — que tal ponto *Z*?

A imagem a seguir mostra o ponto *Z*, $\angle AZA'$ e uma pequena seta no sentido anti-horário que indica o movimento rotacional de ΔABC para $\Delta A'B'C'$. Se você mantiver o ponto Z onde está e girar este livro no sentido anti-horário, ΔABC girará para onde $\Delta A'B'C'$ está agora.

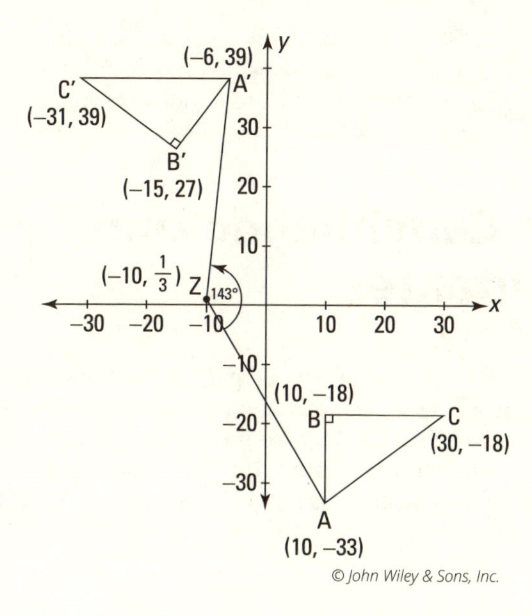

2. Encontre retas refletoras que geram o mesmo resultado que a rotação.

O teorema da rotação afirma que duas retas refletoras equivalem a uma rotação se passam pelo centro de rotação e formam um ângulo que seja metade do ângulo de rotação (como mostrado anteriormente na Figura 19-6). Um número infinito de pares de retas refletoras satisfaz essas condições, porém, da maneira a seguir é mais fácil encontrar um desses pares.

Neste problema, ΔABC foi girado no sentido anti-horário; a quantidade de rotação é 143°, a medida de $\angle AZA'$. (A imagem mostra o ângulo de 143°, mas não se preocupe a respeito de como eu o calculei. Para calcular o ângulo, será necessária trigonometria, que está além do escopo deste livro; você não será cobrado quanto a isso.) É preciso que o ângulo entre as retas refletoras meça a metade desse. Uma maneira de fazer isso é cortar $\angle AZA'$ pela metade com a bissetriz. Então você pode usar a metade do ângulo que vai do lado $\overrightarrow{ZA}$ à bissetriz.

Então defina $\overleftrightarrow{ZA}$ como a primeira reta refletora e encontre sua equação descobrindo a inclinação e substituindo-a, junto com as coordenadas de Z ou A, na forma ponto-inclinação para a equação a reta. Se você fizer as contas e organizar as coisas, obterá $y = -\frac{5}{3}x - \frac{49}{3}$.

Mais uma vez, sendo $\overleftrightarrow{ZA}$ a primeira reta refletora, a segunda será a bissetriz de $\angle AZA'$. Mas adivinhe só: você já a conhece, pois é a mesma de $\overline{AA'}$, a qual você descobriu na parte 1: $y = \frac{2}{9}x + \frac{23}{9}$. (A propósito, se você tivesse usado, digamos, $\angle BZB'$, em vez de $\angle AZA'$, a mediatriz de $\overline{BB'}$ seria bissetriz de $\angle BZB'$.)

Então, se você refletir ΔABC sobre $\overleftrightarrow{ZA}$, $y = -\frac{5}{3}x - \frac{49}{3}$, e, em seguida, sobre $y = \frac{2}{9}x + \frac{23}{9}$, esse acabará precisamente onde $\Delta A'B'C'$ está. E, portanto, essas duas reflexões geram o mesmo resultado que a rotação no sentido anti-horário em relação ao ponto Z.

Três É Demais: Caminhando com Reflexões Deslizantes

Uma *reflexão deslizante* é exatamente o que parece: você desliza uma forma (apenas outra maneira de dizer *arrastar* ou *transladar*) e, em seguida, a reflete sobre uma reta refletora. Ou você pode refletir a forma primeiro e depois deslizar; o resultado é o mesmo. Uma reflexão deslizante também pode ser chamada de *caminhada*, pois parece o movimento de dois pés. Veja a Figura 19-7.

FIGURA 19-7: As pegadas são reflexões deslizantes uma da outra.

Uma reflexão deslizante é, de certo modo, a mais complicada dos quatro tipos de isometrias, pois é a composição de duas outras: uma reflexão e uma translação. Se há uma pré-imagem e uma imagem como os pés na Figura 19-7, é impossível mover a pré-imagem para a imagem com uma única reflexão, translação ou rotação (tente com a Figura 19-7). O único jeito de ir da pré-imagem para a imagem é com a combinação de uma reflexão e uma translação.

Uma reflexão deslizante equivale a três reflexões

Uma reflexão deslizante é a combinação entre uma reflexão e uma translação. E como você pode fazer a parte da translação com duas reflexões (veja a seção anterior "Como Não se Perder em Translações", você pode obter uma reflexão deslizante com *três* reflexões.

Você pode ver nas seções anteriores que algumas imagens estão apenas a uma reflexão de distância de suas pré-imagens, e outras imagens (em problemas de translação e rotação) estão a duas reflexões de distância. E agora você vê que as imagens das reflexões deslizantes estão a três reflexões de distância de suas pré-imagens. Eu acho isso interessante porque cobre todas as possibilidades. Em outras palavras, toda imagem — não importa onde ela esteja no sistema de coordenadas e não importa como ela seja girada ou virada — está a uma, duas ou três reflexões de distância de sua pré-imagem. Bem legal, não é?

Encontrando a reta refletora principal

O teorema a seguir fala sobre a localização da reta refletora principal em uma reflexão deslizante, e o problema subsequente mostra, passo a passo, como encontrar a equação da reta refletora principal.

LEMBRE-SE

A reta refletora principal de uma reflexão deslizante: Em uma reflexão deslizante, os pontos médios de todos os segmentos que conectam pontos da pré-imagem a pontos da imagem encontram-se sobre a reta refletora principal.

Preparado para um problema de reflexão deslizante? Eu faço a reflexão primeiro e depois a translação, mas você pode fazê-las em qualquer ordem.

A imagem a seguir mostra um paralelogramo *ABCD* na pré-imagem e um paralelogramo *A'B'C'D'* na imagem que resultou de uma reflexão deslizante. Encontre a reta refletora principal.

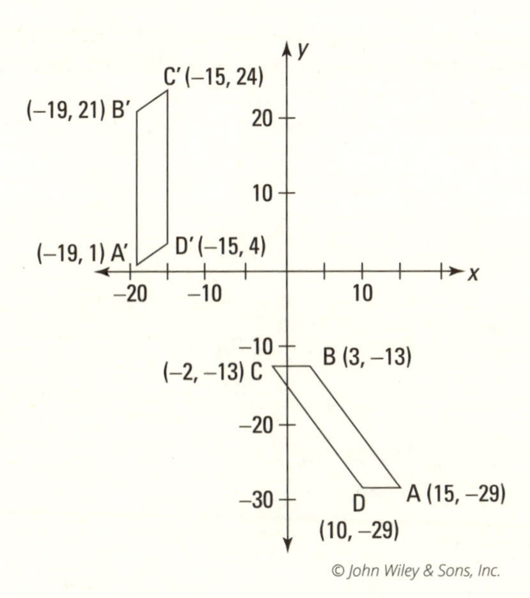

© John Wiley & Sons, Inc.

A reta refletora principal em uma reflexão deslizante contém os pontos médios de todos os segmentos que unem pontos da pré-imagem a pontos de imagem (como $\overline{CC'}$). Você precisa de apenas dois desses pontos médios para descobrir a equação da reta refletora principal (pois você precisa de apenas dois pontos para definir uma reta). Os pontos médios de $\overline{AA'}$ e $\overline{BB'}$ funcionarão bem:

$$\text{Ponto médio}_{\overline{AA'}} = \left(\frac{15 + (-19)}{2}, \frac{-29 + 1}{2}\right) = (-2, -14)$$

$$\text{Ponto médio}_{\overline{BB'}} = \left(\frac{3 + (-19)}{2}, \frac{-13 + 21}{2}\right) = (-8, 4)$$

Agora basta encontrar a equação da reta definida por esses dois pontos:

$$\text{Inclinação}_{\text{Reta Refletora Principal}} = \frac{-14 - 4}{-2 - (-8)} = \frac{-18}{6} = -3$$

Use essa inclinação e um ponto médio na forma ponto-inclinação e simplifique:

$$y - 4 = -3(x - (-8))$$

$$y - 4 = -3x - 24$$

$$y = -3x - 20$$

Essa é a reta refletora principal. Se você refletir o paralelogramo *ABCD* sobre essa reta, este terá, então, a mesma orientação do paralelogramo *A'B'C'D'* (A para B para C para D seguirá sentido horário), e *ABCD* estará perfeitamente vertical, assim como *A'B'C'D'*. Em seguida, uma simples translação na direção da reta refletora principal trará *ABCD* para *A'B'C'D'* (veja a Figura 19-8).

Você pode alcançar a translação para concluir esta reflexão deslizante com mais duas reflexões. Porém, como eu ensino a resolver tais problemas no começo de "Como Não se Perder em Translações", pulemos isso. Assim você poderá se adiantar para o emocionante material do próximo capítulo.

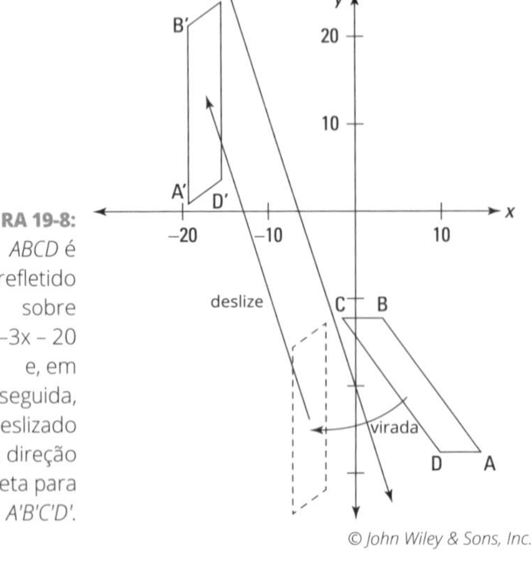

FIGURA 19-8: *ABCD* é refletido sobre y = -3x - 20 e, em seguida, deslizado na direção da reta para *A'B'C'D'*.

NESTE CAPÍTULO

» Utilizando quatro passos para encontrar os loci

» Observando os loci em 2D e 3D

» Copiando ângulos, segmentos e triângulos usando compasso e régua

» Utilizando construções para dividir ângulos e segmentos

Capítulo 20

Localizando os Loci e Construindo Construções

Locus é basicamente uma palavra bonita para *conjunto*. Em um problema de locus, sua tarefa é descobrir (e depois desenhar) o objeto geométrico que satisfaz determinadas condições. Um exemplo simples: qual é o locus ou conjunto de todos os pontos a cinco unidades de um determinado ponto? A resposta é um círculo, pois se você começar com um dado ponto e, em seguida, se afastar cinco unidades em todas as direções, obterá um círculo com raio 5.

Construções devem ser mais familiares para você. Sua tarefa em problemas de construção é usar compasso e régua para copiar uma imagem existente, como um ângulo ou triângulo, ou criar algo como a mediatriz de um segmento, a bissetriz de um triângulo ou a altura de um triângulo.

O que esses tópicos têm em comum é que ambos envolvem desenhar conjuntos de pontos que compõem formas geométricas. Em problemas de locus, o desafio não é desenhar a forma, mas, sim, descobrir qual forma o problema pede. Em problemas de construção, é o contrário: você sabe exatamente que forma quer, e o desafio é descobrir como construí-la.

Problemas de Loci: Entrando Nessa com o Conjunto Certo

LEMBRE-SE

Locus: Um locus (plural: loci) é um conjunto de pontos (geralmente algum tipo de objeto geométrico como uma reta ou círculo) que consiste em todos os pontos, e somente os pontos, que satisfazem determinadas condições.

A resolução de um problema de locus pode tornar-se difícil caso você não a elabore metodicamente. Então nesta seção eu mostro um método de localização de locus em quatro passos, para evitar que você cometa alguns erros comuns (como incluir pontos demais ou de menos na solução). Em seguida, apresento vários problemas de locus em 2D aplicando esse processo, e, em seguida, explico como utilizar problemas de locus em 2D para resolver problemas relacionados em 3D.

Problemas de locus em quatro etapas

Segue o esquema prático para resolver problemas de locus que prometi. Não se preocupe em compreendê-lo imediatamente. Ficará claro para você assim que resolver alguns problemas nas seções seguintes. (***Atenção:*** mesmo que muitas vezes as etapas 2 e 3 fiquem vazias, não se esqueça de verificá-las!)

1. **Identifique um padrão.**

   Às vezes o padrão da resposta é bem simples. Caso isso aconteça, você terminou a Etapa 1. Caso não, encontre um único ponto que satisfaça as condições dadas do problema de locus; depois, encontre um segundo ponto; depois um terceiro; e assim por diante até que reconheça um padrão.

2. **Procure pontos para acrescentar fora do padrão.**

   No padrão identificado durante a primeira etapa, procure pontos adicionais que satisfaçam as condições dadas.

3. **Procure pontos para excluir dentro do padrão.**

   Procure pontos dentro do padrão encontrado na Etapa 1 (e, possivelmente, embora muito menos provável, qualquer padrão encontrado na Etapa 2) que não satisfazem as condições dadas, embora pertençam ao padrão.

4. **Desenhe um diagrama e descreva a solução do locus.**

Problemas de locus bidimensionais

Nos problemas de locus em 2D, os pontos da solução encontram-se em um mesmo plano. Esse é, geralmente, mas nem sempre, o mesmo plano do objeto geométrico dado. Veja como o método de solução em quatro etapas funciona em alguns problemas de 2D.

Problema um

Qual é o locus de todos os pontos a três unidades de um determinado círculo cujo raio mede dez unidades?

1. **Identifique um padrão.**

   Este é um problema em que você pode imaginar um padrão de imediato, sem passar pela rotina de um ponto por vez. Ao perceber que são necessários todos os pontos que estão a três unidades de um círculo, é notável que a resposta seja um círculo maior. A Figura 20-1 mostra o dado círculo de raio 10 e o círculo de raio 13 que você desenha para a solução.

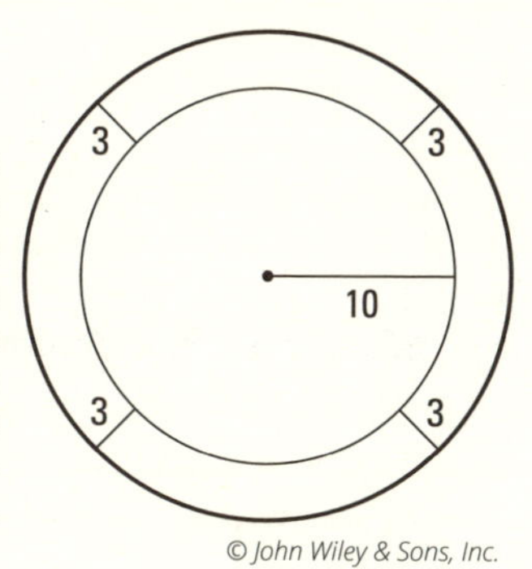

© John Wiley & Sons, Inc.

FIGURA 20-1: Os pontos a três unidades de distância do círculo original que formam outro círculo.

2. **Procure pontos para acrescentar fora do padrão.**

   Você vê o que a Etapa 1 deixa de fora? Isso mesmo: um círculo menor de raio 7 dentro do círculo original (veja a Figura 20-2). Suponho que a "perda" desse segundo círculo pode parecer forçada, e, garanto, muitas pessoas veem imediatamente que a solução inclui os dois círculos. No entanto, as pessoas geralmente se concentram em um padrão particular (nesse problema, o círculo maior), excluindo todo o resto. É como se a mente delas entrasse em uma rotina e tivesse dificuldade em perceber qualquer outro elemento que não seja o primeiro padrão ou ideia a que se apegam. E é por isso que é tão importante passar por essa segunda etapa do método de quatro passos.

3. **Procure pontos para excluir dentro do padrão.**

   Todos os pontos dos círculos de raio 7 e 13 satisfazem as dadas condições, então nenhum ponto precisa ser eliminado.

4. **Desenhe o locus e descreva-o.**

   A Figura 20-2 mostra o locus, e a legenda o descreve.

FIGURA 20-2: O locus de pontos a três unidades do círculo dado equivale a dois círculos concêntricos em relação ao original, com raios de 7 e 13 unidades.

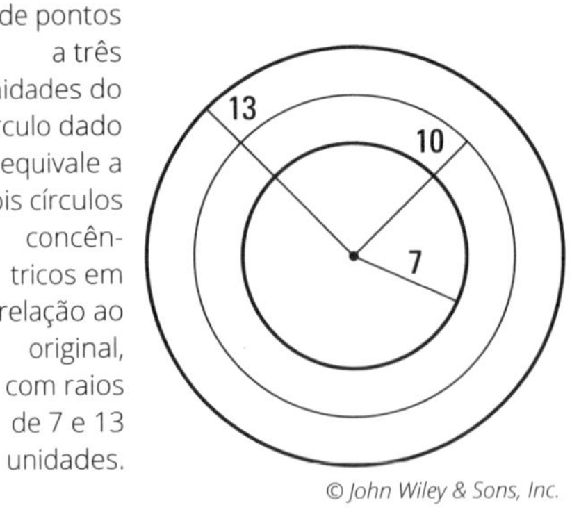

Moleza, não é?

Problema dois

Qual é o locus em que os pontos são equidistantes a dois pontos dados?

1. **Identifique um padrão.**

   A Figura 20-3 mostra os dois pontos dados, *A* e *B*, junto com quatro novos pontos, equidistantes aos pontos dados.

   Percebe o padrão? Isso mesmo, é uma reta vertical que atravessa o ponto médio do segmento que conecta os dois pontos dados. Em outras palavras, é a mediatriz desse segmento.

2. **Procure fora do padrão.**

   Desta vez, a Etapa 2 está vazia. Verifique qualquer ponto que *não* esteja sobre a mediatriz de $\overline{AB}$ e você verá que ele *não* é equidistante aos pontos *A* e *B*. Logo, não há pontos para adicionar.

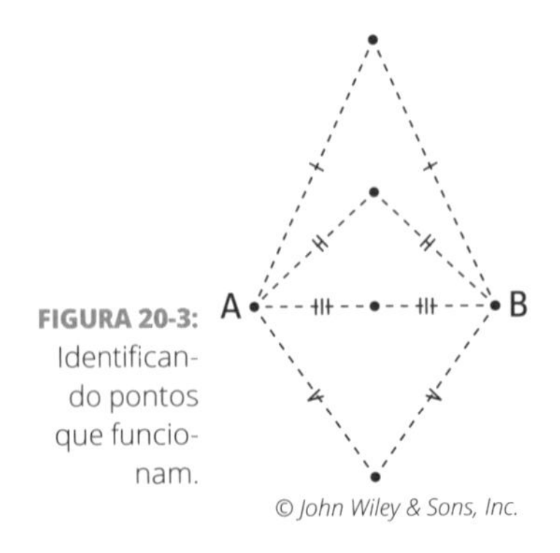

FIGURA 20-3: Identificando pontos que funcionam.

3. **Procure dentro do padrão.**

Nada digno de nota aqui também. Cada ponto sobre a mediatriz de $\overline{AB}$ é, de fato, equidistante a *A* e *B*. (Você deve se lembrar de que isso vem do segundo teorema da equidistância do Capítulo 9.) Portanto, nenhum ponto deve ser excluído. (Repetindo o aviso: não se permita pular as Etapas 2 e 3 por preguiça!)

4. **Desenhe o locus e descreva-o.**

A Figura 20-4 mostra o locus, e a legenda o descreve.

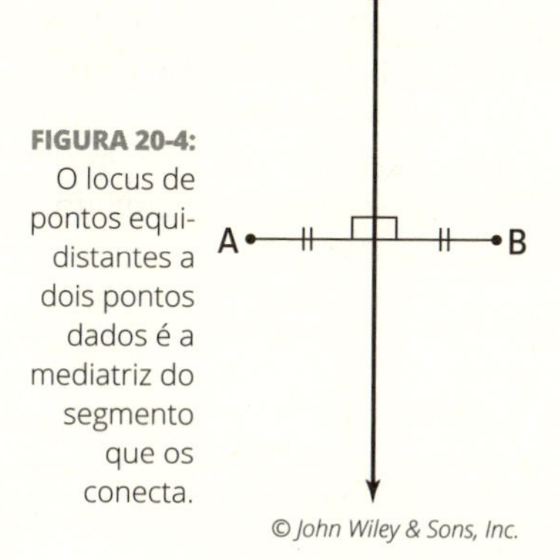

FIGURA 20-4: O locus de pontos equidistantes a dois pontos dados é a mediatriz do segmento que os conecta.

Agora suponha que o problema dois fosse assim: qual é o locus dos vértices dos triângulos isósceles tendo um determinado segmento como base?

Olhe de novo para a Figura 20-4. Para esse problema adaptado, $\overline{AB}$ é a base dos triângulos isósceles. Como o vértice que une as pernas congruentes de um triângulo isósceles é equidistante aos pontos finais de sua base (pontos A e B), a solução para o problema adaptado é idêntica à do problema dois — isto é, *exceto* nas Etapas 2 e 3.

Na Etapa 1 do problema adaptado você encontra o mesmo padrão de mediatriz, então é fácil cair na pegadinha de que a mediatriz é a solução final. Porém, ao chegar à Etapa 2, você deve adicionar os pontos originais *A* e *B* à solução, pois, obviamente, eles são vértices em todos os triângulos.

E quando você chegar à Etapa 3, notará que precisa excluir um único ponto do locus: o ponto médio do segmento $\overline{AB}$ não faz parte da solução, pois está na mesma reta que *A* e *B*, e você não pode usar três pontos colineares como vértices de um triângulo. O locus desse problema é, portanto, a mediatriz de $\overline{AB}$, mais os pontos *A* e *B*, menos o ponto médio de $\overline{AB}$.

DICA

Se um ponto precisa ser excluído, deve haver algo de *especial* ou *incomum* a respeito dele. Ao procurar pontos que talvez precisam ser excluídos da solução de um locus, verifique em locais específicos, como:

- Os *pontos dados.*
- *Pontos médios* e *pontos finais* de segmentos.
- *Pontos de tangência* em um círculo.

Observe como essa dica se aplica ao problema anterior: o ponto que você precisou excluir na Etapa 3 é o ponto médio de um segmento.

Embora os pontos que você precisou adicionar (os pontos dados) também estejam listados na dica, essa situação é incomum. Na maioria das vezes, pontos que devem ser adicionados na Etapa 2 não são os tipos de pontos específicos dessa lista. Em vez disso, eles normalmente formam seu próprio padrão além do primeiro padrão visto (você viu isso no problema um, onde eu "perdi" o círculo interno).

Problema três

Dados os pontos P e R, qual é o locus de pontos Q, tal que $\angle PQR$ seja um ângulo reto?

1. **Identifique um padrão.**

   Esse padrão pode ser difícil de achar, mas, se você começar com os pontos P e R e tentar encontrar alguns pontos Q que formam um ângulo reto com P e R, provavelmente começará a ver um padrão emergindo. Veja a Figura 20-5.

   Percebe o padrão? Os pontos Q estão começando a formar um círculo com diâmetro $\overline{PR}$ (veja a Figura 20-6). Isso faz sentido se você analisar o teorema do ângulo inscrito do Capítulo 15: em um círculo com diâmetro $\overline{PR}$, o arco semicircular $\overset{\frown}{PR}$ mede 180°, então todos os ângulos PQR inscritos equivalem à metade disso, ou seja, 90°.

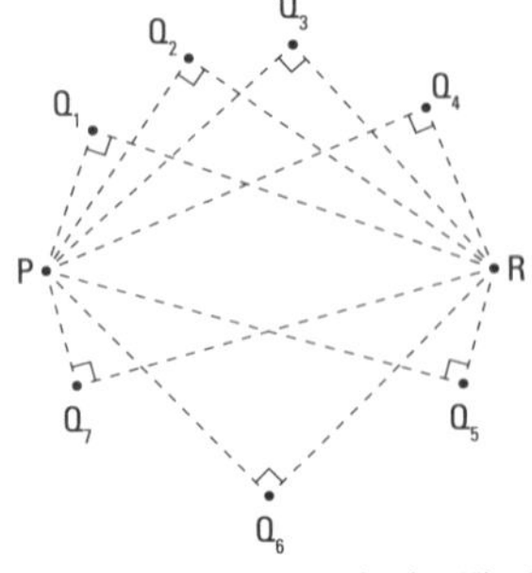

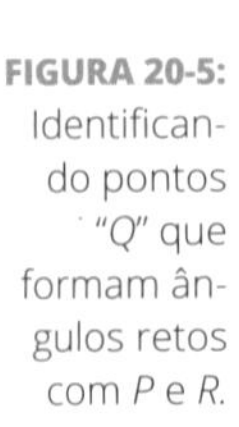

FIGURA 20-5: Identificando pontos "Q" que formam ângulos retos com P e R.

© John Wiley & Sons, Inc.

2. **Procure fora do padrão.**

Nada a acrescentar aqui. Qualquer ponto Q dentro do círculo que você identificou na Etapa 1 forma um ângulo *obtuso* com P e R (ou um ângulo suplementar), e qualquer ponto Q fora do círculo cria um ângulo *agudo* com P e R (ou um ângulo de zero graus). Todos os ângulos retos estão no círculo. (A localização dos três tipos de ângulos — agudo, obtuso e reto — vem dos teoremas sobre ângulos e círculos do Capítulo 15.)

3. **Procure dentro do padrão.**

Bingo. Você vê quais pontos devem ser excluídos? São os pontos dados P e R. Se Q estiver na localização de qualquer outro ponto dado, tudo o que sobra é um segmento ($\overline{QR}$ ou $\overline{PQ}$), e então não há mais os três pontos distintos necessários para formar um ângulo.

4. **Desenhe o locus e descreva-o.**

A Figura 20-6 mostra o locus, e a legenda o descreve. Observe os pontos ocos em P e R, indicando que esses pontos não fazem parte da solução.

FIGURA 20-6: Dados os pontos P e R, o locus de pontos Q, tal que $\angle PQR$ seja um ângulo reto, é um círculo com diâmetro $\overline{PR}$, menos os pontos P e R.

Problemas de locus tridimensionais

Em problemas de locus em 3D, você deve determinar o locus de pontos no *espaço tridimensional* que satisfazem às condições do locus. Nesta pequena seção, em vez de resolver problemas em 3D, quero apenas discutir como problemas de locus em 3D se comparam com problemas em 2D.

DICA

Você pode utilizar o método de quatro etapas para resolver problemas de locus em 3D diretamente. Mas caso pareça muito difícil ou você trave, tente resolver primeiro a versão 2D do problema. A solução 2D geralmente aponta o caminho para a solução 3D. Aqui está a conexão:

- A solução 3D pode, com frequência (mas nem sempre), ser obtida a partir da solução 2D da imagem, *girando-a* sobre alguma reta. (Muitas vezes essa reta passa por alguns ou todos os pontos dados.)
- A resposta da versão 2D de um problema de locus em 3D é sempre uma *fatia* da solução do problema em 3D (uma fatia no sentido de que um círculo é a fatia de uma esfera ou, em outras palavras, que um círculo é a interseção entre um plano e uma esfera).

Para se familiarizar com essa dica 3D, dê uma olhada nas versões 3D dos problemas de locus em 2D da seção anterior (há uma razão para que eles tenham sido apresentados fora de ordem).

A versão 3D do problema dois

Veja de novo a Figura 20-4, que mostra a solução para o problema dois. Considere a mesma questão do locus, mas resolva como um problema 3D: qual é o locus de pontos no espaço 3D equidistantes a dois pontos dados?

Veja de novo a Figura 20-4, que mostra a solução para o problema dois. Considere a mesma questão do locus, mas resolva como um problema 3D: qual é o locus de pontos no espaço 3D equidistantes a dois pontos dados?

A resposta é um *plano* (em vez de uma reta) que é o plano mediatriz do segmento que une os dois pontos. Observe algumas coisas a respeito dessa solução:

- Você pode obter a solução 3D (o plano mediatriz) girando a solução 2D (a reta mediatriz) sobre $\overleftrightarrow{AB}$, a reta que passa pelos dois pontos dados.
- A solução 2D é uma fatia da solução 3D. Pode parecer estranho chamar a solução 2D de fatia, pois é apenas uma reta, mas se você cortar ou fatiar a solução 3D (um plano) com outro plano, terá uma reta.

Agora considere a versão adaptada do problema dois. A solução, você deve se lembrar, é a mesma que a solução do problema dois (uma mediatriz), mas com dois pontos adicionados e um único ponto omitido. Essa solução 2D pode ajudá-lo a visualizar a solução para o problema relacionado, em 3D. A solução para a versão 3D é a solução 2D girada sobre $\overleftrightarrow{AB}$, ou seja, o *plano* mediatriz, mais os pontos A e B, menos o ponto médio de $\overline{AB}$.

A versão 3D do problema três

A versão 3D do problema três (Dados os pontos P e R, qual é o locus de pontos Q no espaço, tal que $\angle PQR$ seja um ângulo reto?) é outro problema em que você pode obter a solução 3D da solução 2D através de uma rotação. A Figura

20-6, exibida anteriormente, mostra e descreve a solução 2D: é um círculo, menos os pontos finais do diâmetro $\overline{PR}$. Se você girar essa solução 2D sobre $\overleftrightarrow{PR}$, terá a solução 3D: uma esfera com diâmetro $\overline{PR}$, menos os pontos P e R.

A versão 3D do problema um

A Figura 20-2, exibida antes, mostra e descreve a solução para o problema um: dois círculos concêntricos. Porém, ao contrário dos outros problemas em 3D, nesta seção a solução para a versão 3D desse problema (Qual é o locus dos pontos no espaço que estão à 3 unidades de um dado círculo com raio de 10 unidades?) não pode ser obtida girando-se a solução 2D. Contudo, a solução 2D ainda pode ajudá-lo a visualizar a solução 3D, pois é uma fatia da solução 3D. Consegue imaginar a solução 3D? É um donut (um toro, em linguagem matemática) que mede 26 unidades de largura e tem o furo central medindo 14 unidades de largura. Imagine cortar um donut ao meio usando um fatiador de pão. A face plana de ambas as metades teria um pequeno círculo onde o furo estava e um grande círculo em torno da borda externa, certo? Olhe para os dois círculos em negrito na Figura 20-2. Eles representam os dois círculos que você vê no centro do donut. (Hora do intervalo: que tal um donut recheado?)

Desenhando com o Básico: Construções

Geômetras desde a Grécia Antiga têm aproveitado o desafio de testar quais objetos geométricos podem desenhar usando apenas um compasso e qualquer utensílio reto. Um *compasso*, obviamente, é aquela coisa com uma ponta afiada e um lápis preso na outra, usada para desenhar círculos. Um *utensílio reto* é quase como uma régua, só que sem marcações. A ideia por trás dessas *construções* é desenhar formas geométricas a partir do zero ou copiar outras formas usando apenas essas duas ferramentas e nada mais. (A propósito, você pode usar uma régua, em vez de um utensílio reto, ao fazer construções, mas lembre-se de que não é permitido medir quaisquer comprimentos.)

Nesta seção, apresento métodos para nove construções básicas. Depois de dominar esses nove, você pode usar os métodos em problemas mais avançados.

Nota: ao desenhar um arco, utilizo uma notação especial. Entre parênteses, nomeio primeiro o ponto em que deve ficar a ponta do compasso (o centro do arco), então indico a amplitude da abertura do compasso (o raio do arco). O raio pode ser dado como o comprimento de um segmento específico ou com uma única letra. Assim, por exemplo, ao desenhar um arco que tenha o centro em M e um raio de comprimento MN, escrevo "arco (M, MN)"; ou quando me refiro a um arco com o centro em T e raio r, escrevo "arco (T, r)".

Três métodos de cópia

Nesta seção você descobre as técnicas para copiar um segmento, um ângulo e um triângulo.

Copiando um segmento

A chave para copiar um segmento é abrir o compasso até a medida do comprimento do segmento. Então, utilizando essa quantidade de abertura, você pode marcar outro segmento com o mesmo comprimento.

Dado: $\overline{MN}$

Construa: Um segmento $\overline{PQ}$ congruente a $\overline{MN}$

Eis a solução (veja a Figura 20-7):

1. **Usando um utensílio reto, desenhe uma reta funcional, *l*, com um ponto *P* em qualquer lugar.**
2. **Coloque a ponta do compasso no ponto *M* e abra-o na medida de $\overline{MN}$.**

   A melhor maneira de se certificar de que você abriu o compasso o suficiente é desenhar um arco que passe por *N*. Em outras palavras, desenhe o arco (*M*, *MN*).
3. **Tendo cuidado para não alterar a abertura do compasso da Etapa 2, coloque a ponta no ponto P e faça o arco (P, MN) interceptando a reta *l*.**

   Chame essa interseção de ponto *Q* e está feito.

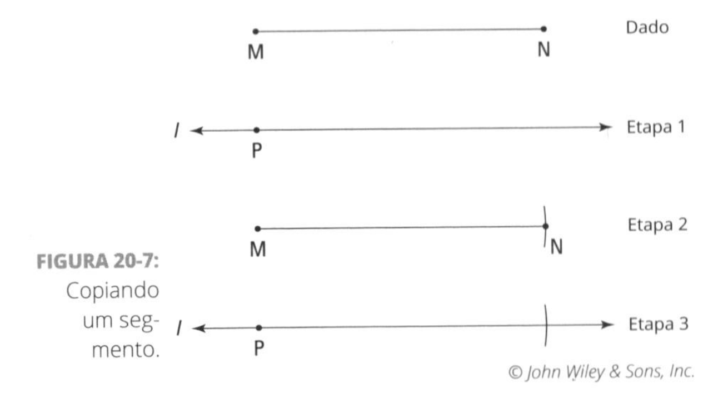

FIGURA 20-7: Copiando um segmento.

Copiando um ângulo

A ideia por trás de cópia de um ângulo é, basicamente, usar o compasso para medir mais ou menos a largura do ângulo aberto, então você pode criar outro ângulo com a mesma abertura.

Dado: $\angle A$

Construa: Um $\angle B$ congruente a $\angle A$

Consulte a Figura 20-8 enquanto segue estas etapas:

1. **Desenhe uma reta funcional, l, com o ponto B sobre ela.**
2. **Abra o compasso para qualquer raio *r* e construa o arco (*A*, *r*), interceptando os dois lados de $\angle A$ nos pontos *S* e *T*.**
3. **Construa o arco (*B*, *r*), interceptando a reta *l* em algum ponto *V*.**
4. **Construa o arco (*S*, *ST*).**
5. **Construa o arco (*V*, *ST*) interceptando o arco (*B*, *r*) no ponto *W*.**
6. **Trace $\overrightarrow{BW}$ para concluir.**

Copiando um triângulo

A ideia aqui é usar o compasso para "medir" os comprimentos dos lados do triângulo dado e, em seguida, fazer outro triângulo com os lados congruentes em relação aos do triângulo original. (A funcionalidade desse método está relacionada ao método LLL de provar a congruência entre triângulos. Veja o Capítulo 9.)

Dado: ΔDEF

Construa: $\Delta JKL \cong \Delta DEF$

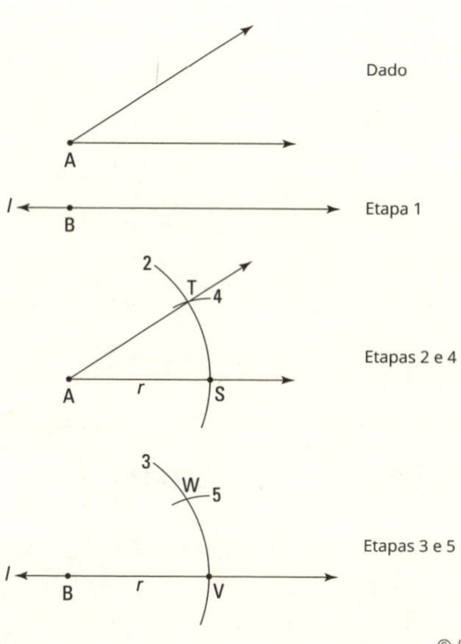

FIGURA 20-8: Copiando um ângulo.

© John Wiley & Sons, Inc.

A medida que passar por essas etapas, consulte a Figura 20-9:

1. **Trace uma reta funcional, *l*, com um ponto *J* sobre ela.**
2. **Use o método anterior "Copiando um segmento" para construir o segmento $\overline{JK}$ sobre a reta *l*, que é congruente a $\overline{DE}$.**
3. **Construa**

   a. Arco (*D*, *DF*)

   b. Arco (*J*, *DF*)
4. **Construa**

   a. Arco (*E*, *EF*)

   b. Arco (*K*, *EF*), interceptando o arco (*J*, *DF*) no ponto ***L***
5. **Trace $\overline{JL}$ e $\overline{KL}$ para concluir.**

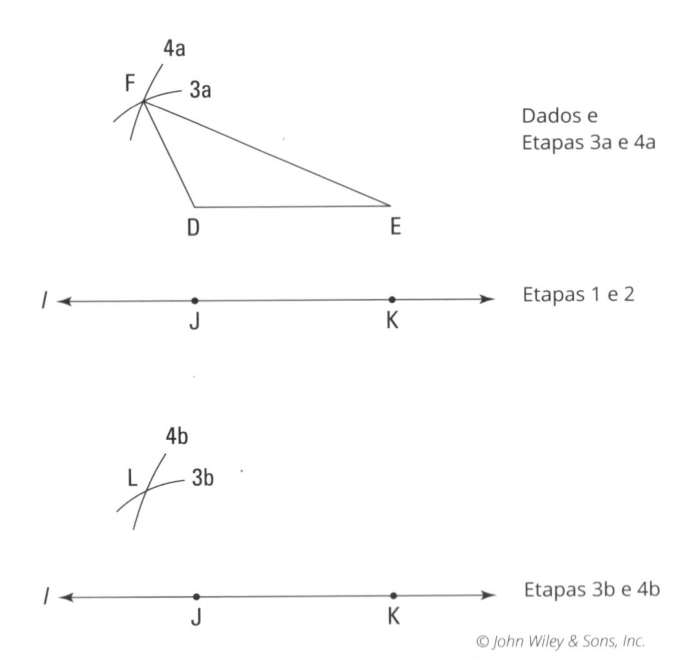

FIGURA 20-9: Copiando um triângulo.

Bissecando ângulos e segmentos

As próximas construções mostram como dividir ângulos e segmentos exatamente ao meio.

TOPA UM DESAFIO? CONSTRUA AS TRISSETRIZES DE UM ÂNGULO

No texto, vimos o método relativamente fácil para obter a bissetriz de um ângulo — cortá-lo em duas partes iguais. Agora pode parecer que dividir um ângulo em três partes iguais não seria muito mais difícil. Mas, na verdade, não é apenas difícil — é *impossível*. Durante mais de 2 mil anos os matemáticos tentaram encontrar um método para obter a trissetriz de um ângulo com base apenas em compasso e régua — sem sucesso. Então, em 1837, Pierre Wantzel, usando a matemática muito esotérica da álgebra abstrata, provou que tal construção é matematicamente impossível. Apesar dessa prova hermética, quixotescos (aventureiros?) matemáticos amadores continuam tentando, até hoje, descobrir um método de trisseção.

Bissecando um ângulo

Para bissecar um ângulo, use o compasso para localizar um ponto que fica sobre a bissetriz. Em seguida, use a régua para conectar esse ponto ao vértice do ângulo. Vamos fazer isso.

Dado: $\angle K$

Construa: $\overrightarrow{KZ}$, a bissetriz de $\angle K$

Consulte a Figura 20-10 à medida que avançar por essa construção:

1. **Abra o compasso em qualquer raio r e construa o arco (K, r) interceptando os dois lados de $\angle K$ em *A* e *B*.**
2. **Use qualquer raio s para construir os arcos (A, s) e (B, s) que se interceptam no ponto Z.**

   Perceba que você deve escolher um raio que seja longo o suficiente para os dois arcos se interceptarem.

3. **Trace $\overrightarrow{KZ}$, e está feito.**

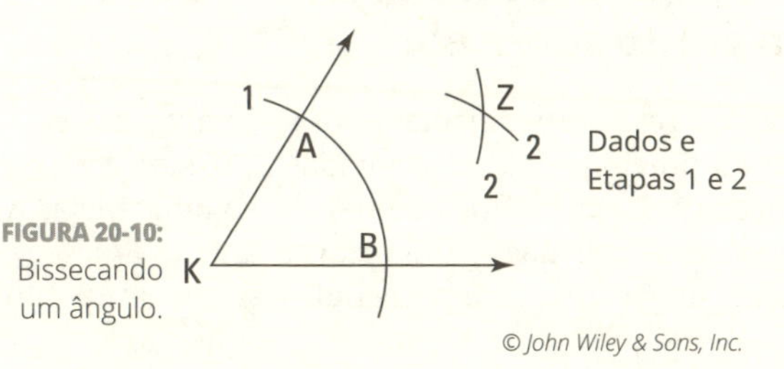

FIGURA 20-10: Bissecando um ângulo.

Construindo a mediatriz do segmento

Para construir a mediatriz de um segmento, use o compasso para localizar dois pontos que sejam equidistantes aos pontos finais do segmento e, em seguida, conclua usando a régua. (O método dessa construção está intimamente relacionado ao primeiro teorema da equidistância do Capítulo 9.)

Dado: $\overline{CD}$

Construa: $\overleftrightarrow{GH}$, a mediatriz de $\overline{CD}$

A Figura 20-11 ilustra esse processo de construção:

1. **Abra o compasso em qualquer raio r que meça mais da metade do comprimento $\overline{CD}$ e construa o arco (C, r).**
2. **Construa o arco (*D*, *r*) interceptando o arco (*C*, *r*) nos pontos *G* e *H*.**
3. **Trace $\overleftrightarrow{GH}$.**

   Concluído: $\overleftrightarrow{GH}$ é a mediatriz de $\overline{CD}$.

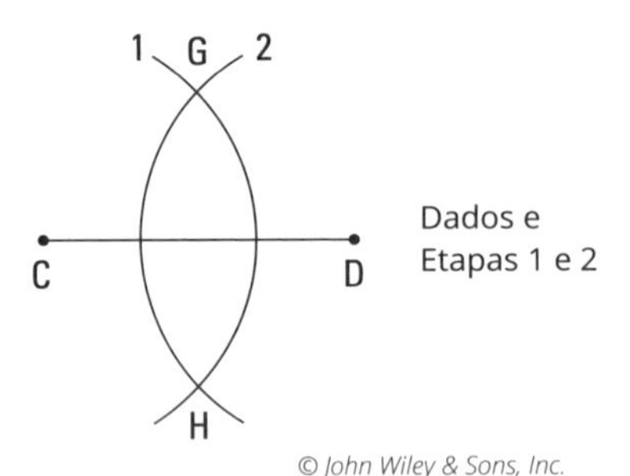

FIGURA 20-11: Construindo a mediatriz.

© John Wiley & Sons, Inc.

Construções de retas perpendiculares

Nesta seção, presenteio a você — sem tarifas adicionais — mais dois métodos para construir retas perpendiculares sob diferentes condições dadas.

Construindo uma reta perpendicular a uma dada reta através de um ponto sobre ela

Esse método de construção de reta perpendicular está intimamente relacionado ao método na seção previamente apresentada. E, assim como o método anterior, usa conceitos do primeiro teorema da equidistância. A única diferença aqui é que desta vez não é importante dividir um segmento. É importante apenas traçar uma reta perpendicular por um ponto da reta dada.

Dados:	$\overleftrightarrow{EF}$ e o ponto W sobre $\overleftrightarrow{EF}$
Construa:	$\overleftrightarrow{WZ}$ tal que $\overleftrightarrow{WZ} \perp \overleftrightarrow{EF}$

À medida que avançar por essa construção, dê uma olhada na Figura 20-12:

1. **Usando qualquer raio r, construa o arco (W, r) interceptando $\overleftrightarrow{EF}$ em *X* e *Y*.**
2. **Usando qualquer raio s maior que r, construa os arcos (*X*, *s*) e (*Y*, *s*) interceptando um ao outro no ponto Z.**
3. **Trace $\overleftrightarrow{WZ}$.**

   É isso; $\overleftrightarrow{WZ}$ é perpendicular a $\overleftrightarrow{EF}$ no ponto ***W***.

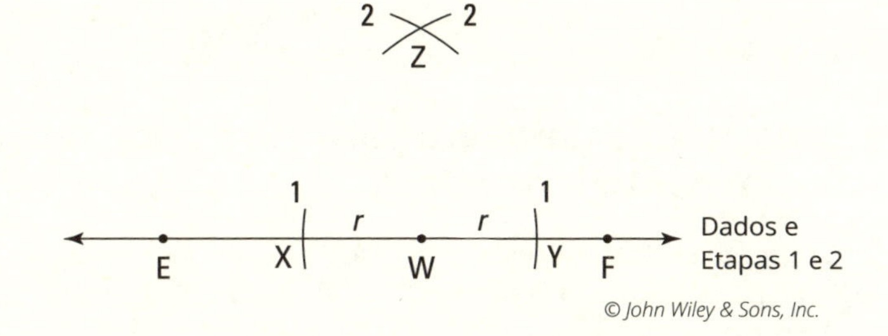

FIGURA 20-12: Construindo uma reta perpendicular através de um ponto sobre uma reta.

Construindo uma reta perpendicular a dada reta através de um ponto fora dela

Um desafio: leia os seguintes *dados* e *construa*, e veja se consegue fazer essa construção antes de ler a resposta.

Dados:	$\overleftrightarrow{AZ}$ e o ponto J fora de $\overleftrightarrow{AZ}$
Construa:	$\overleftrightarrow{JM}$ tal que $\overleftrightarrow{JM} \perp \overleftrightarrow{AZ}$

A Figura 20-13 pode ajudá-lo nessa construção:

1. **Abra seu compasso em um raio *r* (devendo ser maior do que a distância de *J* a $\overleftrightarrow{AZ}$) e construa o arco (*J*, *r*) interceptando $\overleftrightarrow{AZ}$ em *K* e *L*.**
2. **Deixando seu compasso com abertura do raio *r* (outros raios também funcionariam), construa os arcos (*K*, *r*) e (*L*, *r*) — do lado de $\overleftrightarrow{AZ}$ oposto ao ponto *J* — se interceptando no ponto *M*.**
3. **Trace $\overleftrightarrow{JM}$, e é isso.**

FIGURA 20-13: Construindo uma reta perpendicular através de um ponto fora da reta.

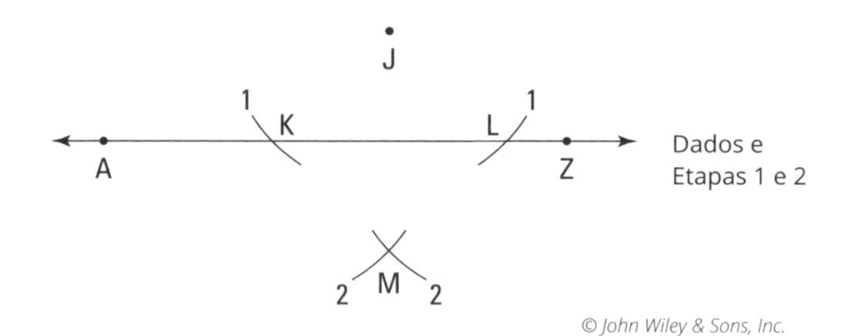

Construindo retas paralelas e usando-as para dividir segmentos

Nas duas últimas construções, vimos como construir uma reta paralela a uma reta dada, e, em seguida, usamos essa técnica para dividir um segmento em qualquer número de partes iguais.

Construindo uma reta paralela a dada reta através de um ponto fora dela

Esse método de construção é baseado em um dos teoremas de "retas cortadas por uma transversal" do Capítulo 10 (se os ângulos correspondentes são congruentes, então as retas são paralelas).

Dados: $\overleftrightarrow{UW}$ e o ponto X sobre $\overleftrightarrow{UW}$

Construa: $\overleftrightarrow{XZ}$ tal que $\overleftrightarrow{XZ} \parallel \overleftrightarrow{UW}$

Ao tentar realizar essa construção, siga as etapas mostradas na Figura 20-14:

1. **Através de X, desenhe uma reta l que intercepte $\overleftrightarrow{UW}$ em um ponto V.**
2. **Usando o método anterior "Copiando um ângulo", construa $\angle YXZ \cong \angle XVW$.**

   Nomeei os quatro arcos que você deve desenhar na ordem: 2a, 2b, 2c e 2d.
3. **Trace $\overleftrightarrow{XZ}$, que é paralelo a $\overleftrightarrow{UW}$, e é isso.**

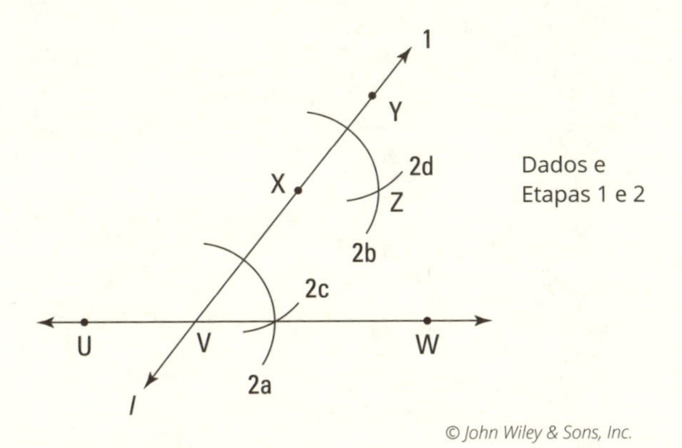

FIGURA 20-14: Construindo uma reta paralela à reta.

Dividindo um segmento em qualquer quantidade de partes iguais

O exemplo a seguir mostra como dividir um segmento em três partes, mas o método funciona para qualquer número de partes iguais. Como essa técnica de construção envolve traçar retas paralelas, está diretamente relacionada ao mesmo teorema referido na construção anterior: se os ângulos correspondentes forem congruentes, então as retas serão paralelas. Essa técnica também usa o teorema fundamental da semelhança, do Capítulo 13.

Dado: $\overline{GH}$

Construa: Os dois pontos de trissecção de $\overline{GH}$

Confira a Figure 20-15 para essa construção:

1. **Trace uma reta *l* interceptando o ponto *G*.**
2. **Trace um raio *r* com seu compasso e construa o arco (*G*, *r*) interceptando a reta *l* no ponto que você chamará de *X*.**
3. **Construa o arco (*X*, *r*) interceptando *l* em um ponto *Y*.**
4. **Construa o arco (*Y*, *r*) interceptando *l* em um ponto *Z*.**
5. **Trace $\overleftrightarrow{ZH}$.**
6. **Utilizando o método anterior, de construção de retas paralelas, construa retas paralelas a $\overleftrightarrow{ZH}$ que atravessem *Y* e *X*.**

   Essas duas retas interceptarão o segmento $\overline{GH}$ em seus pontos de trissecção. E é assim que isso resolve esse problema.

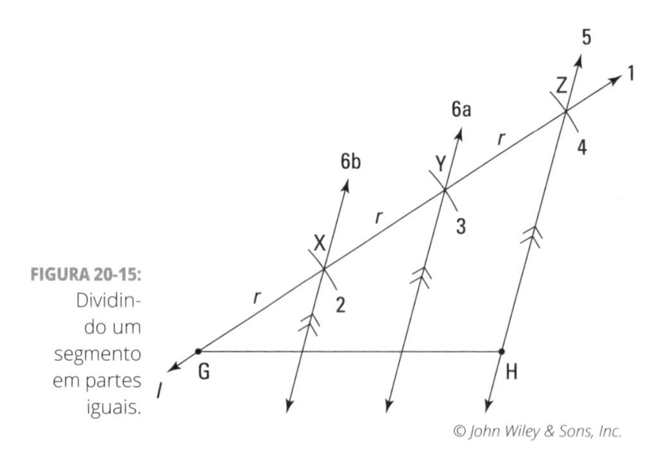

FIGURA 20-15: Dividindo um segmento em partes iguais.

E quanto a este livro (exceto por alguns capítulos menores), tcha-ram! E isso é tu... e isso é tu-tu-tu-tudo, pessoal!

8

A Parte dos Dez

NESTA PARTE...

Teoremas, postulados e definições que você precisa aprender.

Aplicações da geometria no mundo real.

NESTE CAPÍTULO

» **Postulados e teoremas de segmentos e ângulos**

» **Teoremas de retas paralelas**

» **Teorema do círculo**

» **Definições, postulados e teoremas de triângulos**

Capítulo 21

Dez Justificativas para Provas

Aqui estão os dez principais postulados, teoremas e definições que você precisa saber aplicar na coluna de justificativas das provas geométricas. Eles o ajudarão a resolver qualquer prova com que você esbarrar por aí. Não importa se determinada justificativa é uma definição, postulado ou teorema, pois todos serão usados com o mesmo objetivo.

A Propriedade Reflexiva

A *propriedade reflexiva* diz que qualquer segmento ou ângulo é congruente a si mesmo. Essa propriedade, que apresentei no Capítulo 9, é usada com frequência para provar a congruência ou semelhança entre triângulos. Tenha a atenção de anotar todos os segmentos e ângulos compartilhados em diagramas de prova. Os segmentos compartilhados geralmente são muito fáceis de detectar, mas às vezes as pessoas não conseguem reparar nos ângulos compartilhados, como mostrado na Figura 21-1.

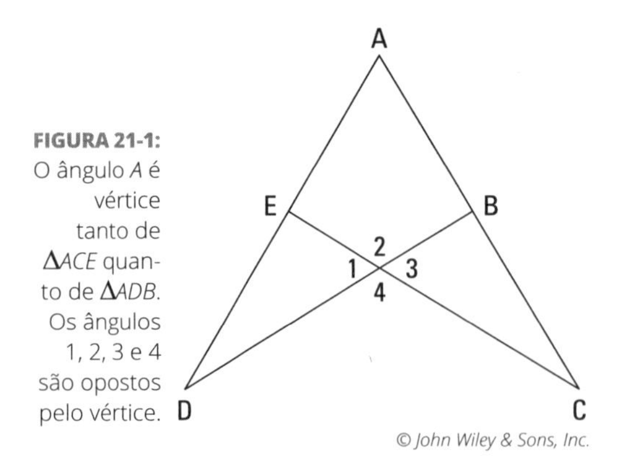

FIGURA 21-1: O ângulo *A* é vértice tanto de ΔACE quanto de ΔADB. Os ângulos 1, 2, 3 e 4 são opostos pelo vértice.

Ângulos Opostos pelos Vértices São Congruentes

Trato o teorema dos ângulos opostos pelos vértices (o.p.v.) e congruentes no Capítulo 5. Esse teorema não é difícil de usar, contanto que você identifique os ângulos opostos pelos vértices. Lembre-se: em todo lugar que vir duas retas formando um X, você tem *dois* pares de ângulos opostos pelos vértices congruentes (aqueles acima e abaixo do X, como os ângulos 2 e 4 na Figura 21-1, e aqueles à esquerda e à direita do X, como os ângulos 1 e 3).

O Teorema das Retas Paralelas

Existem dez teoremas de retas paralelas que envolvem um par delas e uma transversal (que as intercepta). Veja a Figura 21-2. Cinco dos teoremas usam retas paralelas para mostrar que os ângulos são congruentes ou suplementares. Os outros cinco usam ângulos congruentes ou suplementares para mostrar que as retas são paralelas. Aqui está a primeira lista de teoremas:

Se as retas são paralelas, então...

- Ângulos alternos internos, como $\angle 4$ e $\angle 5$, são congruentes.
- Ângulos alternos externos, como $\angle 1$ e $\angle 8$, são congruentes.
- Ângulos correspondentes, como $\angle 3$ e $\angle 7$, são congruentes.
- Ângulos colaterais internos, como $\angle 4$ e $\angle 6$, são suplementares.
- Ângulos colaterais externos, como $\angle 1$ e $\angle 7$, são suplementares.

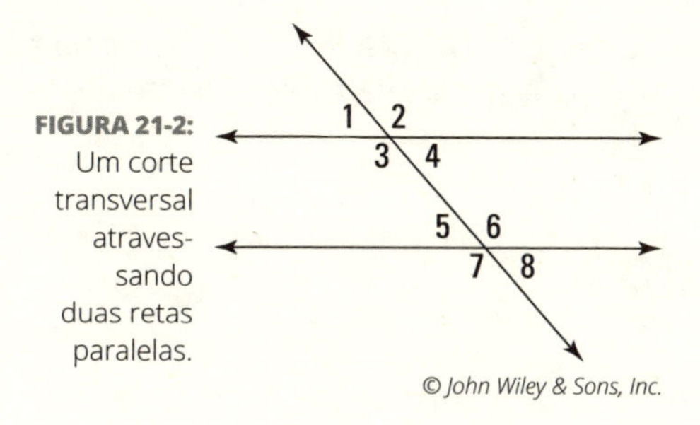

FIGURA 21-2: Um corte transversal atravessando duas retas paralelas.

E aqui estão as maneiras de provar que as retas são paralelas:

- Se os ângulos alternos internos são congruentes, as retas são paralelas.
- Se os ângulos alternos externos são congruentes, as retas são paralelas.
- Se os ângulos correspondentes são congruentes, as retas são paralelas.
- Se os ângulos colaterais internos são suplementares, as retas são paralelas.
- Se os ângulos colaterais externos são suplementares, as retas são paralelas.

Os próximos cinco teoremas são o inverso dos primeiros. Trato de retas e transversais de maneira mais completa no Capítulo 10.

Dois Pontos Determinam uma Reta

Não há muito o que dizer aqui — sempre que houver dois pontos, você pode traçar uma reta entre eles. Dois pontos determinam uma reta porque apenas uma mesma reta pode passar por eles. Use esse postulado em provas sempre que você precisar desenhar uma reta auxiliar no diagrama (veja o Capítulo 10).

Todos os Raios de um Círculo São Congruentes

Sempre que houver um círculo em seu diagrama de prova, você deve pensar sobre o teorema de "todos os raios são congruentes" (e marcar todos os raios congruentes) antes de fazer qualquer outra coisa. Aposto que quase todas as provas que envolvem círculos que você verá usarão raios congruentes em algum momento da solução. (E você frequentemente terá que usar o teorema da seção anterior para traçar mais raios.) Trato desse teorema no Capítulo 14.

Se Lados, Então Ângulos

Triângulos isósceles têm dois lados congruentes e dois ângulos de base congruente. O teorema "se lados então ângulos" diz que se dois lados de um triângulo são congruentes, então os ângulos opostos a eles também são (veja a Figura 21-3). Não deixe de observar isso! Quando você tem um diagrama de prova com triângulos, sempre verifique se qualquer triângulo parece ter dois lados congruentes. Para mais informações, veja o Capítulo 9.

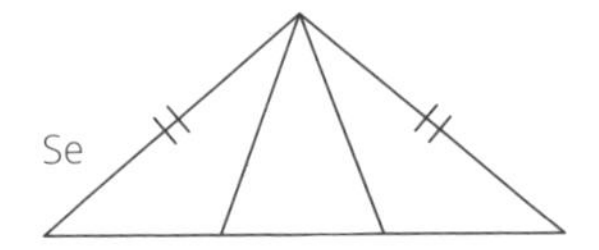

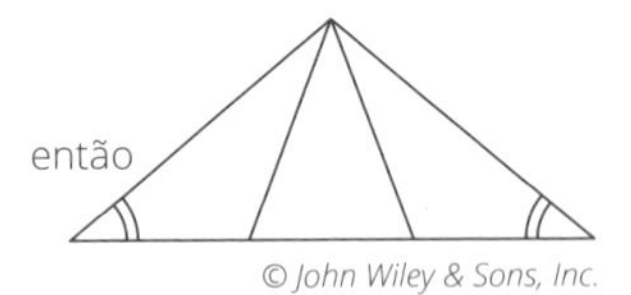

FIGURA 21-3: Dos lados congruentes para os ângulos congruentes.

Se Ângulos, Então Lados

O teorema "se ângulos, então lados" diz que se dois ângulos de um triângulo são congruentes, então os lados opostos a eles também são (veja a Figura 21-4). Sim, esse teorema é o oposto do anterior, então você deve estar se perguntando por que não o coloquei na seção anterior. Bem, esses dois teoremas do triângulo isósceles são tão importantes que cada um merece a própria seção.

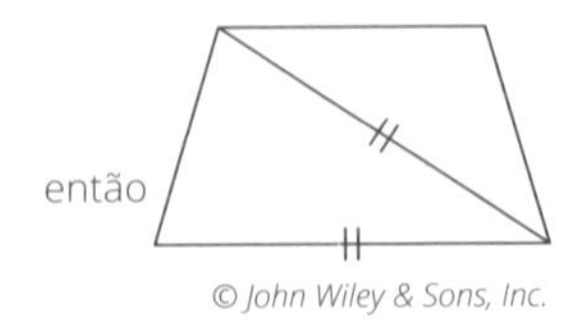

FIGURA 21-4: Dos ângulos congruentes para os lados congruentes.

Postulados e Teoremas sobre a Congruência entre Triângulos

Aqui estão as cinco maneiras de provar a congruência entre triângulos (veja o Capítulo 9 para detalhes):

- **LLL (lado-lado-lado):** Se os três lados de um triângulo são congruentes aos de outro triângulo, então os triângulos são congruentes.
- **LAL (lado-ângulo-lado):** Se dois lados de um triângulo e o ângulo entre eles são congruentes aos dois lados e ao ângulo entre eles de outro, então os triângulos são congruentes.
- **ALA (ângulo-lado-ângulo):** Se dois ângulos de um triângulo e o lado entre eles são congruentes aos dois ângulos e ao lado entre eles de outro, então os triângulos são congruentes.
- **AAL (ângulo-ângulo-lado):** Se dois ângulos de um triângulo e o lado que não está entre eles são congruentes a dois ângulos e ao lado que não está entre eles de outro, então os triângulos são congruentes.
- **HCAR (hipotenusa-cateto-ângulo reto):** Se a hipotenusa e um dos catetos de um triângulo retângulo são congruentes à hipotenusa e ao cateto de outro, então os triângulos são congruentes.

PCTCC

PCTCC é a sigla para partes correspondentes de triângulos congruentes são congruentes. Parece um teorema, mas é apenas a definição da congruência de triângulos. Ao fazer uma prova, depois de provar que dois triângulos são congruentes, use a PCTCC na linha seguinte para mostrar que algumas partes desses triângulos são congruentes. Apresento o PCTCC no Capítulo 9.

Teoremas e Postulados sobre Semelhança entre Triângulos

Aqui estão as três maneiras de provar a semelhança entre triângulos — isto é, mostrar que ambos têm o mesmo formato (o Capítulo 13 lhe dará inúmeros detalhes):

» **AA (ângulo-ângulo):** Se dois ângulos de determinado triângulo são congruentes a dois ângulos de outro, então os triângulos são semelhantes.

» **LLL~ (lado-lado-lado semelhante):** Se a proporção dos três pares de lados correspondentes de dois triângulos for equivalente, então os triângulos são semelhantes.

» **LAL~ (lado-ângulo-lado semelhante):** Se a proporção de dois pares de lados correspondentes de dois triângulos for a mesma, e os ângulos entre eles forem congruentes, então os triângulos são semelhantes.

NESTE CAPÍTULO

» **Entrando em contato com a matemática grega**

» **Olhando as maravilhas do mundo antigo e moderno**

» **Apreciando cálculos terrestres**

» **Conferindo outras aplicações no mundo real**

Capítulo 22

Dez Problemas Divertidos

Este capítulo é a versão do museu de coisas inacreditáveis *Ripley's Believe It or Not* para a geometria. Eu apresento dez problemas geométricos envolvendo personalidades históricas famosas e outras nem tanto (Arquimedes, Tsu Chung-Chin, Cristóvão Colombo, Eratóstenes, Galileu Galilei, Buckminster Fuller e Walter Bauersfeld), objetos do cotidiano (bolas de futebol, coroas e banheiras), grandes realizações arquitetônicas (a ponte de São Francisco, o Partenon, a Cúpula Geodésica e A Grande Pirâmide), problemas científicos (como calcular a circunferência da Terra e o movimento de um projétil), objetos geométricos (parábolas, curvas catenárias e icosaedros truncados) e, por último, o número mais famoso da matemática, o pi. Às dez maravilhas do mundo geométrico — lá vamos nós.

Eureca! A Revelação na Banheira de Arquimedes

Arquimedes (Siracusa, Sicília; 287–212 a. C.) é amplamente reconhecido como um dos quatro ou cinco maiores matemáticos de todos os tempos (Carl Friedrich Gauss e Isaac Newton são algumas das outras estrelas). Ele fez importantes descobertas na matemática, física, engenharia, táticas militares e... chapelaria?

O rei de Siracusa, uma colônia da Grécia antiga, estava preocupado que um ourives o tivesse enganado. O rei deu ouro ao ourives para que uma coroa fosse feita, mas desconfiava que este tivesse pegado uma parte, substituindo por prata, mais barata, e feito a coroa com a mistura. Porém, o rei não podia provar isso — pelo menos não até Arquimedes chegar.

Arquimedes conversou com o rei sobre o problema, mas continuou sem resposta para a questão até entrar em uma banheira certo dia. Quando entrou, a água transbordou. "Eureca!", gritou Arquimedes (que significa "encontrei!" em grego). Naquele instante, ele percebeu que o volume de água deslocado era o mesmo de seu corpo, e isso lhe deu a chave para resolver o problema. Ele ficou tão empolgado, que pulou da banheira e correu pela rua seminu.

Arquimedes percebeu que se a coroa do rei fosse de ouro puro, deslocaria o mesmo volume de água que um pedaço de ouro puro com o mesmo peso da coroa. Mas quando ele e o rei a testaram, ela deslocou mais água do que o pedaço de ouro. Isso significava que a coroa fora feita de outro material, além do ouro, e, portanto, ficou menos densa. O ourives enganou o rei adicionando à mistura um pouco de prata, um metal mais leve do que o ouro. Caso resolvido. Arquimedes foi generosamente recompensado, e o ourives, decapitado.

Determinando Pi

Pi (π) — a proporção entre a circunferência do círculo e seu diâmetro — começa em 3,14159265... e continua para sempre a partir daí. (Há rumores sobre matemáticos cortejando-se em longas caminhadas recitando centenas de dígitos de pi um para o outro; mas não recomendo essa abordagem, a menos que você esteja apaixonado por uma nerd da matemática.)

Arquimedes, conhecido pela banheira (veja a seção anterior), foi o primeiro (ou talvez eu devesse dizer o primeiro que conhecemos) a fazer uma estimativa matemática de π. Seu método consistia em usar dois polígonos regulares de 96 lados: um inscrito em um círculo (que era levemente menor do que ele, claro) e o outro em volta dele (que era levemente maior). A medida da circunferência do círculo estaria em algum lugar entre os perímetros dos dois polígonos. Com essa técnica, Arquimedes conseguiu descobrir que π estaria entre 3,140 e 3,142. Nada mal!

Embora o cálculo de Arquimedes fosse bem preciso, não muito depois os chineses o superaram. No século V d. C., Tsu Chung-Chin descobriu uma aproximação muito mais precisa de π: a fração $\frac{355}{113}$, que equivale a 3,1415929. Essa aproximação de π é 0,00001% precisa!

A Proporção Áurea

Aqui está outro problema de geometria famoso que tem conexão com a Grécia antiga. (Quando ele apareceu na matemática, física, astronomia, filosofia, teatro e outros, aqueles gregos antigos na certa enfiaram o pé na jaca.) Os gregos usaram um número chamado de *razão áurea*, ou *phi* (ϕ), que equivale a $\frac{\sqrt{5}+1}{2}$ ou aproximadamente 1,618, em inúmeros projetos arquitetônicos. O Partenon, na Acrópole de Atenas, é um exemplo. A proporção da largura em relação à altura é de ϕ: 1. Veja a Figura 22-1.

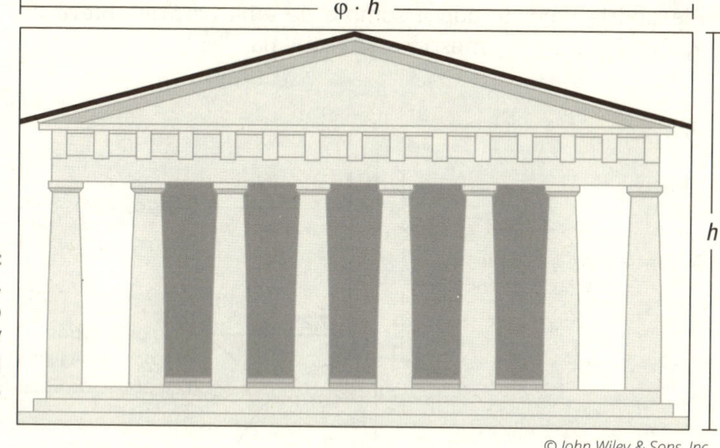

FIGURA 22-1: O Partenon, construído no século V a. C., possui proporção áurea.

© John Wiley & Sons, Inc.

Os lados do *retângulo áureo* estão na proporção de ϕ: 1. Esse retângulo é especial porque, quando dividido em um quadrado e um retângulo, o novo retângulo menor também tem os lados na proporção de ϕ: 1; logo, é semelhante ao retângulo original (o que significa que ambos têm o mesmo formato; veja o Capítulo 14). Então você pode dividir o retângulo menor em um quadrado e um retângulo, e, em seguida, o retângulo seguinte, e assim por diante. Veja a Figura 22-2. Quando os cantos correspondentes de cada retângulo similar são conectados, obtemos uma concha espiral semelhante a um nautiloide — incrível!

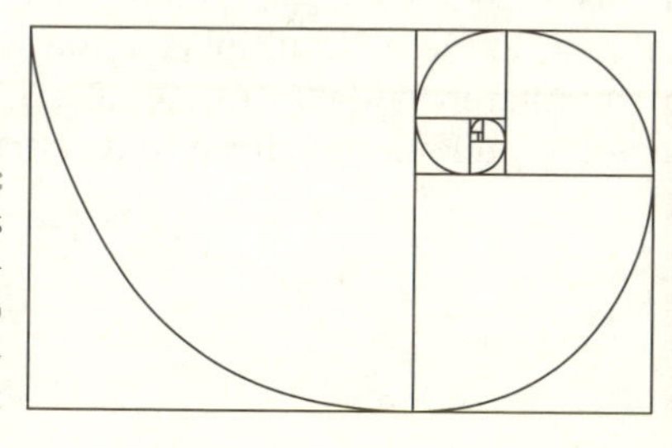

FIGURA 22-2: As espirais do retângulo áureo e do nautiloide.

© John Wiley & Sons, Inc.

A Circunferência da Terra

Ao contrário da crença popular, Cristóvão Colombo não descobriu que a Terra é redonda. Eratóstenes (276–194 d. C.) fez essa descoberta cerca de 1.700 anos antes de Colombo (talvez outros em tempos remotos também o tenham percebido). Eratóstenes era o principal bibliotecário de Alexandria, Egito, o centro do aprendizado no mundo antigo. Ele estimou a circunferência da Terra com o seguinte método: ele sabia que no solstício de verão, o dia mais longo do ano, o ângulo do sol sobre a cidade de Assuã, no Egito, seria de 0º; em outras palavras, o sol estaria diretamente sobre sua cabeça. Então, no solstício de verão, ele mediu o ângulo do sol sobre a cidade de Alexandria mensurando a sombra de uma barra e obteve um ângulo de 7,2º. A Figura 22-3 mostra esse esquema.

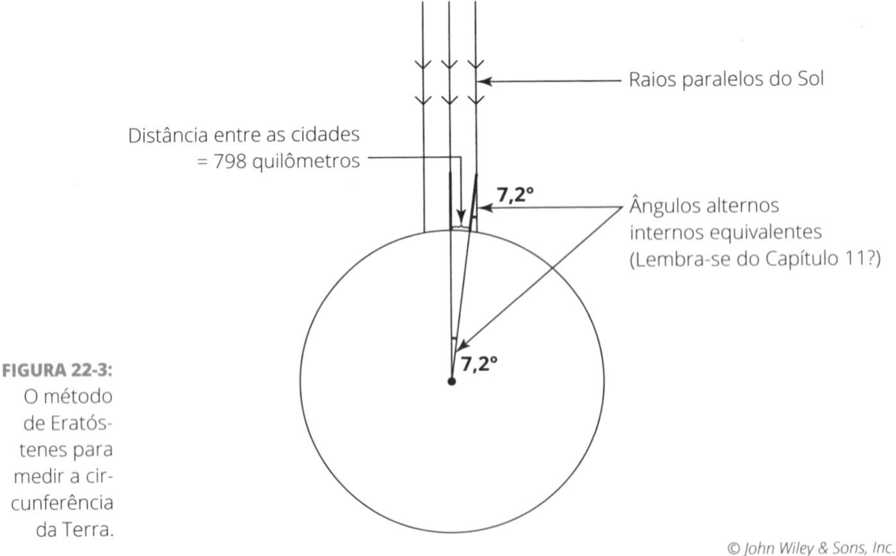

FIGURA 22-3: O método de Eratóstenes para medir a circunferência da Terra.

Eratóstenes dividiu 360º por 7,2º e obteve 50, o que lhe dizia que a distância entre Alexandria e a cidade de Assuã (798 quilômetros) era $\frac{1}{50}$ da distância total em volta da Terra. Então ele multiplicou 798 por 50 para chegar à sua estimativa da circunferência da Terra: 39.900 quilômetros. Essa estimativa estava apenas 170 quilômetros distante da circunferência real, de 40.070 quilômetros.

A Grande Pirâmide de Khufu

A uma distância de apenas 240 quilômetros de Alexandria está a pirâmide de Khufu, na cidade de Gizé, no Egito. Também conhecida como a Grande Pirâmide, é a maior do mundo. Mas o quão grande ela realmente é? Bem, os lados da base quadrada da pirâmide medem 227 metros cada, e sua altura, 136 metros. Para calcular seu volume, com a fórmula de volume das formas pontiagudas, Volume = $\frac{1}{3}bh$ (veja o Capítulo 18), você precisa da área da base da pirâmide primeiro: 227 x 227, ou 51.529 metros quadrados. O volume da pirâmide, logo, é de 1/3(51.529)(136), ou algo em torno de 2.335.981 metros cúbicos. Isso equivale a mais ou menos 5,9 milhões de toneladas de pedra, e a pirâmide era ainda maior antes de sofrer erosão pelos fenômenos naturais.

Distância do Horizonte

Há aqui ainda mais evidências de que Colombo não descobriu que a Terra é redonda. Embora muitas pessoas que viveram no interior durante o século XV pensassem que a Terra era plana, nenhuma pessoa sensata que vivesse no litoral teria tido essa opinião. Por quê? Porque do litoral é possível ver os navios gradualmente caindo no horizonte à medida que se afastam da costa.

Você pode usar uma fórmula muito simples para descobrir o quanto o horizonte está longe de você (em quilômetros): Distância do Horizonte = $\sqrt{11{,}39 \cdot \text{altura}}$, em que altura é a sua altura (em metros) mais a do que quer que você esteja em cima (escada, montanha, qualquer coisa). Se estiver na praia, pode estimar a distância até o horizonte simplesmente dividindo sua altura em metros por 4 e multiplicar o resultado por 10. Logo, se sua altura for 1,70m, a distância até o horizonte é (1,70/4)*10 = 4,25 quilômetros!

A Terra gira mais rápido do que a maioria das pessoas pensa. Em um lago pequeno — digamos, com 4,4 quilômetros para atravessar —, há uma protuberância com um pé de altura devido à curvatura da Terra. Em alguns corpos de água maiores, se as condições estiverem ideais, você pode realmente perceber a curvatura da Terra quando esse tipo de protuberância bloqueia sua visão da costa oposta.

Movimento de Projétil

Movimento de projétil é o movimento de um objeto "arremessado" (bola de beisebol, bala ou o que quer que seja) enquanto viaja para cima e para fora, e depois é puxado de volta pela gravidade. O estudo do movimento de projétil tem sido importante ao longo da história, mas ele realmente começou na Idade Média, uma vez que as pessoas desenvolveram canhões, catapultas e máquinas de batalha do gênero. Os soldados precisavam saber como apontar seus canhões para que as balas atingissem os alvos pretendidos.

Galileu Galilei (1564–1642 d. C.), que ficou famoso por demonstrar que a Terra gira em torno do Sol, foi o primeiro a desvendar o enigma do movimento do projétil. Ele descobriu que os projéteis se movem em um caminho de parábola (como a parábola $y = -\frac{1}{4}x^2 + x$, por exemplo). A Figura 22-4 mostra como uma bala de canhão (se apontada a um certo ângulo e disparada a uma certa velocidade) viajaria por essa parábola.

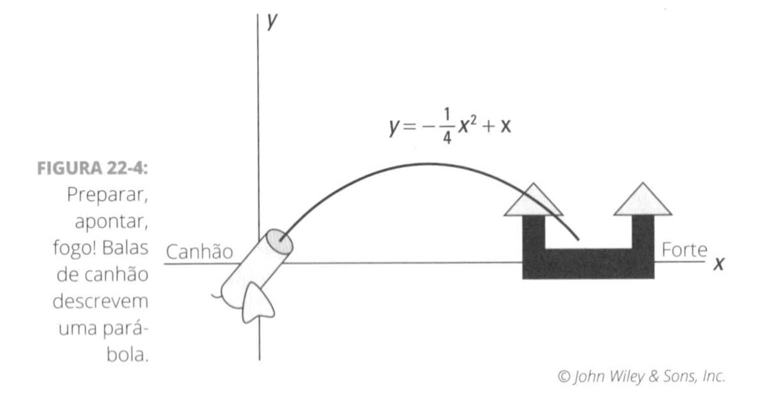

FIGURA 22-4: Preparar, apontar, fogo! Balas de canhão descrevem uma parábola.

Desconsiderando a resistência do ar, um projétil disparado em um ângulo de 45° (exatamente metade de um ângulo reto) fará a viagem mais distante. Quando consideramos a resistência do ar, no entanto, a distância máxima é alcançada com um ângulo de disparada mais agudo, cerca de 30° a 40°, dependendo de vários fatores técnicos.

A Ponte Golden Gate

A Ponte de São Francisco foi a maior ponte suspensa do mundo durante quase 30 anos após sua conclusão, em 1937. Em 2015, era a 12ª (procure no Google para ver em que posição do ranking ela está hoje), mas ainda é reconhecida internacionalmente como um símbolo de São Francisco.

O primeiro passo na construção de uma ponte suspensa é a suspensão de cabos muito fortes entre uma série de torres. Quando esses cabos são colocados, ficam na forma de curva catenária; esse é o mesmo tipo de curva que você obtém se pegar um pedaço de corda e segurá-lo pelas pontas. Para terminar a ponte, porém, os cabos suspensos, obviamente, devem ser conectados à parte da estrada. Bem, quando os cabos verticais espaçados uniformemente são usados para conectar a estrada aos cabos curvos principais, sua forma muda de uma curva catenária para uma parábola ligeiramente mais pontuda (veja a Figura 22-5). O peso extra da estrada altera sua forma. Legal, não é?

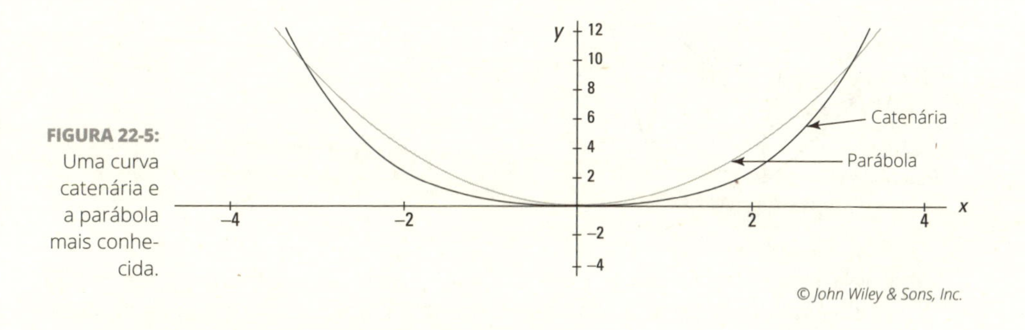

FIGURA 22-5: Uma curva catenária e a parábola mais conhecida.

A Cúpula Geodésica

Uma *cúpula geodésica* se parece muito com uma esfera, mas na verdade é formada por um grande número de faces triangulares dispostas em um padrão esférico. Cúpulas geodésicas são estruturas extremamente fortes, pois as conexões entre os triângulos distribuem a força uniformemente por toda sua superfície — na verdade, elas são o tipo de estrutura mais resistente do mundo. Os princípios da cúpula geodésica também têm sido usados para criar fulerenos, minúsculas estruturas microscópicas feitas por átomos de carbono, que são extremamente fortes (alguns deles são mais resistentes do que diamantes).

Se já ouviu falar da cúpula geodésica, provavelmente também conhece Buckminster Fuller. Ele patenteou a cúpula geodésica nos EUA e passou a construir muitos edifícios de alto perfil baseados no conceito. No entanto, embora pareça que ele teve a ideia sozinho, Fuller não foi realmente o primeiro a construir uma cúpula geodésica; um engenheiro chamado Walter Bauersfeld já tinha pensado isso e construído uma cúpula na Alemanha.

Uma Bola de Futebol

"Ei, quer jogar um jogo com icosaedro truncado?" Isso é nerdelês para bola de futebol. Sério, uma bola de futebol é uma forma geométrica fascinante. Ela é, inicialmente, um icosaedro — um poliedro regular com 20 faces que são triângulos equiláteros. Veja a Figura 22-6.

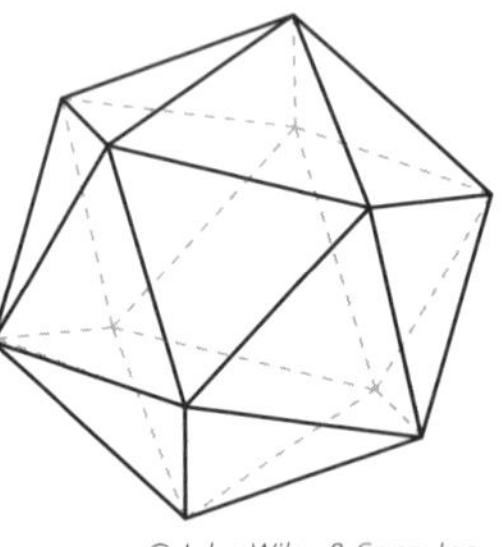

FIGURA 22-6: Um icosaedro: corte todas as suas pontas e você terá uma bola de futebol.

© John Wiley & Sons, Inc.

Na superfície de um icosaedro, cada vértice (as pontas) tem um grupo de cinco triângulos à sua volta. Para obter um icosaedro truncado, corte as pontas e, em seguida, você obterá um pentágono regular onde cada ponta estava. Cada um dos triângulos equiláteros, no entanto, torna-se um hexágono regular, pois quando você corta os três cantos de um triângulo, ele ganha três novos lados.

Se não acredita em mim, vá buscar uma bola de futebol e conte os pentágonos e hexágonos. Você vai encontrar 12 pentágonos regulares e 20 hexágonos regulares. Bom jogo!

Índice

V

X